高等职业教育“十四五”规划教材

药用植物学

程贵兰　詹立平　主编

中国农业大学出版社
·北京·

内 容 简 介

本教材根据药学类专业教学标准及药用植物学教学大纲的基本要求编写而成。教材内容紧扣 2015 版《中国药典》，采用图文并茂的编写方式。本书的内容包含植物的微观构造、植物的宏观构造、植物的分类系统，从低等的藻类植物到高等的被子植物，层层递进。教材从有利于学生系统掌握知识和技能角度出发，每节设有学习目标、知识链接、自我测试；每一独立内容之后跟随技能训练，以满足授课教师和学生在实验及技能方面的训练需求。本教材主要供全国高职高专院校药学类及相关专业教学使用。

图书在版编目(CIP)数据

药用植物学/程贵兰，詹立平主编．—北京：中国农业大学出版社，2021.3(2024.8 重印)
ISBN 978-7-5655-2542-1

Ⅰ.①药…　Ⅱ.①程…②詹…　Ⅲ.①药用植物学-高等职业教育-教材　Ⅳ.①Q949.95

中国版本图书馆 CIP 数据核字(2021)第 055441 号

书　　名　药用植物学
作　　者　程贵兰　詹立平　主编

策划编辑　张　玉　　**责任编辑**　韩元凤
封面设计　郑　川
出版发行　中国农业大学出版社
社　　址　北京市海淀区圆明园西路 2 号　　**邮政编码**　100193
电　　话　发行部 010-62733489，1190　　读者服务部 010-62732336
编辑部 010-62732617，2618　　出　版　部 010-62733440
网　　址　http://www.caupress.cn　　**E-mail** cbsszs@cau.edu.cn
经　　销　新华书店
印　　刷　北京时代华都印刷有限公司
版　　次　2021 年 3 月第 1 版　　2024 年 8 月第 2 次印刷
规　　格　787×1 092　　16 开本　　17.5 印张　　430 千字
定　　价　52.00 元

编审人员

主　编　程贵兰　辽宁农业职业技术学院
　　　　　詹立平　辽宁医药职业学院

副主编　金月波　辽宁农业职业技术学院
　　　　　鹿　萍　赤峰学院
　　　　　赵修燕　济南护理职业学院
　　　　　赵　华　辽宁医药职业学院
　　　　　王晓丽　辽宁清晨联盟中医服务有限公司

参　编　徐晓兰　福建农林大学
　　　　　于英俊　济南护理职业学院
　　　　　何　丹　辽宁农业职业技术学院
　　　　　徐恩国　清源满族自治县道生堂中药材有限公司

主　审　徐等一　清源满族自治县道生堂中药材有限公司
　　　　　蔡智军　辽宁农业职业技术学院
　　　　　王振龙　辽宁农业职业技术学院

前言

党的二十大报告提出“促进中医药传承创新发展”，体现了国家对中医药事业的高度重视。药用植物学是中药学、中药栽培与鉴定、中药生产与加工、中药制药等相关专业的专业基础课，是中药鉴定技术、中药栽培技术等课程的前导课程。本教材依据企业岗位能力调研需求，结合高职教育规律、学生特点，知识与技能并重，校企共同完成编写任务。知识架构上遵循学生的认知规律和职业能力形成规律，从微观到宏观，由简单到复杂，从理论到实践，以利于促进高职学生理论知识水平、技术应用能力和职业素质同步培养，共同提升。全书共分绪论、植物的显微结构、植物的器官、药用植物的分类、藻类植物、菌类植物、地衣植物、苔藓植物、蕨类植物、裸子植物、被子植物十一章。每节设有学习目标、知识链接、自我测试；每一独立内容之后设有从微观到宏观的相应技能训练。并附有裸子植物分科检索表、被子植物分科检索表及常用试剂配制等附件，以供学生学习参考。

教材内容融合了中医药传统文化，将《诗经》《离骚》及历代本草中对药用植物形态特征及名称来历的描写融入其中，以培养学生的学习兴趣，加深对中医药文化的理解；在传承的基础上适当引入学科前沿知识，以拓宽学生的知识面。本书配套教学资源，请登录 http://xy.caupress.cn 查询下载。

本书在编写过程中得到各参编院校、合作企业的领导、同事及同行的大力支持和帮助，在此深表谢意！由于水平和能力有限，加之时间仓促，书中难免有疏漏之处，恳请专家、同行和读者批评指正，提出宝贵意见。

编　者

2024 年 8 月

目 录

绪　　论

从古至今,中药对人们防病治病及日常保健发挥着不可替代的作用。我国传统中药包括植物药、动物药和矿物药,其中植物药约占总数的87%。由此可见,中药绝大部分来源于植物,因此,学习药用植物学是研究中药及相关学科的基础。

一、药用植物学的概念及学习目的

自然界中具有防病、治病及保健功能的植物称为药用植物。药用植物学是利用植物形态解剖学和植物系统分类学的知识与方法,来研究药用植物的形态、内部结构及种群分类的一门科学。中药种类繁多,以植物药为主。因此,中药品种鉴定、品质评价、临床疗效及新药研发等都与药用植物密切相关,药用植物学成为药学专业学生必修的一门专业基础课,发挥承前启后的重要作用。其学习目的主要有三个方面:

1. 为中药鉴定学及生药学等课程奠定基础

学习药用植物学的目的在于阐明相关植物的外部形态、内部结构、分类等基本理论知识与技能,是学习中药鉴定学、生药学、中药化学及药用植物栽培学等课程的基础。尤其是中药鉴定学和生药学中植物类中药的性状鉴别和显微鉴别,完全是以药用植物学的知识为基础,因此,学习本课程就显得更加重要。

2. 鉴定植物药的原植物种类,确保来源的准确性

我国幅员辽阔,陆地、海洋、湖泊地形复杂,地跨寒温带、中温带、暖温带、亚热带、热带等温度带,气候多种多样,药用植物资源丰富。加上民族多、方言多、各地用药历史及用药习惯不同,植物与药材名称不统一,造成同名异物、同物异名、一物多名、多物同名等现象。如中药穿心莲(*Andrographis paniculata* (Burm. f.) Nees)为爵床科一年生草本植物,又名一见喜、苦胆草、金香草、金耳钩、印度草、苦草等。而蔬菜穿心莲学名为心叶日中花(*Mesembryanthemum cordifolium* L. f.),为番杏科多年生草本植物,别名露花、露草、樱花吊兰、羊角吊兰、食用穿心莲等。因此,我们要运用植物分类学知识及先进的科技手段确定中药原植物种类,解决植物类中药存在的名实混淆问题,以保证临床用药的准确、安全和有效。

3. 合理利用现有药用植物资源,不断开发药物新资源

新中国成立后先后开展了多次中药资源普查,大致摸清了我国中药资源的基本情况,为更好地保护野生资源或创造适宜条件引种栽培、保证药源供应奠定了基础。如根据《肘后备急方》等中医药古典文献关于黄花蒿(*Artemisia annua* L.)治疟的记载分离得到青蒿素。另外,利用药用植物间的亲缘关系及系统分类学知识可寻找新药源。如我国发掘出降压药的资源植物倒披针形叶萝芙木(*Rauwolfia verticillata*(Lour) Baill. var. *oblanceolata* Tsiang)和云南萝芙木(*Rauwolfia yunnanensis* Tsiang)代替了印度产蛇根木(*Ranvolfia serpentina*(L.) Benth. ex Kurz)。

此外,将药用植物与生物技术相结合的研究已经成为药用植物研究的热点。不仅在药用植物种质资源的保存,培育和改良药用植物新品种,快速繁殖大量优质种苗方面得到运用;还

可以利用生物反应器生产次生代谢产物如人参皂苷、紫杉醇等；同时，随着 PCR 技术和测序技术成本的降低，生物技术在药用植物分类和鉴定中的应用将会越来越普遍。

二、药用植物学发展简史

我国研究药用植物的历史悠久，距今 3 000 年左右的《诗经》中记载了芍药、菟丝子、远志等中药。汉代的《神农本草经》是我国最早的本草著作，按三品分类，载药 365 种，总结了汉代以前的药学成就，为后人用药及编写本草著作奠定了基础。南北朝时期陶弘景的《本草经集注》首创按自然属性分类，载药 730 种。唐代李勣、苏敬等编写的《新修本草》载药 850 种，开创图文并茂编写模式并由国家颁行，被认为是世界上最早的一部药典。宋代唐慎微的《证类本草》载药 1 746 种，采用图文并茂、方药兼收的编写方式，是我国现存最早的一部完整本草。明朝李时珍编写的《本草纲目》载药 1 892 种，详细记载了包括藻、菌、地衣、苔藓、蕨类和种子植物 1 100 余种，该书全面总结了 16 世纪以前我国劳动人民认、采、种、制、用药的经验，不仅大大地促进了我国医药的发展，同时也促进了日本和欧洲各国对药用植物的认识，至今仍具参考价值，是世界医药学的一部经典巨著。清代赵学敏的《本草纲目拾遗》收载药物 921 种，新增药物 716 种，是对《本草纲目》的补充和续编。清代吴其濬编写的《植物名实图考》和《植物名实图考长编》共载药物 2 552 种，对每种植物都有形态、产地、用途等详细记述并附有精美插图，同时重视同名异物的考证，成为后代研究和鉴定药用植物的重要文献。

新中国成立后，党和政府十分重视继承和发展祖国医药及天然药物的研究和人才的培养，在各地陆续成立了许多中医药大学、中药学院、中药及药用植物研究机构，培养了大批药用植物的研究人才，开展了中药原植物与中药鉴定的研究工作。先后编写出版了《中国药用植物志》(1955—1965)共九册，收载药用植物 450 种并附插图；《中药志》(1959—1961)收载药物 500 余种；《全国中草药汇编》上、下册，收载植物药 2 074 种；《中国大药典》上、下册(1977 年修订版)(2004 年)，收载药物 4 773 种；另有《新华本草纲要》《中国中药资源志要》《中华本草》《中国植物志》《原色中国本草图鉴》《中华人民共和国药典》(1953、1963、1977、1985、1990、1995、2000、2005、2010、2015 年版)等举世瞩目的重要专著。此外，还出版了很多地方性中药志、药用植物志、民族药志等专著，为研究和鉴定药用植物提供了重要的参考文献。

三、药用植物学的学习方法

药用植物学是一门理论性和实践性较强的学科，想要学好这门课程需要做好以下几点：

1. 仔细观察

观察是学习药用植物学的基本方法。大自然中的植物随处可见，这给我们观察、比较创造了极好条件。到大自然中去，通过认真仔细地观察，可以更好地了解药用植物的形态结构和生活习性，然后再结合理论知识，加深理解。观察时需要熟练地应用一些设备和技术，如放大镜、显微镜、徒手切片技术、生物绘图技术等。在观察的同时，应该运用植物形态学术语对观察结果进行描述记录。药用植物学的专业术语比较多，正确理解和熟练应用这些专业术语，便能正确掌握药用植物的特征。学习过程要学会抓住重点、难点，然后带动一般。如学习科属特征时，可以通过代表植物掌握科的主要特征，不需死记硬背。

2. 认真比较

系统比较、纵横联系是学习药用植物学行之有效的方法。有比较才有鉴别。只有通过比较，才能了解各种药用植物之间在形态结构上的异同点，便于记忆。对于相似植物、植物类群、药用部位、显微结构，不仅要比较其相同点和不同点，还要把植物的外部形态、内部构造、生态环境等知识纵向连接起来学习，同时还应注意某些内容的横向联系，如叶序、花的结构、果实类型等。通过从各种不同角度的联系和比较，才能加深理解，加深记忆。

3. 重视实训

实训是药用植物学教学的重要环节，也是学好这门课程的重要手段。通过借助各种仪器设备，对药用植物的生长、发育、代谢、生殖等过程进行研究。运用这种动态学习方法，能够比较深入地探讨药用植物生命活动的内部联系。利用实训课进行学习时，应该明确实训目的，进行科学的实训设计，准备必要的实训设备，掌握正确的实训方法；综合运用所学的知识，理论联系实际，培养解决实际问题的能力，能够通过形态学和植物解剖构造正确鉴别药用植物种类、真伪、品质等，为学习后续课程奠定坚实的基础。

知识链接：药圣李时珍

李时珍出生于医学世家，自幼热爱医学。公元1565年，李时珍跋山涉水足迹遍布大江南北，拜渔民、樵夫、药工等为师，收集各地药物标本和处方。他参考历代医药书籍925种，"考古证今、穷究物理"，记录上千万字札记，历经27年，三易其稿，于公元1590年完成192万字的巨著《本草纲目》。明代大文豪王世贞称《本草纲目》是"性理之精微，格物之通典；帝王之秘箓（箓：簿籍，也指封建帝王或道教的神秘文书），臣民之重宝也"；英国博物学家达尔文称《本草纲目》为"中国古代的百科全书"。除此之外，李时珍对奇经八脉也有研究。著述有《奇经八脉考》《濒湖脉学》等医学著作。李时珍与"医圣"万密斋齐名，古有"万密斋的方，李时珍的药"之说，被后世称为"药圣"。郭沫若先生称李时珍为"医中之圣、科学之光"。

第一章

植物的显微结构

我国已记载的药用植物有 11 020 种，可谓种类繁多，形态各异。如此众多的植物都是以细胞为基本单位构成的。细胞经过分化形成了组织，各类组织按一定的规律有机组合在一起，成为能够执行一定功能的器官。植物体就是由细胞、组织、器官构成的有机整体。本章主要讲授植物细胞、植物组织及植物器官三部分内容，掌握植物显微结构的基础知识是学好药用植物学的前提和关键。

第一节　植物生命活动的基本单位——细胞

知识目标

1. 理解植物细胞的含义、类型、基本结构；
2. 掌握植物细胞后含物种类，理解其在中药鉴定中的作用；
3. 理解细胞分裂的作用及意义。

能力目标

1. 能熟练使用光学显微镜；
2. 能利用显微技术完成植物细胞的显微鉴别。

一、植物细胞的基本结构

细胞是构成植物形态结构和生命活动的基本单位。单细胞植物如硅藻、蓝藻等仅由一个细胞构成，一切生命活动由这个细胞来完成；多细胞植物由许多形态、结构、功能各异的细胞构成，细胞间相互依存、分工协作，共同完成植物体的各种生命活动，如真菌和高等植物。

(一)细胞的形状和大小

植物细胞的形状多种多样，有球形、长方形、多面体和柱状体等。细胞的形状受遗传、生理功能、所处位置及环境的影响。

植物的细胞一般需在显微镜下才能观察，大多数高等植物细胞的直径在 10～200 μm；也有一些植物的细胞较大，如苎麻纤维细胞长达 55 cm，橡胶树的乳汁管细胞长达数十米。

(二)细胞的基本结构

尽管植物的细胞(图 1-1)大小、形态各异，但基本结构均由细胞壁和原生质体两部分组成。细胞壁是位于植物细胞最外围的一层厚壁；原生质体是细胞壁内的原生质，是除去细胞壁的被细胞膜包围的具有生命活动的各种结构的总称。

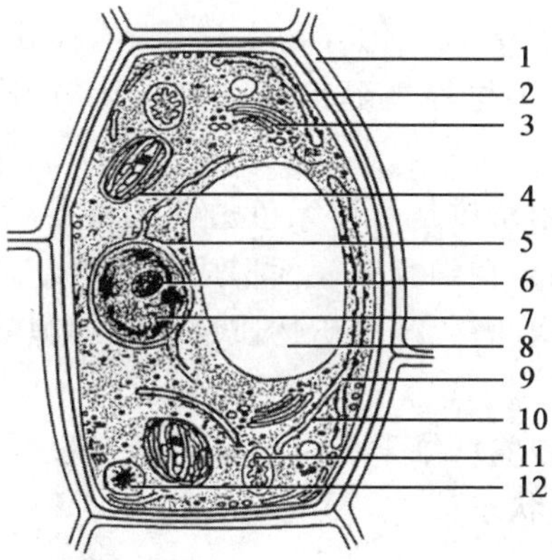

1. 细胞壁　2. 质膜　3. 高尔基体　4. 叶绿体　5. 核膜　6. 核仁　7. 染色体
8. 液泡　9. 内质网　10. 核糖体　11. 线粒体　12. 晶体

图 1-1　植物细胞超微结构模式图

1. 细胞壁

(1)细胞壁的分层　细胞壁主要由多糖类物质纤维素和果胶构成。成熟的细胞壁由外到内依次为胞间层、初生壁、次生壁(图 1-2)。胞间层与初生壁是所有植物细胞都具有的结构，次生壁则常出现在起机械支持和输导作用的植物细胞中，如导管、管胞、厚壁细胞、纤维细胞等。

①胞间层　位于两个相邻细胞之间，为两相邻细胞所共有的壁层，主要成分为果胶质。果胶质的亲水性和可塑性强，能将相邻细胞粘连在一起，并可缓冲细胞间的挤压。

②初生壁　细胞分裂后，由原生质体分泌纤维素、半纤维素和果胶质在胞间层内侧形成的 1～3 μm 厚的细胞壁。具有较大的可塑性，不仅能使细胞保持一定形状，又能随细胞生长而延展。

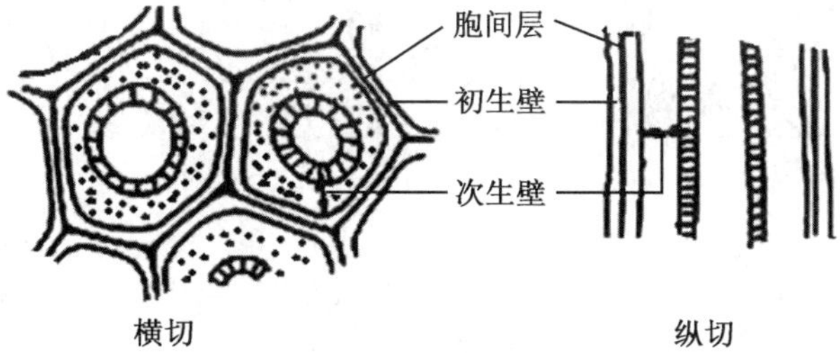

图 1-2　植物细胞壁结构模式图

③次生壁　位于质膜和初生壁之间，是植物细胞停止生长后，其初生壁内侧继续积累的细胞壁层，厚 5～10 μm。主要成分为纤维素，还有少量的木质素、木栓质、角质和蜡质等填充物。次生壁的存在使细胞壁能承受很大的机械强度。但不是所有的植物细胞都需要次生壁的存在，如输导组织的细胞。

(2)细胞壁的特化　由于环境的影响及植物细胞生理上分工的不同，细胞壁的性质会发生一些变化，以完成其生理功能，常见的细胞壁的特化有以下几种类型：

①木质化　细胞壁内增加了木质素，可使细胞壁的硬度增加，细胞群的机械力增加，主要起支持作用，如纤维、管胞等。

②木栓化　细胞壁中增加了脂肪性化合物木栓质，木栓化细胞壁通常呈黄褐色，不易透气、透水，导致细胞内的原生质体与外界隔离而坏死。木栓化细胞对植物内部组织有保护作用。

③角质化　原生质体产生的角质是一种无色透明的脂肪性化合物，不但可以增加在细胞壁内部使细胞壁角质化，也常积聚在细胞壁表面形成角质层。

④矿质化　植物细胞壁中增加钙、硅等矿物质增强了细胞壁的坚固性，使茎、叶变硬变粗，使植物细胞的机械支持能力增强。

⑤黏液质化　植物细胞壁中的纤维素和果胶质等成分变成黏液，而这种黏液在细胞表面呈固体状态，吸水膨胀后呈黏滞状态。

(3)纹孔和胞间连丝

①纹孔　细胞壁形成时，次生壁在初生壁上的增厚并不是均匀的，很多未增厚的区域呈凹陷孔状结构，称纹孔。纹孔处是较薄的区域，只有胞间层和初生壁而没有次生壁。相邻两细胞的纹孔常在相同部位成对存在，称纹孔对。纹孔的存在有利于细胞中的水分和其他物质的运输，常分为单纹孔和具缘纹孔两种类型。

A. 单纹孔　结构简单，次生壁未增厚的部分呈圆形或扁圆形，光镜下正面观呈一个圆。

B. 具缘纹孔　纹孔周围的次生壁在增厚时，向细胞腔内呈架拱状隆起，中央有一个小的开口。光学显微镜下正面观呈两个同心圆。

根据纹孔对的形状和结构可分为三种类型：单纹孔纹孔对、具缘纹孔纹孔对和半具缘纹孔纹孔对(图 1-3)。

A. 单纹孔纹孔对　相邻细胞壁的两侧都是单纹孔的纹孔对。如相邻两个薄壁细胞上的纹孔对。

B. 具缘纹孔纹孔对　相邻细胞壁的两侧都是具缘纹孔的纹孔对，如相邻两个导管细胞上

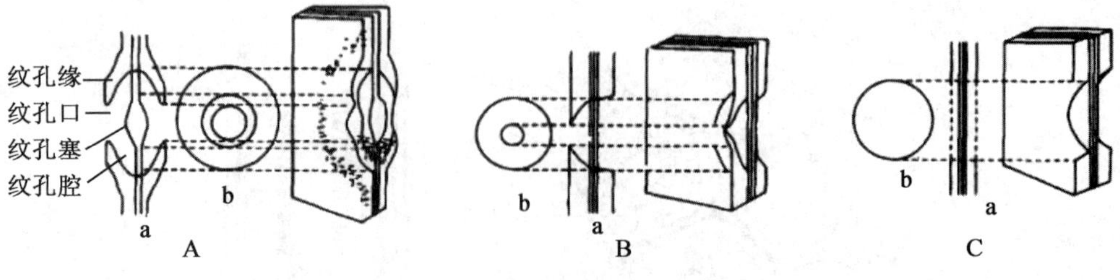

A. 具缘纹孔纹孔对　B. 半缘纹孔纹孔对　C. 单纹孔纹孔对

a. 切面观　b. 表面观

图 1-3　纹孔对的类型

的纹孔对。

C. 半缘纹孔纹孔对　相邻细胞壁的一侧为具缘纹孔、另一侧为单纹孔，常存在于管胞或导管与薄壁细胞之间。

②胞间连丝　相邻的植物细胞间有许多纤细的原生质丝，穿过细胞壁上的微细孔眼或纹孔对彼此相连，这种原生质丝称为胞间连丝（图 1-4）。胞质可在其间流动，使整个植物体成为一个整体，有利于物质的转运及信息刺激的传导，此外对细胞的生长、发育和分化有一定的影响。

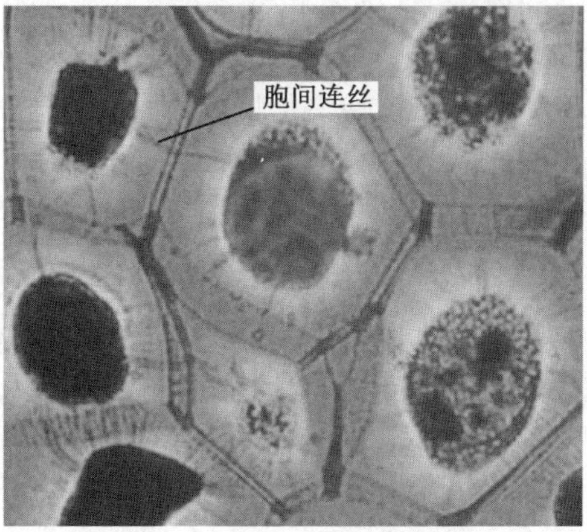

图 1-4　柿树胚乳细胞胞间连丝

2. 原生质体

原生质是原生质体的主要构成物质，也是构成生命活动的物质基础，其主要成分是蛋白质和核酸。原生质体是细胞内有生命物质的总称，是细胞进行新陈代谢活动的场所。根据原生质体的形态、作用及组分的差异，将其分为细胞质、细胞核与细胞器三部分。

(1)细胞质　细胞质存在于细胞壁和细胞核之间，是原生质体的基本组成部分。显微镜下，细胞质呈半透明、能流动的黏稠状基质。

生活细胞的细胞基质能自主流动。细胞质的运动促进了细胞内物质流动，利于新陈代谢的进行，对细胞生长发育、通气以及创伤的修复均有一定的促进作用。

质膜又称细胞膜，是包围在原生质体表面，由脂质、蛋白质和糖类组成的生物膜。质膜具有多种生理功能。首先，质膜包围在原生质体表面，起屏障作用，维持细胞内环境的稳定；其次，质膜具有流动性和选择透性，能阻止蛋白质等有机物从细胞内渗出，又能使水和无机盐进入细胞内，并使代谢废物排出，从而保持了细胞的完整性和细胞内环境的稳定；再次，质膜在细胞识别、信号接收和传导、细胞生命活动调节等过程中也发挥重要的作用。

(2)细胞核　细胞核是细胞遗传与代谢的调控中心，是真核细胞区别于原核细胞最显著的标志之一。除细菌和蓝藻外所有的植物细胞都含有细胞核。低等藻类、菌类、被子植物乳管细胞及花粉囊绒毡层的成熟细胞内具有两个或多个核，而成熟的筛管细胞中没有细胞核。在幼小的细胞中细胞核位于细胞中央，随着细胞的长大和中央液泡的形成，细胞核被挤到细胞的一侧。细胞核一般呈球形、椭圆形、卵圆形等，由核膜、核仁、核液和染色质四部分组成。

①核膜　核膜为双层膜结构，包裹在核表面，使细胞核成为细胞中一个相对独立的体系，维持核内相对稳定的环境。

②核仁　核仁一般出现在间期细胞核中，它是匀质的球体，其形状、大小、数目依生物种类及细胞生理状态而异。大部分细胞具有 1～4 个核仁。核仁是细胞核内 RNA 和蛋白质合成的主要场所，与核糖体的形成有关。

③核质　是核膜以内核仁以外的物质，包括染色质与核液两部分。染色质是易被碱性染料着色的部分，由遗传物质 DNA、组蛋白和 RNA 组成。

从细胞核的结构不难看出，细胞核是遗传物质储存和复制的场所，同时也是细胞遗传和代谢活动的控制中心。

(3)细胞器　细胞器是细胞质中具有特定形态结构和功能的微器官。包括能在光镜下观察到的质体、线粒体和液泡，还有需要借助电子显微镜才能观察的内质网、高尔基体、核糖体等。

①质体　植物细胞特有结构，由蛋白质和类脂构成，是一类与同化产物的积累合成密切相关的细胞器。

根据色素的种类和生理机能的不同，质体（图 1-5）分成三种类型：叶绿体、有色体和白色体。

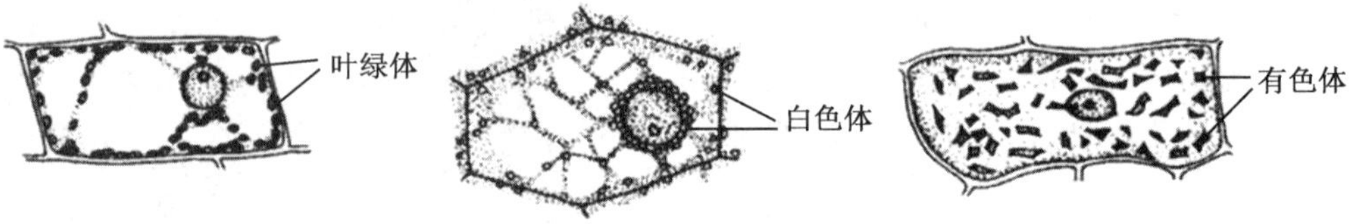

图 1-5　质体

A. 叶绿体　是含有叶绿素的质体，存在于植物所有绿色部分的细胞中，是绿色植物进行光合作用的场所，一个细胞可含上百个叶绿体。叶绿体存在于细胞质基质中，光镜下呈绿色扁平的椭球形或球形，电镜下可看到，它由双层膜包被，双层膜内是基质和分布在基质中的类囊体。

B. 有色体　有色体主要存在于花、果实中，有时也见于植物的营养器官，如衰老的叶片或胡萝卜的根中。有色体的形状有球形和不规则形。有色体能积累淀粉和脂质，在花和果实中具有吸引昆虫等动物传粉及传播种子的作用。

C. 白色体　不含色素的质体，分布在植物体内不见光的部位，如马铃薯或甘薯的储藏组织。具有储藏淀粉、蛋白质和油脂的功能。按照功能不同，可分为合成淀粉的造粉体、合成脂肪的造油体、合成蛋白质的造蛋白体。

质体由细胞中的前质体分化发育而来。前质体小、无色、具有分裂能力。在有光条件下发育成叶绿体，在无光条件下发育成白色体；通常认为有色体是由白色体或叶绿体转变而来。白色体见光后可以转变为叶绿体，如番茄的子房是白色的，受精后的幼果在阳光下变成绿色，说明白色体变成叶绿体；如胡萝卜根经阳光照射变成绿色，说明有色体见光后可转变为叶绿体。

②线粒体　一般呈颗粒状、棒状或丝状，存在于大多数细胞中，是由两层膜包被的细胞器，是细胞进行有氧呼吸的主要场所，被称为“细胞的动力工厂”。线粒体由水、蛋白质、脂质、可溶性酶及核酸等构成。因此，线粒体拥有自身的遗传物质和遗传体系，除了为细胞供能外还参与细胞分化、细胞信息传递和细胞凋亡等过程，并具有调控细胞生长的能力。

③液泡　是植物细胞特有的细胞器。幼小的细胞中有多个球形的液泡，随着细胞的成熟多个小液泡便融合成大液泡。液泡由单层膜与其内部的细胞液组成。细胞液是细胞新陈代谢过程中产生的各种代谢物的混合物，其主要成分是水，还溶有盐、糖、色素、有机酸、挥发油等化学成分，其中很多化学成分具有生理活性，通常成为中药的有效成分。中央大液泡对生活的植物细胞有着重要意义，它不仅储存有机代谢产物，还参与细胞中物质的生化循环，对调节植物体水分的吸收、运输以及维持细胞的紧张状态发挥重要作用。

除了以上三种细胞器外，植物细胞中还有高尔基体、溶酶体、核糖体、圆球体等细胞器。这些细胞器均有各自独特的形态、结构和功能，它们构成了细胞的基本结构，使细胞能正常地工作和运转。

二、细胞后含物与生理活性物质

细胞在新陈代谢过程中产生的一些非生命的物质，一般分为两类：一类是细胞后含物，另一类是生理活性物质。

（一）细胞后含物

植物细胞在新陈代谢过程中产生的各种非生命的物质称为细胞后含物。细胞后含物种类繁多，有些在医疗上具有重要的价值，如生物碱、菊糖等；有些是具有营养价值的贮藏物，如淀粉、蛋白质、脂肪；有些是细胞的废弃物，如草酸钙结晶。后含物以晶状体、非结晶固体及液体形式存在于液泡或细胞质中，不同植物细胞后含物的性质或形态各有不同。因此，细胞后含物的特征成为中草药鉴定的重要依据。

1. 淀粉

淀粉是由若干葡萄糖分子脱水缩合而成的大分子有机物，是细胞中碳水化合物最普遍的贮藏形式，在细胞中以颗粒状态存在，称为淀粉粒。植物所有的薄壁细胞中都有淀粉粒存在，尤其在各类贮藏器官（如种子的胚乳和子叶、块根、块茎等）中都含有丰富的淀粉粒。

淀粉粒（图 1-6）有球形、多面体形等；脐点呈点状、星状、分叉状等，脐点有的在淀粉粒一端，有的在中央。淀粉粒在形态上分为单粒淀粉粒、复粒淀粉粒和半复粒淀粉粒三种类型。①单粒淀粉粒：一个淀粉粒只有一个脐点，无数轮纹围绕这个脐点；②复粒淀粉粒：由若干单粒淀粉粒复合而成，复粒中的每一分粒有各自的脐点，分别有各自的轮纹环绕；③半复粒淀粉粒：具有两个以上的脐点，各脐点除有本身的轮纹环绕外，外面还包围着共同的轮纹。淀粉粒形态特征稳定，是中成药及中药粉末显微观察时的重要指标。

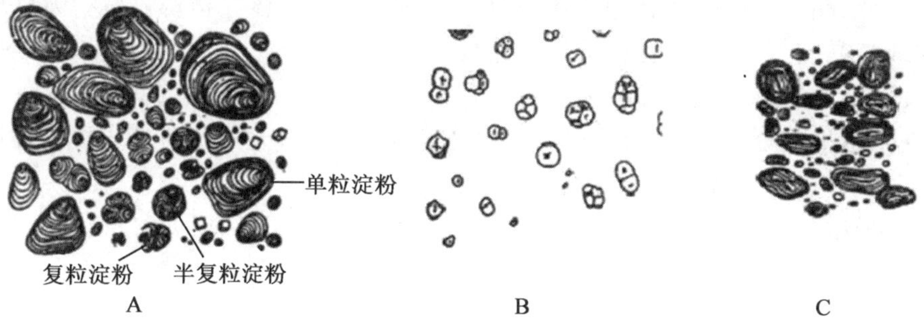

A. 马铃薯淀粉粒　B. 大黄淀粉粒　C. 豌豆淀粉粒

图 1-6　不同植物淀粉粒

2. 脂肪和油

造油体是植物体内参与合成脂肪和油的白色体。除质体外圆球体也能积聚脂类物质，发育成油滴。脂肪和油多以油滴的形式分散在植物的种子中，如黑芝麻、紫苏籽等。

3. 蛋白质

植物细胞内储藏物质的蛋白质与构成细胞原生质的活性蛋白质不同，储藏蛋白质是一种稳定状态的无定形物质。植物细胞中储藏的蛋白质，通常以两种形式存在。一种是蛋白质呈结晶状，具有晶体和胶体的二重性被称为拟晶体，拟晶体的形状以方形居多，也有圆球形或多角形的，在豌豆的子叶细胞和马铃薯块茎细胞中均可见到蛋白质结晶；另一种储藏形式是糊粉粒,可在液泡中形成,是一团无定形的蛋白质,常被一层膜包裹成圆球状的颗粒,称为糊粉粒。糊粉粒常存在于油脂含量高的种子中,如蓖麻、大豆等,而且多与淀粉粒混在一起,如大豆。

4. 晶体

植物的根、茎、叶等细胞的含晶结构都可以产生晶体。不同科、属的植物所产生的晶体类型、大小、形状及分布均有一定的差异。根据其化学成分的不同分为五类:

(1)草酸钙晶体　植物细胞中的草酸钙常为无色透明的结晶,并以不同的形态如方晶、砂晶、簇晶、针晶等(图 1-7)分布在细胞液中,通常一种植物只有一种形态的晶体,也有少数植物含 2 种或 3 种晶体,如椿根皮含有簇晶和方晶,曼陀罗叶含有簇晶、方晶和砂晶。

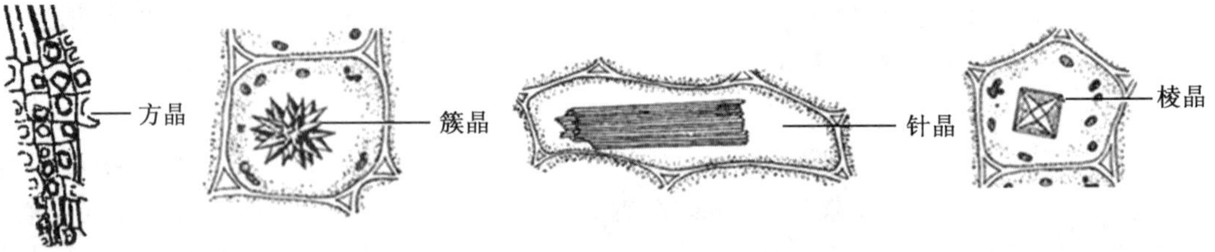

图 1-7　草酸钙晶体

(2)钟乳体　由碳酸钙和细胞壁结合而形成,一般为带柄的球形结构,是一种碳酸钙结晶。高等植物的茎、叶薄壁组织和表皮中常见。印度橡皮树的树叶常被用来做钟乳体的观察。

(3)硅质体　多为圆簇状小团块,主要成分为二氧化硅。多存在于表皮细胞或薄壁组织中,少数分布在纤维束周围的细胞中。姜科植物的硅质体多存在于种皮厚壁细胞腔内。

(4)硫酸钙结晶　大部分植物的晶体为草酸钙或碳酸钙晶体。柽柳科植物无草酸钙结晶,而具簇晶状或棱晶状石膏结晶,这种晶体的主要成分为硫酸钙。有的纤维束周围细胞含硫酸钙结晶形成晶鞘纤维如西河柳。

(5)菊糖　由果糖分子聚合而成,广泛存在于植物组织中,尤其是菊苣块根中含量丰富,此外,桔梗科、龙胆科植物块根中也含有菊糖。

除以上五种结晶外,尚有菘蓝叶中的靛蓝结晶、槐花中的芸香苷结晶以及薄荷叶中的橙皮苷结晶。

(二)生理活性物质

生理活性物质是一类对细胞内的生化反应及生理活动起调节作用的物质总称。包括酶、植物激素、维生素、抗生素、杀菌素等。这类物质在植物适应不良环境或抵御病原物侵害、吸引传粉媒介以及植物的代谢调控等方面具有重要意义。

三、细胞的分裂

植物的生长与繁衍是靠细胞数量的增加与体积的增大实现的。植物细胞分裂是细胞最基本的活动。细胞分裂不仅使植物体不断长大,又能形成生殖细胞使植物体繁衍下去。植物细胞分裂分为三种类型,无丝分裂、有丝分裂和减数分裂。

(一)无丝分裂

无丝分裂被认为是最简单的分裂方式,也是植物体细胞的一种增殖方式。在无丝分裂中,核仁、核膜都不消失，而且没有染色体的出现，在细胞质中也不形成纺锤体，但进行无丝分裂的细胞，染色体也要进行复制，而且细胞会增大。当细胞核体积增大一倍时，细胞就发生分裂，细胞中的遗传物质分配到子细胞中去，由于没有纺锤体的形成，无法保证母细胞中的遗传物质均等分配到子细胞中。不管是低等植物还是高等植物无丝分裂都是普遍存在的。

(二)有丝分裂

有丝分裂又称为间接分裂，是细胞分裂中最普遍最常见的分裂方式。有丝分裂是一个连续的分裂过程(图 1-8)，通常分为核分裂和胞质分裂两个部分。

核分裂是一个连续而复杂的过程，为叙述方便，人为地将核分裂划分为分裂间期和分裂期。

1. 分裂间期

分裂间期是细胞分裂前的准备时期，是从前一次细胞分裂结束到下一次分裂开始的时间。细胞分裂间期完成 DNA 分子的复制和有关蛋白质的合成，为细胞分裂做了充分的准备。

2. 分裂期

细胞经过分裂间期进入分裂期，细胞核中的染色质丝转变为染色体，在纺锤丝的牵引下，复制的 DNA 以染色体的形式平均分配到两个子细胞中去。分裂期又分为前期、中期、后期以及末期四个时期。

前期：从分裂期开始到核膜解体为止的时期。此期细胞的主要特征是细胞核的体积增大，染色质高度螺旋化形成染色体，随后核膜消失，同时出现纺锤丝。

中期：中期时间较短。此期细胞的主要特征是染色体浓缩变粗，排列在细胞中央的赤道板上，显示出该物种所特有的染色体形态和数目。

后期：每个染色体分裂成两个子染色体，子染色体分开常从着丝点处开始，然后两个染色单体的臂逐渐分开，在纺锤丝的牵引下，染色单体移向细胞两极。同一条染色体分裂成的两条染色单体在大小和形态上是相同的。

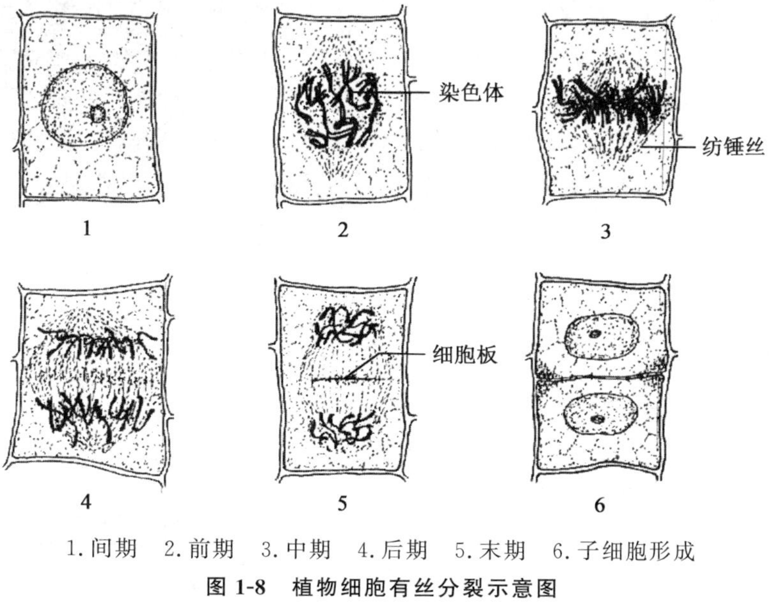

1. 间期 2. 前期 3. 中期 4. 后期 5. 末期 6. 子细胞形成

图 1-8 植物细胞有丝分裂示意图

末期：从子染色体到达两极开始到形成两个子细胞为止称为末期。到达两极的子染色体首先解螺旋以染色质的状态存在，在其周围逐渐形成子核的核膜，随后核内出现核仁。最后，一个细胞分裂成两个。

有丝分裂的意义在于亲代细胞的染色体经过复制以后，平均分配到两个子细胞中去，保证了通过细胞分裂产生的新细胞与原细胞所含的遗传物质相同。由于染色体上有遗传物质DNA，因而在生物的亲代和子代之间保持了遗传性状的稳定性。

（三）减数分裂

减数分裂与有丝分裂和无丝分裂不同，它是有性生殖时植物的性母细胞成熟、形成配子的过程中出现的一种特殊分裂方式。减数分裂过程中染色体仅复制一次，细胞连续分裂两次，两次分裂中将同源染色体与姊妹染色体均分给子细胞，使最终形成的配子（n）中染色体仅为性母细胞（$2n$）的一半。受精时雌雄配子结合，恢复亲代染色体数（$2n$），从而保证了物种染色体数目的恒定。

减数分裂过程中同源染色体间发生交换，使配子的遗传多样化，增加了后代的适应性，因此，减数分裂不仅是保证物种染色体数目稳定的机制，同时也是物种适应环境变化不断进化的机制。减数分裂不仅是保持物种遗传物质稳定传递的手段；在减数分裂过程中，通过同源染色体的交叉互换，非同源染色体的自由组合，增加了变异，增加了群体的遗传多样性，为自然选择提供原材料。在植物育种上常利用减数分裂的特性进行品种间杂交，来培育新品种。

知识链接：屠呦呦与青蒿素

1967年屠呦呦参加政府启动的“抗疟项目”，他们研究了超过2 000种中药，经过筛选从200种中药里获得了380种提取物，终于在1972年成功提取到了一种分子式为$C_{15}H_{22}O_5$的无色结晶体，它就是抗击疟原虫的活性成分——青蒿素。为了研究青蒿素临床疗效，她和她的同事们成为青蒿素的第一批受试者。为提高青蒿素的化学稳定性，他们又研究出临床效果比青蒿素强10倍，而且化学稳定性更高的二氢青蒿素。2015年10月，屠呦呦获得诺贝尔生理学或医学奖，理由是她发现了青蒿素，这种药品可以有效降低疟疾患者的死亡率。她成为首位获得科学类诺贝尔奖的中国人。这是中国医学界迄今为止获得的最高奖项，也是中医药成果获得的最高奖项。青蒿素的发现是集体发掘中医药的成功范例，通过不断的改革创新，中医药一定会为人类健康带来更多的福祉。

自我测试

1. 细胞壁分几层？有几种特化结构？
2. 质体分几种类型，它们之间是如何变换的？
3. 简述有丝分裂和减数分裂的意义。
4. 植物细胞后含物是中药鉴定的依据，什么是植物细胞后含物？分几种类型？

技能训练一 植物细胞形态结构的观察

一、实训目的

1. 掌握表皮细胞临时装片的制作方法；
2. 通过植物细胞的实际观察加深对植物细胞基本结构的认识；
3. 掌握植物细胞显微结构图的绘制。

二、实训内容

1. 制作洋葱鳞叶表皮细胞和番茄果肉细胞临时装片，观察植物细胞的形态和基本结构；
2. 掌握显微绘图方法。

三、实训器材

1. 仪器、用品　光学显微镜，镊子、刀片、解剖针、载玻片、盖玻片、培养皿、吸水纸、擦镜纸。

2. 材料、试剂　洋葱鳞茎、番茄果实，1%碘液、中性红试液、90%乙醇、龙胆紫溶液或紫药水、蒸馏水。

四、实训操作

(一)细胞形态结构的观察

1. 洋葱鳞叶表皮细胞观察

【实验材料】洋葱鳞茎

取洋葱鳞叶一片，在其内表面用锋利的刀片刻画 3～4 mm 见方的小方格。用镊子仔细揭取一小片内表皮，注意不要挖到叶肉。在载玻片中央滴加 1 滴蒸馏水，将取下的洋葱内表皮置于水滴中，用镊子轻压表皮，使其充分润湿，展平。用镊子夹住盖玻片的一边，使其另一边接触水滴，慢慢放下盖玻片(注意不要产生气泡)，即制成水装片。低倍镜下观察，可见洋葱内表皮为一层细胞，排列紧密，多呈长方形(图 1-9)。

取下装片，从盖玻片的一侧加入 1～2 滴碘-碘化钾试液，从另一侧用吸水纸将清水吸去，使试剂浸入装片，放置几分钟后观察，可见细胞壁染成黄色，细胞核染成深黄色，高倍镜下还可看到细胞核中一至多个发亮的小颗粒，即核仁。

2. 立体细胞的观察

【实验材料】成熟番茄

取一干净的载玻片，用胶头滴管滴一滴龙胆紫溶液或稀释的紫药水(2～3 滴水加 1 滴紫药水)在载玻片的中央。用解剖针挑一些熟透的果肉，均匀地涂抹在载玻片中央的龙胆紫液滴中。用镊子夹起盖玻片，倾斜 45°角，使盖玻片的左侧先接触水滴，再慢慢地放下盖玻片，盖在番茄果肉细胞上。用吸水纸吸去多余的液体。

将自制的临时装片置于显微镜下观察，可看到一个个多角多面的立体形细胞(图 1-10)。

慢慢推动盖玻片，能看到分离的果肉细胞在滚动，这样可以清楚地看到细胞的各个面。

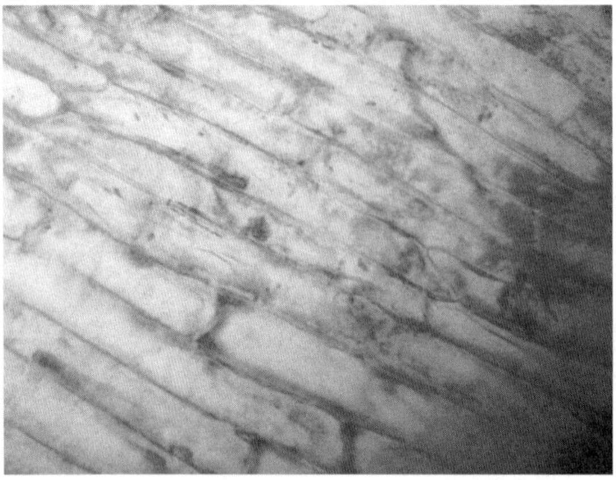

图 1-9　洋葱鳞茎表皮细胞

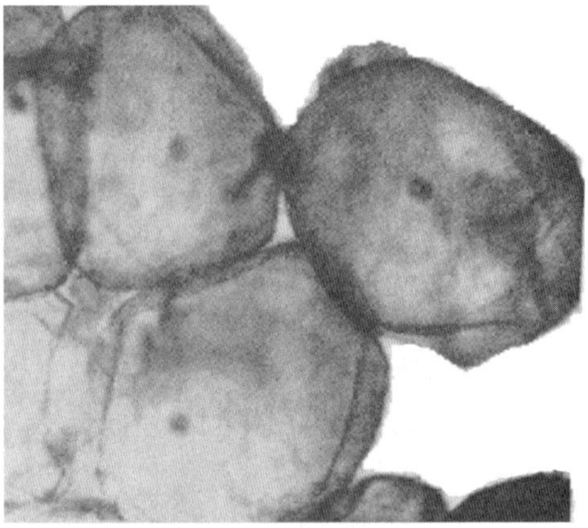

图 1-10　番茄果肉细胞

（二）质体的观察

【实验材料】叶片、番茄果肉、鸭跖草叶片

（1）叶绿体　取任何绿色植物的叶片，撕下一小块下表皮，用蒸馏水制成临时装片，置显微镜下观察，可见黏附于下表皮上的叶肉细胞中有多数扁球形或球形的绿色颗粒，此颗粒即叶绿体。

（2）有色体　取新鲜西红柿果肉细胞少许，置载玻片上压散，制成临时装片观察。可见许多橙红色类球形或棒状颗粒，此即为有色体。

（3）白色体　取紫鸭跖草叶片，撕取一小块下表皮，用蒸馏水制成临时装片。高倍镜下观察气孔副卫细胞，可见其细胞核周围具有一些无色透明、圆球状颗粒，即为白色体。

五、实训报告

1. 绘制洋葱表皮细胞的结构图，并注明各组成部分的名称。
2. 绘制番茄果肉细胞的结构图，并注明各组成部分的名称。

技能训练二　植物细胞后含物及特化细胞壁的观察

一、实训目的

1. 掌握作为植物鉴定依据的淀粉粒、菊糖及各种晶体的类型、形态特征及分布；
2. 掌握细胞壁的组成及木质化、木栓化、角质化的显微特征及化学鉴别方法；
3. 掌握植物细胞后含物及特化细胞壁显微结构图的绘制方法。

二、实训内容

1. 植物细胞后含物的观察；

2. 植物细胞壁的组成及特化细胞壁的显微鉴别与化学鉴别。

三、实训器材

1. 仪器、用品　光学显微镜，镊子、刀片、解剖针、载玻片、盖玻片、培养皿、吸水纸、擦镜纸。

2. 试剂　蒸馏水、生理盐水、碘-碘化钾试液、甘油醋酸试液(1∶1)、稀碘液、稀甘油、乙醚、50％乙醇、95％乙醇、10％碘甘油、α-萘酚、80％硫酸、苏丹Ⅲ、间苯三酚、水合氯醛、氯化锌、碘液、浓硫酸、稀甘油、钌红试液。

四、实训操作

(一)细胞后含物的观察

【实验材料】

马铃薯块根、桔梗根、大丽菊块根、蓖麻种子、大黄根及根茎粉末、曼陀罗叶粉末、半夏块茎粉末、甘草根及根茎的粉末、黄柏树皮粉末、牛膝根粉末、地骨皮根皮粉末、射干根状茎粉末、半夏和浙贝母的粉末、印度橡胶树叶或无花果叶、穿心莲叶。

【实验步骤】

1. 淀粉粒的观察

(1)取马铃薯块茎切成小块，用新鲜的创面将液汁涂于载玻片上或切薄片，滴加 1～2 滴甘油醋酸试液制成临时装片，先在低倍镜下观察淀粉粒，注意其形状。再换高倍镜观察，注意脐点和层纹，同时分辨单粒淀粉、复粒淀粉、半复粒淀粉。为了区别淀粉粒和白色质体，可用稀碘液来鉴别，淀粉粒遇稀碘液呈蓝紫色，而白色体不变色。

(2)取米粒大小的浙贝母粉末置于载玻片中央，滴加 1～2 滴稀甘油，用解剖针将粉末与稀甘油充分搅匀，然后加盖盖玻片，置于镜下观察。

(3)按上述方法制成半夏粉末装片置显微镜下观察，与马铃薯淀粉粒进行比较，注意淀粉粒的大小、形状、层纹、脐点有何不同，找出各自淀粉粒的特征(图 1-11)。

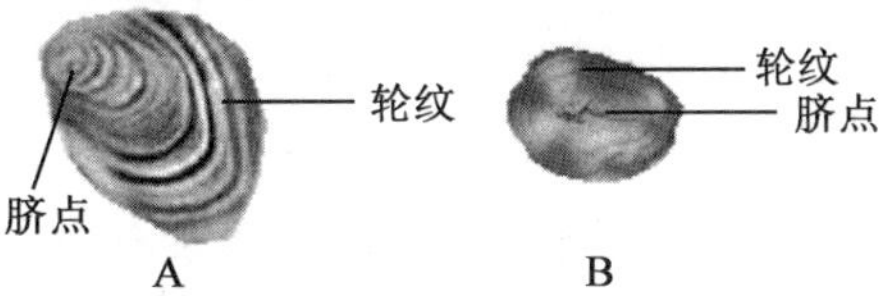

A. 马铃薯淀粉粒　B. 浙贝母淀粉粒

图 1-11　淀粉粒

2. 糊粉粒(蛋白质粒)的观察

取蓖麻种子，剥去种皮，做胚乳的徒手切片，切片要薄。取切好的小片胚乳薄片置于载玻片上，首先在载玻片上反复滴加乙醚数次，每次 1～2 滴，稍等片刻，略使载玻片倾斜令细胞内的脂类随乙醚流失，再用 50％乙醇稀释。然后加 10％的碘甘油试液 1 滴制成临时装片，先在低倍镜下进行观察，选择细胞内糊粉粒少的、分散的、清晰的 1～2 个胚乳细胞换高倍镜观察，可见细胞内的糊粉粒常由一个多边形的蛋白质晶体、一个磷酸盐组成的球晶体以及无定形的蛋白质基质所组成。经染色后糊粉粒呈暗黄色，基质染成黄色，球晶体不被染色。如图 1-12 所示。

3. 菊糖的观察

取用乙醇浸泡好的大丽菊块根或桔梗根，将其切成小块，然后在木质部以外的部分做纵向

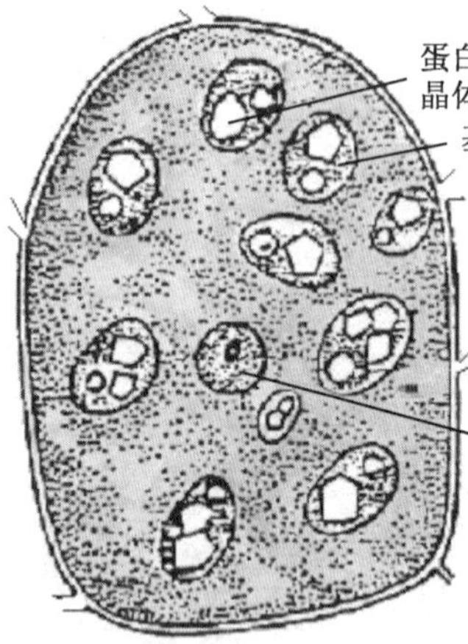

图 1-12 蓖麻种子糊粉粒

徒手切片，切片要薄。取一小块薄片置于载玻片上，再加 95%乙醇一小滴，然后盖上盖玻片，迅速在显微镜下观察菊糖的形态结构，在薄壁细胞内，靠近细胞壁分布的一些扇形或圆球形晶体即为菊糖，并有放射状纹理。

将上述制片加水 1～2 滴，在酒精灯上稍加热，注意观察菊糖的变化。按上法再做切片，直接滴加 α-茶酚试剂一小滴，过 1～2 min 后再滴加 80%硫酸一滴，盖好盖玻片，立即置于显微镜下观察，可见菊糖被染成紫红色在不断溶解。

4. 草酸钙晶体的观察

(1) 簇晶　取米粒大小大黄根及根茎粉末或曼陀罗叶粉末于载玻片上，滴加 1～2 滴水合氯醛试液，用解剖针轻轻搅拌均匀。用右手的食指和拇指夹紧载玻片，在距酒精灯火苗上 3～4 cm 处，慢加热进行透化，溶液沸腾后，再滴加 1～2 滴水合氯醛试液，重复 2～3 次，直至载玻片颜色变浅而透明时，加稀甘油 1～2 滴，盖上盖玻片，拭净其周围的试剂，置显微镜下观察可见到许多大型、形如星状的草酸钙簇晶。

(2)方晶　取黄柏粉末或甘草粉末少许，按上述方法制片，置镜下观察，在粉末中可见一些方形、不规则方形及斜方形等形状的晶体。这些方晶常成行排列于纤维束旁边的薄壁细胞中，这种由一束纤维外侧包围着许多含有草酸钙方晶的薄壁细胞所组成的复合体称为晶鞘纤维。

(3)针晶　取半夏粉末少许，按上述方法制片后观察，可见散在或成束的针状草酸钙晶体。也可见类圆形黏液细胞中含有排列整齐的针晶束。

(4)砂晶　取地骨皮粉末少许，按上述方法制片，在粉末中可见到类圆形的薄壁细胞中充满了细小三角形或箭头状的草酸钙砂晶。在显微鉴别草酸钙晶体时，其中砂晶是比较难鉴别的一种。因砂晶存在于某些薄壁细胞中，将药材研成粉末后砂晶多分散于药材粉末之中，且数量很少，故难以与药材粉末区别。观察时注意以下几点：第一，砂晶虽然非常少，但大小非常均匀。第二，其形状为小的三角形颗粒，立体感较强。第三，调节微调节器时砂晶常有忽明忽暗的感觉，或略比周围粉末光亮。若用新鲜地骨皮制成徒手切片，观察效果好于粉末制片。

(5)柱晶　取射干粉末少许，按上述方法制片，置显微镜下观察，可见到棱角分明的长柱形晶体，晶体呈透明状。

(6)取大黄根茎粉末的制片 2 片，滴加 6%醋酸，稍等片刻置显微镜下观察，簇晶依然可见；滴加 20%硫酸试液，置显微镜下观察，可见簇晶逐渐溶解，片刻后析出针状硫酸钙结晶；若滴加稀盐酸，草酸钙结晶溶解而无气泡发生。

5. 碳酸钙晶体的观察

(1)取印度橡胶树叶、无花果叶片或桑树叶片，做横切面的徒手切片，置显微镜下观察。一端与细胞壁相连，另一端悬挂在细胞腔内，有一个形似葡萄状的结晶体，称钟乳体。穿心莲叶片钟乳体呈螺旋状。见图 1-13。

(2)取已制好的制片 2 片，滴加 6%醋酸，置显微镜下观察，可见碳酸钙结晶不断溶解并有 CO_2 气泡产生；滴加 20%硫酸试液，置显微镜下观察，可见钟乳体逐渐溶解，片刻后析出针状硫酸钙结晶。

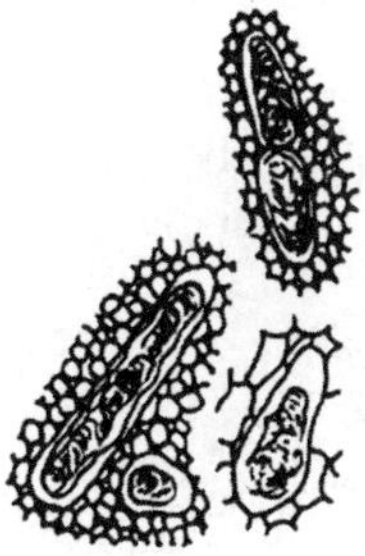

1

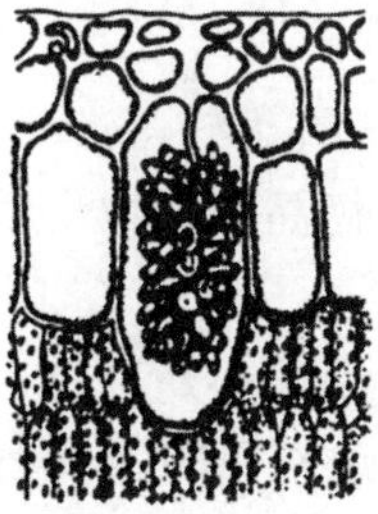

2

1.穿心莲叶内的钟乳体　2.无花果叶内的钟乳体

图 1-13　钟乳体

(二)特化细胞壁性质的鉴定

1.木质化细胞壁

(1)取梨果肉少许置载玻片上，用解剖针将果肉轻轻捣碎，然后滴加间苯三酚试液 1～2 滴，稍放置，加盐酸 1 滴，封片后置镜下观察，可见到许多具有极厚、木质化壁的细胞团或单个细胞，因木质化程度不同，显红色或紫红色。

(2)取夹竹桃幼茎制成徒手切片(横切面)，取薄片放于载玻片上，加间苯三酚和浓硫酸各一滴，然后封片置镜下观察，可见到夹竹桃幼茎横切面内，靠茎髓外侧处被染成樱桃红色或紫红色。

2.木栓化或角质化细胞壁

取黄柏的栓皮做徒手切片(纵切片)，选取较薄的组织切片置于载玻片上，然后滴加 1～2 滴苏丹Ⅲ试液，稍放置或在酒精灯上微微加热后封片观察，可见到栓化细胞壁被染成橙红色。若用五加皮、白鲜皮、黄柏皮等粉末，可直接滴加苏丹Ⅲ试液，经加热冷却后封片，置显微镜下观察，可见木栓化细胞均被染成橙红色，并可清晰地观察到木栓化细胞的形态特征。

3.纤维化细胞壁

取一小块马铃薯块茎，横切若干薄片置于盛水的培养皿中，选择最薄的一片，置于载玻片上，经水合氯醛透化后再滴加 1～2 滴氯化锌碘液染色，然后用稀甘油封片后置于镜下观察，显蓝色或紫色。此外，还可以用碘-碘化钾试剂及 66%硫酸试液染色。

4.角质化细胞壁

取小片夹竹桃叶片做徒手切片，选最薄的片置于载玻片上，滴加 1～2 滴苏丹Ⅲ试液，在酒精灯上轻轻加热，稍放片刻后加 1 滴稀甘油封片，然后置于显微镜下观察，可见到叶的上、下表皮外侧有一条紧紧与表皮细胞连在一起的橙红色亮带即角质层。

5.黏液化细胞壁

黏液化细胞壁是细胞所含有的纤维素和果胶质等成分发生变化而形成的黏液质胶和树脂类物质，这类物质遇水膨胀并有部分溶解，因此在制片过程中要用乙醇装片观察。

取亚麻种子的横切面，置于载玻片上，滴加钌红试液 1～2 滴，盖片后置显微镜下观察，可见到被染成红色的种子外表皮即为黏液化细胞壁。

6.矿质化细胞壁

取木贼或问荆茎一小段做纵切片或用镊子撕去棱脊处的表皮细胞，加水合氯醛透化后，用稀甘油封片，置显微镜下观察，可见矿质化细胞壁呈银灰色、锯齿状。也可用木贼茎或问荆茎粉末制片观察。

此外，细胞壁所含的二氧化硅可溶于醋酸或浓硫酸，可用此种方法鉴别硅质是否存在，同时也是区别草酸钙和碳酸钙晶体的方法之一。

7. 胞间连丝

取马钱子或柿的胚乳做徒手切片，将切下的薄片置于载玻片上，用稀碘液染色后封片，放置数分钟后，置显微镜下观察，可见到胞间连丝被染成淡黄色。

五、实训报告

1. 质体有几种类型？它们的结构与功能之间有何关系？
2. 绘洋葱鳞片叶的内表皮细胞 2～3 个，并注明各部分名称。
3. 绘制马铃薯、半夏、浙贝母淀粉粒的形态图，并注明各部分名称。
4. 绘制桔梗或大丽菊的菊糖形态图。
5. 绘制所观察的各种草酸钙晶体形态图。
6. 绘制印度橡胶树或桑树叶片的钟乳体(碳酸钙晶体）的形态图。
7. 草酸钙晶体与碳酸钙晶体如何鉴别？二者如何区分？
8. 试述纤维素细胞壁、木质化细胞壁、木栓化细胞壁的显微化学反应鉴别方法。

第二节　植物的组织

知识目标

1. 理解植物组织的含义、类型；
2. 掌握分生组织、薄壁组织形态、类型，知道其存在部位；掌握保护组织、机械组织、输导组织、分泌组织的形态、类型和结构特征；
3. 掌握气孔的组成及轴式、毛茸、石细胞、导管、筛管的类型，维管束的含义及其类型；
4. 理解毛茸、石细胞、皮孔、分泌组织等在中药鉴定中的作用。

能力目标

1. 能熟练使用光学显微镜；
2. 能利用显微技术完成植物组织的鉴别。

一、植物组织的类型

植物组织是指在个体发育中来源相同、形态结构相似、机能相同而又彼此相互结合、紧密联系的细胞群，是多细胞植物体内细胞生长、分化的结果。

依据组织的发育程度、形态结构和生理功能不同，植物组织可分为分生组织、薄壁组织、保护组织、机械组织、输导组织和分泌组织等不同的类型。

不同种植物的同一类型的组织通常具有不同的显微特征，在中药材鉴定中是一种常用而又可靠的方法。尤其是对某些药材性状鉴别较为困难的易混品种，或对某些中成药及粉末状药材，利用显微鉴定是行之有效的方法。例如，绵马贯众、单芽狗脊蕨、紫萁贯众这三种植物根茎的外部形态相似，但是内部组织构造不同。

(一) 分生组织

分生组织是植物体中未分化的、具有持续分裂能力的细胞群。存在于植物体根尖、茎尖等活跃的生长部位，分生组织细胞连续或周期性分裂、分化，使植物体细胞数量不断增加，产生各种不同的成熟细胞和组织。由于分生组织的活动，使植物体不同于动物体和人体，可以终生生长。

依据分生组织在植物体内所处的位置不同，主要分为顶端分生组织、居间分生组织和侧生分生组织三类。

1. 顶端分生组织

顶端分生组织分布于根尖和茎尖的顶端分生区。这部分细胞能较长期地保持旺盛的分生能力，它们不断分裂、分化，使根、茎不断进行伸长生长，使植物不断长高。

2. 侧生分生组织

在裸子植物和双子叶植物的根茎等器官中，靠近根茎表面的、与器官长轴平行的方向上，具有呈桶形分布的分生组织，称为侧生分生组织。侧生分生组织的活动可使根和茎不断进行加粗生长。

3. 居间分生组织

居间分生组织是从顶端分生组织细胞保留下来的或由已经分化的薄壁组织重新恢复分生能力而形成的分生组织。位于茎、叶、子房柄、花柄等成熟组织之间。它们不像顶端分生组织和侧生分生组织那样具有无限的分生能力，而只能保持一定时间的分裂与生长，以后完全转变为成熟组织。

居间分生组织的活动导致已经分化的组织区域仍能进行伸长生长，这种生长称为居间生长。禾本科植物茎的节间基部常见这种分生组织，如薏苡、小麦的拔节、抽穗就是居间分生组织细胞旺盛的分裂和迅速分化的结果。

(二) 薄壁组织

薄壁组织也称为基本组织，是植物体内分布最广、占有体积最大、最基本、最重要的组成部分。如根、茎的皮层和髓部，叶肉组织和花的各部分、果实的果肉、种子的胚乳等，主要或全部由薄壁组织构成。薄壁组织在植物体内担负着同化、贮藏、吸收、通气等营养功能，所以又称为营养组织。

薄壁组织细胞分化程度较浅，具有潜在的分生能力，在一定条件下，可转变为分生组织或进一步分化成其他组织，如石细胞、分泌细胞等。薄壁组织的脱分化与再分化在组织再生、创伤愈合、不定根和不定芽的产生中起着重要作用，对嫁接的成活以及组织离体培养等具有实际意义。

根据细胞结构和生理功能不同，薄壁组织通常分为以下几类(图 1-14)：

1. 基本薄壁组织

普遍存在于植物体内各处。细胞通常呈球形、圆柱形、不规则形等，细胞质稀薄，液泡较

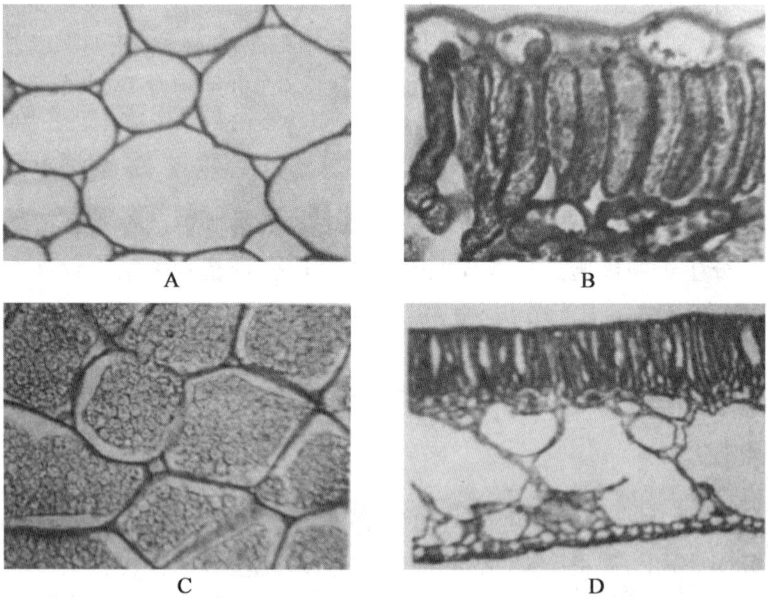

A. 基本组织(薄荷茎)　B. 同化组织(薄荷叶)　C. 贮藏组织(草乌根)　D. 通气组织(睡莲叶)

图 1-14　薄壁组织的类型

(刘春宇,药用植物学与生药学,2014)

大,细胞排列疏松,富有细胞间隙。在根、茎的皮质和髓部,主要起填充和联系其他组织的作用,并具有转化为次生分生组织的机能。

2. 同化薄壁组织

又称绿色薄壁组织,分布于植物体所有的绿色部分,如叶、萼(绿)、发育中的果实和种子、幼茎等。细胞的主要特征是含有叶绿体,能进行光合作用,制造有机物质。

3. 贮藏薄壁组织

贮藏薄壁组织是养料的贮藏和利用场所,主要分布于根、根状茎、果实和种子中。贮存的营养物质主要是淀粉、蛋白质、脂肪和糖类等。如花生种子的子叶细胞中同时贮存蛋白质、脂肪和淀粉;蓖麻种子的胚乳中贮存大量的蛋白质和脂肪油类。

贮藏的物质可以溶解在细胞液中,也可呈固体状态或液体状态分散存在于细胞质中。还有一类贮藏物质沉积在细胞壁上,如柿子、天门冬属等植物种子的胚乳细胞壁上贮存的半纤维素。在某些肉质植物如仙人掌、芦荟等的叶片中,常有非常大的薄壁细胞,这类细胞壁薄、液泡大,含有大量的水分,又称为贮水薄壁组织。

4. 吸收薄壁组织

主要分布在根尖端的根毛区,这一区域的部分表皮细胞外壁向外突起,形成根毛,细胞壁薄、由纤维素构成。主要生理功能是从外界吸收水分和营养物质,并将其运送到输导组织中。

5. 通气薄壁组织

分布于水生或沼泽植物体内,如莲叶柄和灯心草茎髓部。这些薄壁组织具有发达的细胞间隙,间隙在发育过程中互相联结,在体内形成一个四通八达的管道或较大的气腔。具有贮藏气体、漂浮和支持作用。

(三) 保护组织

植物的保护组织覆盖在植物体各个器官的表面，由一层或数层排列紧密的细胞构成，保护着植物的内部组织，控制植物体内外气体交换、防止水分过分蒸腾和病虫侵害以及外界机械损伤等。根据发生先后和形态结构不同，保护组织又可分为初生保护组织（表皮）和次生保护组织（周皮）。

1.表皮

表皮由初生分生组织的原表皮分化而来，通常仅由一层生活细胞构成，少数植物由数层构成，称为复表皮。复表皮可防止水分过度蒸发，如夹竹桃和印度橡胶树的叶片复表皮等。

表皮细胞常为扁平的方形、长方形等，细胞的边缘呈波状、波齿状等，细胞排列紧密，无胞间隙；细胞内有细胞核、大型液泡及少量细胞质，其细胞质紧贴细胞壁，一般不含叶绿体，细胞无色透明。表皮细胞常有白色体和有色体，也可贮有淀粉粒、晶体、单宁、花青素等。表皮细胞的细胞壁外壁较厚，侧壁较薄，内壁最薄，外壁还常有不同类型的特殊结构和附属物。表皮细胞的细胞壁常角质化，并在表面形成一层明显的角质层。有的植物蜡质渗入到角质层里面或分泌到角质层之外，形成蜡被（图 1-15），可防止植物体内水分过分散失，防止病菌侵入。如甘蔗和蓖麻茎、樟树叶、冬瓜的果实、乌桕的种子等都具有明显的白粉状蜡被。还有的植物表皮细胞矿质化，如木贼和禾本科植物的硅质化细胞壁等，可使器官表面粗糙、坚实。

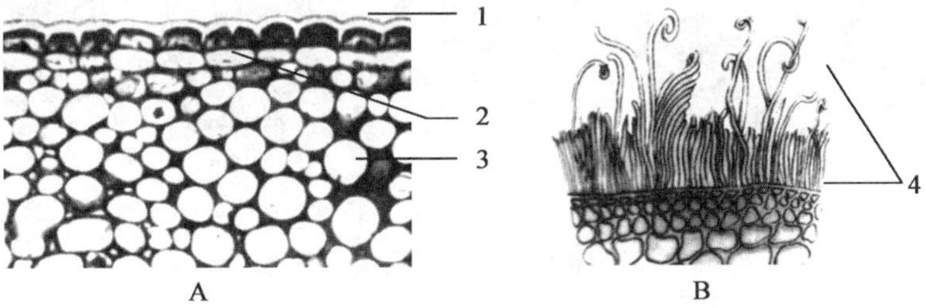

A.常春藤茎的表皮　B.甘蔗茎表皮上的蜡被

1.角质层　2.表皮细胞　3.皮层　4.蜡被

图 1-15　表皮与蜡被

表皮除了典型的表皮细胞外，另有几种不同类型的特化细胞，如表皮上分布的气孔器以及不同类型的毛茸等。角质层、蜡被、气孔器、各式毛茸等常被称为表皮的附属结构。

（1）气孔　植物体的表面不是全部被表皮细胞覆盖的，植物体的叶片和幼嫩茎枝的表皮层上还有许多孔隙，是调节水分蒸腾和气体交换的通道。双子叶植物的孔隙是被两个半月形、肾形或哑铃形的保卫细胞包围的，两个保卫细胞凹入的一面是相对的，中间的孔隙即是气孔（图 1-16）。气孔连同周围的两个保卫细胞合称为气孔器，通常将气孔作气孔器的同义词使用。

保卫细胞通常比周围的表皮细胞小，含有丰富的叶绿体和明显的细胞核，是生活细胞。保卫细胞通过水分的进出来调节气孔的开闭，以控制气体的交换和水分的散失。气孔的张开和关闭受外界环境条件如温度、湿度、光照及二氧化碳浓度等多种因素的影响。

气孔在叶上的分布最多，茎上的气孔较少，根上几乎没有。即使在同一植物的不同叶片

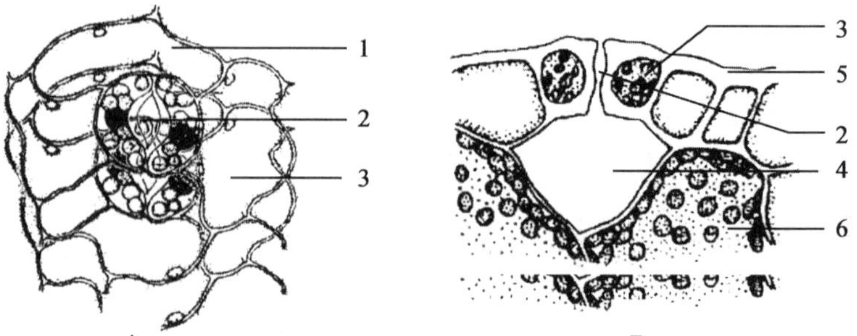

A. 表面观　B. 切面观

1. 表皮细胞　2. 气孔　3. 保卫细胞　4. 气室　5. 角质层　6. 栅栏组织细胞

图 1-16　叶片的表皮与气孔

上，同一叶片的不同部位，气孔的数量都可能不同。

有些植物的气孔，在保卫细胞周围还有一个或多个与表皮细胞形态不同的细胞，称为副卫细胞。气孔的保卫细胞和周围的副卫细胞的排列方式，构成了气孔轴式，或称为气孔类型。双子叶植物常见的气孔轴式有五种(图 1-17)。

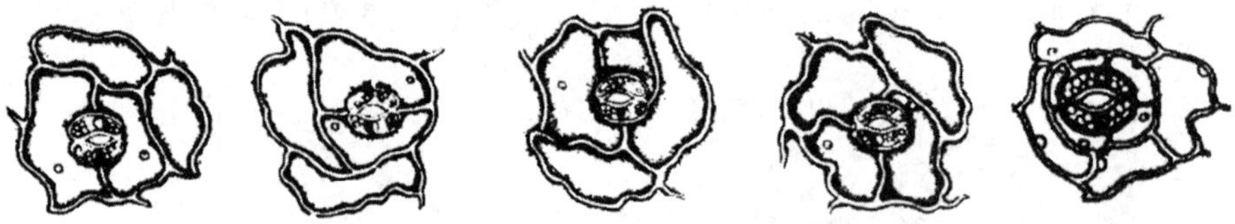

1. 直轴式　2. 平轴式　3. 不等式　4. 不定式　5. 环式

图 1-17　气孔轴式

①直轴式　气孔周围有两个副卫细胞，其长轴与保卫细胞和气孔的长轴垂直，常见于石竹科、爵床科和唇形科等植物的叶。

②平轴式　气孔周围有两个副卫细胞，其长轴与保卫细胞和气孔的长轴平行，如番泻叶、常山叶、茜草叶、菜豆叶和花生叶等。

③不等式　气孔周围的副卫细胞 3～4 个，但大小不等，其中一个明显偏小，常见于十字花科、茄科的烟草属和茄属等植物的叶。

④不定式　气孔周围的副卫细胞数目不定，其大小基本相同，形状与其他表皮细胞基本相似，如艾叶、桑叶、枇杷叶、洋地黄叶等。

⑤环式　气孔周围的副卫细胞数目不定，其形状比其他表皮细胞狭窄，围绕气孔排列成环状，常见于茶、桉树等植物的叶。

各种植物具有不同类型的气孔轴式，而在同一植物的同一器官上也常有两种或两种以上的类型。气孔轴式的不同类型、分布情况等可以作为药材鉴定的依据。

单子叶植物的气孔类型也很多，禾本科植物和莎草科植物的气孔有两个狭长的保卫细胞，膨大时两端成为小球形，好像并排的一对哑铃，中间窄的部分细胞壁特别厚，两端球形部分的细胞壁比较薄。当保卫细胞充水时，气孔开启。当水分减少时，气孔变小或关闭。在保卫细胞的两边还有两个平行排列、略呈三角形的副卫细胞，对气孔的开启有辅助作用，如淡竹叶等（图 1-18）。

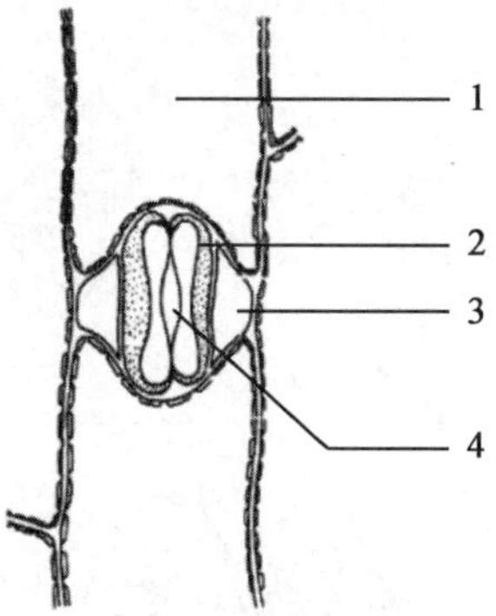

1. 表皮细胞　2. 保卫细胞
3. 副卫细胞　4. 气孔

图 1-18　单子叶植物表皮和气孔（禾本科）

裸子植物的气孔一般都凹入叶表面很深的位置，好像悬挂在副卫细胞之下。裸子植物气孔的类型较多，对裸子植物气孔的分类，需要考虑到副卫细胞的排列关系与来源。

（2）毛茸　毛茸是植物体表面最重要并普遍存在的附属结构，形态多样，具有保护、减少水分过分蒸发、分泌物质等作用。根据其形态结构和功能不同，可分为腺毛和非腺毛两类。

①腺毛　腺毛是一类具有分泌作用的毛茸，由腺头和腺柄两部分组成（图 1-19）。腺头是由一个或几个分泌细胞组成的圆球体，具有分泌作用。腺柄也有单细胞和多细胞之分。如薄荷、车前、莨菪等叶上的腺毛。另外，在薄荷等唇形科植物的叶上，还有一种短柄或无柄的腺毛，略呈扁球形，排列在同一平面上，表面观呈放射状，称为腺鳞。还有些植物的腺毛存在于植物组织内部的细胞间隙中，称为间隙腺毛，如广藿香茎和绵马贯众叶柄及根状茎中的腺毛。腺毛一般分泌挥发油、树脂、黏液等物质。食虫植物的腺毛能分泌多糖类物质，以吸引昆虫；同时还分泌特殊的消化液，将捕捉到的昆虫分解、消化等。

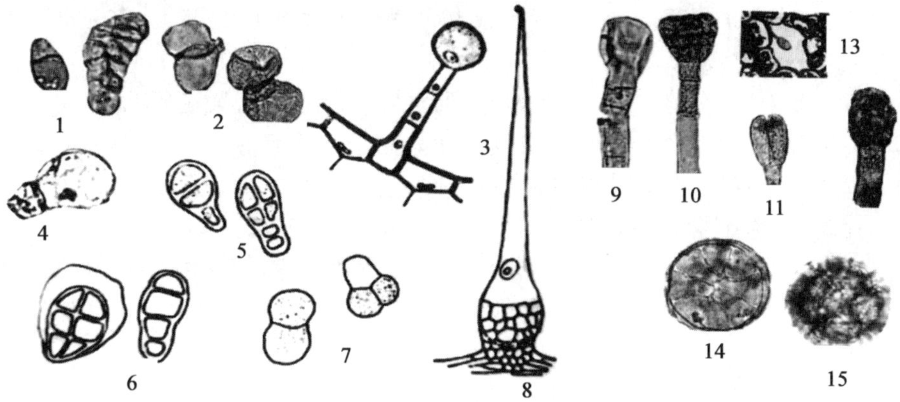

1～13. 腺毛（1. 谷精草　2. 洋金花　3. 天竺葵茎　4. 金钱草　5. 仙鹤草茎　6. 艾叶　7. 密蒙花
8. 荨麻叶　9. 款冬花　10. 金银花　11. 平车前叶　12. 白花曼陀罗
13. 粗茎鳞毛蕨叶柄间隙腺毛）　14. 薄荷叶腺鳞　15. 罗勒腺鳞

图 1-19　腺毛与腺鳞

②非腺毛　非腺毛由单细胞或多细胞构成，无头、柄之分，末端通常尖狭，不能分泌物质，起机械保护作用，还可以增加阳光反射，降低叶表温度，减少水分散失、抵御昆虫的侵袭、帮助种子撒播以及保护植物免受动物啃食。非腺毛的种类很多，常见的有以下几种（图 1-20）。

线状毛：毛茸呈线状，单细胞构成的，如忍冬和番泻叶的毛茸；多细胞组成单列的，如洋地黄叶上的毛茸；多细胞组成多列的，如旋覆花的毛茸；有的表面可见角质螺纹，如金银花；还有的壁上有疣状突起，如白花曼陀罗。

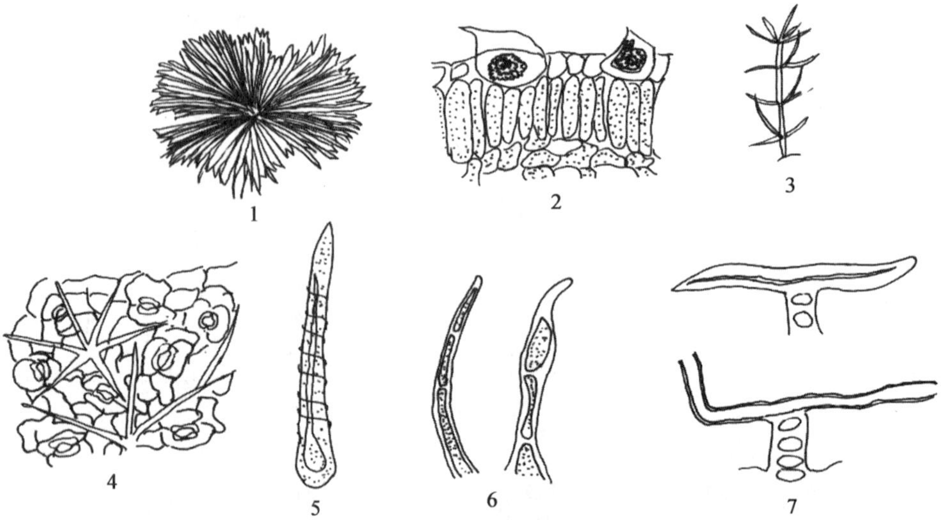

1. 鳞毛(胡颓子叶)　2. 棘毛(大麻叶)　3. 分枝毛(毛蕊花)　4. 星状毛(蜀葵叶)
5. 单细胞非腺毛(金银花)　6. 多细胞非腺毛(洋金花)　7. 丁字毛(艾叶)

图 1-20　各种非腺毛

分枝毛:毛茸呈分枝状,如毛蕊花、裸花紫珠叶的毛茸。

棘毛:细胞壁一般厚而坚硬,细胞内有结晶体沉积,如大麻叶的棘毛,其基部有钟乳体沉积。

星状毛:毛茸呈放射状,分枝如星,如芙蓉叶、蜀葵叶、石韦叶、密蒙花的毛茸。

鳞毛:毛茸突出部分呈鳞片状或圆形平顶状,如胡颓子叶的毛茸。

丁字毛:毛茸呈丁字形,如菊科艾叶和除虫菊叶的毛茸。

螫毛:毛茸较脆,液泡中含蚁酸,刺激皮肤,剧痛,如荨麻的毛茸。

各种植物具有不同形态的毛茸,可作为药材鉴定的重要依据。但在同一植物甚至同一器官上也常有不同类型的毛茸。例如,薄荷叶上既有非腺毛又有不同形状的腺毛和腺鳞。

2. 周皮

大多数草本植物器官的表面终生只具有初生保护组织——表皮。木本植物的叶片始终只具有表皮,而根和茎的表皮只在幼年期存在,当次生生长开始后,由于根和茎进行加粗生长,表皮层被破坏,植物体相应形成次生保护组织——周皮,代替表皮行使保护作用(图 1-21)。

周皮的形成由侧生分生组织木栓形成层的活动开始,向外作切向分裂产生多层木栓细胞,形成木栓层;向内分裂产生少量细胞,形成栓内层。木栓层、木栓形成层和栓内层合称周皮。木栓形成层通常只有一层细胞,在茎中多由皮层或韧皮薄壁细胞恢复分生能力产生;在根中多由中柱鞘产生。随着植物体的生长,木栓层细胞层数不断增加。通常木栓细胞呈扁平状,横切面观呈长方形,细胞内原生质解体,胞腔内充满空气,为死亡细胞;细胞壁较厚且高度栓质化,栓质化细胞不易透水、透气,对植物体起到很好的保护作用。栓内层是生活的薄壁细胞,通常只有 1～2 层,排列疏松,茎内的栓内层细胞常含有叶绿体,所以又称绿皮层。除了根和茎有木栓层存在外,还有一些植物的块根、块茎的表面也可存在木栓层。

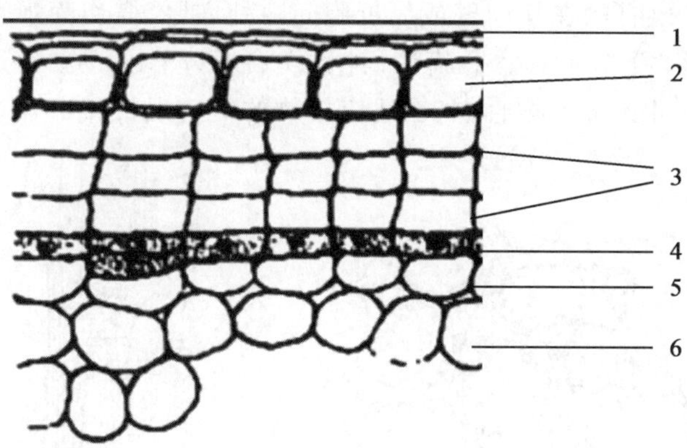

1.角质层 2.表皮 3.木栓层 4.木栓形成层 5.栓内层 6.皮层

图 1-21 密花豆的周皮

（姚振生，药用植物学，2004）

在周皮的形成过程中，位于表皮气孔下的木栓形成层不产生木栓细胞，而产生大量排列疏松的薄壁细胞，称为补充细胞。补充细胞逐渐增多，结果突破表皮或木栓层组织，在枝干的表面裂成唇状突起，显出圆形、椭圆形及线形的轮廓，称为皮孔（图 1-22 ）。皮孔为周皮上的通气组织。皮孔的形状、大小、色泽、分布密度随植物种类而异，可作为皮类药材的一种鉴定特征。

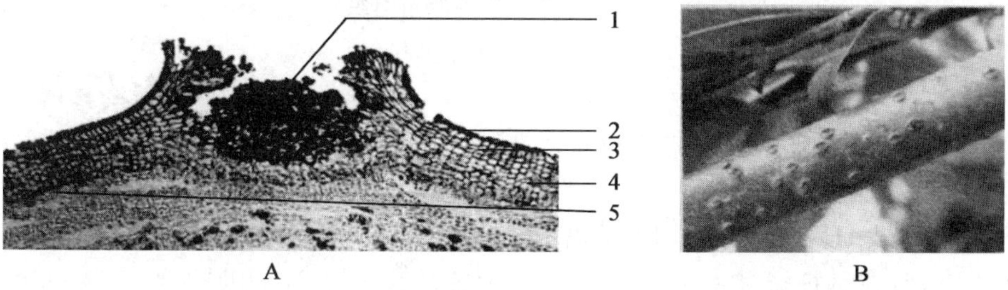

A　　B

A.接骨木茎上的皮孔 B.东北连翘茎上的皮孔

1.填充细胞 2.表皮 3.木栓层 4.木栓形成层 5.栓内层

图 1-22 皮孔

（刘春宇，药用植物学与生药学，2014）

(四)机械组织

机械组织是指植物体内起巩固和支持作用的成熟组织。它有很强的抗压和抗曲能力，植物能有一定的硬度，枝干能挺立，叶片能平展，能经受狂风暴雨及其他外力的侵袭，都与这种组织的存在密切相关。植物体的幼嫩部分完全没有机械组织或很不发达，依靠其细胞产生的膨压保持直立伸展状态。随着植物体的生长成熟，才逐渐分化出机械组织。根据细胞形态、结构及细胞壁增厚方式不同，机械组织可分为厚角组织和厚壁组织两大类。

1.厚角组织

厚角组织是初生的机械组织，由生活细胞构成。细胞内含有原生质体，具有潜在的分生能力。接近表皮的厚角组织常具有叶绿体，可进行光合作用。厚角组织细胞壁不均匀增厚，且加厚一般在细胞角隅处。也有的在切向壁或靠近胞间隙处增厚，横切面观察细胞常呈多角形，纵切面观察细胞呈细长形，两端可略呈平截状、斜状或尖形（图 1-23）。厚角组织有一定的坚韧性、可塑性和延伸性，即可支持植物直立，也适应植物的迅速生长。

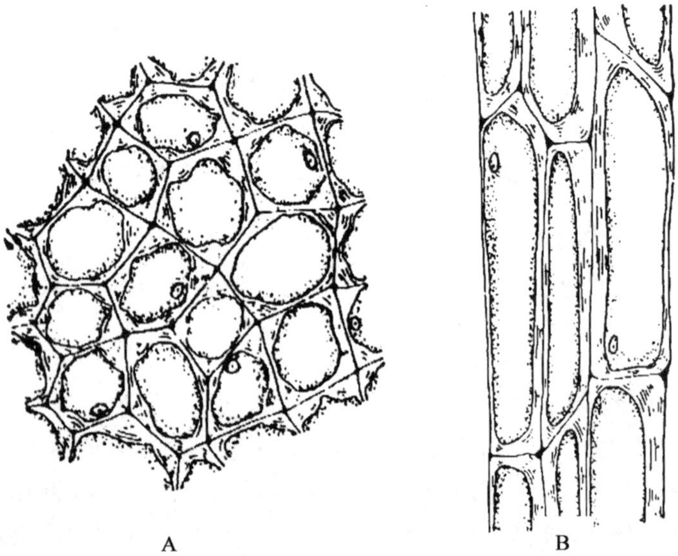

A. 横切面　B. 纵切面

图 1-23　薄荷茎的厚角组织

（杜勤，药用植物学，2010）

厚角组织常存在于草本植物的茎和尚未进行次生生长的木质茎中，以及叶片主脉上下两侧和叶柄、花柄的外侧部分，根中一般不存在。厚角组织一般总是分布于器官的外围，直接位于表皮下，或与表皮只隔开一层或几层薄壁细胞。在茎和叶柄中厚角组织往往成连续的圆筒状或分离成束，常在具棱脊状突起的茎和叶柄中棱的部分特别发达，能增强茎和叶柄的支持力。如益母草、薄荷、南瓜等植物的茎，芹菜叶柄的棱角处就是厚角组织集中分布的位置。

根据厚角组织细胞壁加厚方式不同，将其分为三种类型：

（1）角隅厚角组织　又称为真厚角组织，是普遍存在的一种类型，细胞壁在几个相邻细胞的角隅处显著加厚，如薄荷属、曼陀罗属、南瓜属等植物。

（2）板状厚角组织　又称为片状厚角组织，细胞壁的切向壁加厚，如榆属、泽兰属、接骨木属植物。

（3）腔隙厚角组织　在具有细胞间隙的厚角组织中，对着细胞间隙的细胞壁加厚，如夏枯草属、锦葵属等植物。

2. 厚壁组织

厚壁组织的细胞具有均匀增厚的细胞壁，大多木质化，常有明显的层纹和纹孔，细胞腔小。成熟细胞没有原生质体，为死细胞。根据厚壁组织的细胞形态和存在方式分为纤维和石细胞。

（1）纤维　纤维通常为两端尖斜的长细胞，具有明显增厚的次生壁，加厚的主要成分是纤维素和木质素。壁上有少数纹孔。细胞腔小或几乎没有。纤维细胞以尖端互相穿插连接，形成植物器官的坚硬支柱，广泛分布于种子植物的根、茎、叶，也可存在于某些植物果实中，如丝瓜络。根据纤维在植物体内的发生位置，纤维通常分为木纤维和木质部外纤维。

①木纤维　木纤维分布于被子植物的木质部，为长轴形纺锤细胞，长度约为 1 mm，细胞壁均木质化，细胞腔小或无，壁上具有不同形状的退化具缘纹孔或裂隙状单纹孔，木纤维细胞壁增厚程度随植物种类和生长部位以及生长时期的不同而异。黄连、大戟、川乌、牛膝等一些植物木纤维较薄，而栎树、栗树的木纤维细胞壁则常强烈增厚。春季生长的木纤维细胞壁较薄，秋季生长的木纤维细胞壁较厚。

在沉香、檀香等植物的次生木质部中，还有一种细胞壁厚并具有裂缝式的单纹孔，纹孔数目较少，这种纤维称为韧型纤维。

裸子植物的木质部没有纤维，主要由管胞组成，管胞同时具有输导和机械作用，从植物演化角度表明了裸子植物组织分工不如被子植物详细，也是裸子植物较被子植物原始的特征之一。

②木质部外纤维　多分布在韧皮部，也称为韧皮纤维。除了韧皮部，基本组织和皮层中也常存在。一些单子叶植物特别是禾本科植物的茎中，常在表皮下不同位置有呈环状的纤维存在。

韧皮纤维细胞两端尖细，长度是宽度的数倍，甚至是千倍以上。细胞壁极度增厚，胞腔呈狭窄的缝隙状，常集合成束。横切面上细胞呈多角形、圆形和长卵形等。细胞壁上具有同心环斑。韧皮纤维细胞壁增厚部分多为纤维素，所以坚韧而有弹性，在植物体中抗折断、能弯曲，有很强的支持作用，如苎麻、亚麻、桑等植物的纤维。

此外，在药材鉴定中，还可以见到以下几种特殊类型（图 1-24 ）。

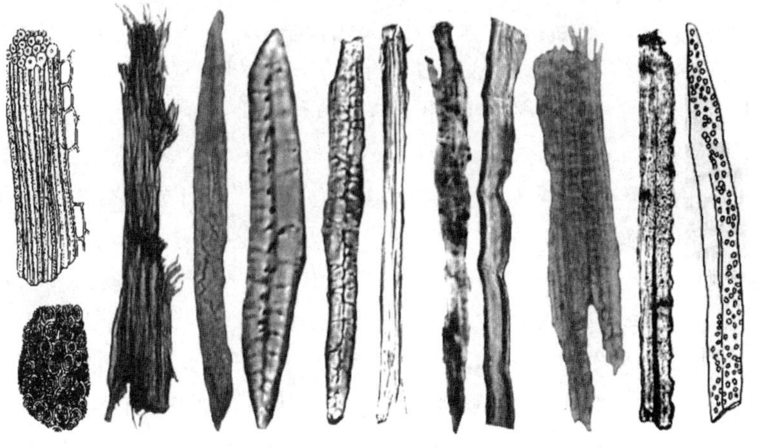

1. 纤维束（上：纵向观；下：横向观）　2. 黄芪的纤维束　3～11. 纤维（3. 肉桂　4. 黄芩　5. 丹参　6. 桑白皮　7. 东北铁线莲的分枝纤维　8. 姜的分隔纤维　9. 黄柏的晶鞘纤维　10. 麻黄的含晶纤维　11. 南五味子根的嵌晶纤维）

图 1-24　几种特殊类型的纤维

晶鞘纤维：在纤维束外围有一层或几层含有晶体的薄壁细胞，这种由纤维束和含晶体的薄壁细胞组成的复合体称为晶鞘纤维。甘草、黄柏、葛根等植物的晶鞘纤维中含有方晶；石竹、瞿麦等植物的晶鞘纤维中含有簇晶。

分隔纤维:是一种细胞腔中生有极薄横隔膜的纤维。如姜、葡萄属植物的木质部和韧皮部中,以及在茶蔍子的木质部里均有分布。

分枝纤维:长梭形纤维顶端具有明显的分枝,如东北铁线莲中的纤维。

嵌晶纤维:纤维细胞次生壁外层嵌有一些细小的草酸钙方晶或砂晶,如冷饭团的根和南五味子的根皮中的纤维嵌有方晶,草麻黄茎的纤维嵌有细小的砂晶。

(2)石细胞　石细胞是较短的厚壁细胞。它的次生壁极度增厚,均木质化,有时也有栓质化,细胞腔极小,细胞在发育过程中原生质体消失,成为死细胞。石细胞是由薄壁细胞的细胞壁极度增厚形成的厚壁细胞,细胞壁上的单纹孔变长而形成沟状;很多纹孔彼此汇合而形成分枝状。石细胞形状多样,多为等径细胞,长度一般不超过宽度的 3～4 倍,也有较长的,或呈不规则分枝状,或星芒状(图 1-25)。

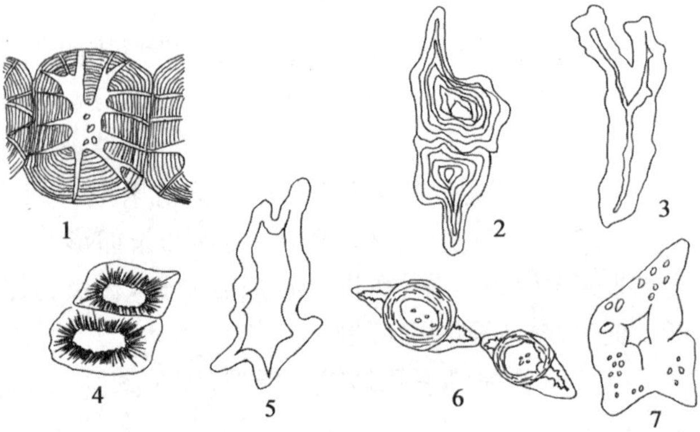

1.梨果肉石细胞　2.黄柏石细胞　3.茶叶石细胞　4.五味子种皮外层石细胞
5.厚朴石细胞　6.苦杏仁石细胞　7.南五味子根嵌晶石细胞

图 1-25　不同类型的石细胞

石细胞多见于植物的茎、叶、果实、种子中,可单独存在,也可成群分散于薄壁组织中,有时还可连续成环分布。石细胞也常存在于某些植物的果皮和种皮中,组成坚硬的保护组织,如椰子、核桃等坚硬的内果皮及菜豆、栀子种皮等。石细胞亦常见于茎的皮层中,如黄柏、黄藤;或存在于髓部,如三角叶黄连、白薇等;或存在于维管束中,如厚朴、肉桂、杜仲等。

不同形状的石细胞是生药鉴定的重要特征之一。药材中最常见的是等径的石细胞。如梨果肉中石细胞是近等径的圆形或类圆形;黄芩、川乌根中的石细胞呈长方形、类方形、多角形且壁较薄;乌梅种皮中的石细胞呈壳状、盔状;厚朴、黄柏中的石细胞不规则。此外,还有一些特殊类型的石细胞。山茶叶柄中的石细胞呈分枝状;山桃种皮中的石细胞形状犹如较长的非腺毛;虎杖根及根茎中的石细胞腔内产生薄的横隔膜;南五味子根皮、桑寄生叶的细胞腔内含有不同形状的晶体。紫荆皮石细胞的次生壁外层嵌有非常细小的草酸钙晶体,并常突出于表面。

(五) 输导组织

植物的根从土壤中吸收的水分、无机盐以及叶的光合作用产物,都要在植物各器官之间、各组织及各细胞之间运输。低等植物的物质运输主要通过细胞间传输;蕨类植物、裸子植物、被子植物的物质运输通过输导组织完成。

输导组织是植物体内担负物质长途运输的主要组织，也称维管组织。细胞一般分化呈管状，上下相接，遍布于整个植物体内。根据其构造和运输物质的不同分为两类：一类是木质部中的导管和管胞；另一类是韧皮部中的筛管、伴胞和筛胞。

1. 导管和管胞

导管和管胞是存在于木质部中的管状输导组织。

（1）导管　普遍存在于被子植物的木质部中，是被子植物的主要输水组织，仅少数原始被子植物和一些寄生植物无导管，如金粟兰科草珊瑚属等植物；但少数进化的裸子植物类群，如麻黄科植物和小部分蕨类植物则有导管存在。导管是由许多长管状、细胞壁木质化的一系列没有原生质体的细胞（导管分子）纵向首尾相连而成的一个贯通的管状结构，输水效率较高。导管分子长度一般几厘米至数米。相邻导管分子横壁溶解成穿孔，具有穿孔的横壁，称为穿孔板。如果导管分子之间的横壁溶解成一个大的穿孔，称为单穿孔板；有些植物中的导管分子横壁并未完全消失，只在横壁上形成许多大小、形状不同的穿孔，呈几条平行排列的长形穿孔，称为梯状穿孔板，如椴树；而麻黄属植物导管分子的横壁具有很多圆形的穿孔，形成了特殊的麻黄式穿孔板；紫葳科一些植物的导管分子之间形成了网状穿孔板（图 1-26）。每个导管分子的侧壁上还存在许多不同类型的纹孔，相邻的导管又可以通过侧壁上的纹孔运输水分。

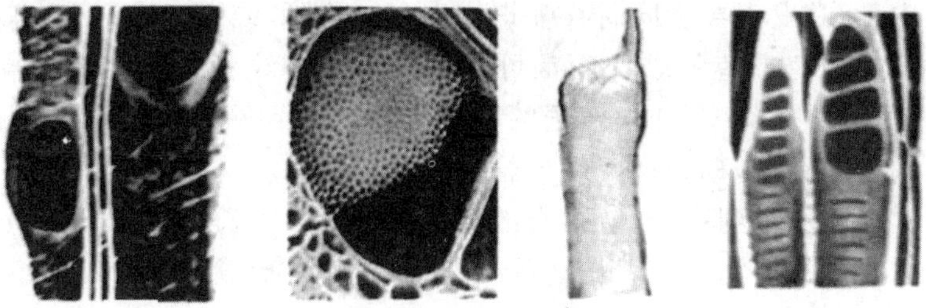

A　　B　　C　　D

A. 单穿孔板　B. 筛状穿孔板（麻黄式）　C. 网状穿孔板　D. 梯状穿孔板

图 1-26　导管分子的穿孔板

（刘春宇，药用植物学与生药学，2014）

导管在形成过程中其木质化的次生壁不是均匀增厚，从而形成了不同的纹理或纹孔。根据导管增厚形成的纹理不同，常分为下列几种类型（图 1-27 ）。

①环纹导管　导管壁上增厚部分呈环状，未增厚部分仍为薄壁，有利于伸长生长。导管直径小，常出现在植物器官幼嫩的部分，如半夏的块茎及凤仙花的幼茎中的导管。

②螺纹导管　导管壁上增厚部分呈螺旋状，直径较小，这种增厚也不影响导管伸长生长，多存在于植物器官幼嫩的部分，并和环纹导管一样，容易与初生壁分离，如南瓜茎、天南星块茎中的导管。常见的“藕断丝连”中的丝就是螺纹导管中的螺旋带状的次生壁与初生壁分开的现象。

③梯纹导管　导管壁上增厚部分为连续部分，与未增厚部分间隔分开，两者之间形成梯形。如常山根、葡萄茎中的导管。

④网纹导管　导管增厚的木质化次生壁交织成网状，网孔是未增厚部分。如大黄和苍术根中的导管。

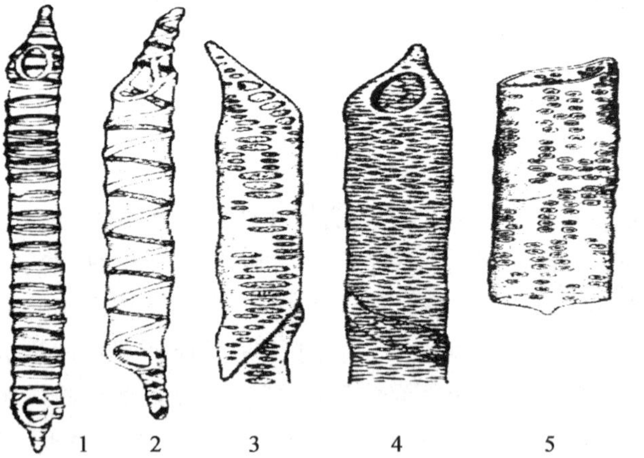

1. 环纹导管　2. 螺纹导管　3. 梯纹导管　4. 网纹导管　5. 孔纹导管

图 1-27　导管的类型

⑤孔纹导管　导管次生壁几乎完全木质化增厚，未增厚部分为单纹孔或具缘纹孔。如甘草根、赤芍根中的导管。

在实际观察中，经常发现导管同时存在螺纹和环纹增厚，或同一导管上有螺纹和梯纹等两种以上类型的导管。如南瓜茎的纵切面常可见到典型的环纹和螺纹存在于同一导管上。另外，还有一些导管呈现中间类型，如大黄根的粉末中常可见到网纹未增厚的部分横向延长，出现了梯纹和网纹的中间类型，称为梯网纹导管。

导管的长度常在几厘米到一米左右，有的藤本植物的导管长达几米，这种长而贯通的管状结构非常有利于水溶液的运输。随着植物的生长，一些较早形成的导管常相继失去功能，相邻的薄壁细胞膨胀，通过导管上的未增厚部分或纹孔侵入导管腔内，形成大小不同的囊状突出物，这种堵塞导管的囊状突出物叫作侵填体。早期原生质和细胞核等可随着细胞壁的突进而流入其中，后来则由单宁、树脂等物质填充。由于侵填体的影响，植物体内水溶液的运输并不是由一条导管由下直接向上输导，而是经过多条导管曲折向上运输。侵填体的产生对病菌的侵害起到一定的阻断作用，其中有些物质也是中药的有效成分。

(2)管胞　管胞是绝大部分裸子植物和蕨类植物的输水细胞，同时还具有支持作用。在被子植物的叶柄和叶脉中也可发现管胞，但较少。管胞与导管有明显的差别，每个管胞是一个死亡细胞，呈长管状，但两端尖斜不形成穿孔，相邻管胞之间不能靠端部连接进行输导，而是通过相邻管胞侧壁上的纹孔输导水分，所以管胞的输导能力比导管低，为一类原始的输导组织。管胞和导管分子形态又有高度相似性，其木质化的次生壁的增厚也常形成类似导管的环纹、螺纹、梯纹、孔纹等类型。因此，导管、管胞在药材粉末鉴定中很难分辨，所以常采用解离的方法将细胞分开，观察管胞分子的形态(图 1-28)。

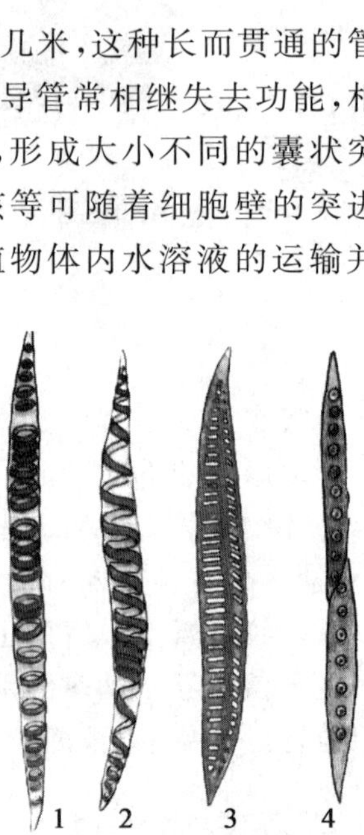

1. 环纹管胞　2. 螺纹管胞
3. 梯纹管胞　4. 孔纹管胞

图 1-28　管胞的类型

裸子植物的管胞一般长 5 mm，松科、柏科植物的管胞上，可见到一种典型的具有纹孔塞的具缘纹孔。此外在沉香、芍药、天门冬等植物的次生木质部中，有一种纤维管胞，它是管胞和纤维之间的一种中间类型的长梭形细胞，末端较尖、细胞壁上具双凸镜状或裂缝状开口的纹孔，厚度在管胞和纤维之间。

2. 筛管、伴胞和筛胞

筛管、伴胞和筛胞是位于维管组织韧皮部中的输导组织。

(1)筛管　筛管主要存在于被子植物韧皮部中，是运输光合作用产生的有机物质的管状结构，由一些生活的管状细胞纵向连接而成。组成筛管的每一个管状细胞称为筛管分子。筛管分子是生活细胞，细胞成熟后细胞核消失；细胞壁为初生壁，主要由纤维素和果胶构成，未木质化，不增厚。两个相连的筛管分子横壁有许多小孔，称为筛孔，具有筛孔的横壁称为筛板。纵向相邻的两个筛管分子由原生质丝通过筛孔彼此相连，与胞间连丝情况类似。秋季这些原生质丝常浓缩联合形成较粗壮的索状，称为联络索。一些植物的筛孔也存在于筛管的侧壁上，使横向相邻的筛管分子彼此联系。在筛板或筛管侧壁上，筛孔集中分布的区域称为筛域。在一个筛板上只有一个筛域的，称为单筛板；分布数个筛域的，称为复筛板。联络索通过筛孔上下相连，彼此贯通，形成同化产物运输的通道(图 1-29)。

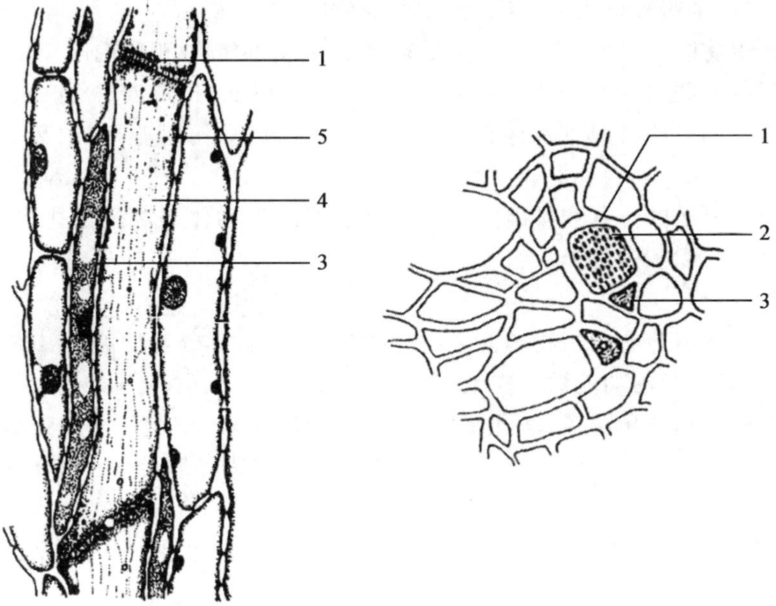

1. 筛板　2. 筛孔　3. 伴胞　4. 筛管　5. 韧皮薄壁细胞

图 1-29　筛管及伴胞

早期的筛管分子中有细胞核和浓厚的细胞质；在筛管形成过程中，细胞核逐渐溶解而消失，细胞质减少；筛管形成后，筛管细胞成为无核的生活细胞。但近年有人研究认为，筛管细胞核始终存在，并且是多核结构，因核小分散，不易观察到。

筛板形成以后，在筛孔周围绕联络索可逐渐积累一些碳水化合物，称为胼胝质，随着筛管的不断老化，胼胝质不断增多，最后形成垫状物，称为胼胝体，一旦胼胝体形成，筛孔将会被堵塞，联络索中断，筛管也将失去运输功能。一些多年生的双子叶植物的筛管在冬季来临前形成胼胝体，使筛管暂时失去运输功能，来年春季胼胝体溶解，筛管又逐渐恢复输导功能；一些较老的筛管形成胼胝体后彻底失去输导功能。多年生的单子叶植物筛管可保持长期甚至整个生活期的输导功能。

(2)伴胞　在筛管分子的旁边有一个小而细长的薄壁细胞，和筛管相伴存在，称为伴胞(图1-29)。伴胞和筛管是由同一个母细胞不均等纵裂而形成的，其中较大的子细胞形成筛管分子，较小的子细胞形成伴胞。伴胞有时还可再横向分裂，形成一纵列多个伴胞。伴胞与筛管相邻的壁上常有许多纹孔，有胞间连丝相联系。伴胞细胞质浓，细胞核大，含有多种酶类物质，生理活动旺盛。研究表明，筛管的运输功能和伴胞的生理活动密切相关，筛管失去功能后，伴胞也随之失去生理活性。

(3)筛胞　筛胞是蕨类植物和裸子植物运输同化产物的输导分子。筛胞是单个狭长的生活细胞，无伴胞存在，直径较小，两端尖斜，没有特化的筛板，只有存在于侧壁上的筛域，不能像筛管那样首尾相连成管状，只能是彼此相重叠而存在，靠侧壁上筛域的筛孔运输，因此输导效能较差，是比较原始的输导结构。

(六)分泌组织

某些植物的部分细胞能分泌一些特殊的物质，如挥发油、黏液、树脂、蜜汁、乳汁、单宁、盐类和杀菌素等，这种细胞被称为分泌细胞。由分泌细胞组成的组织称为分泌组织。分泌组织有的可以防止组织腐烂、帮助创伤愈合、免受动物吃食、排除或贮积体内废弃物；有的可以引诱昆虫、以利于传粉；有些植物的分泌物可做药用，如乳香、没药、松节油、樟脑、松香、蜜汁以及各种芳香油等。植物的某些科属中常具有特定的分泌组织或分泌细胞，在中药鉴别中有一定的价值。

根据分泌细胞分布的位置和排出的分泌物是积累在植物体内部还是排出体外，常把分泌组织分为外部分泌组织和内部分泌组织。

1. 外部分泌组织

外部分泌组织是指分布在植物体体表部分的分泌结构，其分泌物被排出体外(图1-30)。

(1)腺毛　是具有分泌功能的表皮毛，常由表皮细胞分化而来。腺毛有腺头和腺柄之分，其腺头细胞被较厚的角质层覆盖，其分泌物可由分泌细胞排出细胞体外而积聚在细胞壁和角质层之间，分泌物可由角质层渗出，或角质层破裂后散发出来。腺毛多存在于植物的茎、叶、芽鳞、子房、花萼、花冠等部位。

另外，在滨藜属一些植物的叶表面，有一种可分泌盐的腺毛，由一个柄细胞和一个基细胞组成。

(2)蜜腺　是分泌蜜液的腺体，由一层表皮细胞及其下面数层细胞特化而成。与相邻的细胞相比，蜜腺细胞的细胞壁比较薄，无角质层或角质层很薄，细胞质较浓。细胞质产生的蜜液经腺体表皮上的气孔排出或通过角质层扩散。蜜腺下常有维管组织分布，一般位于花萼、花冠、子房或花柱的基部，为花蜜腺。具蜜腺的花均为虫媒花。蜜腺还可存在于茎、叶、托叶、花柄处，称为花外蜜腺。如蚕豆托叶的紫黑色腺点，梧桐叶下的红色小斑及桃和樱桃叶片基部均有蜜腺。

部分盐生植物，如矶松属的一些植物，其茎、叶具有排盐的分泌腺；柽柳属植物的表面具有由几个分泌细胞和基部收集细胞组成的泌盐腺。

2. 内部分泌组织

内部分泌组织分布在植物体内，其分泌物也积存在体内。常见的有分泌细胞、分泌腔、分

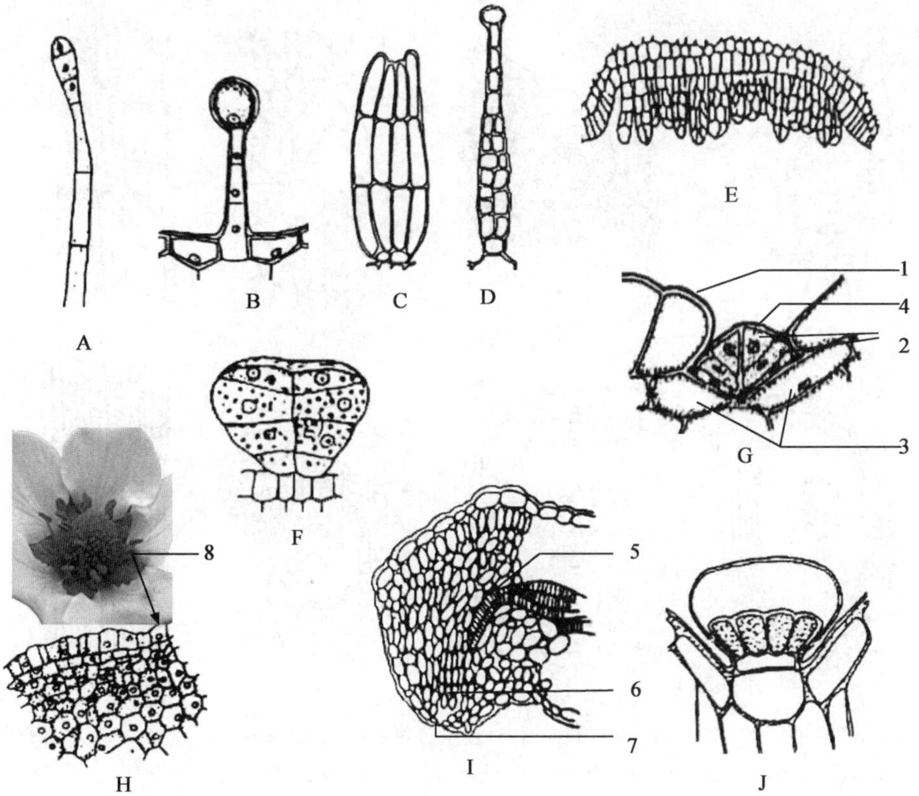

A. 烟草的腺毛　B. 天竺葵茎上的腺毛　C. 大酸模的黏液分泌毛　D. 荨麻属花萼的蜜腺毛
E. 棉叶主脉处的蜜腺　F. 薄荷属的腺鳞　G. 柽柳属叶上的盐腺　H. 草莓花蜜腺
I. 番茄叶缘的吐水器　J. 百里香叶表皮上的腺鳞
1. 角质层　2. 分泌细胞　3. 收集细胞　4. 孔　5. 管胞末端
6. 通水组织　7. 水孔　8. 雄蕊的花丝

图 1-30　外部分泌组织

泌道和乳汁管等(图 1-31)。

(1)分泌细胞　单个分散在植物体内,具有分泌能力的细胞,通常比周围细胞大。分泌细胞多呈圆球形、椭圆形、囊状、分枝状等,常将分泌物积聚在细胞中,当分泌物充满整个细胞时,细胞壁往往木栓化,这时分泌细胞失去分泌能力,其作用就犹如贮藏室。由于分泌物质不同又可分为不同种类:油细胞(含挥发油),如姜、桂皮、菖蒲等;黏液细胞,如半夏、玉竹、山药、白及等;单宁细胞,如豆科、蔷薇科等的部分植物;芥子酶细胞,如十字花科、白花菜科等植物。

(2)分泌腔　分泌腔也称为分泌囊或油室,常发现于柑橘类果皮和叶肉以及桉叶叶肉中。根据形成的过程和结构,分为两类:一类是溶生式分泌腔,位于薄壁基本组织中的一些分泌细胞,随着分泌的物质逐渐增多,最后使分泌细胞本身破裂溶解,就在体内形成一个含有分泌物的腔室,腔室周围的细胞常破碎不完整,如陈皮、橘叶等;另一类是裂生式分泌腔,由基本薄壁组织中的一群分泌细胞彼此分离,胞间隙扩大而形成的腔室,分泌细胞不受破坏,完整地包围着腔室,如金丝桃、漆树等植物的叶片以及当归的根等。

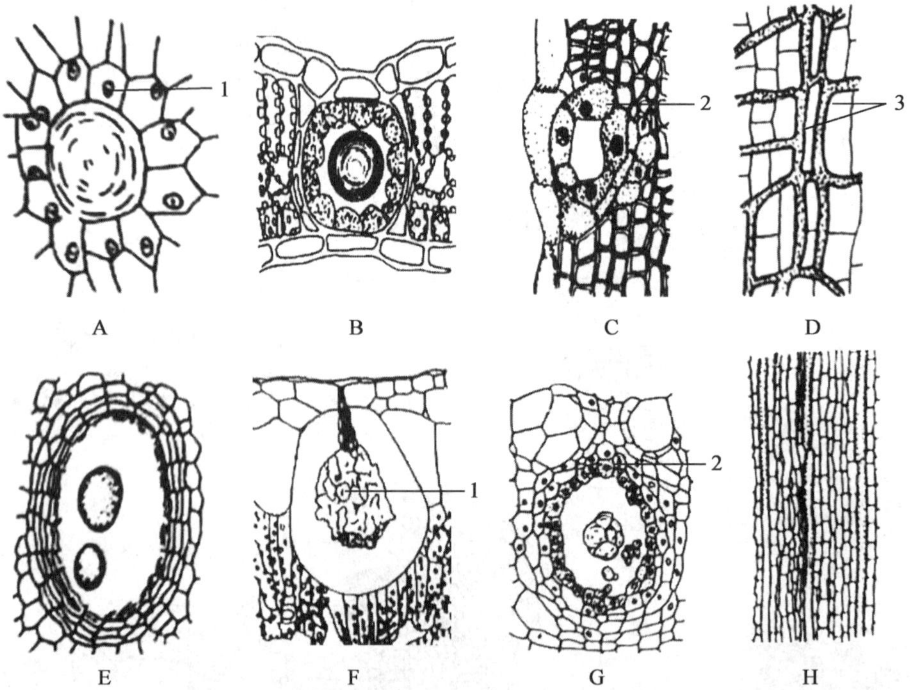

A. 鹅掌楸芽鳞中的分泌细胞　B. 金丝桃叶中的裂生分泌腔　C. 松树的树脂道　D. 蒲公英的乳汁管
E. 柑橘果皮中的分泌腔　F. 三叶橡胶中的含钟乳体细胞　G. 漆树的漆汁道　H. 大蒜中的有节乳汁管
1. 钟乳体　2. 分泌细胞　3. 乳汁管

图 1-31　内部分泌组织

(3)分泌道　分泌道是由一些分泌细胞彼此分离形成一个长管状间隙的腔道，周围分泌细胞称为上皮细胞，上皮细胞产生的分泌物贮存于腔道中。根据分泌物的种类命名：松树茎中的分泌道贮藏着树脂，称为树脂道；小茴香果实的分泌道贮藏着挥发油，称为油管；美人蕉和椴树的分泌道贮藏着黏液，称为黏液道或黏液管。

(4)乳汁管　是能分泌乳汁的长管状细胞，单个或多个连接而成的管状结构。常可分枝，在植物体内形成系统。构成乳汁管的细胞是生活细胞，细胞质稀、常有多个细胞核，液泡里含有大量乳汁。乳汁管的分泌物还可存在于整个细胞质中，如巴西橡胶树。乳汁管的分泌物常黏质性，呈乳白色、黄色或橙色。分泌物的成分复杂，主要为糖类、蛋白质、橡胶、生物碱等。

具有乳汁管的植物很多，如菊科蒲公英属、莴苣属；大戟科大戟属、橡胶树属；桑科桑属、榕树属等。乳汁管分布在器官的薄壁组织中，如皮层、髓部以及子房壁内等，具有贮藏和运输营养物质的机能。根据乳汁管的发育和结构可将其分成两类：

①无节乳汁管　每个乳汁管仅由一个细胞构成，细胞分枝、长度可达数米，如夹竹桃科、萝摩科、桑科以及大戟科的大戟属等部分植物的乳汁管。

②有节乳汁管　每个乳汁管是由许多细胞连接形成的，连接处的细胞壁溶解贯通，成为多核而巨大的管道系统，乳汁管可分枝或不分枝，如菊科、桔梗科、罂粟科等一些植物的乳汁管。

二、植物体内的维管系统

(一)维管束的概念与组成

输导组织贯穿于整个植株,担负着植物体内物质的运输任务,同时对植物器官起支持作用,在植物体内形成了一个完善的输导系统。由于输导组织的主要细胞形状呈管状,所以又称为维管组织,输导系统又称为维管系统。维管系统的发生是植物从水生到陆生长期适应环境的结果。凡具有维管系统的植物统称维管植物,包括蕨类植物和种子植物。维管系统的产生使得水分、矿物质和有机养料能够在植物体内进行有效的运输和分配,使维管植物成为最繁茂的陆生植物。由于维管组织的细胞常常聚集呈束状分布在植物体内,所以又被称为维管束。

维管束主要由韧皮部和木质部组成。在被子植物中,韧皮部由筛管、伴胞、韧皮薄壁细胞和韧皮纤维组成,其功能是运输有机物质,如糖类、氨基酸及其他含氮化合物等。韧皮部的运输是双向的,叶片光合作用制造的有机分子通过韧皮部运输到根和茎部保存,再运输到茎、叶、果实等部分;木质部主要由导管、管胞、木薄壁细胞和木纤维组成,能运输水和溶解在水中的无机盐,根所吸收的水分通过茎运输到叶,是单向运输;木纤维和韧皮纤维都有支持作用。裸子植物和蕨类植物的韧皮部主要由筛胞和韧皮薄壁细胞组成,木质部主要由管胞和木薄壁细胞组成。

裸子植物和双子叶植物的维管束在木质部和韧皮部之间常有形成层存在,能进行次生生长,所以这种维管束又称为无限维管束或开放性维管束。蕨类植物和单子叶植物的维管束中没有形成层,不能进行不断的分生生长,所以这种维管束称为有限维管束或闭锁性维管束。

(二)维管束的类型

根据维管束中韧皮部与木质部排列方式不同,以及形成层的有无,将维管束分成以下几种类型(图 1-32)。

1. 有限外韧维管束

韧皮部在外侧,木质部位于内侧,中间没有形成层,如单子叶植物茎的维管束。

2. 无限外韧维管束

韧皮部在外侧,木质部位于内侧,中间有形成层,可使植物逐渐进行增粗生长,如裸子植物和双子叶植物茎的维管束。

3. 双韧维管束

木质部内外两侧都有韧皮部。常见于茄科、葫芦科、桃金娘科等植物茎中的维管束。

4. 周韧维管束

木质部位于中间,韧皮部围绕在木质部的四周,如百合科、禾本科、棕榈科、蓼科及蕨类某些植物。

5. 周木维管束

韧皮部位于中间,木质部围绕在韧皮部的四周。常见于少数单子叶植物的根状茎,如菖蒲、石菖蒲、铃兰等。

6. 辐射维管束

韧皮部和木质部相互间隔成辐射状排列,在多数单子叶植物根中排列成一圈,中间多具有宽阔的髓部；在双子叶植物根的初生构造中，木质部常分化到中心，呈星角状，韧皮部位于两角之间，彼此相间排列，这类维管束称为辐射维管束。

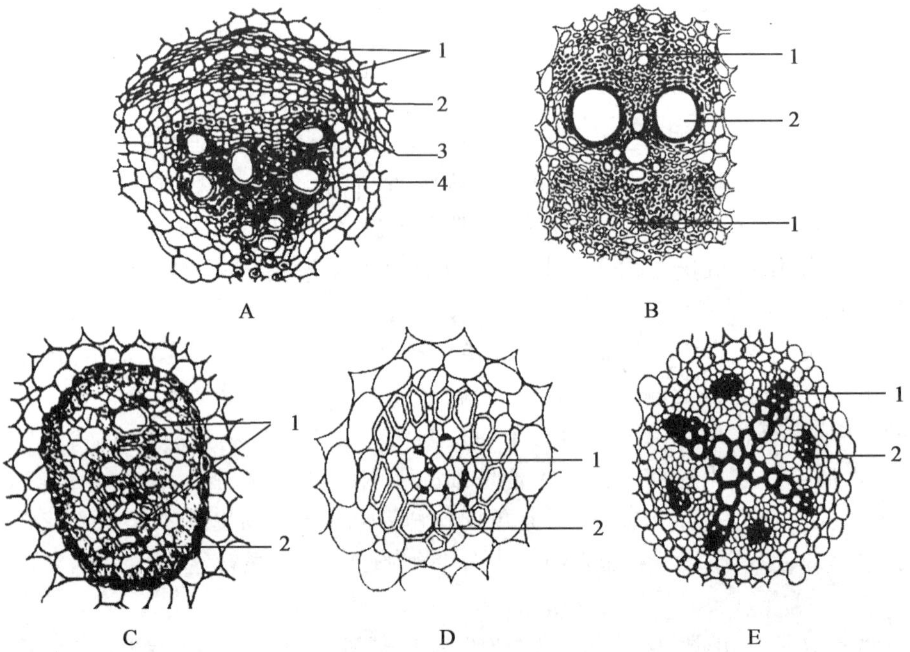

A：1. 压扁的韧皮部　2. 韧皮部　3. 形成层　4. 木质部

B：1. 韧皮部　2. 木质部　C：1. 木质部　2. 韧皮部

D：1. 韧皮部　2. 木质部　E：1. 木质部　2. 韧皮部

图 1-32　维管束的类型

知识链接：药用植物组织培养技术

药用植物组织培养是指在无菌的条件下，将药用植物离体的器官、组织、细胞以及原生质体等，培养在人工配制的培养基上，给予适当的条件，使其长成完整植株的过程。根据培养材料不同，可分为器官培养、分生组织培养、愈伤组织培养、悬浮细胞培养和原生质体培养。近些年，药用植物组织培养技术发展很快，在药用植物的育种、快速无性繁殖及药用植物的有效成分生产方面已经取得了丰硕的成果。如利用曼陀罗、人参的花粉培养的单倍体小植株，可有效地缩短育种年限；人参细胞培养获得了活性人参细胞粉，除含有人参皂苷外，还含有人参所不具备的酶类和其他有效成分；培养的紫草细胞可直接用于制造口服液或外用消炎药，也可用于提取紫草素等。目前，利用植物细胞培养获得的有用物质已达 400 多种，其中有生物碱、维生素、激素、色素、多糖、杀虫剂等。以生产有效化合物为目的的组织培养和细胞培养研究的药用植物已有数十种，其中人参、西洋参、三七、紫草、元胡、三尖杉、红豆杉等组织培养和细胞培养物中的有效成分均达到或超过原植物体。目前，人参、紫草、洋地黄及黄连等已实现细胞培养工业化。

自我测试

1. 什么叫组织？植物有哪些主要的组织类型？
2. 说明分生组织、薄壁组织、输导组织、导管、筛管、维管束、维管系统的含义。
3. 表皮和周皮有什么区别？从外观上如何区别具表皮的枝条和具周皮的枝条？
4. 被子植物木质部和韧皮部的主要功能是什么？它们的基本组成有什么异同点？
5. 说明毛茸、石细胞、纤维、气孔、皮孔、分泌细胞等在中药鉴定中的作用。

技能训练三　薄壁组织的观察

一、实训目的

1. 识别不同类型的薄壁组织，掌握不同类型薄壁组织的细胞形态特征；
2. 了解各类型薄壁组织的分布及其结构与功能的关系；
3. 掌握徒手制作切片的方法。

二、实训内容

植物同化组织、吸收组织、贮藏组织、通气组织观察。

三、实训器材

1. 仪器、用品　光学显微镜、体视解剖镜，镊子、刀片、解剖针、载玻片、盖玻片、培养皿、吸水纸、擦镜纸。

2. 材料、试剂　仙人掌肉质茎、洋葱根切片、花生子叶切片、水稻根横切片、小麦幼根、洋葱幼根、蒸馏水。

四、实训操作

（一）同化组织观察

取仙人掌肉质茎做徒手横切，用清水封片。观察叶肉细胞，靠近外表皮的肉质部分的细胞体积大，圆柱状，内含叶绿体，为同化组织（图 1-33），是薄壁细胞中最重要的一类。仙人掌肉质茎的中央区域为贮水组织，透明果胶状，几乎不含叶绿体，细胞较大，内有大液泡。

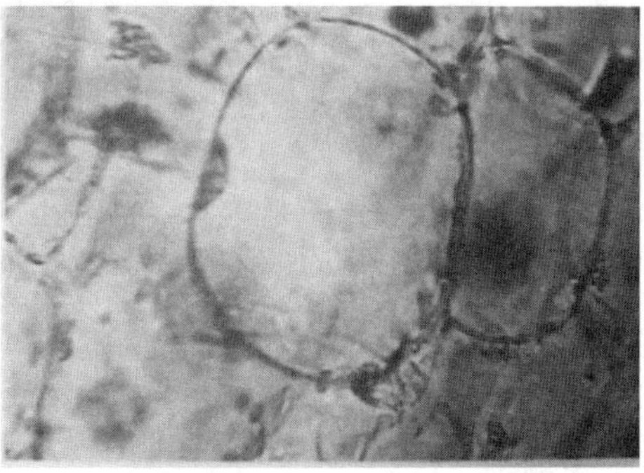

图 1-33　仙人掌肉质茎同化组织

（二）吸收组织观察

取小麦（或洋葱）幼根在体视解剖镜下观察，可见成熟区外侧有许多毛状结构，为根毛。再取洋葱幼根成熟区横切片与纵切片观察，可见表皮细胞外切向壁向外突起形成一管状结构，细胞核移到管的前端，此管状结构即为根毛，具有吸收养分和水分的能力，此为吸收组织（图 1-34）。

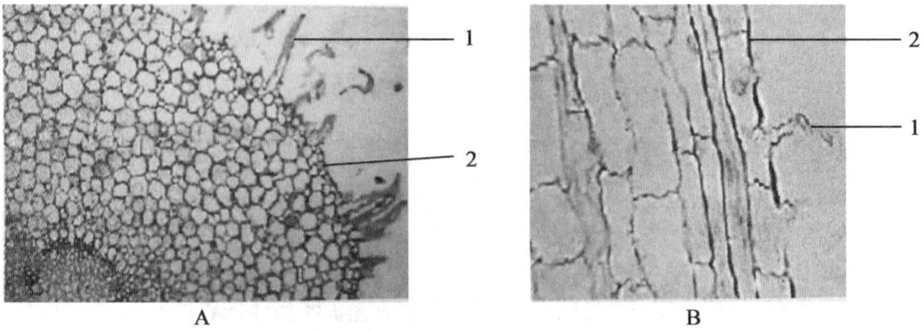

1. 根毛　2. 表皮

图 1-34　洋葱根尖横切(A)和洋葱根尖纵切(B)

(三) 贮藏组织观察

取花生子叶横切片，可见其细胞大而壁薄，排列疏松、胞间隙明显，细胞内有许多颗粒状物（油滴）即为贮藏组织（图 1-35）。

(四)通气组织观察

取水稻根横切片观察，可见皮层细胞排列疏松，细胞间隙发达，许多薄壁细胞已经解体，形成大的气腔呈蜂窝状排列，即为通气组织（图 1-36）。

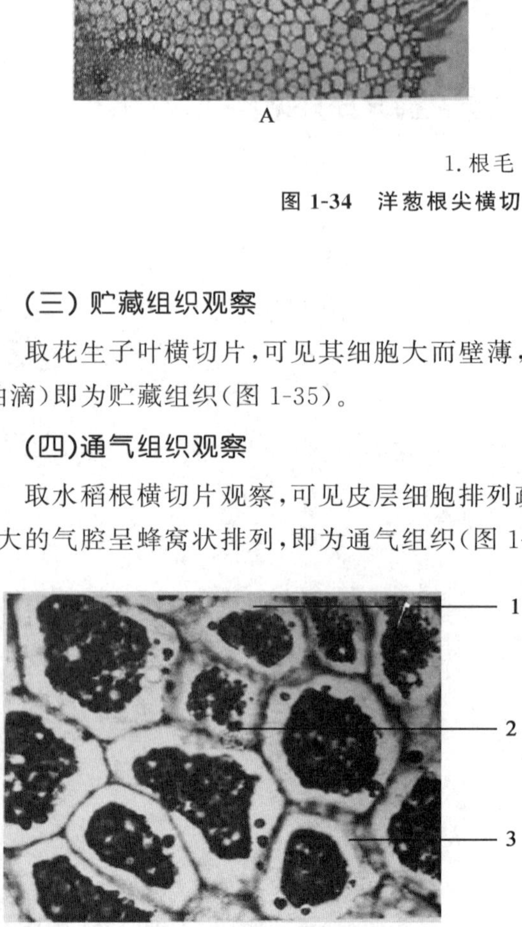

1. 液泡　2. 油滴　3. 细胞壁

图 1-35　花生子叶横切

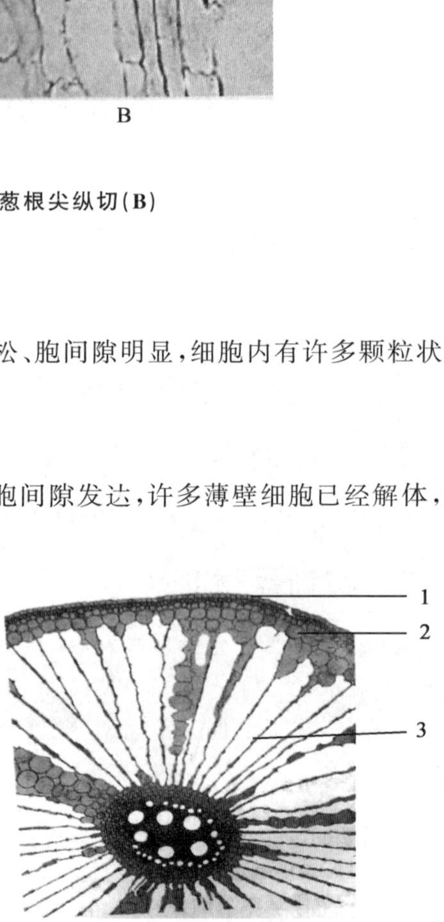

1. 表皮　2. 皮层　3. 通气组织

图 1-36　水稻老根横切

五、实训报告

1. 绘制仙人掌肉质茎同化组织部分详图，并注明各组成部分的名称。
2. 绘制洋葱根的横切结构部分详图，并注明各组成部分的名称。
3. 绘制花生子叶横切部分详图，并注明各组成部分的名称。
4. 绘制水稻老根横切部分详图，并注明各组成部分的名称。

技能训练四　保护组织与分泌组织的观察

一、实训目的

1. 掌握保护组织的基本构造和细胞特点；
2. 掌握不同类型的分泌组织的构成及分布。

二、实训内容

1. 植物保护组织观察；
2. 植物的分泌组织观察。

三、实训器材

1. 仪器、用品　光学显微镜，镊子、刀片、解剖针、载玻片、盖玻片、培养皿、吸水纸、擦镜纸。

2. 材料、试剂　薄荷叶、玉米叶、桑茎横切片、棉叶横切片、柠檬果皮切片、蒸馏水、水合氯醛、稀甘油等。

四、实训操作

(一)保护组织

1. 表皮

取薄荷叶，撕取其下表皮制作水合氯醛透化临时装片，于显微镜下观察表皮细胞、气孔轴式、波状弯曲的2个副卫细胞，单柄小腺毛、圆形腺鳞及数量众多的非腺毛(图1-37)。

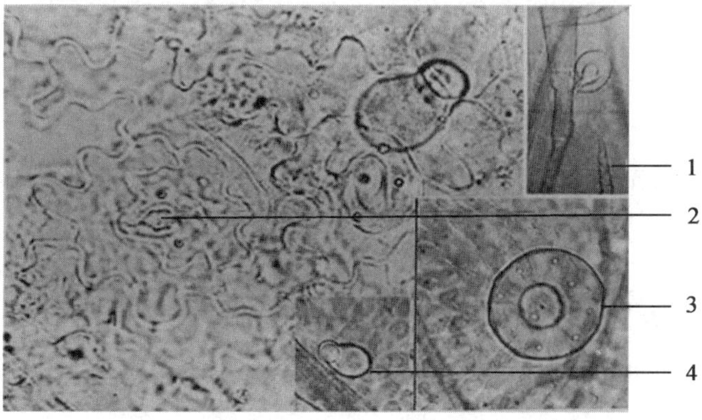

1. 非腺毛　2. 气孔　3. 腺鳞　4. 腺毛

图 1-37　薄荷叶表面

(陆叶，药用植物学与生药学实验指导，2014)

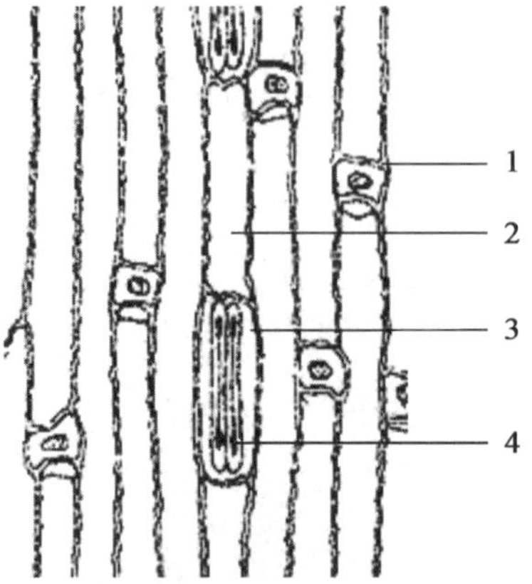

1. 短细胞　2. 长细胞　3. 副卫细胞　4. 保卫细胞

图 1-38　玉米叶表皮

取玉米叶，用刀片将叶片一面的表皮、叶肉和叶脉刮掉，留下无色透明的另一面叶表皮。切取下一小块表皮做成临时装片观察。表皮细胞多为长条形，称为长细胞，细胞侧壁呈波曲状，与相邻表皮细胞镶嵌紧密，没有细胞间隙。纵列的长细胞间有短细胞，有些短细胞的外壁向外突起形成表皮毛。气孔器由一对哑铃形保卫细胞、气孔和位于保卫细胞外的一对副卫细胞构成（图 1-38）。

2. 周皮

取桑茎横切片观察，其外侧几层被染成深红色且排列紧密的细胞是木栓层，细胞是扁平、中空的死亡细胞，高度木栓化，不易透水透气（图 1-39）。

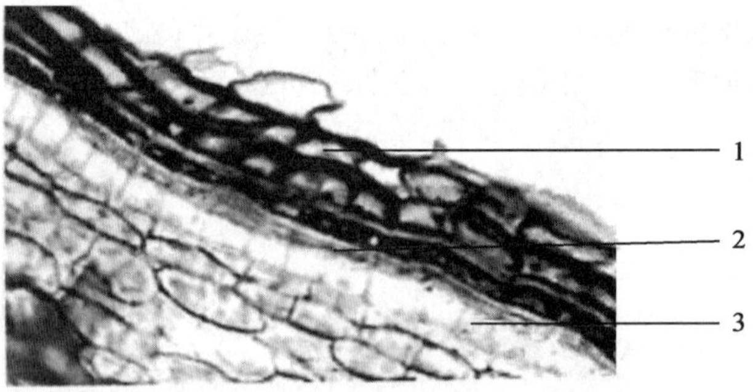

1. 木栓层　2. 木栓形成层　3. 栓内层

图 1-39　桑树茎部分横切

（二）分泌组织

1. 外部分泌组织

取棉叶横切片观察，可见其主脉下表面有许多乳突状多细胞突起——腺毛，腺毛是一种外部分泌组织（图 1-40）。

2. 内部分泌组织

取柠檬果皮切片观察，可见到许多薄壁细胞环绕围成的圆形腔状结构，内有许多残余的挥发油，此为分泌腔（图 1-41），属于内部分泌结构。

五、实训报告

1. 绘制薄荷叶、玉米叶气孔器图，并注明各组成部分的名称。

2. 绘制桑茎横切面结构部分图，并注明各组成部分的名称。

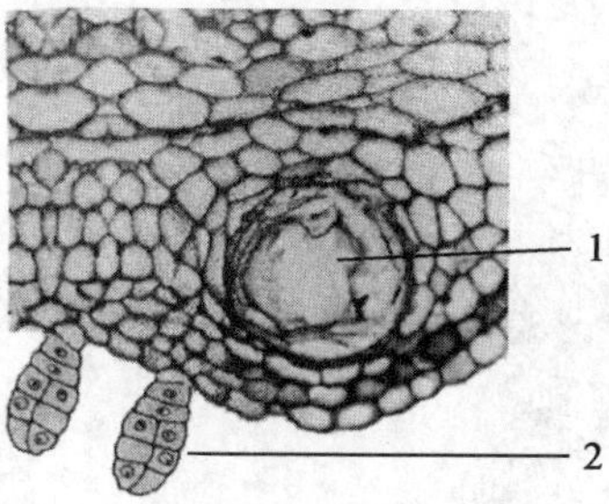

1. 分泌腔　2. 腺毛

图 1-40　棉花叶脉横切

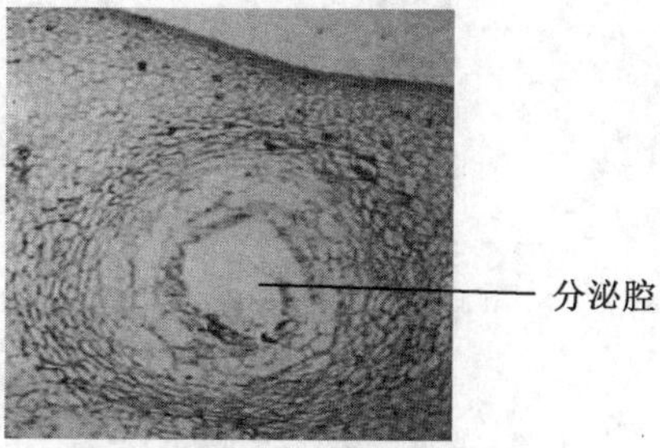

图 1-41　柠檬果皮切面

技能训练五　机械组织与输导组织的观察

一、实训目的

1. 掌握不同类型的机械组织的基本构造和形态特征；
2. 掌握不同类型的输导组织的基本构造和形态特征。

二、实训内容

1. 机械组织的形态及结构观察；
2. 输导组织的形态及结构观察。

三、实训器材

1. 仪器、用品　光学显微镜，镊子、刀片、解剖针、载玻片、盖玻片、培养皿、吸水纸、擦镜纸。

2. 材料、试剂　新鲜的芹菜、南瓜茎纵切片、南瓜茎横切片、苦杏仁、肉桂粉末，水合氯醛、稀甘油、0.5%番红水溶液。

四、实训操作

(一)机械组织

1. 厚角组织

取芹菜叶柄做徒手横切，挑选薄而均匀的切片放在载玻片上，用 0.5%番红水溶液染色 5 min，盖上盖玻片，在显微镜下观察。厚角组织呈星芒状，其中暗灰色的“空腔”是细胞腔，里面充满原生质体；表皮下具棱角的部位被染成浅红色，即为厚角组织。厚角组织是生活细胞，其细胞壁的角隅处加厚，加厚的部位被染成红色(图 1-42)。

取南瓜茎切片观察，在纵切片上，可以看到表皮内侧几个相邻的近似长柱形的细胞角隅处有加厚现象(图 1-43A)；横切面上也有上述加厚现象(图 1-43B)。加厚区域即是厚角组织。

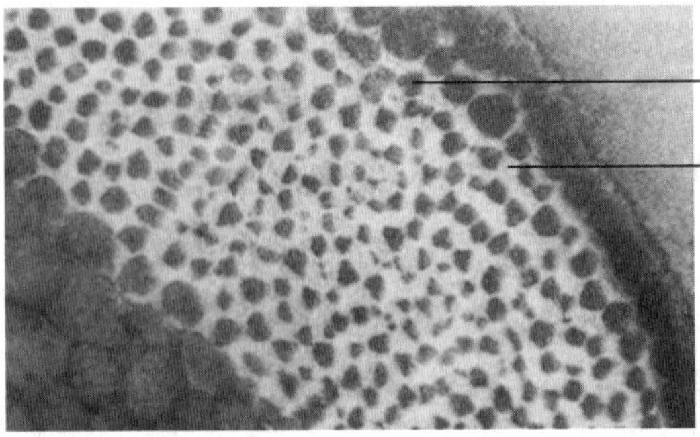

1.细胞腔　2.细胞壁(角隅处加厚)

图 1-42　芹菜叶柄的厚角组织

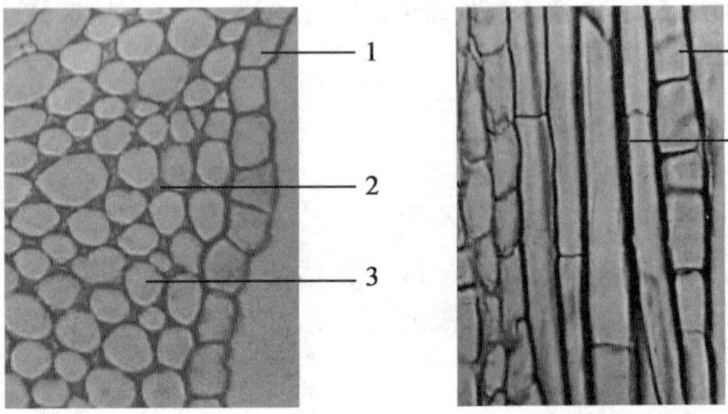

1.表皮　2.细胞壁(角隅处加厚)　3.细胞腔

图 1-43　南瓜茎横切(A)和南瓜茎纵切(B)

2.厚壁组织

(1)石细胞　取一颗苦杏仁,用刀片刮取具有深棕色脉纹的种皮,使其碎屑落在载玻片上,用水合氯醛透化制片。显微观察,可见类圆形、贝壳形、卵形的石细胞,多数上窄底宽,有孔沟、纹孔、层纹。通常宽的底部多孔沟和纹孔,窄的上部多层纹(图 1-44)。

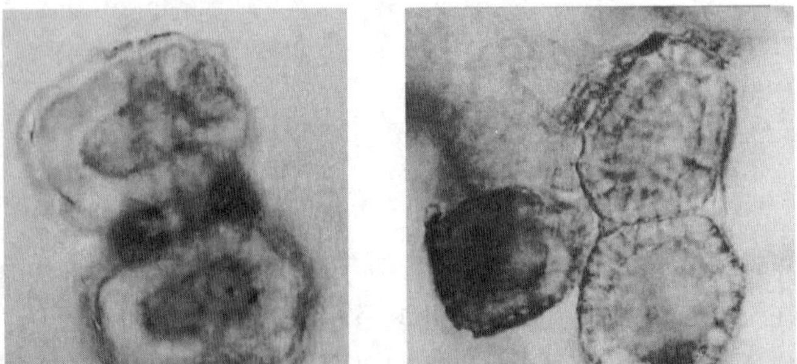

图 1-44　苦杏仁种皮石细胞

(陆叶,药用植物学与生药学实验指导,2014)

(2)纤维　取肉桂粉末制成水合氯醛透化装片。显微观察可见两端尖、较长、壁厚、胞腔窄的黄色细胞,即为纤维。有的断裂,一端平截(图 1-45)。

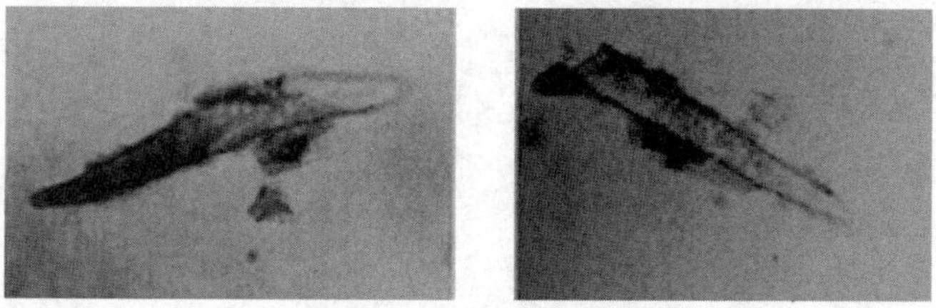

图 1-45　肉桂的纤维(10×40)

(陆叶,药用植物学与生药学实验指导,2014)

(二)输导组织

1.导管

取南瓜茎纵切片观察,显微镜下可见被染成红色的长管状具有花纹的组织,即各种类型的导管:环纹导管、螺纹导管、孔纹导管、网纹导管(图 1-46)。

2.筛管和伴胞

取南瓜茎纵切片、横切片,显微观察,在木质部的两侧可找到染成蓝色的韧皮部,韧皮部中可见到一些管口直径较大的长管状组织,即是筛管(图 1-47)。两筛管细胞之间有筛板,筛板上具筛孔,筛管分子一侧面可见一个或几个比筛管分子口径小的细胞,细胞质浓厚,有细胞核,即为伴胞。

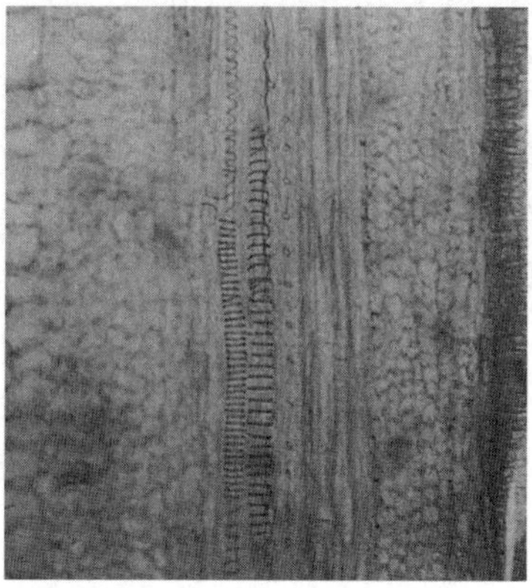

图 1-46　南瓜茎导管

图 1-47　南瓜茎筛管

五、实训报告

1.绘制南瓜茎纵切面上见到的几种导管、一个筛管分子及伴胞,并注明各部分的名称。

2.绘制南瓜茎横切面的厚角组织,并注明各部分的名称。

3.绘制苦杏仁的石细胞。

第二章

植物的器官

植物的器官是指由多种组织构成，具有一定外部形态和内部结构，执行一定生理功能的植物体的组成部分。植物的器官包括根、茎、叶、花、果实和种子。通常将根、茎、叶称作营养器官，具有吸收、制造、输送和贮存营养物质的作用；将花、果实和种子称作繁殖器官，具有繁殖后代，延续种族的作用。各种器官在植物生命活动中相互依存，在形态结构和生理功能等方面密切联系。在无性繁殖过程中，营养器官也可以转化为繁殖器官。

第一节　根

知识目标

1. 掌握根系的类型；
2. 掌握根的初生结构和次生结构的特点；
3. 熟悉根尖的结构和根的异常结构。

能力目标

1. 能熟练使用光学显微镜；
2. 能在显微镜下辨识根的初生结构与次生结构。

根通常生长在地下，具有向地性、向湿性和背光性。根从土壤中吸收水分和无机盐等供给植物，同时还有输导、固着、合成养分、储藏和繁殖等功能。

一、根的形态与类型

根通常呈圆柱形或圆锥形，向下逐渐变细，并向周围伸出分枝，形成复杂的根系。

（一）主根与侧根

（1）主根　种子萌发的过程中，胚根首先突破种皮。由胚根直接发育而成的根称为主根，多呈圆柱形或圆锥形。

(2)侧根　主根生长达到一定长度,由侧面一定部位生出的分枝称为侧根。侧根与主根一般形成适当的角度,侧根生长到一定长度时,还会生出次一级的侧根。在主根、各级侧根上还能生出细小的分枝称为纤维根。

(二)定根与不定根

(1)定根　主根、侧根和纤维根均是直接或间接由胚根发育而来,有固定的生长部位,称为定根。

(2)不定根　有些植物的根不是直接或间接由胚根发育形成,而是从植物茎、叶或其他部位生出来的,这些根的产生无固定生长部位,统称不定根。如玉米近地面茎节处生出具有增强茎的支持作用的根,柳枝条插入土中所生出的根,以及人参、砂仁根茎上生出的根,都是不定根(图 2-1)。

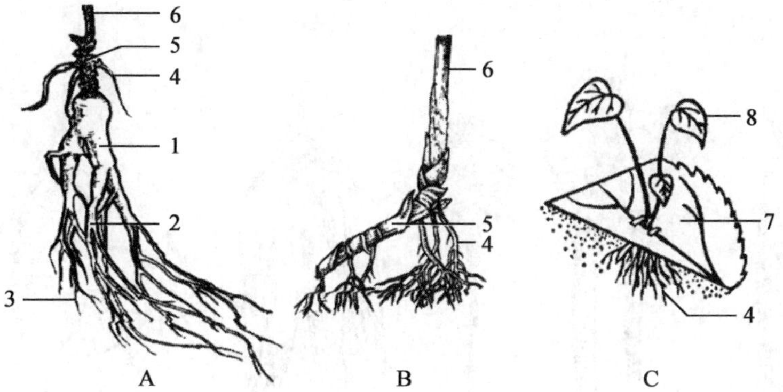

A. 人参　B. 砂仁　C. 虾蟆海棠

1. 主根　2. 侧根　3. 纤维根　4. 不定根　5. 根茎　6. 茎　7. 老叶　8. 新叶

图 2-1　根的类型

(三)根系的类型

根系是指植物地下部分根的总和。按根系形态不同分为两种基本类型,即直根系和须根系(图 2-2)。

(1)直根系　由明显而发达的主根和各级侧根组成的根系,称为直根系。直根系主根一般比较粗大,垂直向下生长,主根上面产生的侧根较细小。直根系一般入土较深,一般双子叶植物和裸子植物的根系是直根系,如蒲公英、木兰、松树等的根系。

(2)须根系　主根不发达或早期枯萎,从茎的基部节上生长出许多长短、粗细相仿的不定根,簇生成须状,没有主次之分,称为须根系。一般须根系入土较浅,多数单子叶植物的根系属于须根系,如百合的根系。

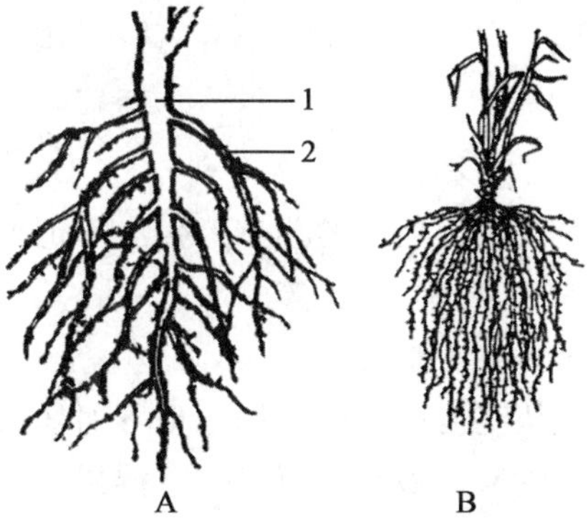

A. 直根系　B. 须根系

1. 主根　2. 侧根

图 2-2　根系

二、变态根的类型

在长期的进化过程中,许多植物为了适应生活环境的变化,其根的形态、结构和生理功能发生了变异，而且这些变异形成后具有遗传性。这种具有可遗传性的变异根称为变态根。

常见的变态根主要有以下几种类型(图 2-3 和图 2-4)：

1. 贮藏根

根的一部分或全部因贮藏营养物质而呈现肉质肥大状，依据形态不同，贮藏根分为以下四种(图 2-3)：

(1)圆锥根　主根肥大呈圆锥形，如桔梗、黄芩、白芷等。

(2)圆柱根　主根肥大呈圆柱形，如黄芪、菘蓝、丹参等。

(3)圆球根　主根肥大呈圆球形，如红萝卜、芜菁根等。

(4)块根　块根由不定根或侧根发育而成，一株植物可形成多个块根，与前几种贮藏根不同，块根的外形往往不规则，可形成纺锤状或块状等。如百部就是由不定根形成的块根，附子是由侧根形成的块根。

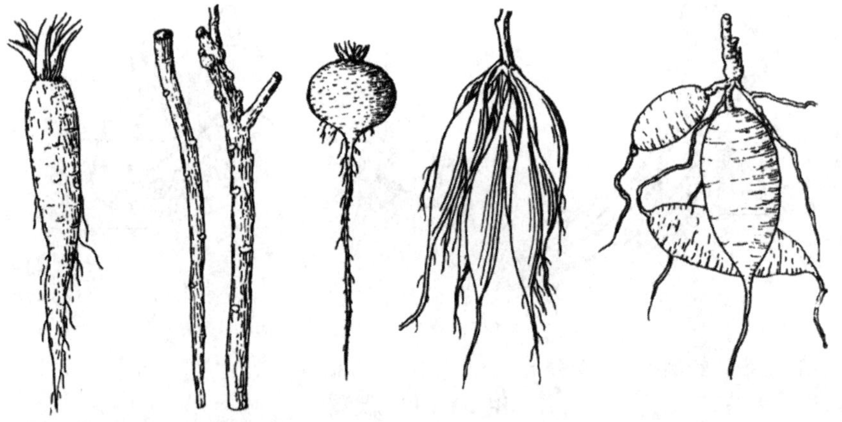

A. 圆锥根　B. 圆柱根　C. 圆球根　D. 块根(纺锤状)　E. 块根(块状)

图 2-3　变态根中贮藏根的类型

2. 支持根

在接近地面的茎节上生出不定根，深入土中，增强植物茎的支持力量，这种根称为支持根，如玉米、高粱、薏苡等。

3. 气生根

从茎上产生的不深入土壤而暴露在空气中的不定根称为气生根。气生根可在潮湿的空气中吸收和贮藏水分，如吊兰、榕树、石斛等。

4. 攀缘根

攀缘植物在地上茎干上生出许多不定根，攀附于石壁、墙垣、树干或其他物体上，这种根称为攀缘根，如常春藤、络石等。

5. 水生根

水生植物的根呈须状垂生于水中，这种根称为水生根，如浮萍、菱等。

6. 呼吸根

生长在湖沼或热带海滩地带的一些植物，由于植株的一部分被淤泥淹没，呼吸十分困难，因而有部分根垂直向上生长，暴露于空气中进行呼吸，这种根称为呼吸根，如红树、水松等。

7. 寄生根

一些寄生植物产生的不定根伸入寄主体内吸收水分和营养物质，维持自身生活，这种根称为寄生根。根据寄生植物对寄主的依赖情况分为全寄生植物和半寄生植物。全寄生植物体内不含叶绿体，不能自制养料，完全依赖吸收寄主体内的养分维持生活，如菟丝子、列当等；半寄生植物本身含有叶绿体，可以自制部分养料，同时也依靠寄生根吸收寄主体内的养分，如桑寄生、槲寄生等。

A. 支持根　B. 攀缘根　C. 气生根　D. 呼吸根　E. 水生根　F. 寄生根

图 2-4　其他变态根的类型

三、根的内部结构

(一)根尖的结构

根尖是指根的顶端到着生根毛部分的一段区间。主根、侧根和不定根均具有根尖，它是各类根生长的先驱，是根生命活动最旺盛、最重要的部分。根尖具有使根伸长、从土壤中吸收水分和养料等功能，根尖对根内组织的形成与分化具有重要意义。根据根尖外部结构和内部组织分化不同，通常将根尖分成根冠、分生区、伸长区和成熟区(图 2-5)。

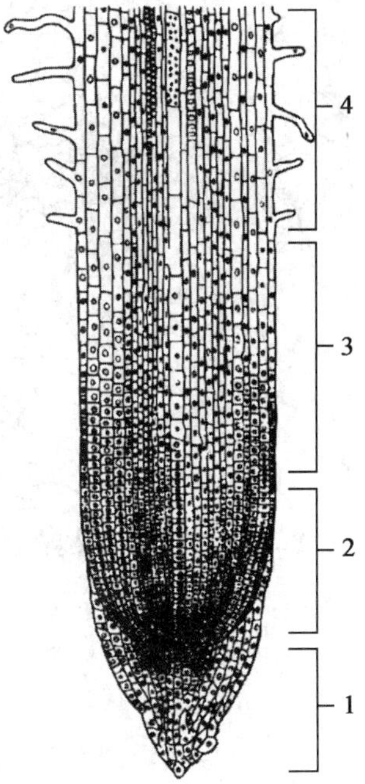

1. 根冠　2. 分生区
3. 伸长区　4. 成熟区

图 2-5　根尖的构造

(1)根冠　根冠位于根的最顶端，由许多薄壁细胞紧密排列组成。它像一顶帽子罩在分生区的外方，主要起保护根尖的作用。

(2)分生区　分生区又称生长锥，呈圆锥形，位于根冠的内方，与根冠紧密相连，由分生组织构成，具有极强的分生能力，是细胞分裂最旺盛的部分。分生区不断地进行细胞分裂，增生细胞，一小部分向前方发展补充根冠细胞，另一部分向后方的伸长区发展，经过细胞的生长、分化，逐步形成根的各种组织如表皮、皮层和中柱等。

(3)伸长区　伸长区位于分生区的上方，此区细胞多已停止分裂,细胞显著地沿根的长轴方向延伸,细胞伸长幅度可为原细胞的数十倍。伸长区的细胞开始分化,相继出现早期的筛管和导管。

(4)成熟区　成熟区位于伸长区上方,此处的各种细胞不再伸长,多数细胞已经分化成熟,并形成了各种初生组织(表皮、皮层和中柱)。成熟区的明显标志是表皮中一部分细胞的外壁向外突出形成众多根毛,每平方厘米可有数百根根毛,大大增加了根的吸收面积,故成熟区亦称根毛区。根毛生长速度较快,但寿命较短,一般为 10～20 d。随着老的根毛陆续死亡,靠近伸长区的细胞不断分生出新的根毛。

综上所述,根的发育起源于根尖分生区的分生组织。由根尖分生组织产生的细胞,经过生长、分化,逐步形成根的各种组织的整个生长过程,称为初生生长。初生生长过程中产生的各种成熟组织称为初生组织。由各种初生组织共同组成根的初生结构。一般单子叶植物根只具有初生结构,双子叶植物根继续次生变化,形成次生结构。根的初生生长使根伸长,根的次生生长则使根增粗。

(二)根的初生结构

对根尖的成熟区做一个横切片,置显微镜下观察,可见根的初生结构,从外至内可分为表皮、皮层和维管柱三个部分(图 2-6)。

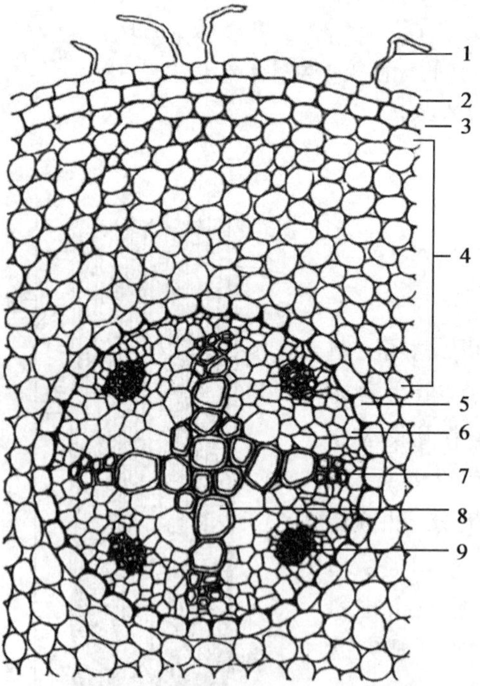

1. 根毛　2. 表皮　3. 外皮层　4. 皮层薄壁组织
5. 内皮层　6. 中柱鞘　7. 原生木质部
8. 后生木质部　9. 初生韧皮部

图 2-6　双子叶植物根的初生结构

1. *表皮*

表皮位于根尖成熟区的最外面,是由原表皮发育而来。表皮一般由一层表皮细胞组成,细胞近似长方形,排列整齐而紧密,无细胞间隙,角质层薄,不具气孔。部分表皮细胞的外壁向外突起,伸长成根毛。这些功能与根的吸收功能密切相关,所以有吸收表皮之称。

2. *皮层*

皮层位于表皮的内侧,由维管柱以外的多层薄壁细胞组成,来源于基本分生组织。细胞较大,液泡发达,排列疏松,有明显的细胞间隙。皮层通常又可分为外皮层、皮层薄壁组织和内皮层。

(1)外皮层　皮层最外紧接表皮的一层细胞,排列紧密而整齐,无细胞间隙,成为连续的一层,称外皮层。当表皮被破坏后,外皮层的细胞壁增厚并木栓化,能代替表皮起保护作用。

(2)皮层薄壁组织　皮层薄壁组织为外皮层内方的多层薄壁细胞,细胞排列疏松,有细胞间隙。主要作用是将根毛吸收的养分转送到维管柱,也可将维管柱内的养分转送出来。有的皮层薄壁组织还具有贮藏作用。

(3)内皮层　皮层最内一层细胞称为内皮层。内皮层细胞排列整齐而紧密,无细胞间隙。内皮层细胞的细胞壁较为特殊,有的在细胞的上、下壁(横壁)和纵向壁(侧壁)上有木质化和木栓化的局部增厚，增厚部分呈带状环绕细胞一周，称凯氏带。因其宽度常比其所在的细胞壁狭窄，从横切面观，凯氏带在相邻细胞的纵向壁上呈点状，故凯氏带亦称凯氏点（图 2-7）。凯氏带的特点是不透水，并与质膜紧密结合在一起，可以阻止水分和矿物质通过内皮层进入内部，水分和溶解在其中的物质只能通过内皮层细胞的原生质体进入维管柱。内皮层质膜的选择通透性使根对所吸收的矿物质有一定的选择。凯氏带将有害物质阻挡在内皮层以外，对植物具有保护作用。

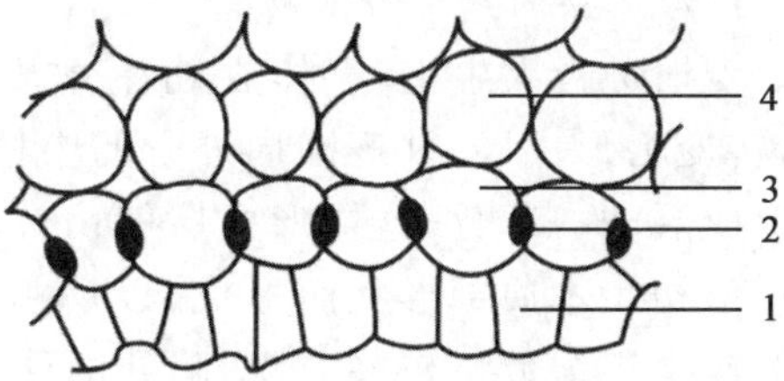

1. 中柱鞘 2. 凯氏点
3. 内皮层 4. 皮层薄壁细胞
图 2-7 内皮层示凯氏点

3. 维管柱

维管柱亦称中柱，来源于初生分生组织的原形成层，内皮层以内的部分，位于根的中央。维管柱由中柱鞘、初生木质部和初生韧皮部三部分组成，有些植物的根还具有髓部。

(1)中柱鞘　中柱鞘是维管柱的外层组织，向外紧贴着内皮层。常见的由一层薄壁细胞组成，如多数的双子叶植物。少数植物的中柱鞘由两层或多层细胞组成，如裸子植物。中柱鞘细胞是由原形成层的细胞发育而来，个体较大，排列整齐，保持着潜在的分生能力，由这些细胞可以形成侧根、不定根、不定芽以及一部分形成层和木栓形成层等。

(2)初生木质部和初生韧皮部　初生木质部和初生韧皮部均是根的输导组织，位于根的最内方。根的初生结构中的木质部和韧皮部是由原形成层直接分化形成，故称为初生木质部和初生韧皮部。初生木质部和初生韧皮部相间排列，各自成束，总称为辐射维管束。

初生木质部一般位于中心，呈星芒状，与初生韧皮部呈相间排列。初生木质部分化过程中是自外向内逐渐发育成熟，这种方式称为外始式。先分化成熟的初生木质部称原生木质部，由管径较小的环纹导管或螺纹导管组成，位于初生木质部的外侧；后分化成熟的初生木质部称后生木质部，由管径较大的梯纹、网纹或孔纹等导管组成。

初生韧皮部位于初生木质部两束之间，与初生木质部相间排列。在同一根内，初生韧皮部束数与初生木质部束数相同。初生韧皮部的发育方式也为外始式发育，即原生韧皮部在外，后生韧皮部在内，但二者区别不明显。

在初生木质部和初生韧皮部之间有一至多层薄壁细胞，在双子叶植物和裸子植物中，这些细胞将来成为形成层的组成部分，由此产生次生结构。在单子叶植物中两者之间仅为薄壁细胞。

多数双子叶植物根的中央部分往往由初生木质部中的后生木质部占据，因此不具有髓部。大多数单子叶植物和少数双子叶植物的根的中央未分化形成木质部，由薄壁细胞或厚壁细胞构成髓部。

(三)根的次生结构

多数蕨类植物和单子叶植物的根在植物整个生长活动周期内，一直保持着初生结构。多数双子叶植物和裸子植物的根可以逐渐加粗，这种使根增粗的生长称为次生生长，由次生生长所产生的各种组织称为次生组织，由次生组织所形成的结构称为次生结构。次生结构是由次生分生组织（形成层和木栓形成层）细胞的分裂、分化产生的。

1. 形成层的产生与活动

当根进行次生生长时，在初生木质部和初生韧皮部之间的一些薄壁细胞恢复分裂能力，转变为形成层，并逐渐向外方的中柱鞘部位发展，使相连接的中柱鞘细胞也开始分化成为形成层的一部分，这样形成层就由片段连接成一个凹凸的形成层环（图 2-8）。最初形成层环依初生木质部形状而形成，以后由于位于韧皮部内侧的形成层部分分裂速度较快，产生的次生组织数量较多，把凹陷处的形成层向外推移，使整个凹凸相间的形成层环转变成为一个圆形环。

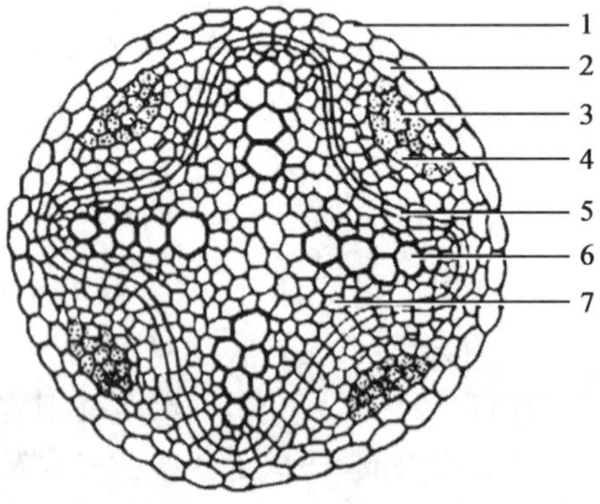

1. 内皮层　2. 中柱鞘　3. 初生韧皮部　4. 次生韧皮部　5. 形成层　6. 初生木质部　7. 次生木质部

图 2-8　形成层的产生与活动

形成层为数层排列整齐的扁平细胞，不断进行平周分裂。向内产生新的木质部，加于初生木质部的外方，称为次生木质部。次生木质部由导管、管胞、木薄壁细胞和木纤维构成。形成层细胞向外分裂产生新的韧皮部，加于初生韧皮部的内侧，称为次生韧皮部。次生韧皮部由筛管、伴胞、韧皮薄壁细胞和韧皮纤维构成。此时，木质部和韧皮部已由初生结构时的间隔排列转变为内外排列，形成外韧型维管束。次生木质部和次生韧皮部合称次生维管组织，是根的次生结构的主要组成部分。形成层细胞除进行平周分裂外，还有少量的垂周分裂，增加本身细胞数目，使圆周扩大，适应根的增粗（图 2-9）。

形成层细胞活动时，在一定部位也分生一些薄

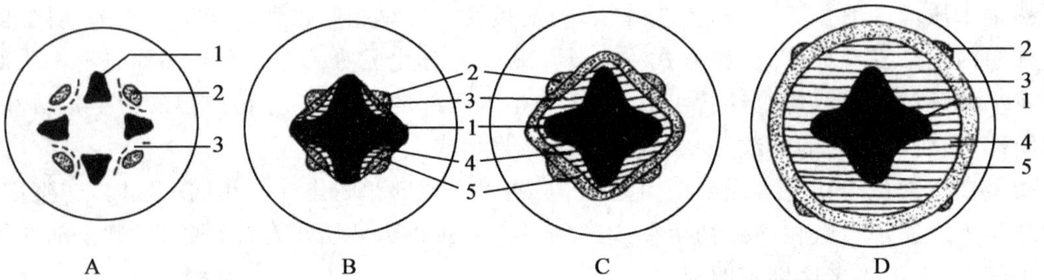

A. 幼根的情况：初生木质部逐渐成熟，虚线表示形成层起始的位置；

B. 形成层已成连续组织，初生的部分已产生次生结构，初生韧皮部受到挤压；

C. 形成层全部产生次生结构，但仍为凹凸形成层环，初生韧皮部受到挤压更甚；

D. 形成层已经形成完整的圆环。

1. 初生木质部　2. 初生韧皮部　3. 形成层　4. 次生木质部　5. 次生韧皮部

图 2-9　维管形成层的发生及根的次生生长示意图

壁细胞，这些薄壁细胞沿径向延长，呈辐射状排列，贯穿在次生维管组织中，称次生射线，位于木质部的称木射线，位于韧皮部的称韧皮射线，两者合称维管射线。这些射线都具有横向运输水分和养料的作用。

在次生生长的同时，因新生的次生韧皮部总是添加在初生韧皮部的内侧，初生韧皮部遭受挤压而被破坏，成为没有细胞形态的颓废组织。由于新生的次生木质部添加在初生木质部的

外方，因此，粗大的树根主要是木质部，非常坚固。

次生生长是裸子植物和多数双子叶植物根所特有的，在每年生长季节，形成层活动必然产生新的次生维管组织，根也就逐年增粗。

2. 木栓形成层的产生与活动

由于形成层的活动使根增粗，中柱鞘以外的成熟组织（表皮和皮层）被破坏，这时根的中柱鞘细胞恢复分裂能力，形成木栓形成层。木栓形成层进行平周分裂，向外分生木栓层，向内分生栓内层。木栓层、木栓形成层和栓内层共同组成周皮。栓内层细胞为数层薄壁细胞，排列较为疏松；木栓层由多层扁平状木栓细胞组成，排列紧密。周皮形成后，其外方的组织（表皮和皮层）由于失去水分和营养供给而死亡。因此，一般根的次生结构中表皮和皮层常被周皮所取代。

根中最早形成的木栓形成层起源于中柱鞘细胞，木栓形成层细胞停止活动后，新的木栓形成层在周皮内起源，常由次生韧皮部细胞恢复分裂能力，形成新的木栓形成层。

单子叶植物的根没有形成层，不能加粗生长；且没有木栓形成层，不能形成周皮，由表皮和外皮层行使保护作用。也有一些单子叶植物，如百部、麦冬等表皮为多层细胞，细胞壁木栓化，形成一种称“根被”的保护组织。

（四）根的异常结构

某些双子叶植物的根，除了正常的次生结构外，还产生一些特殊的结构，形成根的异常结构，亦称三生结构。根的异常结构常见的有以下几种类型（图 2-10）：

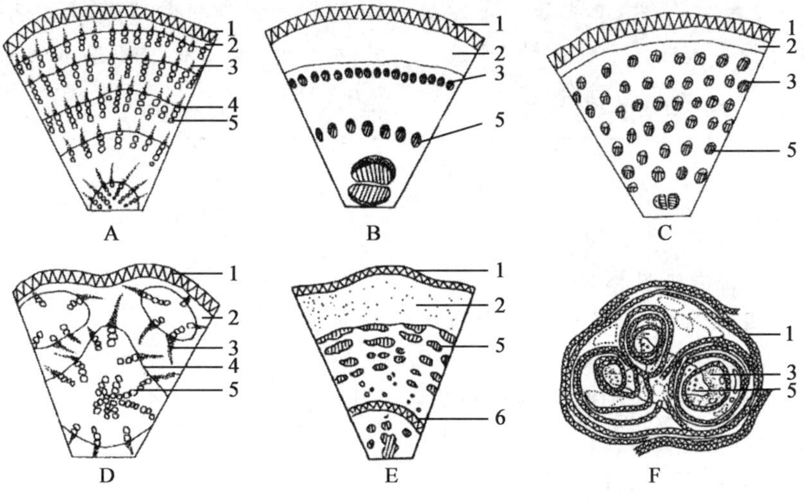

A. 商陆 B. 牛膝 C. 川牛膝 D. 何首乌 E. 黄芩 F. 甘松

1. 木栓层 2. 皮层 3. 韧皮部 4. 形成层 5. 木质部 6. 木栓细胞环

图 2-10 根的异常结构

1. 同心环状排列的异型维管束

当根的正常维管束形成后，形成层往往失去分生能力，而在相当于中柱鞘部位的薄壁细胞恢复分生能力，分化成新的形成层，向外分裂产生薄壁细胞和一圈异形的无限外韧型维管束，如此反复多次，形成多圈异型维管束，其间有薄壁细胞相隔，一圈套住一圈，呈同心环状排列。这种类型分为两种情况：

(1)不断产生的新的形成层环始终保持分生能力,并使层层同心排列的异型维管束不断增大,呈年轮状,如商陆的根。

(2)不断产生的新的形成层环仅最外一层保持分生能力,而内部各同心形成层环于异型维管束形成后即停止分生活动,如牛膝、川牛膝的根。

2. 附加维管束

有些双子叶植物的根,在维管柱外围的薄壁组织中能产生新的附加维管束,形成异常结构。如何首乌的块根在中央较大的正常维管束形成之后,其皮层中部分薄壁细胞恢复分生能力,产生许多单独的和复合的异型维管束。故在何首乌根横切面上可以看到大小不等的类圆形异型维管束环列,中药鉴定上习称"云锦花纹"。

3. 木间木栓

有些双子叶植物的根,在次生木质部内也形成木栓带,称木间木栓。木间木栓通常由次生木质部薄壁细胞分化形成。如黄芩、新疆紫草的根中央可见木栓环带。

知识链接:根的药用价值

根不仅能从土壤中吸收养分稳固植物体,很多植物的根还具有药用价值,而且根类药材是植物药的主要来源。大多数根类中药来源于双子叶植物和单子叶植物。根类中药材有的以根为主,带有部分根茎或地上茎残基。如人参、黄芪、当归、防风、板蓝根、甘草、牛膝、黄连、川芎、柴胡、地黄、三七等均是以植物的根为入药部位的中药材。根的断面特征常作为药材鉴别的依据。如商陆的"罗盘纹"、广防己的"车轮纹"、茅苍术的"朱砂点"、桔梗的"金井玉栏"、何首乌的"云锦花纹"等。

自我测试

1. 定根与不定根有哪些区别?
2. 根系分哪两种类型,二者在形态上有什么区别?
3. 贮藏根有哪些类型?
4. 根尖如何分区? 各区细胞的特点和功能是什么?
5. 根如何形成次生结构?
6. 根的异常结构有哪几种类型?

技能训练六　根的外部形态与显微结构观察

一、实训目的

1. 掌握根的形态特征、根系及变态根的类型;
2. 掌握双子叶植物根的初生结构与次生结构特征;

3. 了解根的异常结构；

4. 通过显微结构观察，加深对根内部结构的认识；

5. 练习显微简图绘图方法。

二、实训内容

1. 观察直根系、须根系及各种变态根的类型；

2. 在显微镜下观察双子叶植物根的初生结构(横切片)与次生结构(横切片)；

3. 观察何首乌块根等药材横断面，了解根的异常结构；用显微镜观察根的异常结构(横切片)。

三、实训器材

1. 仪器、用品　光学显微镜，擦镜纸、放大镜。

2. 材料　人参、桔梗或蒲公英、麦冬、小麦或葱、胡萝卜、菟丝子或桑寄生连同寄主的标本、常春藤或络石藤的标本、石斛或吊兰原植物、细辛或毛茛根初生结构横切片、人参或防风根次生结构横切片、何首乌块根横切片、怀牛膝根横切片、何首乌块根及怀牛膝根药材。

四、实训操作

(一)根系的类型

(1)直根系　观察人参、桔梗或蒲公英的根系，可见主根粗大，主根与侧根的界限非常明显，即为直根系。注意分辨其中的主根、侧根和纤维根。

(2)须根系　观察麦冬、小麦或葱的根系，可见无明显的主根，由许多粗细、长短相仿的根组成根系，即为须根系。

(二)根的变态类型

(1)贮藏根　观察胡萝卜、麦冬的根。胡萝卜主根肥大成圆锥状，麦冬不定根的中部或先端膨大，形成纺锤状块根。

(2)寄生根　观察菟丝子或桑寄生连同寄主的标本，辨识寄生根。

(3)气生根　观察石斛或吊兰原植物，注意暴露在空气中的不定根。

(4)攀缘根　观察常春藤或络石藤的标本，注意由茎上产生能攀附于他物的不定根。

(三)双子叶植物根的初生结构

取细辛或毛茛根初生结构横切片置光学显微镜下，依次观察表皮、皮层和维管柱，注意每个部位细胞的特征。

1. 表皮

表皮细胞排列紧密而整齐，细胞外壁无角质化。在显微镜下，幼根的横切面上偶尔可以见到根毛。

2. 皮层

皮层位于表皮内方，占根的大部分，由多层排列疏松的薄壁细胞组成，分为三层：

(1)外皮层　外皮层为一列较小的薄壁细胞，紧贴表皮，排列比较紧密而整齐，略呈切向延长。

(2)皮层薄壁细胞　皮层薄壁细胞占皮层的绝大部分，细胞近圆形，排列比较疏松，内含较多的淀粉粒。

(3)内皮层　内皮层为皮层最内层的一列细胞。内皮层细胞较小，近长方形，排列整齐而紧密，其径向壁增厚的部分呈点状，常常染成红色，即凯氏点。

3. 维管柱

细胞较小，排列紧密，包括中柱鞘、初生木质部和初生韧皮部。

(1)中柱鞘　中柱鞘紧贴内皮层，常由 1～2 列排列较紧密的薄壁细胞组成。细胞呈类圆形或多边形。

(2)初生木质部和初生韧皮部　初生木质部在根的中央呈星状排列，木质部导管染成红色；初生韧皮部位于初生木质部之间，韧皮部中的筛管常染成蓝绿色。

(四)双子叶植物根的次生结构

取人参或防风根次生结构横切片，置光学显微镜下，注意每个部位细胞的特征。

1. 周皮

周皮是根最外方的数层细胞，由木栓层、木栓形成层和栓内层组成。

(1)木栓层　为数列扁平的木栓细胞，排列整齐而紧密，细胞壁木栓化，常呈浅棕色。

(2)木栓形成层　由中柱鞘细胞恢复分生能力而产生，在切片中不易分辨。

(3)栓内层　为 2～3 列排列疏松的薄壁细胞，其中分布有不规则长圆形油管。

2. 次生维管组织

(1)次生韧皮部　处于周皮以内，面积较宽，有多数裂隙。次生韧皮部由筛管、伴胞、韧皮纤维和薄壁细胞等组成。

(2)形成层　在次生韧皮部内方，环状，由 1 列排列紧密的扁长方形薄壁细胞组成。

(3)次生木质部　在形成层的内方，由导管、木薄壁细胞、木纤维及木射线组成。在显微镜下导管被染成红色，呈辐射状排列。木射线由 1～2 列薄壁细胞组成，在木质部中也呈辐射状排列，并与韧皮射线相连接，形成维管射线。

(五)根的异常结构

1. 附加维管束

(1)取何首乌块根药材，观察其淡红棕色的横断面，可见中央的维管柱，皮层内散生 4～11 个类圆形的异常维管束，形成“云锦花纹”。

(2)取何首乌块根横切片在显微镜下观察，可见数列木栓细胞组成木栓层；皮层较宽，由薄壁细胞组成，皮层内散生单个的和复合的异常维管束，均为外韧型；根的中央为大型的正常维管束，初生木质部为四原型。

2. 同心环状排列异型维管束

(1)取怀牛膝根药材，观察其淡黄色的横断面，可见木质部黄白色，其外有众多小点，排成 2～4 轮，即为异型维管束。

(2)取怀牛膝根横切片在显微镜下观察，可见最外层为木栓层，木栓层以内为数层薄壁细胞。异常维管束排成 2～4 轮，外轮较小，内轮较大，均为外韧型。根的中央为大型的正常维管束，初生木质部为二原型。

五、实训报告

1. 根据所观察到的植物标本，记录变态根的类型及其主要特征，完成下表：

标本名称	变态根类型	主要特征

2. 绘制细辛或毛茛根初生结构简图，并注明各部分名称。
3. 绘制人参或防风根次生结构简图，并注明各部分名称。

第二节 茎

知识目标

1. 掌握茎的形态特征、类型；
2. 掌握变态茎的类型；
3. 掌握茎的初生结构和次生结构特点；
4. 熟悉裸子植物茎和单子叶植物茎及根茎的结构特点；
5. 熟悉茎的异常结构。

能力目标

1. 能在显微镜下辨识茎的初生结构与次生结构；
2. 能分辨各种变态茎的类型。

茎通常生长在地面上，具有背地性。茎具有输导、支持、储存和繁殖的功能。也有一些植物的茎生长在地下，如黄精、半夏等。

一、茎的形态与类型

(一)茎的外部形态

茎在外形上通常呈圆柱形；但也有一些植物的茎比较特别，如薄荷、益母草等唇形科植物的茎呈方形；莎草的茎呈三棱形；仙人掌的茎呈扁平状等。茎的中心一般为实心，但也有一些植物的茎是空心的，稻、麦、竹等禾本科植物的茎的节间中空，节为实心，并具明显的节与节间，特称为秆。

茎上着生叶的部位称节，两节之间的部分为节间。有的植物的茎节膨大，如牛膝；有的缢缩，如藕。茎节上着生叶和芽，而根上则无节、节间、芽及叶，这是根与茎在外形上的主要区别。木本植物的叶子脱落后在茎上留下的痕迹称为叶痕；托叶脱落后在茎上留下的痕迹称为托叶痕；包被芽的芽鳞片脱落后在茎上所留下的痕迹称为芽鳞痕；茎枝表面隆起呈裂隙状的小孔称皮孔（图 2-11）。这些特征常作为鉴别茎木类及皮类药材的依据。

有些植物如苹果、梨、松、银杏等具有两种枝条，一种节间较长，其上着生的叶呈螺旋状排列，称长枝；另一种节间较短，其上的叶片多为簇生，称短枝。一般短枝着生于长枝上，能开花结果，又称为果枝。

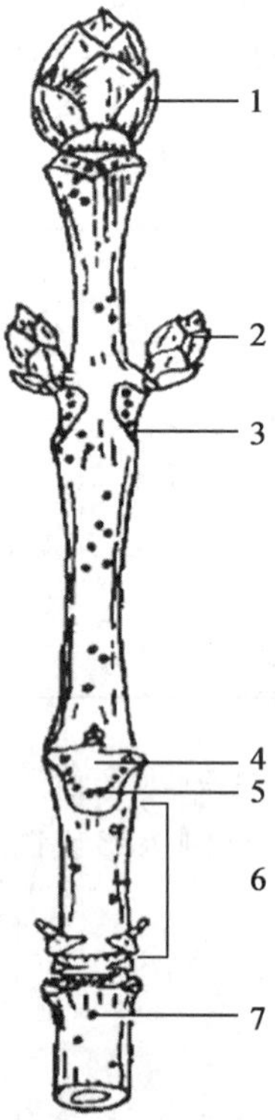

1. 顶芽　2. 腋芽　3. 节
4. 叶痕　5. 维管束痕
6. 节间　7. 皮孔
图 2-11　茎的外形

(二)芽

芽是植物枝、花或花序尚未发育的原始体。茎枝的顶端生有顶芽，能不断向上生长；叶腋部位生有腋芽，腋芽陆续发育，产生了茎的分枝。

根据不同的分类标准，芽可以分为以下不同的类型（图 2-12）。

（1）定芽和不定芽　依据芽的生长位置，定芽是指有一定生长位置的芽，如顶芽、腋芽等；不定芽指无一定生长位置的芽，如节间、根、叶等处着生的芽。

（2）叶芽、花芽、混合芽　依据芽的性质，叶芽发育成枝和叶，故又称枝芽；花芽发育成花或花序；混合芽能同时发育成枝叶、花及花序。

（3）鳞芽和裸芽　依据芽鳞的有无，鳞芽有芽鳞包被，如樟、桑等；裸芽无芽鳞包被，多见于草本植物。

（4）活动芽和休眠芽　依据芽的活动能力，活动芽是指正常发育的芽，当年形成并且当年萌发或次年萌发；休眠芽（潜伏芽）则长期保持休眠，只有在适当时候才打破休眠，恢复生长，如天麻的芽。

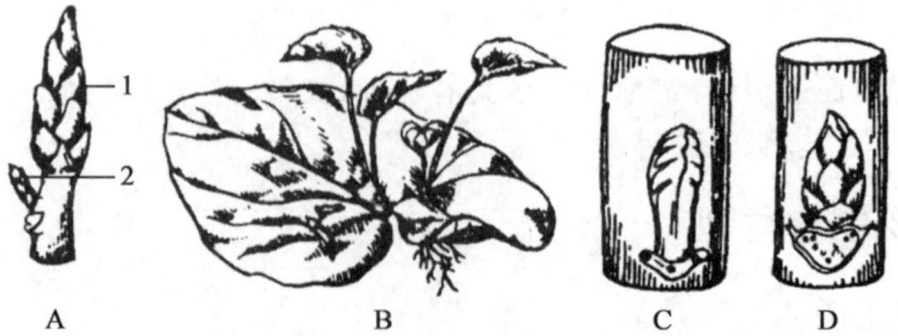

A. 定芽（1. 顶芽　2. 腋芽）　B. 不定芽　C. 裸芽　D. 鳞芽
图 2-12　芽的类型

(三)茎的类型

植物的茎有多种类型(图 2-13)。

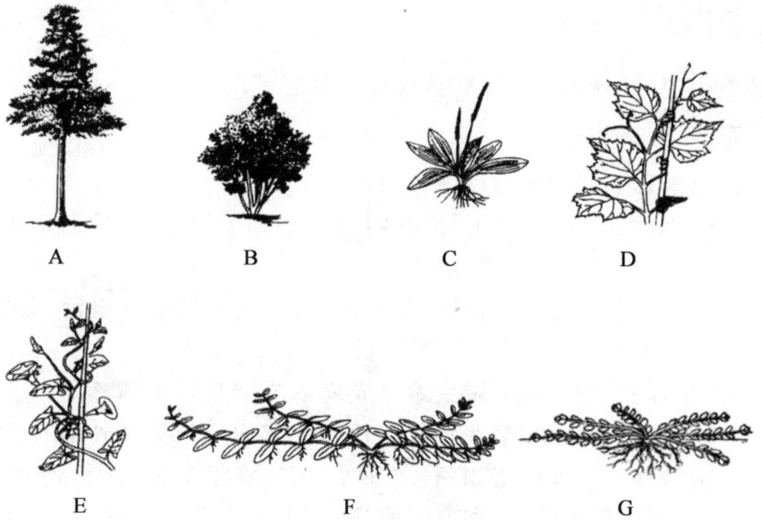

A. 乔木　B. 灌木　C. 草本　D. 攀缘茎　E. 缠绕茎　F. 匍匐茎　G. 平卧茎

图 2-13　茎的类型

1. 按茎的质地分

(1)木质茎　茎质地坚硬,木质部发达。具木质茎的植物称木本植物,根据其性状的不同,又可分为:

①乔木　植株高大,主干明显,下部少分枝,如黄檗、厚朴等。

②灌木　植株矮小,主干不明显,在基部分枝成丛生枝干,如小檗、连翘等。

③半灌木　植株外形与灌木相似,但其茎基部木质为多年生,上部多为草质,入冬枯死,如草麻黄、牡丹等。

(2)草质茎　茎质地较柔软,木质部不发达。具草质茎的植物称为草本植物,根据其生长年限和性状的不同,又可分为:

①一年生草本　植物在一年内完成其生命周期,即开花结果后全株枯死,如红花等。

②二年生草本　植物在二年内完成其生命周期,即种子在第一年萌发,只进行营养生长,第二年才开花结果,然后全株枯死,如菘蓝、白菜等。

③多年生草本　植物生活二年以上才全株枯死,如薄荷、人参等。

(3)肉质茎　茎质地柔软多汁,肉质肥厚,如芦荟、仙人掌等。

2. 按茎的生长习性分

(1)直立茎　茎直立于地面上生长,不依附于他物,如松、紫苏、银杏等。

(2)缠绕茎　茎细长,依靠茎本身缠绕他物,呈螺旋状向上生长,如五味子呈顺时针方向缠绕;牵牛呈逆时针方向缠绕;何首乌则无一定规律。

(3)攀缘茎　茎细长,不能直立,而是以卷须、不定根等特有的结构攀附于他物向上生长,如栝楼、葡萄等。

(4)匍匐茎　茎平卧在地上生长，在节处生有不定根长入地下，如甘薯、连钱草等。

(5)平卧茎　茎平卧在地上生长，节处不产生不定根，如蒺藜、地锦等。

二、茎的变态

茎的变态种类很多，可分为地下变态茎和地上变态茎两大类。

(一)地下变态茎

常见的地下变态茎有下列四种类型(图 2-14)。

(1)根状茎　外形似根，常横卧地下，但有明显的节和节间，节上具退化的鳞片叶，具有顶芽和侧芽，并常生有不定根，如姜、苍术、藕等。

(2)块茎　肉质肥厚呈不规则的块状，节间缩短，节向下凹陷如眼窝，芽生其中但并不明显，鳞叶退化或早落，如天麻、半夏等。

(3)鳞茎　整体呈球形或扁球形，鳞茎缩短成扁平或圆盘状的鳞茎盘，其上着生有许多肉质肥厚的鳞叶，鳞叶腋内生有腋芽，鳞茎盘基部长有不定根。根据其外部有无膜质鳞叶包被，分为有被鳞茎和无被鳞茎。有被鳞茎如蒜、洋葱等；无被鳞茎如百合、贝母等。

(4)球茎　茎肉质肥大呈球状，节和节间明显，节上生有膜质鳞片叶，顶芽发达，腋芽常生于球茎上半部，基部常生有不定根，如荸荠、慈姑等。

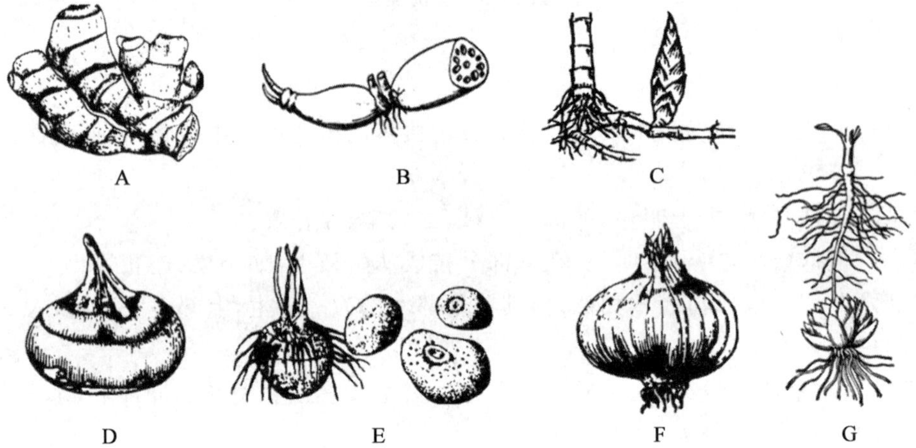

A. 根状茎(姜)　B. 根状茎(藕)　C. 根状茎(竹)　D. 球茎(荸荠)

E. 块茎(半夏)　F. 鳞茎(洋葱)　G. 鳞茎(百合)

图 2-14　地下变态茎

(二)地上变态茎

地上变态茎常见的有以下几种类型(图 2-15)。

(1)叶状茎　茎变成绿色的扁平叶状或针叶状，而正常的叶则退化为膜质鳞片状、线状或刺状，如仙人掌、竹节蓼等。

(2)刺状茎(枝刺)　有些植物的侧枝特化为刺状结构，坚硬锐利。不分枝的刺，如山楂；分枝的刺，如皂荚。刺状茎生于叶腋，可与刺状叶相区别。

(3)钩状茎　通常弯曲呈钩状，粗短坚硬无分枝，位于叶腋，如钩藤。

(4)茎卷须　常见于攀缘植物，茎变成分枝或不分枝的卷须，生于叶腋或与花枝的位置相当，如葡萄、栝楼等。

(5)小块茎和小鳞茎 为较小的块茎或鳞茎结构，通常由腋芽或不定芽发育而成，具繁殖作用。小鳞茎较常见于百合科植物，如卷丹的叶腋、洋葱花序中常形成小鳞茎；山药的叶腋常产生小块茎，称为零余子。

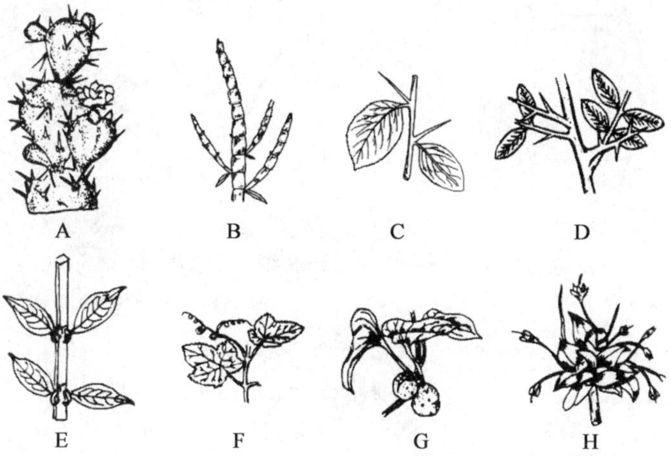

A. 叶状茎(仙人掌) B. 叶状茎(竹节蓼) C. 刺状茎(山楂) D. 刺状茎(皂荚)
E. 钩状茎(钩藤) F. 茎卷须(葡萄) G. 小块茎(山药珠芽) H. 小鳞茎(洋葱花序)

图 2-15 地上变态茎

三、茎的内部结构

(一)茎尖的结构

茎尖是指主茎或侧枝的顶端部分，自上而下可分为分生区、伸长区和成熟区三部分。茎尖的构造与根尖相似，但茎尖先端没有类似根冠的帽状结构，而是由幼小的叶片包围着。茎尖生长锥的四周表面能向外形成小突起，成为叶原基和腋芽原基(图 2-16)，以后分别发育为叶和腋芽，腋芽再发育成枝。茎成熟区的表皮常有气孔和毛茸。

(二)双子叶植物茎的初生结构

通过茎的成熟区做一横切面，可观察到茎的初生结构，由外至内可分为表皮、皮层和初生维管组织三部分(图 2-17)。

1. 表皮

茎表皮细胞通常为单层生活细胞，形状扁平、排列整齐而紧密，没有细胞间隙，一般不含有叶绿体，少数茎表皮细胞含有花青素。表皮细胞的外壁较厚，常角质化并形成角质层，少数植物具有蜡被，可以控制蒸腾，抵抗病菌的侵入。茎的表面分布有气孔、毛茸或其他附属物。

2. 皮层

皮层位于表皮内方，由多层生活细胞构成，细胞壁薄而大，排列疏松，具细胞间隙，靠近表皮部分的细胞中常含有叶绿体，所以嫩茎多呈绿色，能进行光合作用。皮层的基本成分是薄壁组织，但在紧靠表皮的部位常具有厚角组织，可加强茎的韧性。有的植物在皮层中还有纤维、

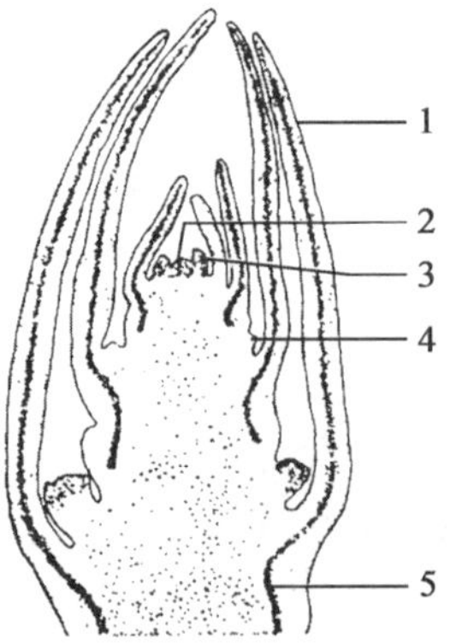

1. 幼叶　2. 生长点　3. 叶原基
4. 腋芽原基　5. 原形成层

图 2-16　茎尖的结构

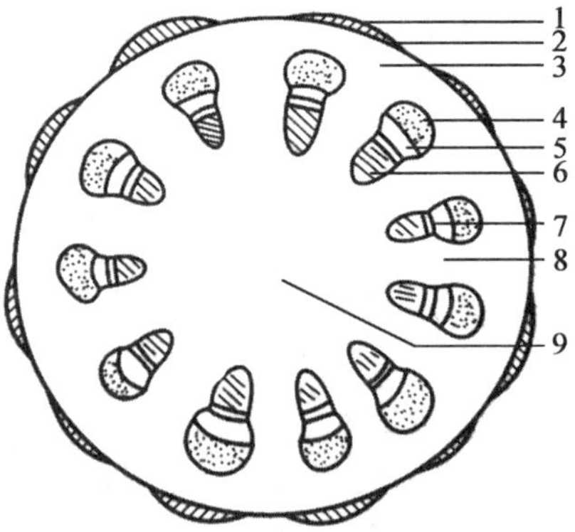

1. 表皮　2. 厚角组织　3. 皮层　4. 初生韧皮纤维
5. 韧皮部　6. 木质部　7. 形成层　8. 髓射线　9. 髓

图 2-17　双子叶植物初生结构简图

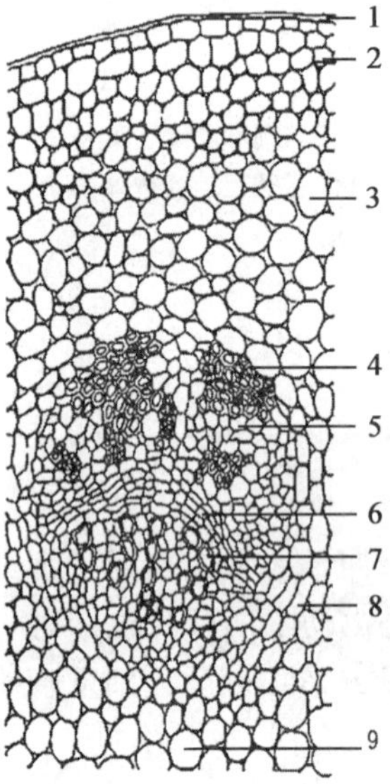

1. 表皮　2. 厚角组织　3. 皮层　4. 韧皮纤维　5. 初生韧皮部　6. 束中形成层　7. 初生木质部　8. 髓射线　9. 髓

图 2-18　双子叶植物茎的初生结构图

石细胞或分泌组织，如黄檗、桑等。

3. 维管柱

维管柱是皮层以内所有组织的统称，多数双子叶植物的维管柱包括维管束、髓射线和髓(图 2-18)。

(1)初生维管束　包括初生韧皮部、束中形成层和初生木质部三部分。大多数是初生韧皮部在外，初生木质部在内，在二者之间，具有束中形成层，形成外韧型维管束。

初生韧皮部主要功能是输导有机营养物质，其发育顺序与根中相同，为外始式。韧皮纤维一般较长，在韧皮部聚集成束，起机械支持作用。此外，韧皮纤维也是丝织品的主要原料。

茎中初生木质部主要功能是输导水分和无机盐，并具有支持作用，发育顺序与根中木质部的发育顺序相反，为内始式发育，这是茎的重要特征。

(2)髓　位于茎的中心，由基本分生组织产生的薄壁细胞组成。草本植物的髓较大，木本植物的髓较小。有些植物的髓部在发育过程中消失形成中空的茎，如芹菜、南瓜等。

(3)髓射线　也称初生射线，是维管束之间的薄壁组织，由基本分生组织发育而成。髓射线外连皮层，内接髓部，具横向运输和贮藏营养物质的作用。髓射线细胞具潜在分生能力，能产生束间形成层、不定芽及不定根。一般草本植物髓射线较宽，木本植物髓射线较窄。

(三)双子叶植物茎的次生结构

双子叶植物的茎在初生结构形成后，接着进行次生生长，即形成层和木栓形成层进行分裂活动，形成次生结构，在外观上表现为茎和枝条由柔软变为较坚硬，并不断增粗。木本植物的次生生长可持续多年,次生结构非常发达。

1. 双子叶植物木质茎的次生结构

(1)维管形成层及其活动　当茎进行次生生长时,束中形成层开始活动,与此同时,邻接束中形成层的髓射线细胞恢复分裂机能转变为束间形成层。束间形成层产生以后,与束中形成层衔接起来,在横切面上看,就形成一完整的维管形成层环。

维管形成层细胞主要是进行切向分裂,向内产生次生木质部,添加在初生木质部的外方,向外产生次生韧皮部,添加在初生韧皮部的内方并将初生韧皮部向外推挤。一般向内形成的木质部细胞远较向外形成的韧皮部细胞为多。同时,维管形成层中的一些细胞也不断产生径向延长的薄壁细胞,放射状分布于次生木质部和次生韧皮部中,分别称为木射线和韧皮射线,二者合称维管射线,具横向运输和贮藏的作用。次生韧皮部由筛管、伴胞、韧皮纤维、韧皮薄壁细胞、韧皮射线组成,有的还具有石细胞、乳管等。次生韧皮部的薄壁细胞中除含有糖类、油脂等营养物质外,有的还含有鞣质、橡胶、生物碱、苷类、挥发油等次生代谢产物,它们常有一定的药用价值。次生木质部是木本植物次生构造主要部分,是木材的主要来源,由导管、管胞、木薄壁细胞、木纤维和木射线组成。导管主要是梯纹、网纹及孔纹导管,孔纹导管最普遍。

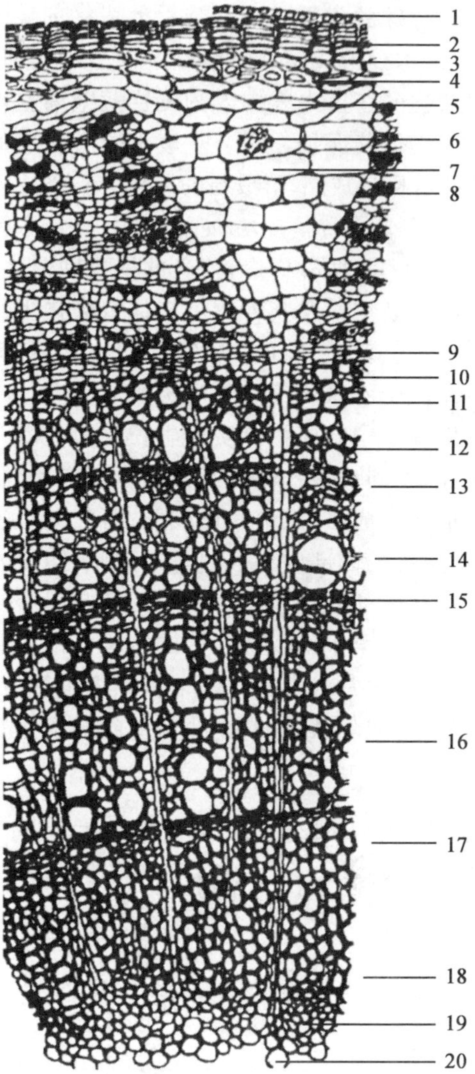

1. 枯萎的表皮　2. 木栓层　3. 木栓形成层　4. 厚角组织　5. 皮层薄壁组织　6. 草酸钙结晶　7. 髓射线　8. 韧皮纤维　9. 形成层　10. 薄壁组织　11. 导管　12. 早材(第四年木质部)　13. 晚材(第三年木质部)　14. 早材(第三年木质部)　15. 晚材(第二年木质部)　16. 早材(第二年木质部)　17、18. 次生木质部(第一年木质部)　19. 初生木质部(第一年木质部)　20. 髓

图 2-19　双子叶植物木质茎的次生结构(四年生椴树茎)

形成层活动受季节影响,温带、亚热带春季或热带的雨季,由于气候温和,雨水充足,形成层活动旺盛,形成的次生木质部细胞径大壁薄,质地较疏松,色泽较淡,称早材或春材。温带的夏末秋初或热带旱季,活动减弱,所形成的细胞径小壁厚,质地紧密,色泽较深,称晚材或秋材。当年秋材与次年春材之间界限分明,形成一同心环,称年轮或生长轮(图 2-19)。

在木材横切面上靠近形成层的部分颜色较浅,质地较松软,称边材。边材具有输导作用。而中心部分颜色较深,质地较坚硬,称心材。心材中常积累一些代谢产物,如鞣质、树脂、树胶、色素等，使心材中导管和管胞被堵塞，失去输导能力。心材比较坚固，又不易腐烂，且常含有特殊的化学成分。茎木类药材沉香、降香、檀香等均为心材入药。

(2)木栓形成层及其活动　次生生长使茎不断增粗，表皮因不能相应增大而死亡。此时，多数植物的茎可由表皮内侧皮层薄壁细胞恢复分生能力，形成木栓形成层，进而产生周皮，以代替表皮行使保护作用。一般木栓形成层的活动只不过数月，多数树木又可依次在其内方产生新的木栓形成层，形成新的周皮。新周皮及其外方被隔离得不到水分和营养供应而死亡的组织，因常剥落合称落皮层，如白桦树、悬铃木等。但不少植物的周皮并不脱落，如杜仲、黄柏等。

"树皮"有两种概念，狭义的树皮即落皮层；广义的树皮是指维管形成层以外的所有组织，包括次生韧皮部及其外侧可能保留的初生组织、周皮和周皮以外的落皮层。多数皮类药材，如杜仲、厚朴、黄柏、肉桂、合欢皮的药用部位即为广义的树皮。

2. 双子叶植物草质茎的次生结构

许多双子叶植物草质茎生长期短，次生生长有限，质地较柔软。多数草质茎不分化木栓形成层，故无周皮，由表皮行使保护作用；表皮常具角质层、蜡被、气孔、毛茸等；在维管柱中，有的只有束中形成层，无束间形成层；有的甚至连束中形成层也不明显；草质茎的髓部较发达，髓射线较宽；有的髓部中央破裂呈空洞状(图 2-20)。

3. 双子叶植物根状茎的次生结构

双子叶草本植物根状茎的结构与地上茎类似。根茎表面通常具木栓组织，少数具表皮或鳞叶；皮层中常有根迹维管束和叶迹维管束斜向通过；皮层内侧有时具纤维或石细胞；维管束为外韧型，成环状排列；贮藏薄壁组织发达，机械组织多不发达，中央有明显的髓，如黄连的根状茎(图 2-21)。

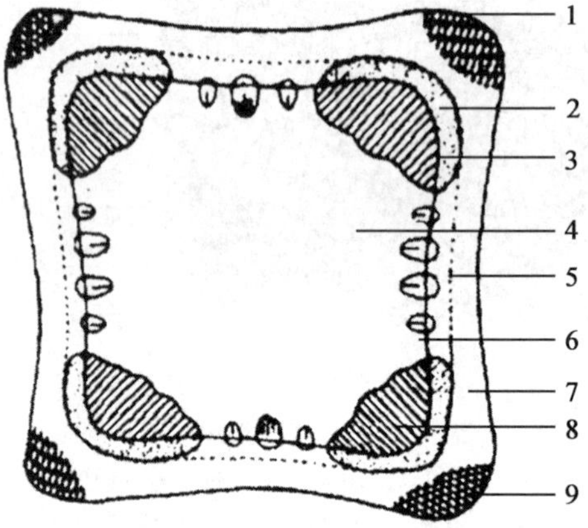

1. 表皮　2. 韧皮部　3. 形成层　4. 髓　5. 内皮层　6. 髓射线　7. 皮层　8. 木质部　9. 厚角组织

图 2-20　薄荷茎横切面简图

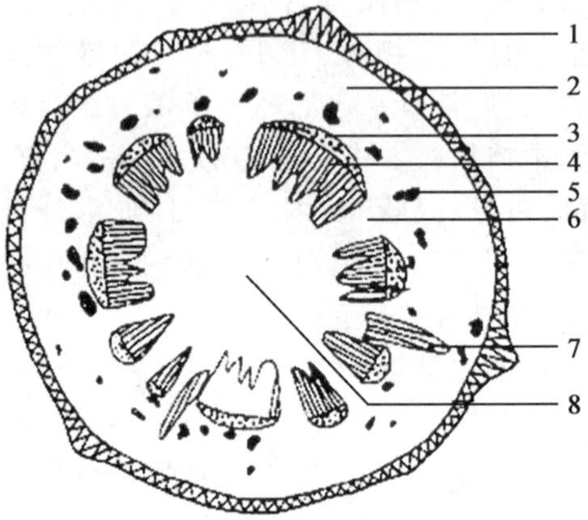

1. 木栓层　2. 皮层　3. 韧皮部　4. 木质部　5. 石细胞群　6. 射线　7. 根迹维管束　8. 髓

图 2-21　黄连根状茎横切面简图

4. 双子叶植物茎和根状茎的异常结构

某些双子叶植物的茎和根茎除了形成一般的正常构造外，常有部分薄壁细胞，能恢复分生能力，转化成新的形成层，产生多数异型维管束，形成异常结构。比如大黄的根茎在髓部形成多数星点状的异型维管束，它们是特殊的周木式维管束，内方为韧皮部，外方为木质部 ，形成层环状，射线深棕色，呈星芒状射出，习称为星点(图 2-22)；在鸡血藤的老茎中，次生维管柱的外围形成多轮呈同心环状排列的异常维管束；甘松的根状茎中薄壁组织细胞恢复分生能力，形成新的木栓形成层，呈环状包围一部分韧皮部和木质部，将维管束分隔为数束，形成木间木栓。

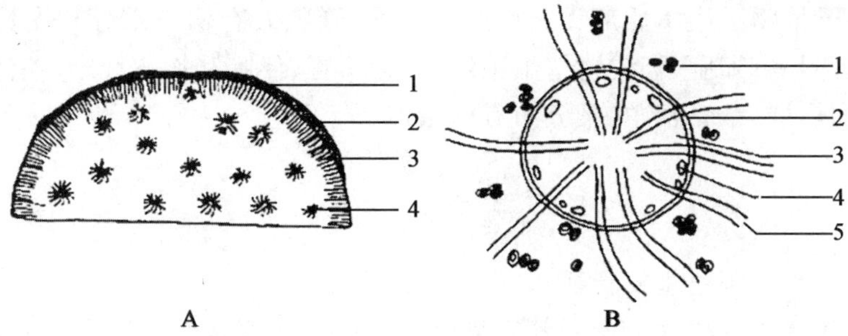

A. 大黄根茎横切面：1. 韧皮部　2. 形成层　3. 木质部射线　4. 星点

B. 星点简图：1. 导管　2. 形成层　3. 韧皮部　4. 黏液腔　5. 射线

图 2-22　大黄根茎横切面简图

(四)单子叶植物茎和根状茎的结构

1. 单子叶植物茎的结构特征

单子叶植物的茎一般无形成层和木栓形成层，只具初生结构，不能无限增粗；只具表皮，不产生周皮。单子叶植物茎的表皮以内为薄壁组织，维管束散生其中，无皮层、髓、髓射线之分，维管束为有限外韧型(图 2-23)。禾本科植物茎表皮下往往有数层厚壁细胞，起支持作用。

2. 单子叶植物根状茎的结构特征

单子叶植物根状茎的表面为表皮或木栓化皮层细胞，少数有周皮，如射干、仙茅。皮层常占较大部分，常分布有叶迹维管束，内皮层大多明显，具凯氏带。单子叶植物维管束多呈散在排列，维管束多为有限外韧型，也有周木型如香附；有的则两型均有，如石菖蒲(图 2-24)。

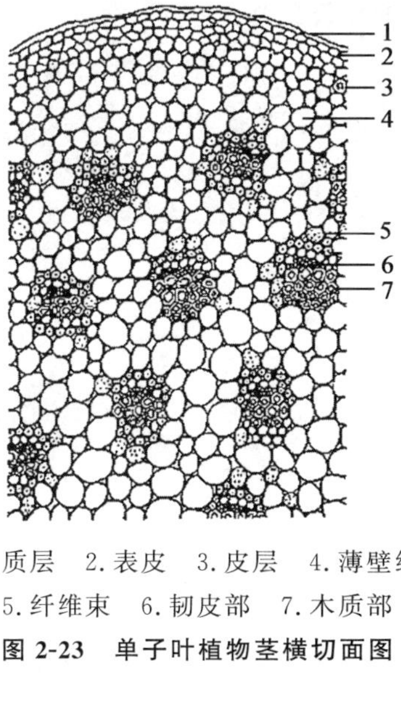

1. 角质层　2. 表皮　3. 皮层　4. 薄壁细胞　5. 纤维束　6. 韧皮部　7. 木质部

图 2-23　单子叶植物茎横切面图

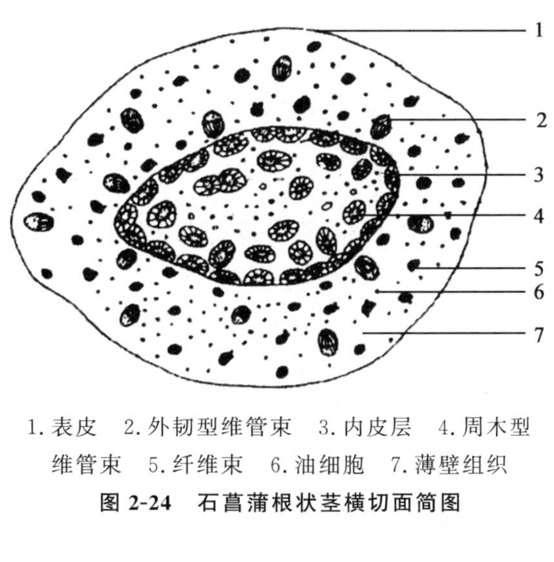

1. 表皮　2. 外韧型维管束　3. 内皮层　4. 周木型维管束　5. 纤维束　6. 油细胞　7. 薄壁组织

图 2-24　石菖蒲根状茎横切面简图

(五)裸子植物茎的结构特点

裸子植物茎的结构与双子叶植物木质茎相类似,不同点在于木质部和韧皮部的组成。多数裸子植物茎的次生木质部主要由管胞、木薄壁细胞及射线组成。除麻黄、买麻藤以外裸子植物均无导管。裸子植物次生木质部无典型的木纤维,管胞兼有输送水分和支持作用。裸子植物茎的次生韧皮部是由筛胞、韧皮薄壁细胞组成,无筛管、伴胞和韧皮纤维。有些裸子植物,如松柏类植物,茎的皮层、维管柱中,常分布有树脂道。

自我测试

1.茎的外部形态有哪些主要特征?
2.如何判断和区分各种地下变态茎的类型?
3.如何区别根与根状茎?
4.双子叶植物茎的初生结构由哪些结构组成?
5.双子叶植物木质茎的次生结构是怎样产生的?由哪些结构组成?
6.双子叶植物草质茎和单子叶植物茎在结构上各有哪些特征?

知识链接:茎的药用价值

茎不仅能支撑叶、花和果实使其在一定空间,很多植物的茎还具有药用价值。茎类中药多为木本植物的茎,包括茎藤,如木通、鸡血藤、大血藤;茎枝,如桑枝、桂枝;茎刺,如皂角刺;带刺状附属物的枝条,如鬼箭羽;茎的髓部,如通草、灯芯草;少数为草本植物的茎,如首乌藤、天仙藤、麻黄、石斛等。

技能训练七 茎的外部形态与显微结构观察

一、实训目的

1.掌握茎的外部形态特征与变态茎的特征和类型;
2.掌握双子叶植物茎的初生结构和单子叶植物茎的结构;
3.掌握双子叶植物茎的次生构造;
4.熟悉根状茎的结构特点;
5.了解茎的异常构造。

二、实训内容

1.茎的形态观察;

2. 茎的变态类型观察；
3. 双子叶植物茎的初生结构观察；
4. 单子叶植物茎的结构观察；
5. 双子叶植物茎的次生结构观察；
6. 根茎的结构观察；
7. 茎的异常结构观察。

三、实训器材

1. 仪器、用品　光学显微镜，擦镜纸。

2. 材料　杨树、银杏带侧枝的枝条，薄荷茎，松茎，忍冬、栝楼、丝瓜或葡萄的茎藤，仙人掌、竹节蓼或文竹茎枝，皂荚、山楂的茎枝，姜、玉竹或黄精、藕的根状茎，马铃薯的块茎，荸荠或慈姑的球茎，薯蓣（小块茎）和卷丹（小鳞茎）标本，洋葱、贝母（川贝或浙贝）的鳞茎。向日葵幼茎横切片、玉米茎横切制片、椴树茎横切制片、薄荷茎横切制片、黄连根茎横切制片、石菖蒲根茎横切制片、大黄根状茎横切制片、海风藤茎横切制片。

四、实训操作

（一）茎的形态观察

（1）取杨树或银杏带侧枝的枝条，观察其形态特征，辨别节与节间、顶芽与腋芽、叶痕和皮孔。注意银杏枝条的长短枝。

（2）观察不同类型茎的特征：草质茎（薄荷）、木质茎（松树）、缠绕茎（忍冬）、攀缘茎（栝楼或葡萄）。

（二）茎的变态类型观察

1. 地上变态茎

（1）叶状茎　观察仙人掌、竹节蓼或文竹，注意茎扁化变态成绿色的叶状体，叶退化成鳞片状或刺状。

（2）刺状茎　观察皂荚、山楂的茎，注意有无分枝。

（3）茎卷须　观察栝楼或丝瓜的茎，茎卷须着生于叶腋处；观察葡萄的茎，茎卷须在叶柄对侧。

（4）小块茎和小鳞茎　观察薯蓣（小块茎）和卷丹（小鳞茎）标本。注意变态茎的着生位置。

2. 地下变态茎

（1）根状茎　观察姜、玉竹或黄精、藕的根状茎，注意观察节和节间、鳞叶、顶芽及侧芽。

（2）块茎　观察马铃薯块茎，叶退化，脱落后留有叶痕，其腋部是凹陷的芽眼，每个芽眼内可有 1 至多个腋芽，注意其缩短的节间。

（3）球茎　观察荸荠或慈姑的球茎，具环状缩短的节间和膜质叶。顶芽发达，侧芽常生于球茎上半部。

（4）鳞茎　观察洋葱纵切面，找出鳞茎盘、鳞叶和腋芽的位置。对照观察贝母（川贝或浙贝）的鳞茎，注意区分有被鳞茎与无被鳞茎。

(三)双子叶植物茎的初生结构观察

取向日葵幼茎横切永久制片,置显微镜下观察:

(1)表皮　由一层排列整齐而紧密的长方形薄壁细胞组成,外壁角质加厚,有时可观察到非腺毛。

(2)皮层　位于表皮以内,维管柱以外,靠近表皮的几层细胞较小,细胞角隅处增厚,内侧由多层薄壁细胞构成,具细胞间隙,其中分布有少数分泌腔。

(3)初生维管束　无限外韧型,每个维管束由初生韧皮部、束中形成层、初生木质部组成,初生韧皮部位于维管束的外方,外侧具初生韧皮纤维。束中形成层为2～3列扁平长方形细胞,具有分裂能力。初生木质部由原生木质部和后生木质部构成,为内始式发育。

(4)髓和髓射线　髓位于茎中心,由薄壁细胞构成,常具储藏功能;髓射线为维管束间的薄壁细胞,连接皮层和髓。

(四)单子叶植物茎的结构观察

取玉米茎横切永久制片进行观察:

(1)表皮　为一层扁平细胞,外层具角质层。

(2)基本组织　没有皮层、髓及髓射线的区别,外侧的细胞较小,向内侧逐渐变大。

(3)维管束　整个基本组织中,散生多数有限外韧型维管束。维管束由初生木质部和初生韧皮部构成,其间没有形成层。

(五)双子叶植物茎的次生结构观察

取2～3年生椴树茎横切制片,置显微镜下观察。

(1)表皮　在茎的最外层,由一层排列紧密的表皮细胞构成。在2～3年生的椴树枝条上,表皮已不完整,有的部位已被胀破并脱落。

(2)周皮　由木栓层、木栓形成层和栓内层构成。

木栓层:由排列整齐的扁平状细胞构成,细胞壁栓质加厚,为死亡细胞。

木栓形成层:椴树茎的木栓形成层产生于皮层靠外侧的薄壁细胞,细胞质浓。横切面呈扁平状。

栓内层:一般只有1～2层细胞,细胞质较浓,为生活细胞。

(3)皮层　较窄,由数层薄壁细胞构成,细胞内含叶绿体。

(4)维管柱　由多个排列成环状的维管束构成,每束维管束由韧皮部、形成层、木质部组成。韧皮部位于形成层外侧,细胞排列成梯形。切片中可见韧皮纤维被染成红色,韧皮薄壁细胞、筛管和伴胞被染成绿色;形成层呈环状,由4～5层排列整齐的扁长细胞组成;木质部位于形成层以内,在横切面上占有最大的面积。在次生木质部中可根据颜色分辨早材与晚材,观察年轮。

(5)髓和髓射线　髓位于茎的中心,多由薄壁细胞组成。髓射线由髓部发出,直达皮层,至韧皮部时扩大成喇叭状。

(六)双子叶植物草质茎的次生结构观察

取薄荷茎横切制片,置显微镜下观察。

(1)表皮　由一层长方形表皮细胞组成，常具毛茸和角质层。

(2)皮层　较窄，为数层排列疏松的薄壁细胞组成。薄荷茎呈四棱形，在四个棱角内方具厚角组织，其细胞角隅处加厚明显，显微镜下可见其被染成绿色。内皮层明显，具红色的凯氏点。

(3)维管柱　由四个大的维管束(正对棱角)和其间较小维管束组成，呈环状排列。韧皮部在外方，形成层成环，束间形成层明显。木质部在棱角处较发达。

(4)髓和髓射线　髓发达，由大型薄壁细胞组成，有的髓中央破裂成空洞。髓射线由维管束间的薄壁细胞组成，宽窄不一。

(七)根茎的结构观察

1. 双子叶植物根茎的结构

取黄连根茎横切制片置显微镜下观察。木栓层为数列木栓细胞；皮层较宽，石细胞单个或成群散在；维管束外韧型，环列，束间形成层不明显；髓部位于根茎横切面的中央，均为薄壁细胞。

2. 单子叶植物根茎的结构

取石菖蒲根茎横切制片置显微镜下观察。表皮为一列类方形细胞；皮层中散在多数外韧维管束，内皮层明显，凯氏点可见；维管柱中具周木型维管束。

(八)茎的异常结构观察

1. 双子叶植物茎的异常构造

取海风藤茎横切制片观察，可见正常维管束 18～33 个排列成环，在茎的中央髓部还有异常外韧型维管束 6～13 个，亦呈环状排列。

2. 双子叶植物根状茎的异常构造

取大黄根状茎横切制片观察，可见髓部有多数星点状的异型维管束。高倍镜下可见异型维管束形成层呈环状，内方为韧皮部，外方为木质部，射线呈星状射出。

五、实训报告

1. 写出所观察的植物材料茎的类型或变态茎的类型，并简要描述其主要特征，完成下表。

标本名称	茎(变态茎)类型	主要特征

2. 绘制向日葵茎横切面简图。

3. 绘制椴树茎横切面简图。

第三节　叶

知识目标

1. 掌握叶的组成、类型及特征；
2. 掌握叶脉类型、单叶与复叶的区别；
3. 掌握双子叶植物叶的构造；
4. 熟悉叶的变态、叶序、单子叶植物叶的构造；
5. 了解叶形、叶端、叶缘、叶基的形态及类型。

能力目标

1. 能熟练区分单叶与复叶，能熟练描述不同叶的形态特征；
2. 能制作叶的横切徒手切片，利用显微技术完成叶的横切面组织观察。

植物的叶一般着生在茎节上，为绿色扁平体，含有大量的叶绿体，具有向光性，是植物进行光合作用、制造有机养料、进行气体交换和蒸腾作用的重要器官。除了上述功能以外，有的植物的叶具有贮藏功能，如百合、贝母的肉质鳞片叶等；少数植物的叶具有繁殖功能，如秋海棠、落地生根等。

一、叶的组成

虽然叶的形态、大小变化很大，但发育成熟的叶一般都包括叶片、叶柄和托叶三部分。这三部分都具有的叶叫完全叶（图 2-25），如桃、月季等；只具有其中的一部分或两部分的，称为不完全叶。以缺少托叶最为常见，如菘蓝、桔梗等；有的植物的叶甚至没有叶片，只有扁平化的叶柄着生在茎上，称为叶状柄，如台湾相思树的叶片。

1. 叶片　2. 叶柄　3. 托叶

图 2-25　叶的组成部分

（一）叶片

叶片是叶最重要的组成部分，多为薄的绿色扁平体，有上表面（腹面）和下表面（背面）之分。叶片的全形称为叶形，叶的顶端称叶尖或叶端，基部称为叶基，周边叫叶缘，叶片中的维管束称为叶脉。

（二）叶柄

叶柄是叶片和茎枝相连的部分。常呈圆柱形、半圆柱形或扁平形，上表面多具沟槽。不同种类的植物叶柄的长短、粗细、形态有较大差异。海南龙血树的叶无叶柄，直接着生在茎上，称无柄叶；苦荬菜的无柄叶的叶片基部包围在茎上，称为抱茎叶。禾本科植物的叶在叶鞘与叶片相连处的腹面还有膜状突起物，称为叶舌。叶舌能使叶片向内弯曲，使叶片更多地接受阳光，同时可防止水分和真菌、昆虫进入叶鞘内。在叶舌两旁另有一对从叶片基部边缘延伸出来的突起物，称为叶耳。叶耳、叶舌的有无、大小及形态常作为识别禾本科植物的依据之一（图 2-26）。

1. 气囊（凤眼莲） 2. 叶状柄（台湾相思树） 3. 无柄叶（海南龙血树）
4. 抱茎叶（苦荬菜） 5. 叶鞘（白芷） 6. 叶鞘（千金子）

图 2-26 叶柄的特殊形态

（三）托叶

托叶是叶柄基部两侧的附属物，常成对着生。托叶的大小、形状多样。梨、桑的托叶是线形的；刺槐的托叶变成刺状，称托叶刺；菝葜的托叶演变为卷须，用以攀缘；牛尾菜的托叶呈卷须状，称托叶卷须；月季、金樱子的托叶与叶柄愈合呈翅状。有的托叶联合呈鞘状，包围在茎节基部，称为托叶鞘，膜质的托叶鞘为虎杖、何首乌、金荞麦等蓼科植物的主要特征。

多数植物的托叶存在是短暂的，在叶成熟后不久很快脱落。木兰科植物的托叶脱落后会在节上留下环状的托叶痕。有些植物的托叶能伴随叶片在整个生长季节存在，称为托叶宿存，如茜草、龙芽草。

二、叶的形态

叶的形态通常是指叶片的形态，它是识别植物的主要依据之一。比较准确的描述叶的形态应该首先描述叶片的全形，然后分别描述叶的尖端、叶的基部、叶的边缘形态及叶脉的分布等。

（一）叶片全形

叶片全形简称叶形，不同植物的叶形变化很大。但一般同种植物的叶形是比较稳定的。常见的叶形有 20 多种，主要依据叶片长度和宽度的比例以及最宽部位的位置来确定（图 2-27）。常见的叶片形状有针形、线形、条形、披针形、圆形、卵形等（图 2-28）。

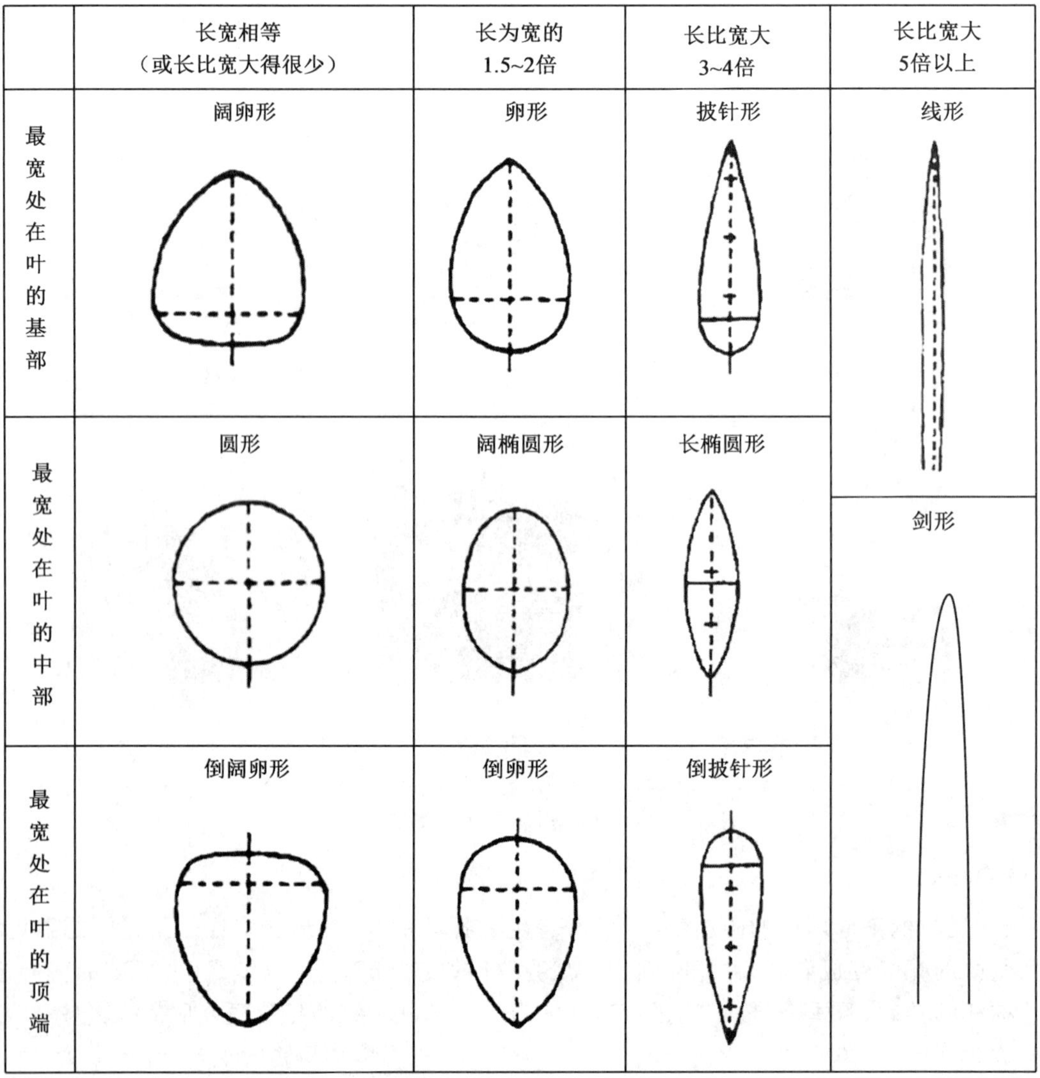

图 2-27　叶片形态图解

（郑汉臣，药用植物学，1999）

许多植物的叶并不属于上述的其中一种类型，而是两种类型的综合，描述时必须用不同的术语，例如既像卵形，又像披针形，称为卵状披针形；既像倒披针形，又像匙形，称为匙状倒披针形等。在观察叶形时，要注意有些植物具有异形叶的特点，即在同一植株上，具有二种明显不一致的叶形。如薜荔，在不开花的枝上，叶片小而薄，卵状心形；在开花的枝上，叶大呈厚革质，卵状椭圆形，两者大小相差数倍，但这两种叶都可出现在同一植株上。水生植物菱亦如此，浮于水面的叶呈菱状三角形，沉在水中的叶则为羽毛状细裂，早落。

（二）叶端形状

叶片的尖端简称叶端或叶尖。常见的形状有渐尖、急尖、尾状等，此外还有微缺、卷须状、芒尖等（图 2-29）。

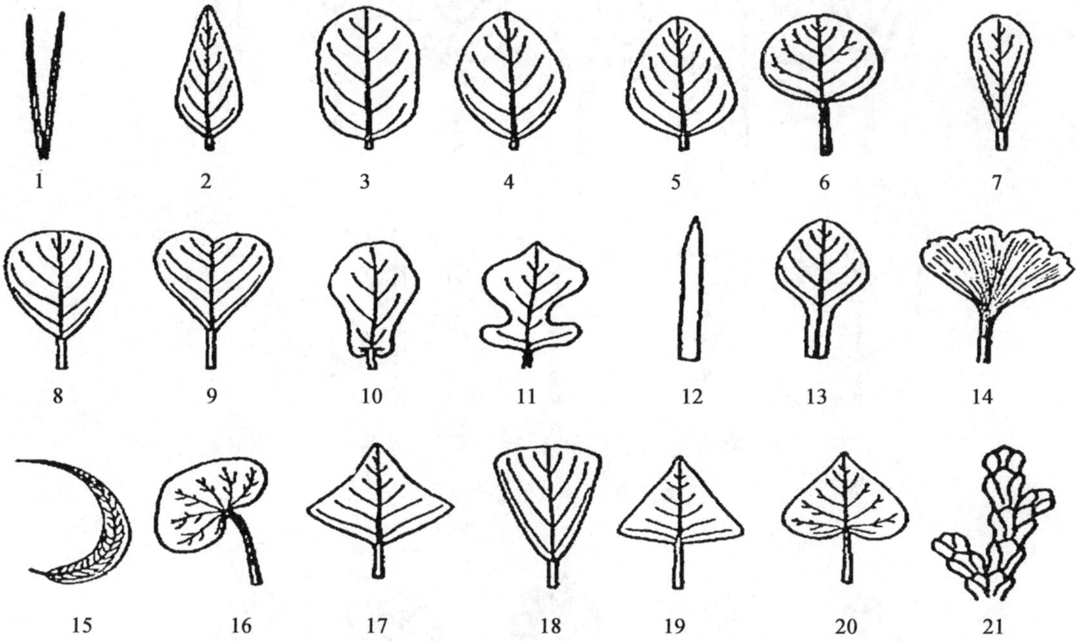

1. 针形　2. 披针形　3. 矩圆形　4. 椭圆形　5. 卵形　6. 圆形　7. 倒披针形　8. 倒卵形
9. 倒心形　10,11. 提琴形　12. 线形　13. 匙形　14. 扇形　15. 镰形　16. 肾形
17. 菱形　18. 楔形　19. 三角形　20. 心形　21. 鳞形

图 2-28　叶片的全形

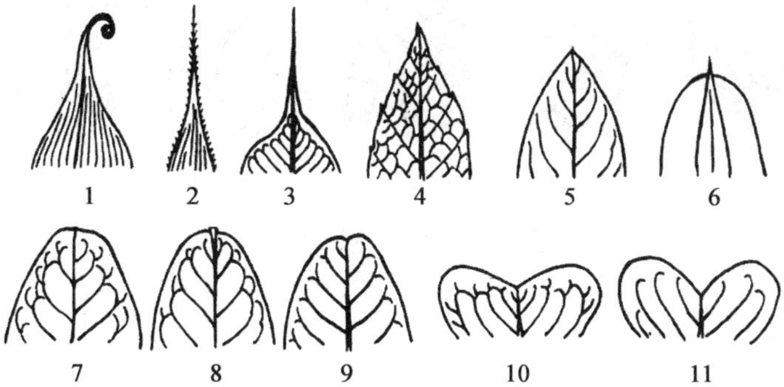

1. 卷须状　2. 芒尖　3. 尾尖　4. 渐尖　5. 急尖　6. 短尖　7. 钝形　8. 微凸
9. 微凹　10. 微缺　11. 倒心形

图 2-29　叶端的各种形状

(三)叶基形状

叶片的基部称为叶基。常见的有心形、圆形等(图 2-30)。

(四)叶缘形状

叶片的边缘称为叶缘,常见的类型有全缘、浅波状、波状、重锯齿状等(图 2-31)。

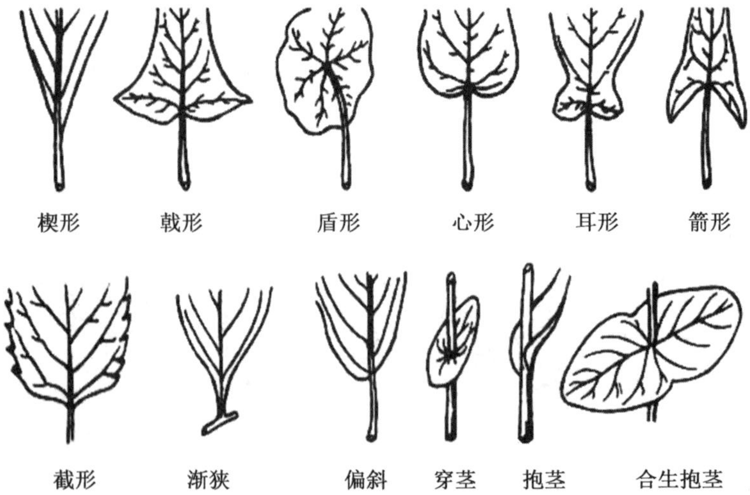

图 2-30　叶基的各种形状

图 2-31　叶缘的各种形状

(五)叶片的分裂

植物的叶片通常是全缘或仅叶缘具齿或细小缺刻,但有些植物的叶片叶缘缺刻深且大,形成叶片的分裂状态。依据缺刻的深浅可将叶裂分为浅裂、深裂和全裂三种类型。依据裂片的排列形式可分为羽状裂、掌状裂和三出裂。一般对叶裂的描述是综合了以上两种分裂方法,例如羽状浅裂、羽状深裂、掌状深裂等(图 2-32)。

(六)叶脉与脉序

叶脉即叶片中的维管束。其中最大的叶脉称中脉或主脉,主脉的分支称侧脉,侧脉的分支称细脉。叶脉在叶片中的分布及排列形式称脉序,主要有分叉脉序、平行脉序和网状脉序(图 2-33)。

标准	叶裂类型	三出裂	掌状裂	羽状裂
缺刻最深不超过叶片的1/2	浅裂			
缺刻最深超过叶片的1/2，但未达中脉或叶基部	深裂			
缺刻深达叶的中脉或叶基部	全裂			

图 2-32 叶片的分裂

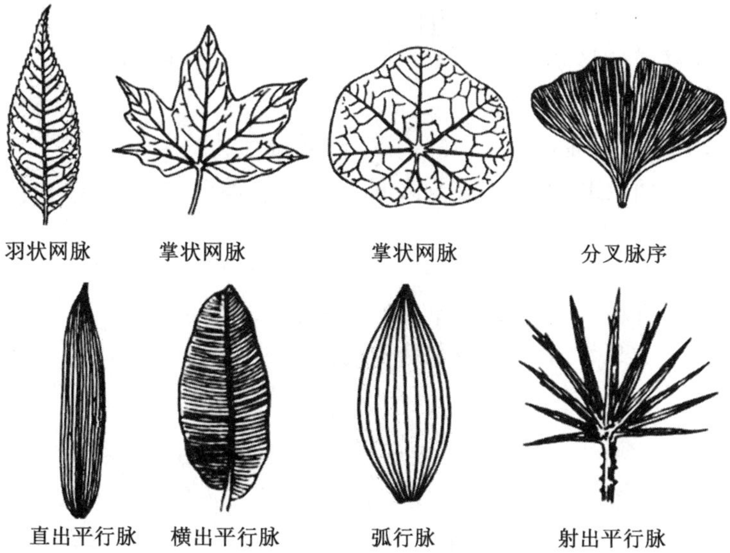

图 2-33 脉序的类型

1. 分叉脉序

叶脉从叶基伸出后，均呈多级二叉分枝，称为分叉状脉。这种脉序比较原始，在蕨类植物中较为常见，种子植物中极少见，如银杏。

2. 平行脉序

大多数单子叶植物具有平行脉序。各条叶脉近似于平行分布，其中主脉和侧脉从叶片基部平行伸出直至尖端者，称直出平行脉，如淡竹叶、麦冬；有的侧脉与中脉几乎垂直，而侧脉之间近于平行，称横出平行脉，如芭蕉；有的各叶脉均自基部以辐射状态伸出，称射出平行脉，如棕榈；有的植物的叶脉从叶片基部直达叶尖，中部弯曲成弧形，称弧形脉序，如车前、黄精、紫萼等。

3. 网状脉序

大多数双子叶植物具有网状脉序。主脉明显，主脉向两侧分出许多侧脉，侧脉再分出多级细脉，最小的叶脉相互连接成网状。有些植物叶片有一条明显的主脉，侧脉自主脉两侧发出，呈羽毛状排列，并几乎达到叶缘，称羽状网脉，如桂花、女贞等。有的主脉的基部同时产生多条与主脉近似粗细的侧脉，再从它们的两侧发出多数侧脉，侧脉再产生极多的细脉，并交织成网状，称为掌状网脉，如蓖麻、南瓜等；有的从主脉基部两侧只产生一对侧脉，这一对侧脉明显比其他侧脉发达，称三出脉，如山麻杆等；当三出脉的一对侧脉不是从叶片基部生出，而是离开基部一段距离才生出时，称为离基三出脉，如樟。少数的单子叶植物也具网状脉序，如天南星、薯蓣，但其叶脉末梢大多数相连，没有游离的脉梢，这点不同于双子叶植物的网状脉序。

(七)叶片的质地及表面性质

1. 叶片的质地

常见的有以下类型：

(1)膜质　叶片薄而半透明，如半夏。有的膜质叶不呈绿色，且干薄而脆，称为干膜质，如麻黄。

(2)草质　叶片薄而柔软，如薄荷、商陆。

(3)革质　叶片厚而且坚韧，略似皮革，有光泽，如枇杷、苍术的叶。

(4)肉质　叶片肥厚多汁，如芦荟、垂盆草。

不同种类植物的叶片表面常有不同的特点，常见的有以下几种：

(1)光滑　叶片表面光滑，没有毛茸及突起等其他附属物，常具有较厚的角质层，如冬青、枸骨等。

(2)被粉　叶表面有一层白粉霜，如芸香。

(3)粗糙　叶表面有极小的突起，手触摸有粗糙感，如紫草、蜡梅。

(4)被毛　叶片表面具有各种毛茸，如薄荷、蜀葵。

(八)异形叶性

通常情况下，每种植物的叶子具有一定形状，但有些植物在同一植株上却具有不同形状的叶，这种现象称为异形叶性。异形叶性的发生有两种情况：一种是由于植株(枝条)发育年龄不同，所形成的叶形各异，如人参，一年生的植株只有一枚由三片小叶组成的复叶；二年生的植株只具有一枚由五片小叶组成的掌状复叶；三年生的植株具有两枚掌状复叶；以后逐年增加，最多可达六枚掌状复叶(图 2-34)。益母草的基生叶类圆形，而茎生的中部叶为三全裂，顶生叶为线形(图 2-35)。另一种情况是外界环境引起叶形的变化,如慈姑水面以上的叶呈箭形,浮水叶呈肾形,沉水叶呈线形(图 2-36)。

1.一年生 2.二年生 3.三年生 4.四年生 5.五年生 6.六年生

图 2-34 不同年限人参叶片的形态

1.基生叶 2.茎生中部叶 3.顶生叶

图 2-35 益母草的异形叶

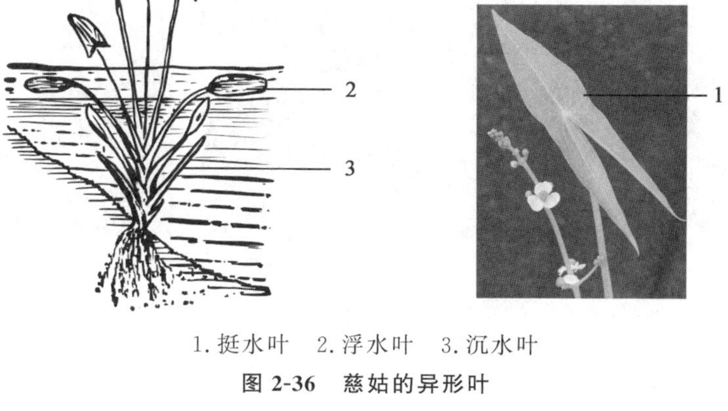

1.挺水叶 2.浮水叶 3.沉水叶

图 2-36 慈姑的异形叶

三、单叶与复叶

植物的叶可分为单叶和复叶两类(图 2-37)。

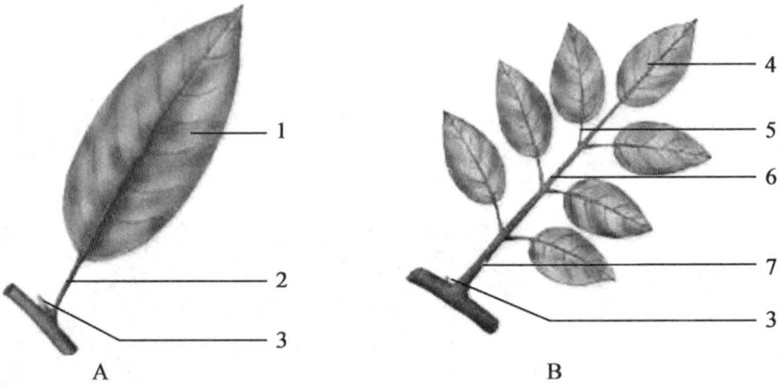

A. 单叶　B. 复叶

1. 叶片　2. 叶柄　3. 芽　4. 小叶　5. 小叶柄　6. 叶轴　7. 总叶柄

图 2-37　单叶与复叶

(一)单叶

一个叶柄上只生一枚叶片，称为单叶，如厚朴、女贞等。

(二)复叶

一个叶柄上生有两个或两个以上的叶片，称为复叶(图 2-37)，如五加、野葛等。复叶的叶柄称总叶柄，总叶柄上着生叶片部分称叶轴，叶轴上的每片叶称小叶，小叶以明显的小叶柄着生在叶轴上，并呈平面排列，小叶柄腋部无芽。根据小叶的数目及在叶轴上的排列方式不同，可分为以下几种类型：

1. 三出复叶

叶轴上着生具有三片小叶的复叶，如果顶生小叶有柄，称为羽状三出复叶，如野葛、胡枝子等；若顶生小叶无柄，称掌状三出复叶，如酢浆草、半夏等(图 2-38)。

1　　2　　3

1. 掌状三出复叶　2. 羽状三出复叶　3. 掌状复叶

图 2-38　复叶的类型

2. 掌状复叶

叶轴缩短，其顶端集生三片以上小叶，呈掌状展开，如刺五加、人参等。

3. 羽状复叶

叶轴长，小叶在叶轴两侧排成羽毛状。如果羽状复叶的叶轴顶端只生有一片小叶，称为奇(单)数羽状复叶，如苦参、盐肤木、黄檗等；叶轴顶端着生两片小叶时，称为偶(双)数羽状复叶，如决明、皂荚等。如果叶柄做一次羽状分枝，形成许多侧生的小叶轴，在小叶轴上又形成羽状复叶，称为二回羽状复叶，如合欢、云实、含羞草等；若叶轴做二次羽状分枝，在第二级分枝上形成羽状复叶，称为三回羽状复叶，如南天竹、苦楝等(图 2-39)。

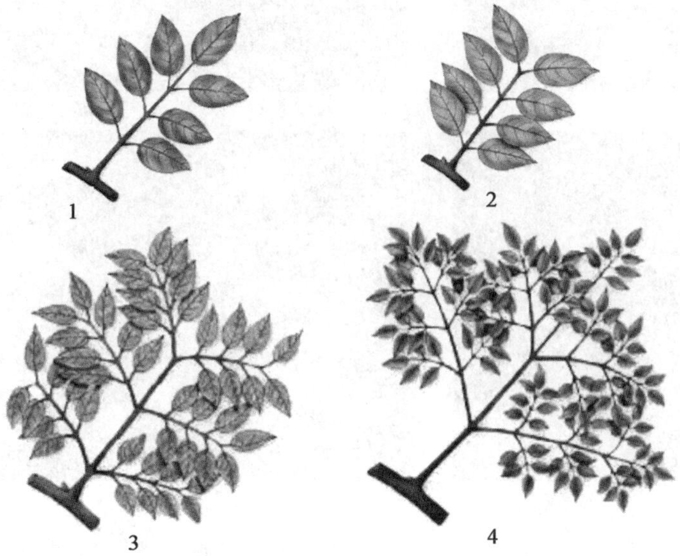

1. 奇数羽状复叶　2. 偶数羽状复叶　3. 二回羽状复叶　4. 三回羽状复叶

图 2-39　羽状复叶的主要类型

4. 单身复叶

由三出复叶衍生而来的特殊复叶，叶轴顶端上只有一片发达的小叶，下部两侧的小叶退化成翼状，其顶生的小叶与叶轴连接处具有一个明显的关节，如柑橘、柠檬等(图 2-40)。

图 2-40　单身复叶

四、叶序

叶在茎枝上的排列方式或次序称为叶序。常见的叶序有以下几种(图 2-41)：

1.对生(狭叶女贞)　2.簇生(银杏)　3.互生(山芝麻)　4.轮生(七叶一枝花)

图 2-41　叶序的类型

1.互生

在茎枝的每个节上只生一片叶，各叶沿茎枝做螺旋状排列，称为互生，如樟、桑等。

2.对生

在茎枝的每个节上相对着生两片叶。其中相邻两节上的叶片呈“十”字排列，称为交互对生，如薄荷、忍冬、三白草；相邻两对叶片排列于茎枝两侧，称为二列对生，如水杉、女贞。

3.轮生

在茎枝的每个节上着生三片或三片以上的叶，排列成轮状，如夹竹桃、黄精、轮叶沙参。

4.簇生

两片或两片以上的叶着生在极度缩短的侧枝上，密集成簇状，如银杏、落叶松、枸杞。此外，有些植物的地上茎极度缩短，节间不明显，其叶密集生于茎基部的近地面处成丛状，看似从根上生出，称基生叶，如款冬、麦冬。若基生叶集生而呈莲座状，称为莲座状叶丛，如蒲公英、车前。

同一植物可以存在两种或两种以上的叶序。如栀子的叶序有对生和三叶轮生；桔梗的叶序有互生、对生及三叶轮生。

无论叶在茎枝上排成哪一种叶序，相邻两节的叶片都不会重叠，总能从适当的角度彼此镶嵌着生，这种现象称为叶镶嵌(图 2-42)。叶镶嵌使同一枝条上的叶片互不遮盖，全部叶片均能以最大面积接受阳光。

图 2-42 植物的叶镶嵌现象

五、叶的变态

叶的变态是指由于对环境的适应，叶片的功能发生改变而引起其形态和结构变化的现象。叶的变态是一种可以稳定遗传的变异。常见类型有以下几种(图 2-43)：

1.叶刺(仙人掌) 2.捕虫叶(猪笼草) 3.叶卷须(菝葜)
4.叶卷须(豌豆) 5.鳞叶(百合) 6.苞片(鱼腥草)

图 2-43 不同类型的变态叶

1. 鳞叶

叶退化或特化成鳞片状，称鳞叶或鳞片。可分为三类，肉质鳞叶，肥厚，能贮藏养料，如洋葱、百合、贝母；膜质鳞叶，常不呈绿色且质地干脆，如荸荠球茎上的鳞叶；越冬芽外面的革质鳞叶，多呈褐色，较硬，又称芽鳞。

2. 苞片

苞片是着生在花或花序基部的变态叶，有总苞片和小苞片之分。围于花序基部一至多层的苞片称为总苞片；花序中每朵小花的花柄或花萼下较小的苞片称为小苞片。苞片通常绿色，明显小于正常叶，但也有形状大而呈各种颜色的，如马蹄莲。总苞片的形状以及轮数的多少可作为植物种属鉴定的特征，如鱼腥草花序下的四枚总苞片呈白色花瓣状；壳斗科植物的总苞片在果期会变成硬的壳斗状；菊科植物的头状花序基部的总苞片多呈绿色；天南星、半夏等天南星科植物的肉穗花序外面常有一片大型特化的总苞片，称为佛焰苞。

3. 刺状叶

叶片或托叶变成坚硬的刺状，称刺状叶（叶刺），如小檗的叶变成三根刺，通称“三颗针”；仙人掌的叶也退化成针刺状；红花、枸骨上的刺是由叶尖、叶缘变成的；刺槐、酸枣的刺是由托叶变成的。

4. 叶卷须

叶的全部或一部分变为卷须状，称为叶卷须。植物借叶卷须攀缘其他物体，如豌豆的卷须是由复叶顶端的小叶变成的；菝葜的卷须是由托叶变成的。

5. 捕虫叶

食虫植物的叶特化成盘状、瓶状或囊状，以利于捕食昆虫，称为捕虫叶。捕虫叶上有分泌黏液和消化液的腺毛或腺体，当昆虫触及或进入捕虫叶时，能立即自动闭合将昆虫捕获，并消化吸收，如猪笼草、茅膏菜。

六、叶的组织结构

叶是由茎尖生长锥后方的叶原基发育而来。叶的各部分在芽开放以前已经形成。叶通过叶柄与茎相连。

（一）双子叶植物叶的一般结构

1. 叶柄的构造

叶柄的横切一般呈圆形、半圆形、三角形等。与茎相似，由外向内依次为表皮、皮层、维管束。皮层中具有厚角组织，有时也具厚壁组织。皮层的基本组织中有若干大小不等的维管束，每个维管束的结构和幼茎中的维管束相似，木质部位于上方（腹面），韧皮部位于下方（背面），木质部与韧皮部之间常有短暂活动的形成层。由茎进入叶柄中的维管束数目可原数不变，一直延伸至叶片内，有时也分裂成更多的束或者合成一束，因此叶柄中的维管束变化很大，若从不同水平的横切面观察常不一致。

2. 叶片的构造

双子叶植物叶片的构造通常可分为表皮、叶肉和叶脉三部分（图 2-44）。

（1）表皮　包被着整个叶片的表面，腹面的表皮称上表皮，背面的表皮称下表皮，通常由一层排列紧密的生活细胞组成，也有由多层细胞构成的，称为复表皮，如夹竹桃的叶片表皮由 2～3 层细胞构成。叶片的表皮细胞一般没有叶绿体；叶的顶面观表皮细胞呈不规则形，垂周壁（侧壁）波浪状，彼此嵌合紧密，除气孔以外，没有细胞间隙；横切面观表皮细胞近方形或长方形，外壁常较厚，角质化并具角质层，有的还有蜡被、毛茸等附属物。多数的双子叶植物，上、下

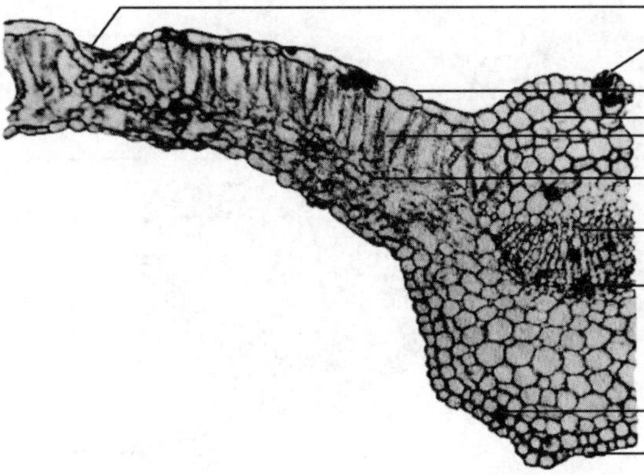

1.腺鳞 2.橙皮苷结晶 3.上表皮 4.厚角组织 5.栅栏组织
6.海绵组织 7.木质部 8.韧皮部 9.下表皮

图 2-44 薄荷叶的横切

(刘春宇,药用植物学与生药学,2014)

表皮都有气孔分布,但一般下表皮的气孔较上表皮多。气孔的数目、形状因植物种类不同而异。气孔和毛茸是叶类药材鉴别的重要依据。

(2)叶肉 位于上、下表皮之间,由含有叶绿体的薄壁细胞组成,是光合作用的主要场所。叶肉通常分为栅栏组织和海绵组织。

①栅栏组织 紧邻上表皮之下,细胞呈圆柱形,排列紧密,细胞的长轴与上表皮垂直,形如栅栏。细胞内含有大量的叶绿体,光合作用效能较强。栅栏组织通常只有 1 层,也有排列成 2 层或 2 层以上的,如枇杷叶和冬青叶。各种植物的栅栏组织排列层数及其是否通过中脉部分的情况各不相同,可作为叶类药材鉴别的依据。

②海绵组织 位于栅栏组织下方,与下表皮相接,由一些近圆形或不规则形的薄壁细胞构成,细胞间隙大,排列疏松如海绵状,细胞中所含叶绿体较栅栏组织细胞中少,所以叶的背面颜色较浅。

叶片的内部构造中,大多数双子叶植物的栅栏组织紧邻上表皮下方,海绵组织位于栅栏组织与下表皮之间,叶片腹面颜色比背面颜色深,这种叶称异面叶。也有些植物的叶在上、下表皮内侧均有栅栏组织,叶片腹面与背面颜色接近,这种叶称等面叶,如番泻叶(图 2-45)、桉叶。在叶肉组织中,有的植物含有油室,如桉叶、橘叶;有的植物含有草酸钙簇晶、方晶、砂晶等,如桑叶、枇杷叶;有的含有石细胞,如茶叶。

叶肉组织在上下表皮的气孔内侧形成一个较大的腔室,称气室(孔下室)。气室与叶肉组织细胞间隙相通,有利于内外气体交换。

(3)叶脉 主要为叶片中的维管束,主脉和各级侧脉的构造不完全相同。主脉和较大的侧脉由维管束和机械组织组成。维管束的构造与茎的维管束大致相同。在维管束的上、下方常由厚壁或厚角组织包围,这些机械组织在叶的背面较为发达,因此主脉和大的侧脉在叶片背面显著隆起。侧脉越细,构造也越简单,最初消失的是形成层和机械组织,其次是韧皮部组成分子,木质部的构造也逐渐简单。到了叶脉末端,木质部中只留下 1～2 个短的螺纹细胞,韧皮部

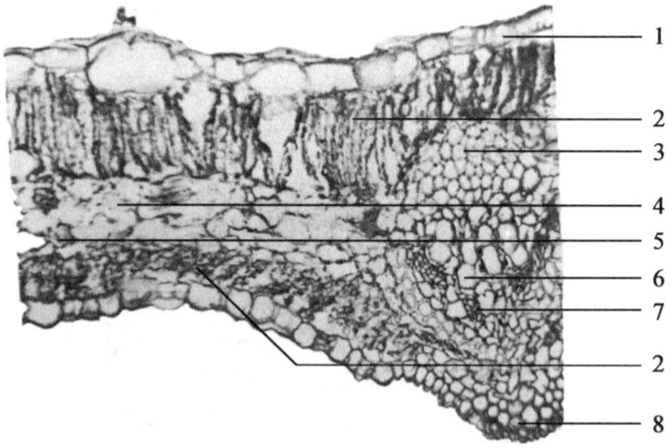

1. 表皮　2. 栅栏组织　3. 厚壁组织　4. 海绵组织　5. 草酸钙结晶
6. 木质部　7. 韧皮部　8. 厚角组织

图 2-45　番泻叶的横切

（刘春宇，药用植物学与生药学，2014）

中则只有短而狭的筛胞分子和增大的伴胞。

叶片主脉部位的上皮细胞内侧一般为机械组织，并无叶肉组织。但有些双子叶植物在主脉上方有一层或几层栅栏组织，与叶肉中的栅栏组织相连，具有这种结构的叶称为串脉叶。串脉叶是叶类药材的鉴别依据，如番泻叶、石楠叶。

（二）单子叶植物叶的一般结构

单子叶植物叶的外形多样，内部构造变化较大，但叶的基本构造和双子叶植物一样，具有表皮、叶肉和叶脉。以禾本科植物为例加以说明。

1. 表皮

表皮细胞有长细胞和短细胞两种，长细胞为长方柱形，长径与叶的纵轴平行，外壁角质化，并含有硅质。其长轴与叶片纵轴平行，纵行规则排列。短细胞又分为硅质细胞和栓质细胞两种类型，硅质细胞的胞腔内充满硅质体，因此禾本科植物叶坚硬而表面粗糙；栓质细胞细胞壁木质化。另外，在上表皮中有一些特殊大型的薄壁细胞，称为泡状细胞，也称运动细胞；细胞内有大型液泡，在横切面上排列略呈扇形。干旱时，由于运动细胞失水收缩，使叶片卷曲成筒，可减少水分蒸发。表皮的上下两面均有气孔。

2. 叶肉

禾本科植物的叶片一般没有栅栏组织和海绵组织的明显分化，属于等面叶类型。但也有个别植物的叶属于异面叶，叶肉组织有栅栏组织和海绵组织的分化，如淡竹叶（图 2-46）。

3. 叶脉

叶脉内维管束近平行排列，主脉粗大，维管束属于有限外韧；维管束的上、下方常有厚壁组织分布，并与表皮相连，增强了机械支持作用。在维管束外常有一至多层细胞包围，构成维管束鞘。玉米、甘蔗的维管束鞘由一层较大的薄壁细胞组成；小麦、水稻的维管束鞘由一层薄壁细胞和一层厚壁细胞组成。维管束鞘的结构可以作为禾本科植物鉴定的依据。

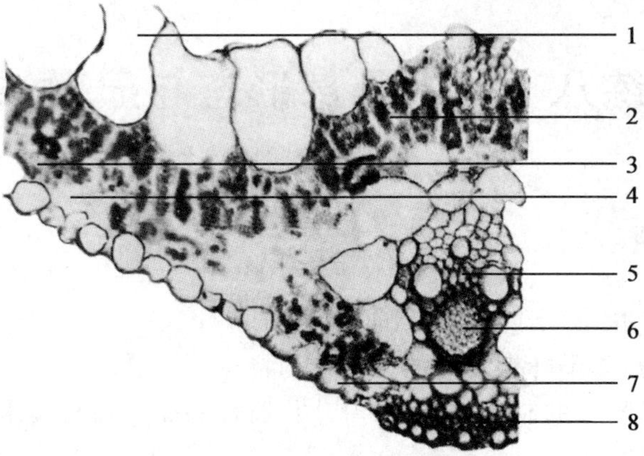

1.运动细胞　2.栅栏组织　3.海绵组织　4.气孔　5.木质部
6.韧皮部　7.下表皮　8.厚壁组织

图 2-46　淡竹叶的横切

(刘春宇,药用植物学与生药学,2014)

知识链接:叶的药用价值

很多植物的叶片具有药用价值,不同植物的叶片药用价值不同。银杏叶用于治疗肺虚咳喘、冠心病、心绞痛、高脂血症;侧柏叶具有凉血止血、生发乌发的功效;桑叶具有疏散风热、清肺润燥、清肝明目的功效;枇杷叶具有清肺止咳、降逆止呕的功效,用于治疗肺热咳嗽、气逆喘急、胃热呕逆、烦热口渴;番泻叶能泻热行滞、通便、利水,用于治疗热结积滞、便秘腹痛、水肿胀满;紫苏叶能解表散寒、行气和胃,用于风寒感冒、咳嗽呕恶、妊娠呕吐、鱼蟹中毒;艾叶具有散寒止痛、温经止血的功效,常用于治疗少腹冷痛、经寒不调、宫冷不孕等;松树叶能增加食欲、消除疲劳;梧桐叶具有祛风除湿的功效;臭椿对白秃、不生发有一定疗效。

自我测试

1.名词解释:完全叶、叶枕、复叶、单身复叶、叶序、叶镶嵌、异形叶性、泡状细胞、异面叶。

2.叶的表皮细胞一般透明,细胞液无色,这对叶的生理功能有何意义?

3.一般植物叶下表面气孔多于上表面,这有何优点?沉水植物的叶为什么往往不存在气孔?

4.被子植物的茎内有导管,同时它们也有较大的叶,两者间是否存在着联系?

技能训练八 叶的外部形态与显微结构观察

一、实训目的

1. 观察并了解单子叶、双子叶植物叶的基本形态。
2. 掌握双子叶植物、单子叶植物叶的显微结构特点。
3. 掌握叶表皮临时装片的制作方法,练习叶状器官的徒手切片技术。

二、实训内容

1. 叶的形态观察。
2. 双子叶植物叶显微结构观察。
3. 单子叶植物叶显微结构观察。

三、实训器材

1. 仪器、用品 光学显微镜,镊子、刀片、解剖针、载玻片、盖玻片、培养皿、吸水纸、擦镜纸。
2. 材料、试剂 新鲜桃叶或薄荷叶、新鲜的玉米叶、薄荷叶切片、玉米叶切片、胡萝卜、蒸馏水。

四、实训操作

(一) 叶形态观察

根据具体条件在实验前采集十种以上具有不同典型形态的叶的植物标本。按表 2-1 所列各项逐一观察,并将结果填入表中。

表 2-1 植物叶的形态观察结果

植物名称	单叶									复叶
	叶形	叶端	叶基	叶缘	脉序	质地	表面附属物	完全叶	不完全叶	类型

(二)双子叶植物叶显微结构观察

将胡萝卜切成长方形小块,再在长方形小块横切面的中央纵切一个切口,将新鲜的桃叶中间部位夹入切口中,然后左手夹住材料,右手持刀片快速切薄片。将切好的薄片放入清水中,选择最薄的桃叶切片制成临时装片,置于光学显微镜下观察桃叶横切的显微结构(图 2-47)。

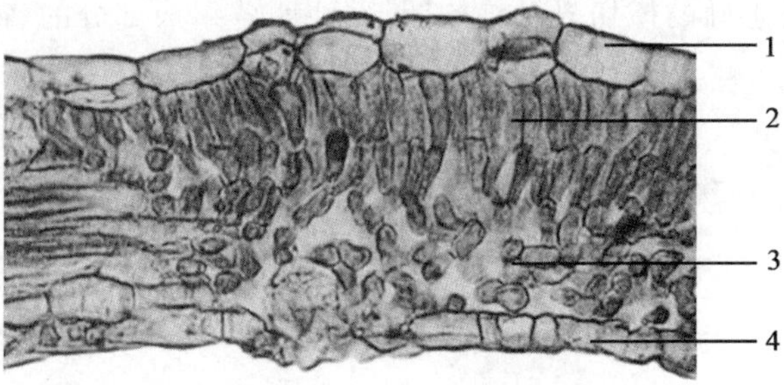

1.上表皮　2.栅栏组织　3.海绵组织　4.下表皮

图 2-47　桃叶横切组织结构

(刘虹,植物学实验,2014)

(三)单子叶植物叶的显微结构观察

取新鲜的玉米叶,做徒手横切,过中脉。将最薄的切片做成临时装片,置于光学显微镜下,观察玉米叶横切的显微结构(图 2-48)。

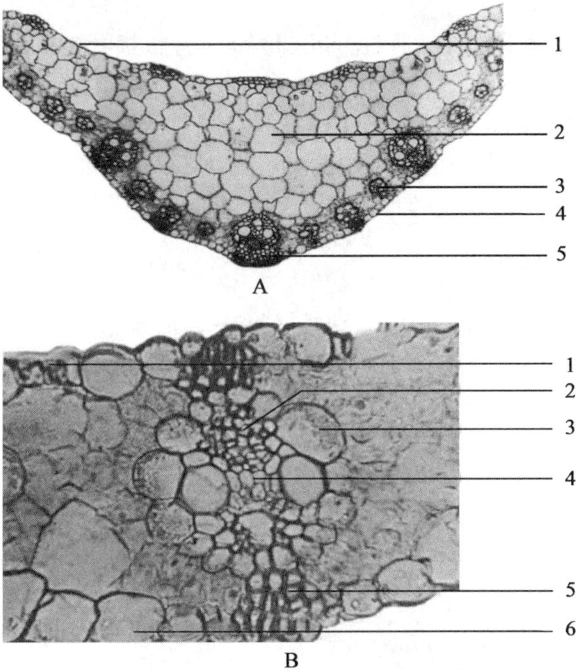

A.过中脉　1.上表皮　2.薄壁组织　3.维管束　4.下表皮　5.厚壁组织

B.花环型结构　1.气孔　2.初生韧皮部　3.维管束鞘　4.初生木质部　5.厚壁组织　6.表皮

图 2-48　玉米叶横切组织结构

(延军,植物科学实验,2013)

五、实训报告

1. 根据实验材料填写表 2-1。
2. 绘制桃叶横切显微结构图，并注明各组成部分的名称。
3. 绘制玉米叶通过主脉的横切显微结构图，并注明各组成部分的名称。

第四节 花

知识目标

1. 理解花序的类型；
2. 掌握花的组成与形态、花的类型、花程式；
3. 了解花图式、花的组织构造、花的生理功能。

能力目标

1. 能辨识花冠、雌蕊群、雄蕊群及花序的类型；
2. 能通过观察花写出花程式。

花为种子植物特有的繁殖器官，通过开花、传粉、受精过程形成果实和种子，执行生殖功能，繁衍后代，所以种子植物又称显花植物。种子植物包括裸子植物和被子植物，裸子植物花的构造简单原始，被子植物的花高度进化，结构复杂，通常形态美丽，色彩鲜艳，气味芬芳，通常所述的花，即指被子植物的花。花的形态结构具有相对保守性和稳定性，对研究植物分类、药材的原植物鉴别及花类药材的鉴定等均有重要意义。

一、花的组成及形态

花由花芽发育而成，是节间极度缩短、适应生殖的一种变态短枝。典型的被子植物完全花一般由花梗、花托、花萼、花冠、雄蕊群和雌蕊群等部分组成。其中雄蕊群和雌蕊群是花中最重要的部分，执行生殖功能；花萼和花冠合称花被，具有保护和引诱昆虫传粉的作用；花梗及花托主要起支持作用(图 2-49)。

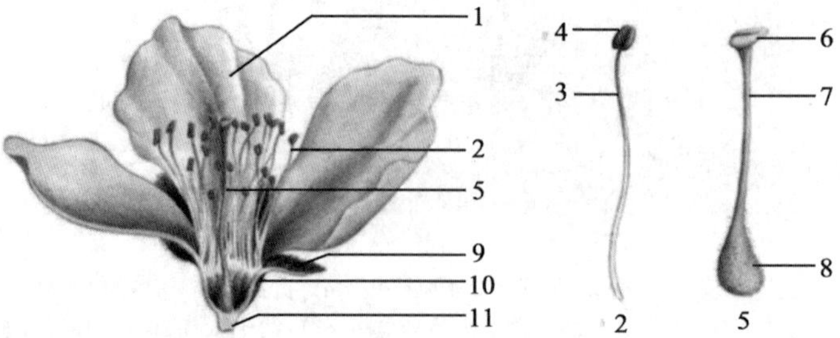

1. 花冠　2. 雄蕊　3. 花丝　4. 花药　5. 雌蕊　6. 柱头
7. 花柱　8. 子房　9. 花萼　10. 花托　11. 花梗

图 2-49　花的组成

(一)花梗

花梗又称花柄，通常为绿色柱形，是连接花和茎的柄状结构，其基本构造与茎相似。花梗的长短有无，常随植物种类而不同，如莲、垂丝海棠的花柄很长。果实形成时，花柄发育成果柄。

(二)花托

花托位于花梗顶端稍膨大部分，花各部均以一定方式着生其上。花托的形态常因植物种类而异，如圆柱状(木兰科植物等)、圆锥状(草莓等)等，有的在雌蕊基部或雄蕊与花冠之间，扩大形成扁平状或垫状的盘状体，称为花盘，如柑橘、葡萄等；有的在雌蕊(子房)基部形成短柄状，传粉受精后，能迅速伸长，将子房插入土中结实，如花生，这种花托称为雌蕊柄或子房柄。

(三)花被

花被是花萼与花冠的总称。木兰、百合、黄精等的花萼、花冠形态相似不易区分时也统称为花被。

1. 花萼

花萼是花的最外一轮变态叶，由一定数目的萼片组成，常呈绿色，可光合作用，为花芽提供营养；但也有一些植物的花萼呈花瓣状，有利于昆虫的传粉，如紫茉莉等。根据萼片间分离或联合关系，花萼有离(生)萼和合(生)萼两种。离萼各萼片之间完全分离，如油菜、桑、茶等。合萼各萼片之间彼此联合，合生部位称为萼筒，未合生部位称为萼齿或萼裂片，如茄、棉花等。萼筒具有多样性，如杯状和筒状等；有些植物的萼筒一边向外凸起呈伸长的管状称为距，如凤仙花；有些植物的花萼形态发生变化，如菊科植物的花萼常呈毛状称为冠毛，有助于传播果实；有的花萼变成干膜质，如青葙、牛膝等。

花萼常只有一轮，而有的植物在花萼外侧还有一轮绿色的瓣片，称为副萼，如棉花、草莓等的花。棉花的副萼为 3 片大型的叶状苞片。

一般植物开花以后萼片即落，但也有些花，其果实成熟时，花萼依然存在，这种花萼称为宿存萼，如茄、茶、桑、柿等的花，还有些花开放前花萼即脱落，称为早落萼，如虞美人。

2. 花冠

花冠位于花萼的上方或内侧，由颜色鲜艳的花瓣组成，花冠常成一轮排列，其数目一般与同一花的萼片数目相等，若花瓣成二至数轮排列则称重瓣花。

花瓣彼此分离的称离瓣花，如油菜、桃等。花瓣彼此联合的花为合瓣花，联合的部位称为花冠筒，分离的部位称为花冠裂片，有的则花瓣全部联合。花瓣基部延长成管状或囊状也称为距，如紫花地丁、延胡索等。有的植物在花冠上或花冠与雄蕊之间生有瓣状附属物，称副花冠，如萝藦、水仙。也有些植物的花无花瓣或花冠，如紫柳、玉米等。

花冠除花瓣彼此分离或合生外，花瓣的形态、大小和结构的差异，花冠类型、花冠的对称性和作用均因种而异，是植物分类的重要依据之一。其中常见的花冠有以下几种类型(图 2-50)。

(1)十字形花冠　花瓣 4 片分离，上部外展呈十字形，如菘蓝、萝卜等十字花科植物。

(2)蝶形花冠　花瓣 5 片分离，排成蝶形，上端一片最大且位于最外侧，称旗瓣；两侧较小的称翼瓣；最下面两片形小、位于最内方，且上部相邻处稍联合并向上弯曲呈龙骨状，称龙骨瓣，如甘草、黄芪等蝶形花亚科植物。若旗瓣最小，位于翼瓣内侧，龙骨瓣位于下侧的最外方，则称为假蝶形花冠，如云实亚科植物。

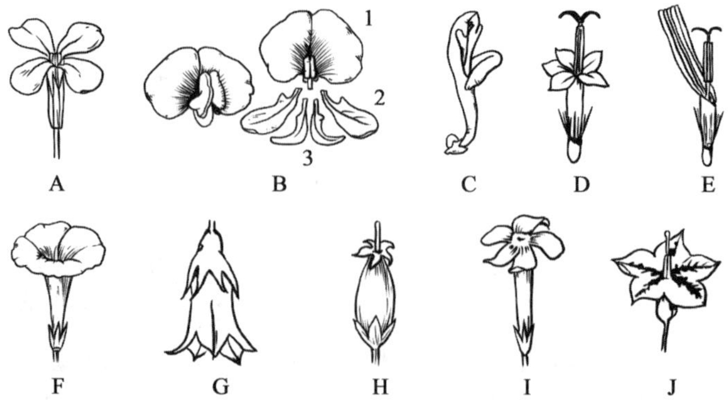

A. 十字形花冠　B. 蝶形花冠(1. 旗瓣 2. 翼瓣 3. 龙骨瓣)　C. 唇形花冠
D. 管状花冠　E. 舌状花冠　F. 漏斗状花冠　G. 钟状花冠
H. 坛状花冠　I. 高脚碟状花冠　J. 辐状花冠

图 2-50　花冠的类型

(3)唇形花冠　花冠合生呈二唇形,下部筒状,通常上唇 2 裂,下唇 3 裂,如丹参、益母草等唇形科植物。

(4)管状花冠　又称筒状花冠,花冠大部分合生呈细管状,如红花、小蓟等菊科植物。

(5)舌状花冠　花冠基部合生呈短筒状,上部向一侧延伸呈扁平舌状,如蒲公英、向日葵等菊科植物头状花序中的边缘花。

(6)漏斗状花冠　花冠筒较长,自基部向上逐渐扩大呈漏斗状,如牵牛、甘薯等旋花科植物和曼陀罗等部分茄科植物。

(7)钟状花冠　花冠筒较短而宽,上部扩大呈钟状,如桔梗、党参等桔梗科植物。

(8)坛(壶)状花冠　花冠合生,靠下部膨大成圆形或椭圆形,上部收缩成一短颈,顶部裂片向外展,如君迁子、石楠。

(9)高脚碟状花冠　花冠下部合生呈细长管状,上部水平展开呈碟状,如栀子、迎春花。

(10)辐(轮)状花冠　花冠筒很短,裂片呈水平状展开,形似车轮,如枸杞、龙葵等茄科植物。

3. 花被卷叠式

花被各片之间的排列形式及关系称花被卷叠式,其在花蕾即将绽开时比较明显,不同的植物种类具有不一样的花被卷叠式,常见的有(图 2-51):

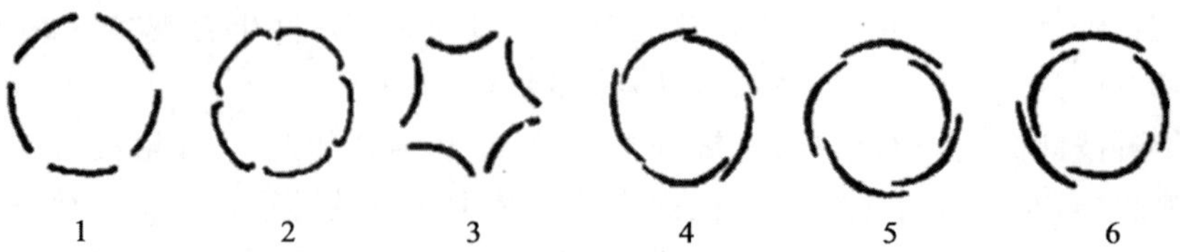

1. 镊合状　2. 内向镊合状　3. 外向镊合状　4. 旋转状　5. 覆瓦状　6. 重覆瓦状

图 2-51　花被卷叠式

(1)镊合状　花被各片边缘彼此接触而不覆盖,如桔梗。若镊合状花被的边缘微向内弯称内向镊合，如沙参；若各片边缘微向外弯称外向镊合，如蜀葵。

(2)旋转状　花被各片边缘依次相互压覆呈回旋状，如夹竹桃、黄栀子。

(3)覆瓦状　花被各片边缘彼此覆盖，但有一片完全在外，一片完全在内，如三色堇、山茶。

(4)重覆瓦状　和覆瓦状相似，但有两片完全在外，两片完全在内，如桃、杏。

(四)雄蕊群

一朵花内所有的雄蕊总称为雄蕊群。雄蕊位于花被内侧，常生于花托上，也有基部着生于花冠或花被上的。花中雄蕊的数目一般与花瓣同数或为其倍数，有时较多(十枚以上)称雄蕊多数，最少的一朵花内仅一枚雄蕊，如京大戟、白及、姜等。

1.雄蕊的组成

典型的雄蕊常由花药和花丝两部分组成。

(1)花丝　常细长，其基部着生在花托或贴生在花冠基部，上部支持花药。有的花丝扁平如带状(如莲)，或完全消失(如栀子)，或成为花瓣状(如大花美人蕉)。

(2)花药　是花丝顶端膨大成囊状的部分，通常由 4 个或 2 个花粉囊(药室)组成，分成左右两半，中间为药隔。花粉囊中产生花粉，花粉成熟后，花粉囊自行开裂，花粉粒由裂口处散出。

花药在花丝上的着生方式也有下面几种不同情况(图 2-52)。

①全着药　花药全部附着在花丝上，如厚朴、紫玉兰。

②基着药　花药基部着生于花丝顶端，如樟、茄。

③背着药　花药背部着生于花丝上，如杜鹃。

④丁字药　花药横向着生于花丝顶端而与花丝呈丁字状，如百合、小麦。

⑤个字药　花药上部连合，着生在花丝上，下部分离，略呈个字形，如地黄、泡桐。

⑥广歧药　花药左右两半完全分离平展，与花丝呈垂直状着生，如薄荷、益母草。

花粉囊开裂的方式各不相同(图 2-52)。常见的有纵裂，花粉囊沿纵轴开裂，如百合；横裂，花粉囊沿中部横向开裂，如木槿、蜀葵；瓣裂，花粉囊侧壁裂成几个小瓣，花粉由瓣下的小孔散出，如淫羊藿；孔裂，花粉囊顶部开一小孔，花粉由小孔散出，如杜鹃、茄等。

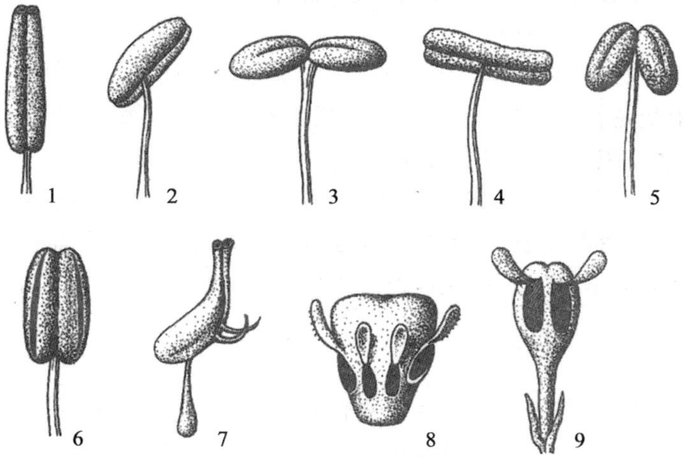

1，6. 基着药　2. 背着药　3. 广歧药　4. 丁字药　5. 个字药　6. 纵裂　7，1. 孔裂　8，9. 瓣裂

图 2-52　花药的着生和开裂方式

2. 雄蕊群的类型

雄蕊的数目、长短、排列及离合情况随植物种类的不同而异，常见的有以下几种类型（图 2-53）。

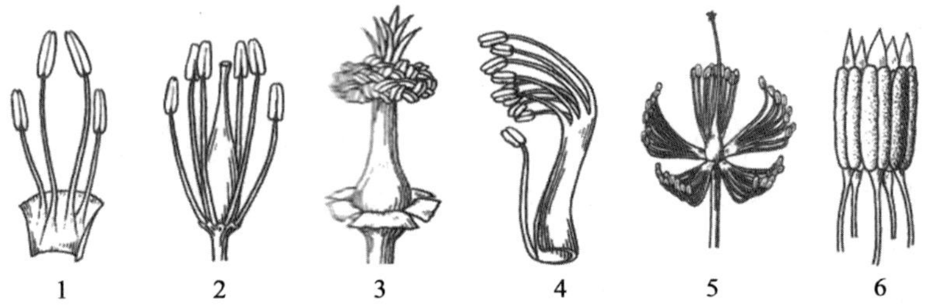

1. 二强雄蕊　2. 四强雄蕊　3. 单体雄蕊　4. 二体雄蕊　5. 多体雄蕊　6. 聚药雄蕊

图 2-53　雄蕊类型图

(1)离生雄蕊　雄蕊彼此分离，长度相似，是大多数植物所具有的雄蕊类型。

(2)二强雄蕊　雄蕊 4 枚，分离，2 长 2 短，如益母草、地黄等唇形科植物。

(3)四强雄蕊　雄蕊 6 枚，分离，4 长 2 短，如油菜、萝卜等十字花科植物。

(4)单体雄蕊　花药完全分离而花丝连合成一束呈圆筒状，如蜀葵、木槿、棉花等锦葵科植物以及苦楝、远志、山茶等。

(5)二体雄蕊　雄蕊的花丝连合成两束，如扁豆、甘草等许多豆科植物的雄蕊共有 10 枚，其中 9 枚联合，1 枚分离；而紫堇、延胡索等植物雄蕊有 6 枚，每 3 枚连合，成两束。

(6)多体雄蕊　雄蕊多数，花丝连合成多束，如金丝桃、元宝草、酸橙。

(7)聚药雄蕊　雄蕊的花药连合呈筒状，而花丝分离，如红花、向日葵等菊科植物。

还有少数植物的雄蕊发生变态而呈花瓣状，如姜、美人蕉。有些植物的雄蕊不具花药，或仅留痕迹，称不育雄蕊或退化雄蕊，如鸭跖草。

(五)雌蕊群

雌蕊群位于花的中央，是一朵花中所有雌蕊的总称。

1. 雌蕊的组成

雌蕊由变态的叶（心皮）组成。在形成雌蕊时，常分化出柱头、花柱和子房三部分。柱头位于雌蕊的上部，是承受花粉粒的地方，常常扩展成各种形状。风媒花的柱头多呈羽毛状，增加柱头接受花粉粒的表面积。多数植物的柱头常能分泌黏液，有助于花粉粒的附着和萌发。花柱位于柱头和子房之间，其长短随各种植物而不同，是花粉萌发后，花粉管进入子房的通道。花柱提供花粉管生长的营养物质，花粉管进入胚囊有选择性。子房是雌蕊基部膨大的部分，外为子房壁，内为 1 至多数子房室。胚珠着生在子房室内，受精后，整个子房发育为果实，子房壁成为果皮，胚珠发育为种子。

2. 雌蕊（群）的类型

当心皮卷合成雌蕊时，其边缘的合缝线称腹缝线，心皮的背部相当于叶的中脉部分称背缝线，一般胚珠着生在腹缝线上。由于组成雌蕊的心皮数目和结合情况的不同，雌蕊常分为以下类型（图 2-54）。

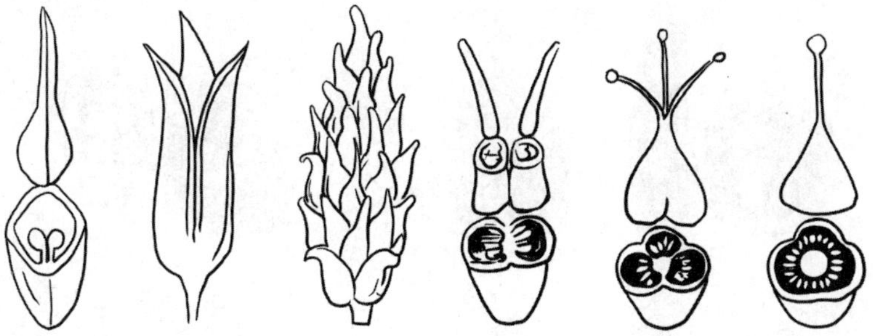

1　　2　　3　　4　　5　　6

1.单雌蕊(单心皮,子房1室)　2.离生单雌蕊(3心皮)　3.离生单雌蕊(多心皮)
4.复雌蕊(2心皮,子房2室)　5.复雌蕊(3心皮,子房3室)　6.复雌蕊(3心皮,子房1室)

图 2-54　雌蕊类型图

(1)单雌蕊　一朵花中只有一个心皮构成的雌蕊叫单雌蕊,如大豆、桃等。也有的植物在一朵花内生有多数离生的单雌蕊,又称离生心皮雌蕊,如八角茴香、五味子、草莓等。

(2)复雌蕊　一朵花中只有一个由两个以上心皮合生成的雌蕊叫复雌蕊,又称合生心皮雌蕊,如油菜、茄等。复雌蕊中,有的子房合生,花柱、柱头分离,如梨等;有的子房、花柱合生,柱头分离,如向日葵等;也有的子房、花柱、柱头全部合生,柱头呈头状,如油菜等。一个复雌蕊的心皮数目,常和花柱、柱头、子房室呈正相关,可借此判断复雌蕊的心皮数目。

3.子房着生的位置

子房着生在花托上,它与花托的连接方式也存在很大差异,同时与花萼、花冠、雄蕊群的相对位置也因植物种类不同而有变化。一般常见的有下列几种(图2-55)。

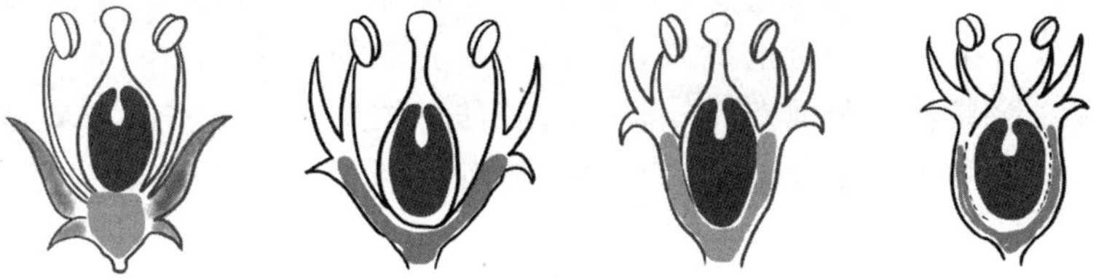

1　　2　　3　　4

1.子房上位(下位花)　2.子房上位(周位花)　3.子房半下位(周位花)　4.子房下位(上位花)

图 2-55　子房与花被的相关位置

(1)上位子房　子房仅底部与花托相连。若花托凸起或平坦,花萼、花冠和雄蕊均着生于子房下方的花托上,这种上位子房的花称下位花,如毛茛、百合等。若花托下陷不与子房愈合,花的其他部分着生于花托上端边缘,这种上位子房的花称周位花,如桃、杏。

(2)下位子房　子房全部与凹下的花托愈合,花的其他部分着生于子房的上方,这种下位子房的花则称上位花,如栀子、黄瓜、梨。

(3)半下位子房　子房仅下半部与凹陷的花托愈合,而花的其他部分着生于子房四周的花托边缘,具有这种半下位子房的花也称周位花,如桔梗、马齿苋。

4.胎座的类型

胚珠在子房内着生的部位称胎座。常见的胎座有以下几种类型(图2-56)。

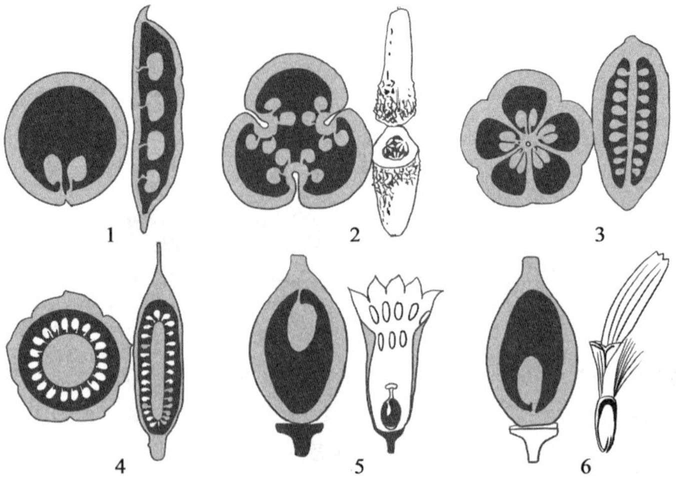

1.边缘胎座(豌豆) 2.侧膜胎座(黄瓜) 3.中轴胎座(金橘)
4.特立中央胎座(石竹) 5.顶生胎座(瑞香) 6.基生胎座(菊花)

图 2-56 胎座类型图

(1)边缘胎座 单心皮雌蕊,子房一室,胚珠沿腹缝线排列成纵行,如大豆、甘草。

(2)侧膜胎座 合生心皮雌蕊,子房一室,胚珠着生于相邻两心皮的腹缝线上,如黄瓜、罂粟、紫花地丁。

(3)中轴胎座 合生心皮雌蕊,子房多室,心皮边缘向子房中央愈合形成中轴,胚珠着生在此中轴上,如百合、桔梗、柑橘等。

(4)特立中央胎座 合生心皮雌蕊,子房一室,子房室的底部有一个因子房室隔消失而残留的突起中轴,胚珠着生在此中轴的周围,如石竹、报春花等。

(5)顶生胎座 单雌蕊或复雌蕊,子房一室,胚珠一枚生于子房室的顶端,如桑、樟等。

(6)基生胎座 单雌蕊或复雌蕊,子房一室,胚珠一枚生于子房室的基部,如紫茉莉、向日葵、大黄等。

5.胚珠的构造及类型

胚珠是着生在胎座上的卵形小体,受精后发育成种子。胚珠由珠心、珠被、珠孔、珠柄组成。胚珠在发育时由于各部分的生长速度不同使珠孔、合点与珠柄的位置有所变化而形成胚珠的不同类型(图 2-57)。

(1)直生胚珠 胚珠各部分生长均匀,胚珠直立,珠孔、珠心、合点与珠柄在一条直线上,如大黄、胡椒、核桃。

(2)横生胚珠 胚珠一侧生长快,另一侧生长慢,整个胚珠横列,珠孔、珠心、合点成一直线与珠柄垂直,如锦葵。

(3)弯生胚珠 珠被、珠心生长不均匀,胚珠弯曲呈肾状,珠孔、珠心、合点与珠柄不在一条直线上,如大豆、石竹、曼陀罗。

(4)倒生胚珠 胚珠一侧生长迅速,另一侧生长缓慢,胚珠向生长慢的一侧弯转而使胚珠倒置,珠孔靠近珠柄,珠柄很长与珠被愈合,并在珠柄外面形成一条长而明显的纵行隆起称珠脊,珠孔、珠心、合点几乎在一条直线上,如落花生、蓖麻、杏、百合等大多数被子植物。

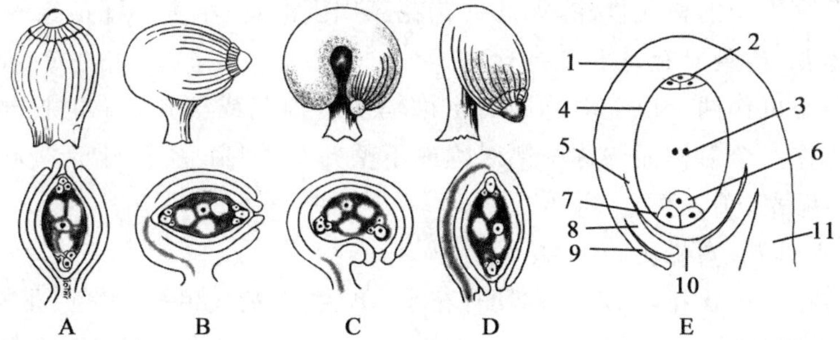

A. 直生胚珠 B. 横生胚珠 C. 弯生胚珠 D. 倒生胚珠 E. 胚珠的构造(1. 合点 2. 反足细胞 3. 极核 4. 胚囊 5. 珠心 6. 卵细胞 7. 助细胞 8. 内珠被 9. 外珠被 10. 珠孔 11. 珠柄)

图 2-57 胚珠的类型和构造

二、花的类型

被子植物的花在长期的演化过程中，花的各部发生不同程度的变化，使花多姿多彩，形态多样，归纳起来，可划分为以下几种主要的类型。

1. 完全花和不完全花

凡是花萼、花冠、雌蕊、雄蕊四部分俱全的称完全花，如桃、桔梗等。若缺少其中一部分或几部分的花，称不完全花，如南瓜、桑、柳。

2. 重被花、单被花、无被花

一朵花中具有花萼和花冠的称重被花，又称双被花，如桃、杏、萝卜等。若只具有花萼而无花冠，或花萼与花冠不分化的称单被花，单被花的花萼应称花被，这种花被常具鲜艳的颜色而呈花瓣状，如百合、玉兰、白头翁。不具花被的花称无被花，这种花常具苞片，如杜仲、胡椒、杨、柳等(图 2-58)。

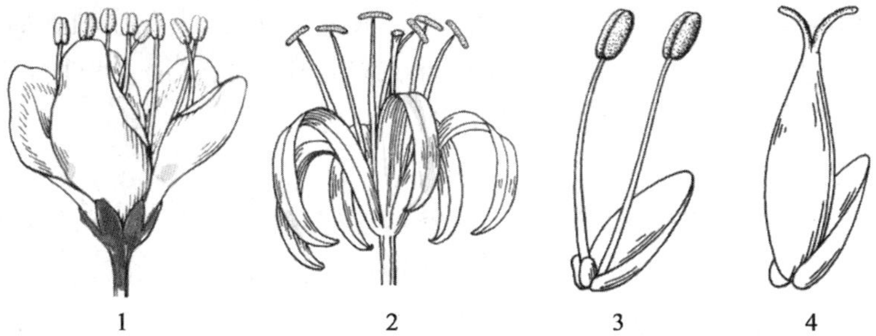

1. 重被花(两性花) 2. 单被花(两性花) 3,4. 无被花(单性花)

图 2-58 花的类型

3. 两性花、单性花、无性花

一朵花中同时具雌蕊与雄蕊的称两性花，如桃、桔梗、牡丹。若仅具雌蕊或雄蕊的称单性花，其中只有雌蕊的称雌花，只有雄蕊的称雄花；若雌花与雄花同时着生在同一株植物上称雌雄同株或单性同株，如南瓜、蓖麻；若雌花与雄花分别着生于不同株的植物上称雌雄异株或单性异株，如桑、柳、银杏、杜仲；若同一株植物既有单性花又有两性花称杂性同株，如厚朴；若单性花和两性花分别生于同种植物的不同植株上称杂性异株，如臭椿、葡萄。一朵花中若雄蕊和雌蕊均退化或发育不全的称无性花，如八仙花花序周围的花、小麦小穗顶端的花。

4. 辐射对称花、两侧对称花和不对称花

通过花的中心可作两个以上对称面的花称辐射对称花或整齐花，如桃、桔梗、牡丹。若通过花的中心只能作一个对称面的称两侧对称或不整齐花，如扁豆、益母草。无对称面的花称不对称花，如败酱、缬草、美人蕉。

5. 风媒花、虫媒花、鸟媒花、水媒花

借风传粉的花称风媒花，风媒花常具有花小、单性、无被或单被、素色、花粉量多、花粉粒细小、柱头面大和有黏质等特征，如杨、玉米、大麻、稻。借昆虫传粉的花称虫媒花，虫媒花常为两性花，雌蕊和雄蕊不同期成熟，具有美丽鲜艳的花被及蜜腺和芳香气味，花粉量少、花粉粒较大，表面多具凸起并有黏性，花的形态常和传粉昆虫的特点形成相适应的结构，如丹参、益母草、桃、南瓜。风媒花和虫媒花是自然界最普遍的适应传粉的花的类型。另外，还有少数植物借助鸟传粉称鸟媒花，如凌霄属植物，或借助水流传粉称水媒花，如金鱼藻、黑藻等一些水生植物。

三、花序

被子植物的花，有的是单独一朵着生在茎枝顶端或叶腋部位，称单生花，如玉兰、牡丹、木槿等。但大多数植物的花，按一定方式有规律地着生在花轴上形成花序。花序下部的梗称花序梗(总花梗)，总花梗向上延伸成花序轴，花序轴可以不分枝或再分枝。花序上的花称小花，小花的梗称小花梗。小花梗及总花梗下面常有小型的变态叶分别为小苞片和总苞片。无叶的总花梗称花葶。

根据花在花序轴上的排列方式及开放顺序，常将花序分为无限花序和有限花序。

(一)无限花序

花序主轴顶端能不断生长，产生新的花蕾，花开放的顺序，是由花序轴下部依次向上开放，或花序轴缩短，花由边缘向中心开放，这种花序称无限花序(图 2-59)。根据花序轴有无分枝，无限花序又分为两类，花序轴不分枝的为单花序，花序轴有分枝的为复花序。

1. 单花序

(1)总状花序　花序轴细长，其上着生许多花柄近等长的小花，如油菜、荠菜。

(2)穗状花序　似总状花序，但小花具极短的柄或无柄，如车前、知母、牛膝。

(3)柔荑花序　花序轴柔软下垂，其上着生许多无柄、无被或单被的单性小花，花开放后整个花序脱落，如杨、柳、核桃。

(4)肉穗花序　与穗状花序相似，但花序轴肉质粗大呈棒状，其上密生多数无柄的小花，花序外常具有一个大型苞片称佛焰苞，又称佛焰花序，如天南星、半夏等天南星科植物。

(5)伞房花序　略似总状花序，但小花梗不等长，下部长，向上逐渐缩短，上部近平顶状，如山楂、绣线菊。

(6)伞形花序　花序轴缩短，在总花梗顶端着生许多放射状排列、花柄近等长的小花，全形如张开的伞，如人参、刺五加、葱。

(7)头状花序　花序轴极度短缩成头状或盘状的花序托，其上密生许多无柄的小花，外围的苞片密集成总苞，如向日葵、红花、菊花、蒲公英。

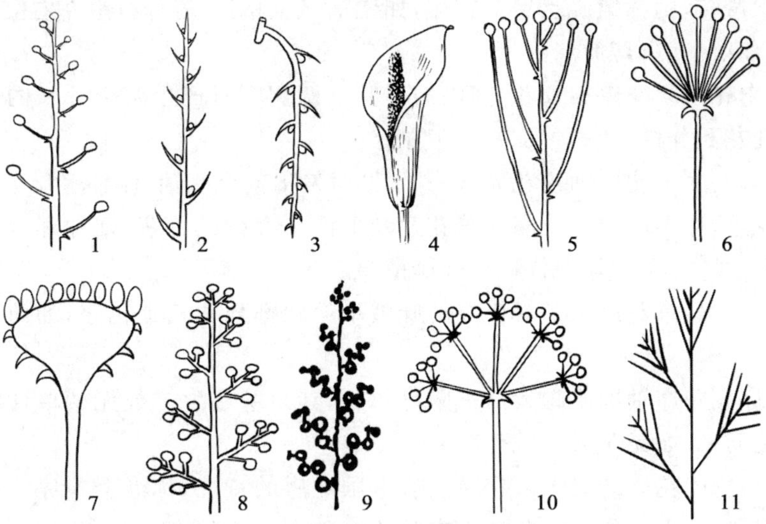

1.总状花序　2.穗状花序　3.柔荑花序　4.肉穗花序　5.伞房花序　6.伞形花序
7.头状花序　8.复总状花序　9.复穗状花序　10.复伞形花序　11.复伞房花序

图 2-59　无限花序的类型

2.复花序

(1)复总状花序　又称圆锥花序。花序轴上具分枝,每一分枝为一总状花序,下部分枝较长,上部分枝较短,使整体呈圆锥状,如南天竹、女贞。

(2)复穗状花序　花序轴每一分枝为一穗状花序,如小麦、香附。

(3)复伞形花序　总花梗顶端集生许多近等长的伞形分枝,每一分枝又形成伞形花序,如柴胡、当归、小茴香等伞形科植物。

(4)复伞房花序　花序轴上的分枝呈伞房状排列,而每一分枝又为伞房花序,如花楸。

(5)复头状花序　由许多小头状花序组成的头状花序,如蓝刺头。

(二)有限花序(聚伞花序类)

与无限花序相反,花序轴顶端由于顶花先开放,而限制了花序轴的继续生长,开花的顺序是从上向下或从内向外开放。通常根据花序轴上端的分枝情况又分为以下几种类型(图 2-60)。

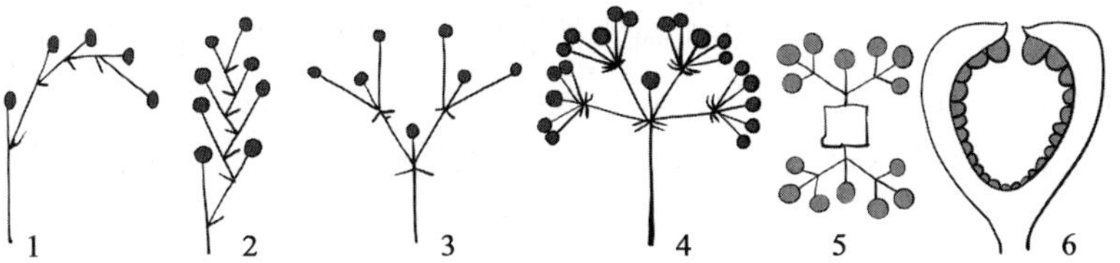

1.单歧聚伞花序(螺旋状)　2.单歧聚伞花序(蝎尾状)
3.二歧聚伞花序　4.多歧聚伞花序　5.轮伞花序　6.隐头花序

图 2-60　有限花序的类型

(1)单歧聚伞花序　花序轴顶端生一花,然后在顶花下面一侧形成一侧枝,同样在枝端生花,侧枝上又可分枝着生花朵,如此连续分枝则为单歧聚伞花序。若花序轴下分枝均向同一侧生出而呈螺旋状弯转，则称螺旋状聚伞花序，如紫草、附地菜。若分枝呈左右交替生出，则称蝎尾状聚伞花序，如射干、唐菖蒲。

(2)二歧聚伞花序　花序轴顶花先开，后在其下两侧同时产生两个等长的分枝，每分枝以同样方式继续开花和分枝，如石竹、冬青、卫矛。

(3)多歧聚伞花序　花序轴顶花先开，其下同时发出数个侧轴，侧轴多比主轴长，各侧轴又形成小的聚伞花序，称多歧聚伞花序。若花序轴下面生有杯状总苞，则称杯状聚伞花序(大戟花序)，如京大戟、甘遂、泽漆等大戟科大戟属植物。

(4)轮伞花序　聚伞花序生于对生叶的叶腋呈轮状排列称轮伞花序，如薄荷、益母草等唇形科植物。

(5)隐头花序　花序轴肉质膨大而下陷呈囊状，其内壁着生多数无柄单性小花，可能由有限头状花序演变而来，如无花果、薜荔。

此外，有的植物的花序既有无限花序又有有限花序的特征，称混合花序。如丁香、七叶树的花序轴呈无限式，但生出的每一侧枝为有限的聚伞花序，特称聚伞圆锥花序。

四、花程式与花图式

为了简化对花的文字描述或叙述，一般利用一些符号、数字或标记等，以方程式或图解的形式来记载和表示出花的组成部分和形态特征，这就是通常采用的花程式及花图式。

(一)花程式

是用字母、符号、数字来表示花各部分的组成、排列、位置和彼此关系的公式。

1. 以字母代表花的各部

一般用花各部拉丁词的第一个字母大写表示，P 表示花被，K 表示花萼，C 表示花冠，A 表示雄蕊群，G 表示雌蕊群。

2. 以数字表示花各部的数目

数字写在代表字母的右下方(下标)，若超过 10 个或数目不定用"∞"表示，如某部分缺少或退化以 0 表示，雌蕊群右下角有三个数字，分别表示心皮数、子房室数、每室胚珠数，数字间用"："相连。

3. 以符号表示花的情况

"＊"表示辐射对称花，"↑"表示两侧对称花；"⚥"表示两性花，"♀"表示雌花，"♂"表示雄花；"( )"表示合生；"＋"表示花部排列的轮数关系，或分成的组数；子房的位置通常在 G 的上、下用"—"号表示，如上位子房则写成 $\underline{G}$(也可以仅写 G 来表示)，下位子房则写成 $\overline{G}$，周位或半下位子房写成 $\overline{\underline{G}}$。

例如：⚥ ↑ $K_{(5)}C_5A_{(9)+1}\underline{G}_{(1:1:\infty)}$ 表示蚕豆花为两性花；两侧对称；萼片 5，连合；花瓣 5，分离；雄蕊 10，9 枚连合，1 枚分离，二体雄蕊；雌蕊子房上位，1 心皮，子房 1 室，每室胚珠多数。

⚥ ＊ $K_{(5)}C_{(5)}A_5\overline{\underline{G}}_{(5:5:\infty)}$ 表示桔梗花为两性花；辐射对称；萼片 5 枚，连合；花瓣 5 枚，连合；雄蕊 5 枚，分离；雌蕊子房半下位，由 5 心皮合生，子房 5 室，每室胚珠多数。

♂ $P_{4\sim6}A_{4\sim6}$ 表示桑为单性花，雄花花被片 4～6 片，分离；雄蕊与花被片同数对生 4～6 枚，分离；♀ $P_{4\sim6}\underline{G}_{(2:1:1)}$ 表示桑雌花，花被片 4～6 片，分离；雌蕊子房上位，2 心皮合生，子房

1 室，1 胚珠。

⚥ $* P_{3+3}\ A_{3+3}\ \underline{G}_{(3:3:\infty)}$ 表示百合花为两性花；辐射对称；花被 6 片离生（3 片在内为一轮，另 3 片在外为一轮），雄蕊 6 枚离生（排成两轮，每轮 3 枚）；子房上位，由 3 枚心皮合生成 3 室，每室内含多粒胚珠。

（二）花图式

花图式是以花的横切面为依据所绘出来的图解式。它可以直观表明花各部的形状、数目、排列方式和相互位置等情况。

花图式的绘制规则：先在上方绘一小圆圈表示花序轴的位置（如为单生花或顶生花可不绘出），在轴的下面自外向内按苞片、花萼、花冠、雄蕊、雌蕊的顺序依次绘出各部的图解，通常以外侧带棱的新月形符号表示苞片，由斜线组成带棱的新月形符号表示萼片或花被（花萼、花瓣无分化时），空白的新月形符号表示花瓣，雄蕊和雌蕊分别用花药和子房的横切面轮廓表示（图 2-61）。

花程式和花图式虽均能较简明地反映出花的形态、结构等特征，但亦均有不足之处，如花图式不能表明子房与花被的相关位置，花程式不能表明各轮花的相互关系及花被卷叠情况等特征，所以两者结合使用才能较全面地反映花的特征。

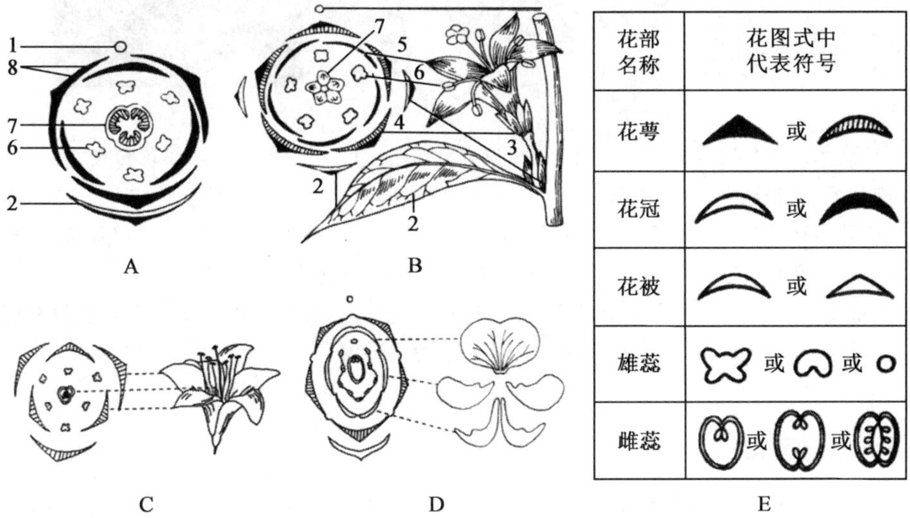

A. 单子叶植物　B. 双子叶植物　C. 百合花的花图式　D. 蚕豆的花图式　E. 花图式的绘制方法

1. 花序轴　2. 苞片　3. 小苞片　4. 萼片　5. 花瓣　6. 雄蕊　7. 雌蕊　8. 花被

图 2-61　花图式

五、花的功能

（一）花粉粒的形态与结构

花粉粒的形状、大小、外壁雕纹以及萌发孔（沟）的数目、形态、结构及位置等，常成为植物科、属甚至是种的鉴别特征。因此，了解花粉的形态及结构，对于鉴定植物具有重要的意义。

一般花粉粒的直径为 15～20 μm，大的花粉，如南瓜花粉粒直径可达 150～200 μm。花粉的形态有球形、椭圆形、三角形、四角形以及其他形状（图 2-62），成熟的花粉有两层壁。内壁薄，主要是由果胶质和纤维素组成。外壁厚，含有脂类和色素。花粉的外壁有各种形态，有的是光滑的，有的具有各种式样的花纹，如刺状、颗粒状、瘤状、网状等。外壁上具有萌发孔或萌发沟。有孔沟的地方没有外壁，花粉萌发时花粉管由这里长出。

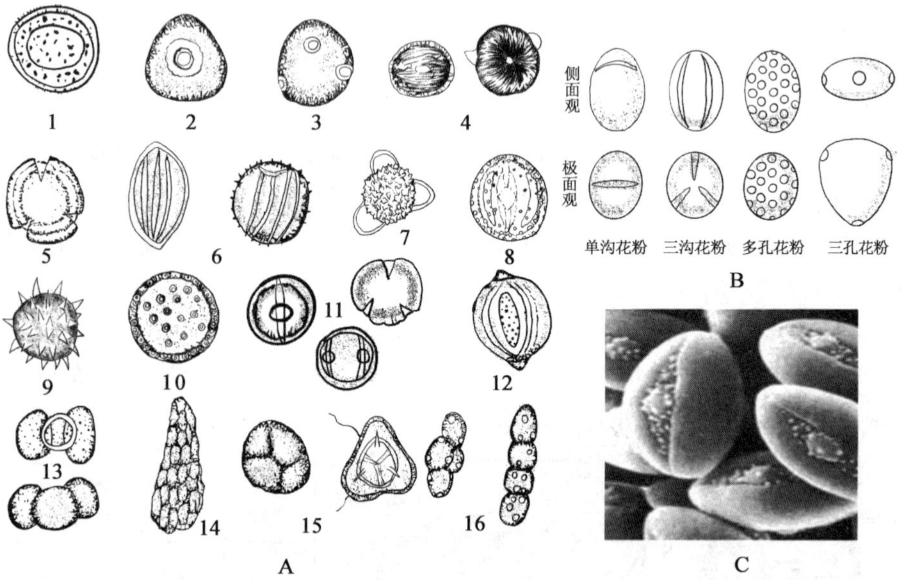

A. 花粉粒的各种形态　B. 花粉粒类型图解　C. 电镜下的七叶树花粉粒

1. 刺状雕文（番红花）　2. 单孔（水烛）　3. 三孔（大麻）　4. 三孔沟（曼陀罗）　5. 三沟（莲）　6. 螺旋孔（谷精草）　7. 三孔，齿状雕文（红花）　8. 三孔沟（钩吻）　9. 散孔，刺状雕文（木槿）　10. 散孔（芫花）　11. 三孔沟（密蒙花）　12. 三沟（乌头）　13. 具气囊（油松）　14. 花粉块（绿花阔叶兰）　15. 四合花粉，每粒花粉具三孔沟（羊踯躅）　16. 四合花粉（杠柳）

图 2-62　花粉粒类型图

（二）胚珠的发育和胚囊的形成

幼小的子房中，心皮腹缝线处子房壁内表皮下的细胞分裂增生，产生一团细胞，这就是胚珠原基，原基的基部成为珠柄，前端发育形成珠心。在珠心基部外围有些细胞分裂快，很快形成了包围在珠心周围的珠被，顶端留下了珠孔。单珠被的胚珠以这样的方式发育。在有些植物如百合中，可产生内珠被和外珠被，其外珠被是在内珠被发生以后以同样的方式在其外方发生的。

珠心相当于被子植物的大孢子囊，在珠心中产生大孢子母细胞（$2n$），并经减数分裂产生 4 个单倍体的大孢子（n）。这 4 个大孢子中仅有 1 个参加胚囊的发育，其他 3 个退化。这种方式产生的胚囊称单孢子胚囊。这 1 个大孢子细胞核通过 3 次有丝分裂形成 8 个游离核，胚囊两端最初各有 4 个游离核，以后各端都有 1 核向中部移动，当细胞壁形成时，成为 1 个大的细胞，称中央细胞，其中有 2 个核，称极核，珠孔端所余的 3 个核，其周围细胞质中产生细胞壁，形成 3 个细胞，其中一个是卵，另 2 个是助细胞，由卵与 2 个助细胞组成了卵器。在合点端的 3 个核周围的细胞质也产生细胞壁，形成 3 个反足细胞。这样，就形成了具有 7 个细胞，8 个核的成熟胚囊，即雌配子体。

（三）开花

当雄蕊的花粉和雌蕊的胚囊成熟时，花被逐渐展开，露出雄蕊和雌蕊，这种现象称为开花。开花是被子植物生活史上的一个重要阶段，除少数闭花受精植物外，是大多数开花植物性成熟的标志。各种植物，其开花年龄、季节和花期不尽相同。

（四）传粉

成熟花粉自花粉囊散出，并通过各种途径传送到雌蕊柱头上的过程，称为传粉。传粉的方式有自花传粉和异花传粉。

1. 自花传粉

花粉从花粉囊散出后，落到同一朵花的柱头上的传粉现象，叫作自花传粉，如棉花、大豆、番茄等。自花传粉的花的特点是：两性花，雄蕊紧靠雌蕊，且花药向着雌蕊一侧生长（也称内向药），雌、雄蕊常排列等高和同时成熟。有些植物的雌、雄蕊早熟，在花尚未开放或根本不开就已完成传粉和受精过程，这种现象称为闭花传粉或闭花受精，如落花生、豌豆等。

2. 异花传粉

一朵花的花粉传送到同一植株或不同植株另一朵花的柱头上的传粉方式，叫作异花传粉。异花传粉是植物界中普遍存在的一种传粉方式，与自花传粉相比，是更为进化的方式。异花传粉的花的特点：花单性且雌雄异株，若为两性花则雌雄蕊异熟或雌雄蕊异长，自花不孕等。一般传送花粉的媒介有风媒、虫媒、鸟媒和水媒等，其中最普遍的是风媒和虫媒，各种媒介传粉的花往往产生一些特殊的适应性结构，使传粉得到保证。

（五）受精

卵子和精子融合为一个合子的过程称为受精。成熟的花粉粒经传粉落到柱头上，自萌发孔产生花粉管，然后花粉管向下生长，穿过柱头，经过花柱，进入子房，再通过珠孔或合点进入胚囊。在花粉管的延长过程中，花粉粒中的营养细胞和 2 个精细胞进入花粉管的最前端，花粉管破裂，精细胞被释放到胚囊中（此时营养细胞已分解消失），其中 1 个精细胞与卵细胞结合，形成受精卵（合子），以后发育成种子的胚；另 1 个精细胞与极核结合发育成种子的胚乳，这一过程称为双受精。受精后，胚囊中的其他细胞先后被吸收而消失。双受精是被子植物有性生殖特有的现象，它在融合双亲遗传性，加强后代个体的生活力和适应性方面具有重要的意义，是植物界有性生殖过程中最进化、最高级的形式。

知识链接：花的药用价值

许多植物的花可供药用，以整朵花或花蕾入药的有洋金花、金银花、槐米、丁香等；以花序入药的有菊花、款冬花、旋覆花等；以花的某些部分入药的有金樱子、莲房（以花托入药）、莲须（以雄蕊入药）、红花（以花冠入药）、番红花、玉米（以柱头或花柱入药）、蒲黄、松花粉（以花粉入药）等。

自我测试

一、名词解释：花被、两性花、二体雄蕊、雌雄同株、复雌蕊、头状花序。

二、填空题

1. 花托在雌蕊基部所形成的可分泌蜜汁的肉质增厚部分称(　　)。

2. 一朵花中雄蕊多数，花药连合成筒状，而花丝彼此分离，这种雄蕊是(　　)。

3. 花瓣边缘彼此覆盖，其中 1 枚完全在外、1 枚完全在内的花被卷叠式称(　　)。

4. 向日葵等菊科植物的雄蕊类型为(　　)雄蕊。

5. 珠柄、珠孔、合点在一条直线上的胚珠是(　　)胚珠。

6. 某花序的花轴较长，其上着生许多无柄的两性花，从花轴基部渐次向顶部开放，这是(　　)花序。

7. 花轴肉质肥大呈棒状，外具佛焰苞的花序为(　　)。

三、A 型选择题

1. 具有单体雄蕊的科是(　　)。

A. 禾本科　　B. 十字花科　　C. 毛茛科　　D. 锦葵科　　E. 兰科

2. 心皮是构成雌蕊的(　　)。

A. 变态根　　B. 变态茎　　C. 变态托叶　　D. 变态叶　　E. 小孢子叶

3. 被子植物的胚乳是由 1 个精子与(　　)结合形成的。

A. 助细胞　　B. 卵细胞　　C. 反足细胞　　D. 极核　　E. 精子细胞

四、B 型选择题

A. 边缘胎座　　B. 侧膜胎座　　C. 中轴胎座　　D. 特立中央胎座　　E. 基生胎座

1. 由单心皮雌蕊形成，具 1 子房室的胎座是(　　)。

2. 由合生心皮雌蕊形成，具 1 子房室，胚珠着生在腹缝线上的胎座是(　　)。

3. 由合生心皮雌蕊形成，子房室数与心皮数相同的胎座是(　　)。

五、写出下列花程式的意义

⚥ $\uparrow K_{(5)}C_5A_{(9)}\underline{G}_{1:1:\infty}$

技能训练九　花的组成及花序

一、实训目的

1. 掌握花的形态和基本结构。

2. 熟练使用显微镜观察花的解剖结构。

3. 了解各种花序的特点，能用花程式记载花的结构。

二、实训内容

1. 观察花的外部形态特征，解剖花并写出其花程式和绘制其纵切面图。
2. 观察实验标本和示教标本中花冠的类型。
3. 观察实验标本和示教标本中花序的类型。

三、实训器材

1. 仪器、用品　光学显微镜，放大镜、解剖镜、镊子、刀片、解剖针、载玻片、盖玻片、培养皿、吸水纸、擦镜纸。

2. 材料　油菜、小麦、桃花、毛茛、槐花、蜀葵花、南瓜、水稻、大麦等植物的新鲜花或浸制花标本，荠菜、女贞、车前、马鞭草、柳、天南星、半夏、山楂、绣线菊、五加、白芷、胡萝卜、无花果、附地菜、鸢尾、大叶黄杨、益母草、桔梗、薄荷、泽漆、丹参、黄芩、大戟、菊花、蒲公英、串红、美人蕉、喇叭花、长春花等新鲜带花序植株或带花序标本。

四、实训操作

(一)观察花的外部形态特征

解剖花并写出其花程式和绘制其纵切面图。

1. 油菜花的观察

用镊子取一朵油菜花，从花的外方向内依次观察，可见以下结构。

花萼：最外面的黄绿色的小片，排成一轮，各自分离。

花冠：在花萼的内方，由四片金黄色的花瓣组成，并排列成十字形，称十字形花冠。

雄蕊：在花冠内方，可见到六枚，排列成两轮，外轮两枚较短，内轮四枚较长，称四强雄蕊。白色的花丝顶端着生两个黄色囊状花药，内有大量花粉。用放大镜再仔细观察在四个长雄蕊基部之间，有四个淡绿色的球状体，这就是蜜腺，能分泌蜜汁，适应昆虫传粉。

雌蕊：中央部分，顶端半球形的结构，为柱头。基部膨大的部分为子房。连接柱头与子房的细颈状的部分，为花柱。用镊子从花中央将子房取出，用刀片将它切成横切面，用放大镜观察切面，有一隔膜(假隔膜)将子房分隔成左右两室，称为子房室，室内有绿色的颗粒，即胚珠，着生在假隔膜的边缘，作上下排列。

桃(图 2-63)、毛茛、槐、蜀葵、南瓜等植物的花，都可以用来观察其形态结构。根据各地的植物分布、季节变化、取材的难易，可加以选择。

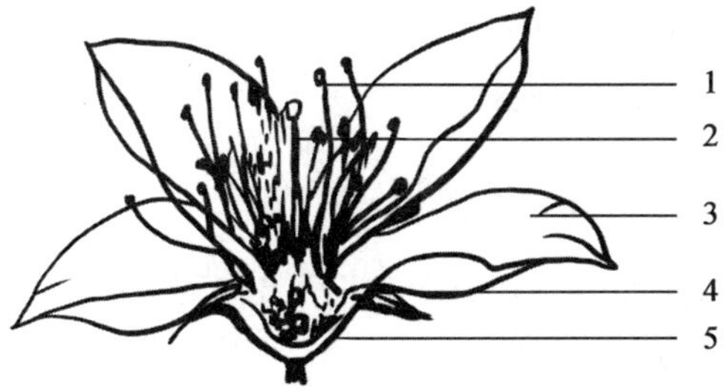

1. 雄蕊　2. 雌蕊　3. 花瓣　4. 萼片　5. 杯状花托

图 2-63　桃花的结构

2.小麦花的观察

小麦的穗轴上有许多小穗，一个小穗里生有2～9朵花，其中只有2～3朵花发育。每个小穗里的花由两片颖覆盖着。用镊子取发育完全的一朵花，可以看到生有长芒（有芒品种）的外稃和不生长芒的内稃。在花未开之前，颖片有保护内部花蕊的作用。用解剖针剥开外稃，再用放大镜仔细观察，见到紧贴子房、透明发亮的两枚浆片，其发育长大的程度，决定了花的开放迟早。另有雄蕊三枚、雌蕊一枚，雌蕊顶上生有两个羽毛状的柱头。

水稻、大麦等花，与小麦花结构类似，可根据各地实验时间选择用材。

（二）花冠的类型

观察实验和示教标本：

（1）辐射对称型　通过花的中心可作出2个以上的完全相等的对称面。如十字花冠（油菜、芸苔、芥蓝等）；管状花冠（菊花中央的管状花）；高脚碟状花冠（长春花）；漏斗状花冠（喇叭花、日本牵牛、木本曼陀罗）；钟状花冠（桔梗）；辐状花冠（辣椒、少花龙葵、番茄、茄）。

（2）两侧对称型　通过花的中心只能做一个完全相同的对称面，如蝶形花冠（黄槐、猪屎豆）；唇形花冠（一串红、黄芩、丹参等）；舌状花冠（菊花、三叶鬼针草的缘花）。

（3）不对称型　通过花的中心不能做出完全相同的对称面，如美人蕉的花。

（三）花序的观察

1.无限花序

总状花序：观察荠菜和女贞等的花序。

穗状花序：观察车前、马鞭草等的花序。

柔荑花序：观察柳等的花序。

肉穗花序：观察天南星、半夏等的花序。

伞房花序：观察山楂、绣线菊等的花序。

伞形花序：观察五加、白芷、胡萝卜等的花序。

头状花序：观察菊花、蒲公英等的花序。

隐头花序：观察无花果等的花序。

2.有限花序

单歧聚伞花序：观察附地菜、鸢尾等的花序。

二歧聚伞花序：观察大叶黄杨等的花序。

多歧聚伞花序：观察泽漆、大戟等的花序。

轮伞花序：观察益母草、薄荷等的花序。

五、实训报告

1.绘出油菜花的形态图，注明其组成部分，并写出花程式。

2.列出所观察植物花的特点及所属花序等。

3.举例说明如何区别有限花序和无限花序。

第五节　果实与种子

种子植物通过开花、传粉受精作用产生果实和种子。花、果实和种子构成了种子植物的繁殖器官。

知识目标

1. 了解果实的形态。
2. 掌握果实的构造特点和类型。
3. 掌握种子的形态和类型。

能力目标

1. 能识别各种不同类型的果实和种子。
2. 学会绘制种子的外形图和纵剖面图。

一、果实的形成与结构

(一)果实的形成

被子植物的雌蕊经过传粉受精,由子房或花的其他部分(如花托、花萼等)参与发育形成果实。果实发育过程中,花各部分发生很大变化。花萼、花冠和雄蕊常脱落,雌蕊柱头和花柱也脱落或枯萎,子房或子房连同花的其他部分发育成果皮(果实),胚珠发育成种子。

纯粹由子房发育成的果实,称真果,如桃、柑、橘。有些植物的果实,除了子房外尚有其他部分参加果实的形成,最常见的是子房和花被或花托一起形成的果实。子房与其他部分参加形成的果实,称假果,如山楂、草莓以及瓜类作物的果实。

果实外面常有角质层、毛茸、蜡被、刺、翅及瘤突等附属物。如桃的外果皮有毛茸,曼陀罗果实皮刺状,柿果皮上有蜡被,荔枝果实具瘤突,榆树、槭树果实具翅等。

(二)果实的结构

果实一般包括果皮和种子两部分。其中,果皮又可分为外果皮、中果皮和内果皮。种子具有传播与繁殖的作用。在自然条件下,有不经传粉受精而结实的,这种果实种子不育或没有种子,称无子果实(如香蕉、无核蜜橘)。此外子房由于某种刺激(如萘乙酸或赤霉素等处理)未经传粉受精形成果实,如番茄、葡萄,也是无种子的果实。果实的种类繁多,果皮的结构也各不相同。

二、果实的类型

依据果实来源、结构和外、中、内三层果皮性质不同,果实类型分为单果、聚合果和聚花果三大类。

(一)单果

由一心皮或多心皮合生雌蕊形成的果实,一朵花结成一个果实,称为单果。

依据果皮质地不同分为肉果和干果两类:

1. 肉果

果实肉质多汁,成熟时不开裂(图 2-64)。

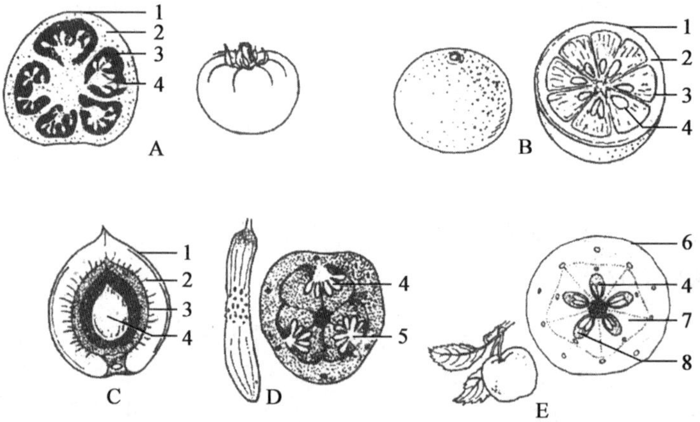

A. 浆果(番茄)　B. 柑果(橙)　C. 核果(杏)　D. 瓠果(黄瓜)　E. 梨果(苹果)

1. 外果皮　2. 中果皮　3. 内果皮　4. 种子　5. 胎座　6. 花托与萼筒　7. 果皮　8. 子房室

图 2-64　肉果类型

(1)浆果　一心皮或多心皮合生雌蕊发育而成。外果皮薄,中果皮和内果皮肉质多汁,内含 1 至多枚种子,如葡萄、番茄、枸杞等。

(2)柑果　多心皮合生雌蕊发育而成。外果皮较厚,革质,有油室;中果皮厚而松,海绵状,内具有分枝维管束;内果皮膜质内卷分隔成若干室,内生许多多汁肉质的囊状毛。柑果是芸香科植物特有的果实,如橘、橙、柚等。

(3)核果　由一心皮雌蕊发育而成。外果皮薄,中果皮肉质,内果皮木质、形成坚硬的果核,每核中含 1 枚种子。如桃、枣、李等。

(4)瓠果　由 3 心皮合生的下位子房发育而成的假果。外果皮与花托愈合较坚韧,中果皮、胎座和内果皮肉质化,内含多粒种子,为葫芦科植物所特有的果实,如冬瓜、南瓜、黄瓜等。

(5)梨果　由 5 心皮合生下位子房与萼筒和花托一起发育形成的假果,外果皮和中果皮肉质化,内果皮膜质分为 5 室,每室含 2 枚种子,如苹果、梨、山楂等蔷薇科植物的果实。

2. 干果

果实成熟后,果皮干燥,不裂或开裂,因而又分为裂果和不裂果两类(图 2-65)。

(1)裂果　果实成熟后果皮裂开。

①蓇葖果　果实由 1 个心皮形成,成熟后仅沿腹缝线或背缝线一侧裂开,如单叶升麻、飞燕草的果实。

②荚果　果实由 1 个心皮形成,成熟后沿腹缝线和背缝线裂开成两瓣,如绿豆、大豆等豆科植物的果实。

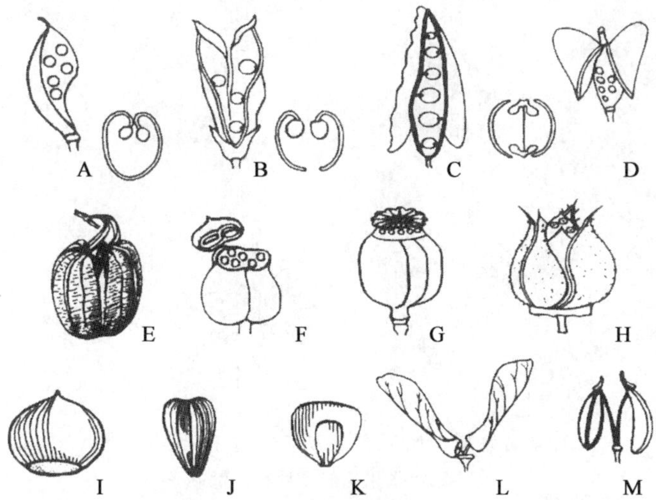

A. 蓇葖果　B. 荚果　C. 长角果　D. 短角果　E. 蒴果(瓣裂)　F. 蒴果(盖裂)　G. 蒴果(孔裂)
H. 蒴果(纵裂)　I. 坚果　J. 瘦果　K. 颖果　L. 翅果　M. 双悬果

图 2-65　干果类型

③角果　果实由 2 个心皮合生而成,中间由假隔膜(由胎座处生出)分隔成 2 室,成熟后沿腹缝线自下而上开裂成两瓣,果皮脱落后,假隔膜仍存留在果柄顶端,为十字花科植物特有的果实。其中,果形细长的称长角果,如油菜、白菜的果实;长宽近相等的称短角果,如独行菜、荠菜的果实。

④蒴果　果实由 2 至多个心皮合生而成,1 至多室,成熟后开裂的方式有以下四种:孔裂,果实上部每个心皮裂开 1 个小孔,如罂粟、金鱼草的果实;瓣裂,果实成熟后,果皮沿长轴方向纵裂成数个果瓣;盖裂,果实环状横裂,上部盖状脱落,如马齿苋、莨菪、车前子的果实;齿裂,果实顶端齿状开裂,如麦蓝菜、石竹的果实。

(2)不裂果(闭果)　果实成熟后,果皮不开裂。

①瘦果　果实内含 1 枚种子,成熟时果皮与种皮分离,如向日葵、荞麦、白头翁的果实。

②颖果　果实内含 1 枚种子,成熟时果皮与种皮愈合,不易分开,如小麦、玉米等禾本科植物的果实。

③坚果　果皮坚硬,内含 1 枚种子,外面常有总苞发育成的硬壳(壳斗)包围,如麻栎、板栗的果实。

④翅果　果皮向外延伸成翅状,如榆树、臭椿、槭树的果实。

⑤双悬果　果实由 2 个心皮构成,成熟后心皮彼此分离成两个悬于心皮柄顶端的果,各含 1 枚种子,如茴香、胡萝卜、前胡等伞形科植物的果实。

(二)聚合果

由一朵花中的离生心皮雌蕊发育而成,每个雌蕊形成 1 个小果,小果聚生在花托上,称为聚合果。根据小果的种类,聚合果(图 2-66)可分为:

(1)聚合瘦果　由多数瘦果聚生在花托上而成,如白头翁、毛茛、委陵菜等的果实。

(2)聚合蓇葖果　由多数蓇葖果聚生在花托上而成,如厚朴、八角茴香、芍药等的果实。

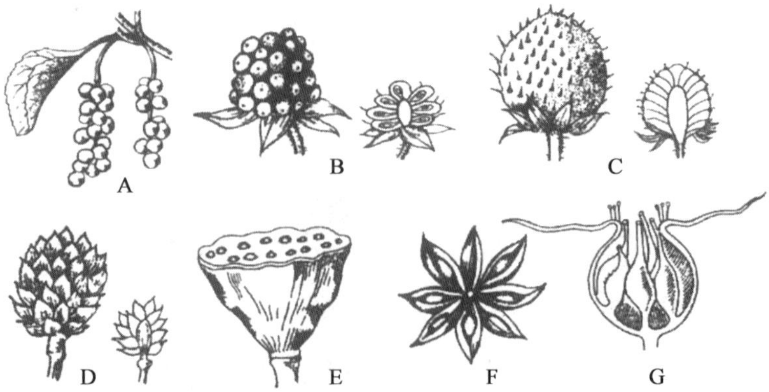

A. 聚合浆果　B. 聚合核果　C，D，G. 聚合瘦果
E. 聚合坚果　F. 聚合蓇葖果

图 2-66　聚合果类型

（3）聚合坚果　由多数小坚果聚生在凹陷的肉质花托中而成，为蔷薇科植物所特有，故又称蔷薇果，如玫瑰、金樱子、蔷薇等的果实。

（4）聚合浆果　由多数浆果生在花托上而成，如南五味子、五味子等的果实。

（5）聚合核果　由多数小核果聚生在托上而成，如山莓、悬钩子等的果实。

（三）聚花果

由一个花序发育而成，每一朵小花形成 1 个小果，许多小果聚生在花轴上，称为聚花果。聚花果成熟后常从母株上脱落。例如，桑、无花果、凤梨等的果实（图 2-67）。

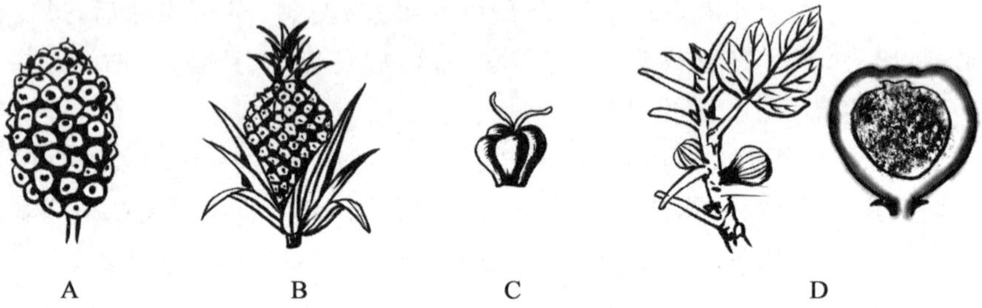

A. 桑椹　B. 凤梨　C. 桑椹的一个小果　D. 无花果

图 2-67　聚花果类型

三、果实的功能

果实具有保护种子和散布种子的作用。在发育过程中果皮有保护种子的作用。当果实成熟后，则有助于种子的散布，对植物种族的繁殖是极为重要的。果实与人类的生活关系极为密切，在人类的粮食中，绝大部分是禾本科植物的果实。苹果、桃、柑橘和葡萄等，是人们常吃的果品。此外，果实或果实的一部分可以入药。

四、种子的形态与结构

(一)种子的形态

种子的形态、大小、色泽等因植物种类而异，如豌豆种子呈圆形，猪屎豆种子呈肾形，椰子、槟榔、银杏种子较大，天麻和菟丝子种子较小，绿豆种子为绿色，北五味子种子表面光滑，天南星种子表面粗糙，蓖麻种子有彩色斑纹，车前子、乌头种子表面有皱褶等。

(二)种子的结构

种子由种皮、胚和胚乳三部分组成，是胚珠受精后发育而成的。

1. 种皮

位于种子的外层，种皮是由胚珠的珠被发育而成，有保护胚的作用，通常可分为两层，在种皮上常有下列构造：

(1)种脐　种子成熟后从种柄或胎座上脱落留下的疤痕，常呈圆形或椭圆形。

(2)种孔　由胚珠的珠孔发育而来，是种子萌发时吸水和胚根伸出的部分。

(3)种脊　种脐到合点之间的隆起，由种皮和种柄愈合而成，直生胚珠形成的种子没有种脊。

(4)合点　种皮的维管束汇合处。

(5)种阜　珠孔外由珠被扩展发育形成的海绵状突起。

2. 胚

胚是种子中尚未发育的幼小植物体，可分为胚根、胚轴、胚芽和子叶四个部分。

(1)胚根　种子萌发时胚根最先生长，从种孔伸出，发育成植物的主根。

(2)胚芽　种子萌发后发育成植物的茎和叶。

(3)胚轴　又称胚茎，连接胚根、子叶和胚芽的部分。

(4)子叶　是胚吸收和贮藏养料的器官，占胚的大部分。

种子萌发后子叶出土变绿，进行光合作用，待真叶长出后子叶枯萎。单子叶植物中有 1 枚子叶，双子叶植物中有 2 枚子叶，裸子植物中子叶常多枚。

3. 胚乳

极核受精后发育而成，位于胚的周围，常白色，贮藏有淀粉、蛋白质、脂肪等丰富的营养物质。种子萌发时向胚提供养料，无胚乳的种子，营养物质贮存于子叶中。

五、种子的类型

根据种子有无胚乳，可分为以下两类。

(一)有胚乳种子

种子内有胚乳，根据子叶数目不同，又分为两种。

(1)双子叶有胚乳种子　如蓖麻、大黄、柿等植物的种子（图 2-68）。

(2)单子叶有胚乳种子　如玉米、小麦、稻等植物的种子。

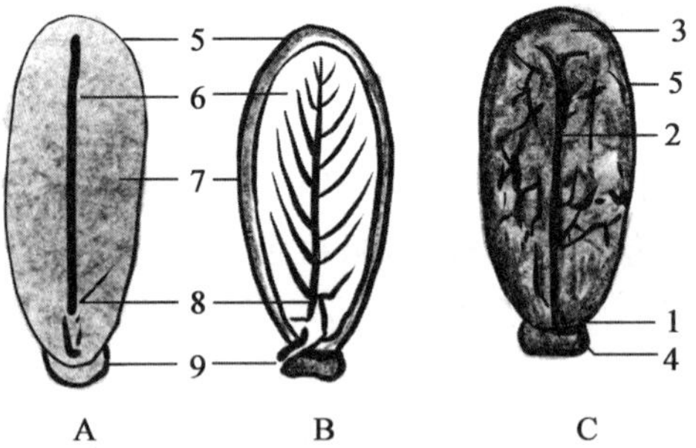

A. 与子叶垂直纵切　B. 与子叶平行纵切　C. 外形
1. 种脐　2. 种脊　3. 合点　4. 种阜　5. 种皮　6. 子叶　7. 胚乳　8. 胚芽　9. 胚根
图 2-68　有胚乳种子(蓖麻)的构造

(二)无胚乳种子

在胚的发育过程中,胚乳全部被胚吸收,营养物质转而贮藏在子叶中,故成熟的种子中无胚乳。根据子叶数目不同,又分为两种:

(1)双子叶植物无胚乳种子,如大豆、南瓜、桃等植物的种子(图 2-69)。

(2)单子叶植物无胚乳种子,如慈姑、泽泻、眼子菜等植物的种子。

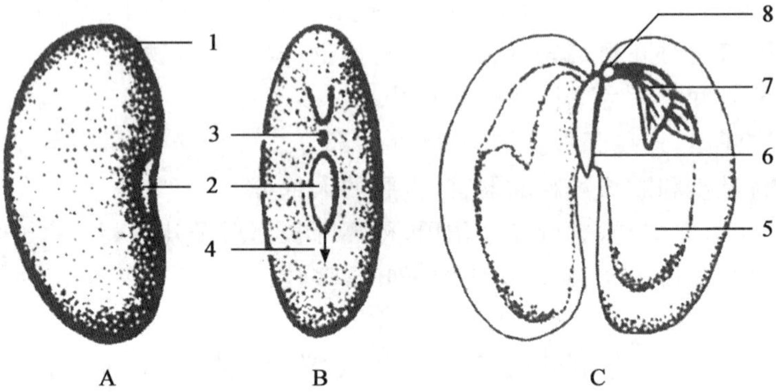

A. 外形　B. 外形,示种孔、种脊、种脐、合点　C. 构造剖面(已除去种皮)
1. 种脊　2. 种脐　3. 合点　4. 种孔　5. 子叶　6. 胚根　7. 胚芽　8. 胚轴
图 2-69　无胚乳种子(菜豆)的构造

六、种子的功能

种子是种子植物特有的器官,其主要功能是繁殖。植物的种子是一切植物的根源,它具有丰富多样的用途,其中一个重要的作用就是用来食用,常见的有大豆种子、芝麻种子、稻谷种子等,有很高的营养价值,是人类主要食物来源。植物的种子在医学上可以用作药物,还可作饲料。

知识链接：果实、种子的药用价值

在中国民间习用的中药材中，常用枣、茴香、木瓜、柑橘、山楂、杏和龙眼等果实或果实的一部分入药。

药用植物的种子虽然体积很小，但是作用很大，在医学上可以制作药物，是难得的药材，常见的主要有莱菔子、葶苈子等，入药治疗疾病，维持人体的健康。

自我测试

1. 果实类型有哪些？真果和假果有什么不同？
2. 肉果有哪几种类型，每种有哪些形态特征？
3. 聚合果和聚花果有什么区别？
4. 种皮上有哪些主要形态特征？
5. 双子叶无胚乳种子由哪几部分构成？

技能训练十　果实的类型和内部构造的观察

一、实训目的

1. 掌握果实的类型和形态特征；
2. 了解果实的一般内部构造。

二、实训内容

1. 认识果实的外形和结构，描述三种果实各自的特点；

2. 通过解剖观察果实的内部结构，提高学生的实验动手能力，学会观察方法，以培养自身观察问题的能力。

三、材料

番茄、橘、桃或杏、苹果或梨、黄瓜、宁夏枸杞、马兜铃、射干或百合、鸢尾、向日葵、玉米、板栗、槭树、杜仲、白菜、扁豆、豌豆或蚕豆、小茴香、金樱子、八角茴香、桑葚、凤梨等的果实。

四、实训操作

(一)单果的观察

1. 肉质果的观察

取宁夏枸杞、番茄、橘、桃或黄瓜、杏、苹果或梨的果实横切，注意观察其外、中、内三层果皮其间界限是否明显，质地、胎座类型、子房室数，并分辨真果与假果。

2. 干果的观察

(1)取白菜、扁豆、豌豆或蚕豆、马兜铃、射干或鸢尾、百合、牵牛、向日葵、玉米、板栗、槭树、杜仲的果实，注意其成熟后是否开裂。

(2)取蓖麻果实观察，注意成熟时是开裂还是分离为几个分果。

(二)聚合果的观察

(1)取金樱子纵切后观察，可见四陷的壶形花托内聚生着多数骨质瘦果。

(2)取八角茴香观察，可见通常有8个核果轮状聚生在花托上，下面有弯曲的果柄。

(三)聚花果的观察

(1)取桑葚观察，可见其由雌花发育而成，每朵花的子房各发育成一个小瘦果，包藏在多汁肥厚的花被中。

(2)取凤梨观察，注意可食部分是由哪些部分发育而成的。

五、实训报告

1. 写出所观察植物果实的主要特征及类型。
2. 果实由哪几部分构成？什么叫真果与假果？
3. 聚合果由何种类型的雌蕊发育而成？

技能训练十一　种子的外部形态与解剖构造观察

一、实训目的

1. 掌握种子类型与种皮上的结构特点；
2. 了解种子的内部构造。

二、实训内容

1. 认识种子的主要结构，描述玉米种子和菜豆种子的相同点和不同点；

2. 通过解剖观察种子的内部结构，学生在此过程中提高实验能力，学会简单的观察方法，以培养自身的观察能力。

三、实训材料与用品

浸泡过的菜豆种子，玉米种子，放大镜，解剖刀，镊子，碘液、滴管等。

四、实训操作

(一)观察双子叶植物菜豆种子的结构

1. 观察菜豆种子的外部形状：取浸泡的菜豆种子观察，可见种子由种皮和胚两部分组成。

菜豆外种皮和内种皮愈合，革质。在种皮表面，种脐呈肾状，种阜脱落，种脐一端的弓形背上，有一深色点，即合点。种脐至合点之间为一较明显的纵棱，即种脊。种脐另一端，邻近种脐处有一细小孔隙，即种孔，是种子萌发时吸水的地方。

种皮具有保护内部结构的作用，也就是保护胚芽、胚轴、胚根、子叶。这四个结构是胚的组成。胚将来发育成新的植物体。

2. 观察完种子的外部形态结构，再观察菜豆种子有哪些内部结构。剥掉种皮或剖开种子，观察里面的胚，可见 2 枚肥大的子叶对合连接在胚轴上，胚轴上端为细小叶状的胚芽。胚轴下端为锥形的胚根，胚根尖对着种孔。

3. 用放大镜辨认胚芽、胚轴和胚根的位置。用解剖针试试哪部分结构能挑起来？数一数子叶有几片，想一想，它们各有什么作用？

(二)观察单子叶植物玉米种子的结构

(1)取浸泡的玉米粒观察，可见其最外层是由果皮和种皮愈合成的坚韧薄膜，腹内隐有一白色倒心形的部分，即为胚。

(2)以胚中央为准，将颖果纵切为两半，在切面上加 1 滴碘-碘化钾试液，里面呈蓝黑色的是胚乳，在胚乳稍下方的一侧是胚。胚由胚根、胚轴、胚芽和子叶 4 部分组成。胚根位于胚芽下端，呈锥形，浅黄色，外面有胚根鞘包围。在紧接胚乳处有一呈浅蓝色的斜条部分，即子叶，又称盾片。在盾片上半部的内下方，用解剖针轻轻挑动，可见有细小的幼叶，即胚芽，呈浅黄色，外面有薄片状的胚芽鞘包围。连接胚根和胚芽的部分，即胚轴，其上着生子叶。

(3)在种子的剖面上滴一滴稀碘液，观察哪一部分被染成了蓝色，是贮存有哪种营养物质？

(4)比一比菜豆种子和玉米种子结构的异同点。再将浸软的菜豆种子与萌发的菜豆种子进行对照观察，将浸软的玉米种子和萌发的玉米种子同时进行对照观察，你发现了什么？

五、实训报告

1. 绘菜豆种子和玉米种子的外形和纵剖图，注明各部分名称。

2. 菜豆种子和玉米种子在结构上有何不同？各由哪种类型的胚珠发育而成？

第三章 药用植物的分类

知识目标

1. 理解植物界的分门；
2. 掌握植物拉丁学名的命名方法及书写要求；分类的等级和基本单位；种的定义；植物分类检索表的编制与使用方法；
3. 了解有关的植物分类系统。

能力目标

能熟练使用植物分类检索表。

全世界已知植物种类约有50万种，如果不加以准确分类和统一命名，人们将很难认识和利用它们。植物分类就是把纷繁复杂的植物界分门别类一直鉴别到种，并按系统排列起来，以便于人们认识和利用植物。它的任务不仅要识别物种、鉴定名称，而且还要阐明物种之间的亲缘关系和分类系统，进而研究物种的起源、分布中心、演化过程和演化趋势。

一、植物分类系统

人们识别、命名植物是从利用植物开始的，人们通过观察植物的生活习性、形态和构造对它们进行研究比较，把许多具有共同点的植物种类归并为一个类群，再根据差异分成许多不同的小类，并按照植物结构的复杂程度进行排列，从而形成了植物分类系统。植物的分类系统有人为分类系统、自然分类系统两类。

(一)人为分类系统

人为分类系统根据植物在形态、习性、用途等方面的差异进行分类，往往用一个或几个性状作为分类依据，而不考虑亲缘关系和演化历程。如《本草纲目》中依据外形及用途分为草部、木部、谷藏部、果部、蔬菜部等5个部；瑞典的林奈根据雄蕊的有无、数目及着生情况将植物界分为24纲。

(二)自然分类系统

随着遗传学、古生物学和细胞学的研究和发展，植物学家的分类原则开始转向以植物性状的相似程度来决定植物的亲缘关系和系统排列，至今已提出的分类系统有 20 余个，其中影响较大的是恩格勒系统、塔赫他间系统、哈钦松系统和克朗奎斯特系统。本教材采用的是恩格勒系统，只有部分内容有变动。

二、植物分类的单位

植物分类上设立各种单位，是用来表示各种植物之间类似的程度、亲缘关系的远近，明确植物的系统。每个分类单位，也就是一个分类等级。把各个分类等级按照其高低和从属亲缘关系顺序地排列起来，即将整个植物界的各种类别按其相同之点归为若干门，各门中就其不同点分别设若干纲，在纲下分目，目下分科，科再分属，属下分种。或者说将相似的植物个体归为同一种，相近的种归为一属，相近的属又归为科，如此相继归为目、纲、门。

植物分类系统的主要等级单位排列如下：

界（Kingdom 英文名，Regnum 拉丁名）
　门（Division，Divisio）
　　纲（Class，Classis）
　　　目（Order，Ordo）
　　　　科（Family，Familia）
　　　　　属（Genus，Genus）
　　　　　　种（Species，Species）

在各级单位之间，有时因范围过大，不能完全包括其特征或系统关系，而有必要再增设一级时，在各级前加亚（sub）字，如亚门、亚纲、亚目、亚科、亚属、亚种。

种（Species）是生物分类的基本单位。种是具有一定的形态、生理学特征和具有一定自然分布区，并具有相当稳定的性质的种群（居群）。同种植物的个体有共同的祖先，具有相同的遗传性状，同种个体之间能进行自然交配（传粉受精），产生正常的后代（能育的后代）。种是生物进化和自然选择的产物。

以黄连为例，分类等级如下：

界 ………………………………………………… 植物界 Regnum Vegetabile
　门 ………………………………………………… 被子植物门 Angiospermae
　　纲 ………………………………………………… 双子叶植物纲 Dicotyledoneae
　　　目 ………………………………………………… 毛茛目 Ranales
　　　　科 ………………………………………………… 毛茛科 Ranunculaceae
　　　　　属 ………………………………………………… 黄连属 *Coptis*
　　　　　　种 ………………………………………………… 黄连 *Coptis chinesis* Franch

三、植物种的命名

世界上的植物种类繁多，各国的语言文字不同，因而植物的名称也就不同。不仅各国叫法不同，而且一国之内各地的叫法也不尽相同。同物异名、同名异物的混乱现象普遍存在，不利于相互交流，也给人类识别和利用植物资源带来困难。为此，国际植物学会议（International Botanical Congress，IBC）制定了《国际植物命名法规》（ICBN），给每一个植物分类群制定各国可以统一使用的科学名称，即学名（scientific name）。每一种植物只有一个合法的正确学名。

《国际植物命名法规》规定，植物学名必须用拉丁文或其他文字加以拉丁化来书写。种的名称采用瑞典植物学家林奈(Carl Linnaeus)1753 年倡导的“双名法”。双名法规定，每种植物的名称由两个拉丁词组成，第一个词是“属名”，第二个词是“种加词”，种加词起着标志某一植物种的作用。为了对该植物命名负责和便于考察，以及表彰纪念命名人，通常在学名后面还需附加命名人的姓名或姓氏缩写。

属名是学名的主体，是名词，用单数第一格，首字母大写。种加词是形容词或者是名词的第二格，全部字母小写。定名人的每个词的首字母大写，用缩写时，加“.”。印刷体时，属名和种加词用斜体，定名人用正体。如：

人参 *Panax ginseng* C. A. Meyer

黄连 *Coptis chinensis* Franch.

罂粟 *Papaver somniferum* L.

上述植物种加词释义：*ginseng* 人参(音)，*chinensis* 中国的，*somniferum* 催眠的。

四、植物界的分门

人们通过观察，将整个植物界的各种类别按其大同之点归为若干门，将具有共同特征的门又归成更大的类群，如藻类植物、菌类植物等。通常将植物界分成下列 16 门和若干类群(表 3-1)。

表 3-1　植物界的分门

- 植物界
  - 孢子植物（隐花植物）
    - 低等植物（无胚植物）
      - 藻类植物：蓝藻门、裸藻门、绿藻门、轮藻门、金藻门、甲藻门、红藻门、褐藻门
      - 菌类植物：红菌门、黏菌门、真菌门
      - 地衣植物门
    - 高等植物（有胚植物）
      - 颈卵器植物：苔藓植物门、蕨类植物门
  - 种子植物（显花植物）
    - 裸子植物门
    - 被子植物门
- 颈卵器植物：苔藓植物门、蕨类植物门
- 维管植物：蕨类植物门、裸子植物门、被子植物门
- 高等植物（有胚植物）：颈卵器植物、维管植物

藻类、菌类、地衣类、苔藓植物、蕨类植物用孢子进行繁殖，所以称为孢子植物，由于不开花、不结果，所以又叫隐花植物。而裸子植物和被子植物是用种子进行繁殖，所以叫种子植物；

由于开花，所以又称为显花植物。藻类、菌类、地衣类的植物体在形态上没有根、茎、叶的分化，构造上一般无组织分化，生殖器官是单细胞，合子发育时离开母体，不形成胚，称为低等植物或无胚植物；自苔藓植物门开始，包括苔藓植物门、蕨类植物门、裸子植物门和被子植物门的植物在形态上有根、茎、叶的分化，构造上有组织分化，生殖器官是多细胞，合子在母体内发育成胚，称为高等植物或有胚植物。其中，苔藓植物、蕨类植物和裸子植物有颈卵器构造，合称颈卵器植物。从蕨类植物门开始，包括蕨类植物门、裸子植物门和被子植物门，植物体内有维管系统，故又称为维管植物。

五、植物分类检索表

植物分类检索表是鉴定植物种类的有效工具，它根据二歧归类法的原则编制，即根据植物形态特征（以花和果实的特征为主）进行比较，抓住重要的相同点和不同点对比排列而成。应用检索表鉴定植物时，首先要搞清楚被鉴定植物的各部分特征，尤其是花的构造要仔细地解剖和观察，然后用分门、分纲、分目、分科、分属、分种检索表依次进行检索，直到正确鉴定出来为止。

常见的检索表有分门、分科、分属和分种检索表，某些植物种类较多的科，在科以下还有分亚科和分族检索表，如豆科、菊科。

检索表的编排形式有定距式、平行式和连续平行式三种，现以植物分门的分类为例，介绍定距式和平行式两种。

（一）定距检索表

将相对立的特征，编为同样号码，分开间隔在一定距离处，依次进行检索直到查出所要鉴定的对象为止。每低一项向右缩一字。

1. 植物体无根、茎、叶的分化，没有胚胎（低等植物）
　2. 植物体不为藻类和菌类所组成的共生体。
　　3. 植物体内有叶绿素或其他光合色素，为自养生活方式……………………… 藻类植物
　　3. 植物体内无叶绿素或其他光合色素，为异养生活方式……………………… 菌类植物
　2. 植物体为藻类和菌类所组成的共生体 ……………………………………… 地衣植物
1. 植物体有根、茎、叶的分化，有胚胎（高等植物）
　　　4. 植物体有茎、叶而无真根……………………………………………… 苔藓植物
　　　4. 植物体有茎、叶也有真根。
　　　　5. 不产生种子，用孢子繁殖……………………………………………… 蕨类植物
　　　　5. 产生种子，用种子繁殖………………………………………………… 种子植物

（二）平行检索表

将相对立的特征，编为同样号码紧接并列，项号改变但不退格，而每一项之后还注明下一项依次查阅的号码或所需要鉴定的对象。

1. 植物体无根、茎、叶的分化，没有胚胎（低等植物） …………………………… 2
1. 植物体有根、茎、叶的分化，有胚胎（高等植物） ……………………………… 4
2. 植物体为藻类和菌类所组成的共生体 ……………………………… 地衣植物
2. 植物体不为藻类和菌类所组成的共生体…………………………………………… 3

3. 植物体内有叶绿素或其他光合色素，为自养生活方式…………………… 藻类植物
3. 植物体内无叶绿素或其他光合色素，为异养生活方式…………………… 菌类植物
4. 植物体有茎、叶而无真根………………………………………………… 苔藓植物
4. 植物体有茎、叶也有真根 ……………………………………………………… 5
5. 不产生种子，用孢子繁殖………………………………………………… 蕨类植物
5. 产生种子，用种子繁殖…………………………………………………… 种子植物

知识链接：《本草纲目》的五部分类法

《本草纲目》为明代药学家李时珍所著，该书打破前代三品分类方法，采用根据药物属性分类的方法。全书共收载药物 1 892 种，其中植物药 1 195 种。他将植物药分成 5 部 30 类，5 部分别是草部（分山草、芳草、隰草、毒草、蔓草、水草、石草、苔、杂草）、谷部（分麻麦稻、稷粟、菽豆、造酿）、菜部（分荤辛、柔滑、菜、水菜、芝）、果部（分山果、夷果、味果、果、水果）、木部（分香木、乔木、灌木、寓木、苞木、杂木）等。《本草纲目》5 部分类法具有相当高的科学性，例如他已将伞形科的柴胡、防风、独活排在一起；把姜科的高良姜、豆蔻、白豆蔻、缩砂密、益智子排在一起，说明李时珍对植物自然分类法有较深入的了解，具有较高的科学水平，使《本草纲目》成为世界上影响最大、最早创造植物分类法，考订最详细的药物学著作。

自我测试

1. 植物分类的等级主要有哪些？
2. 什么是双名法？双名法在书写上有什么要求？

第四章

藻类植物

知识目标

1. 了解藻类植物的分门；
2. 掌握藻类植物的主要特征；
3. 掌握常用药用藻类的名称、分类及药用部位。

能力目标

1. 能识别常见药用藻类植物；
2. 能分离与培养常见的淡水藻类。

藻类植物是比较原始、古老的植物之一，被人类发现的藻类植物约3万种，主要分布在淡水或海水中，结构简单，有单细胞、多细胞及多个单细胞聚集在一起的群体。

第一节　藻类植物概述

一、藻类形态构造特征

藻类植物构造简单，没有真正根、茎、叶的分化。多为单细胞、群体、多细胞的叶状体、丝状体、枝状体等。藻类植物中含有叶绿素、藻胆蛋白、胡萝卜素和叶黄素等光合色素，构成形态大小各异的载色体，而不同的色素组成标志着进化的不同方向，是分门的主要依据。因藻类植物含有光合色素能进行光合作用，属自养植物。大气中的游离氧气大半是藻类光合作用的产物。

藻类植物的繁殖方式为营养繁殖、无性生殖及有性生殖三种。营养繁殖指营养体的一部分从母体分离出来又能长成一个新个体的生殖方式。如黑顶藻的繁殖枝，落地后能独立生长为新个体。

藻类生殖器官多由单细胞构成，产生孢子的生殖细胞称孢子囊；产生配子的生殖细胞称配子囊。无性生殖的生殖细胞称孢子，一个孢子可以长成一个新个体。孢子有三种类型：游动孢子一般为单细胞、无细胞壁、具鞭毛，能迅速运动；不动孢子无鞭毛，不能运动，外周分泌一层细胞壁，是对干旱环境条件的适应；厚壁孢子是由贮积多量食物、失去光合作用色素，并发育出厚壁的营养细胞变形而成的，厚壁孢子普遍发生在蓝藻门的念珠藻属、鱼腥藻属、胶刺藻属和绿藻门的黑孢藻属中。有性生殖需要依靠配子来完成。配子必须两两结合成合子，由合子萌发长成新个体。配子结合可以是同配或异配。同配由形状大小相似的配子相互接近，融合形成厚壁的合子。异配由大小不同，形状不一的配子融合形成合子。合子不在母体内发育成胚，生活在水里，也有的生活在潮湿的岩石、树干、土壤中。因此，藻类能在地震、火山爆发、洪水泛滥后形成的新基质上存活，是新生活区的先锋植物之一。

二、藻类生态习性与分布

藻类对环境条件要求不严，适应性较强，广布全球。绝大部分藻类生活在水中，少数为气生。水生的藻类根据水中含盐量分为淡水藻类、海藻及半咸水（水中含盐量低于 0.3%）藻。气生藻是生长在岩石、树皮、墙壁、土壤表面不被水浸泡地方的藻类。一般都有厚壁或胶鞘来降低蒸腾作用，减少水分的散失适应干旱的环境。

三、藻类植物分类

藻类植物的分门，各家观点不一。通常将藻类分为八个门：蓝藻门、裸藻门、绿藻门、轮藻门、金藻门、甲藻门、褐藻门、红藻门。分门主要依据是光合作用色素的种类及储存养分的种类；其次是依据细胞壁的成分、鞭毛着生位置和类型、生殖方式及生活史等。

第二节　蓝藻门

一、蓝藻门主要特征

蓝藻约 150 属 1 500 种，是一类原始低等的植物，从两极到赤道均有分布。蓝藻有单细胞、群体或丝状体。蓝藻细胞内无真正的细胞核，原生质体分化为中心质和周质两部分。中心质位于细胞中央，相当于细胞核的位置，含 DNA，不具核膜和核仁，但具有核的功能，因此称原核。周质位于细胞壁内侧中心质的四周，电镜下周质中没有分化成载色体的细胞器，但有单条有规律排列的光合片层。光合片层的表面有叶绿素 a、藻蓝蛋白、藻红蛋白及一些黄色色素，是光合作用的场所。因此蓝藻多呈蓝色稀红色。蓝藻光合作用的产物为蓝藻淀粉和蓝藻颗粒体，这些物质分散于周质中。周质中有充满气体的气泡，是适应浮游生活的一种细胞器。蓝藻多生活于水中，而且淡水蓝藻的种类多于海水。

蓝藻以细胞直接分裂的方式进行营养繁殖，如丝状体能断裂成若干段，每段都能长成一个新个体，从而增加个体数目。除营养繁殖外，某些蓝藻可产生内生孢子或外生孢子等，以进行无性生殖。

二、蓝藻门常见的药用植物

蓝藻是最早的光合放氧生物，使地球表面从无氧的大气环境变为有氧环境起了巨大的作用。有些蓝藻如鱼腥藻含有固氮酶能直接固定大气中的氮；还有的蓝藻如螺旋藻、葛仙米等成为药品或高级保健品。

葛仙米（*Nostoc commune* Vauch.）　属念珠藻科，俗称天仙米（图 4-1A）、天仙菜、珍珠菜、水木耳等。藻体蓝绿色或黄褐色，形状多样，有胶质状、球状或其他不规则状。细胞球形，由多个细胞连成念珠状群体，外包胶质。丝状体上一定间隔距离产生一个异形胞，异形胞壁厚，与营养细胞相连的内壁为球状加厚，称为节球。两个相邻的异形胞之间被一些死亡的丝状体细胞分成若干藻殖段。藻殖段和异形胞的产生，有利于丝状体的断裂和增殖。

葛仙米对环境适应能力强，各地均有分布，生于湿地或地下水位较高的草地上，湿润时开展，呈蓝绿色，干燥时卷缩，呈灰褐色，形似木耳，民间习称“地木耳”。含有丰富的氨基酸、矿物质及维生素，可供食用或药用。能清热、收敛、明目。

螺旋藻（*Spirulina*）　属颤藻科，藻体为单细胞或多细胞组成的圆柱形螺旋状的丝状体（图 4-1B），无胶质鞘或外被极薄的鞘，单生或集群聚生。丝状体呈疏松或紧密的有规则的螺旋形弯曲，形如钟表发条。藻体内含藻红素和藻蓝素等光合色素，因所含数量不同，而呈现蓝绿色、黄绿色或紫红色等不同体色。主要以形成藻殖段的方式繁殖，无异形胞和厚壁孢子。

螺旋藻多生长于碱性盐湖中。世界上能够自然生长螺旋藻的四大湖泊为非洲的乍得湖、墨西哥的特斯科科湖、云南丽江的程海湖和鄂尔多斯的哈马太碱湖。因螺旋藻富含多种人体必需氨基酸，丰富的矿物质、维生素等营养物质，已成为高档食品、保健品的原料，目前国内外均有大规模人工培育。以全植物入药，有减轻癌症放疗、化疗的毒副反应，提高免疫功能，降血脂、降血糖等功效。

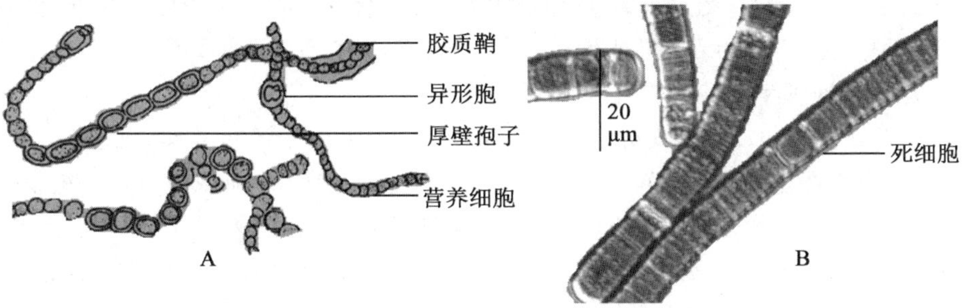

A. 葛仙米　B. 螺旋藻

图 4-1　蓝藻门常见药用植物

本门主要的药用植物还有：海雹菜，呈球形或半球形，直径 0.5～2 cm，最大可达 5 cm 以上，通常扁平，胶黏状，具有解毒利水的功效；发菜，因其色黑而细长，如人的头发而得名，分布于我国西北的沙漠和贫瘠土壤上，可以食用。

第三节　绿藻门

一、绿藻门主要特征

绿藻有单细胞体、多细胞丝状体及群体等多种类型。细胞内具有液泡、细胞核和叶绿体及线粒体。叶绿体中含有叶绿素 a、叶绿素 b、叶黄素和胡萝卜素，以叶绿素 a 和叶绿素 b 最多，因此藻体呈绿色。贮藏的营养物质以淀粉的形式，储存于质体内的蛋白核中。细胞壁分为两层，内层的主要成分是纤维素，外层主要是果胶质，常黏液化。

绿藻门植物的繁殖方式多样。单细胞藻类依靠细胞分裂产生各种孢子繁殖；多细胞丝状体可以通过断裂的片段进行段殖来增加群体数量。有些种类的生活史有明显世代交替现象即有性生殖世代较明显，而水绵、新月藻等具有特殊的有性生殖即接合生殖。

绿藻门有 350 个属约 6 700 种，是藻类植物中最大的一门。绝大部分绿藻分布于淡水中，如沉水的岩石、木头，潮湿的土壤表面或墙壁上，或漂浮在江河、湖泊、沟渠等水体表面，浮游种类是水生动物的食物来源；少部分绿藻分布于海水或半咸水中；此外，有些绿藻能寄生于动物体内，还有的能与真菌共生形成地衣。

二、绿藻门常见药用植物

绿藻门的经济价值很高。绿藻在植物进化的研究中也很重要；有些学者认为单细胞的衣藻与陆地植物的祖先相似，贮藏的营养物质主要为淀粉和油类。绿藻中如石莼、礁膜、浒苔等历来是沿海人民广为采捞的食用海藻。海产扁藻、小球藻等单细胞绿藻繁殖速度快，产量高，含有一定量的蛋白质、糖类、氨基酸和多种维生素，可作食品、饲料或提取蛋白质、脂肪、叶绿素和核黄素等多种产品。有的绿藻可药用，如小球藻、孔石莼等。此外，可以利用藻菌共生系统和活性藻的方法来处理生活污水和工业污水。

蛋白核小球藻（*Chlorella pyrenoidosa* Chick.）　为单细胞淡水藻类，细胞球形或卵圆形，不能自由游动，只能随水沉浮，细胞小而且细胞壁薄，细胞壁内有细胞质、细胞核、近似杯状载色体和一个淀粉核。小球藻（图 4-2A）只能进行无性繁殖，细胞壁内原生质体分裂 1～4 次，产生 2～16 个不能游动的孢子，孢子成熟后母细胞壁破裂散落于水中，长成与母细胞同样大小的小球藻。小球藻分布于沟渠、池塘、小河中。小球藻含有碳水化合物、不饱和脂肪酸、蛋白质及丰富的维生素与矿物质，被称为新资源食品。过去用于治疗水肿和贫血，现代医学研究显示小球藻有免疫调节作用，有降血压作用，对大肠杆菌和病毒感染能起到抑制作用。

石莼（*Ulva lactuca* L.）　为绿藻门石莼目石莼科石莼属，又称海白菜（图 4-2B）、海莴苣、纶布等。片状藻体黄绿色，长 10～30 cm，最长可达 40 cm，叶片体近卵形，边缘波状，基部以固着器固着于岩石上。无性生殖产生具有 4 条鞭毛的游动孢子，由孢子萌发的植物体只产生配子称配子体。有性生殖产生具有 2 条鞭毛的配子，配子结合成合子，合子直接萌发形成新个体；由孢子形成的新个体只产生孢子，称孢子体。孢子体和配子体在形态结构上基本相同，只是染色体数目不同而已。因为两种植物体大小一样，所以石莼生活史为同型世代交替。石莼在我国主要分布在东海、南海一带，冬春采收，鲜食或漂洗晒干。入药有软坚散结、利水解毒等功效。

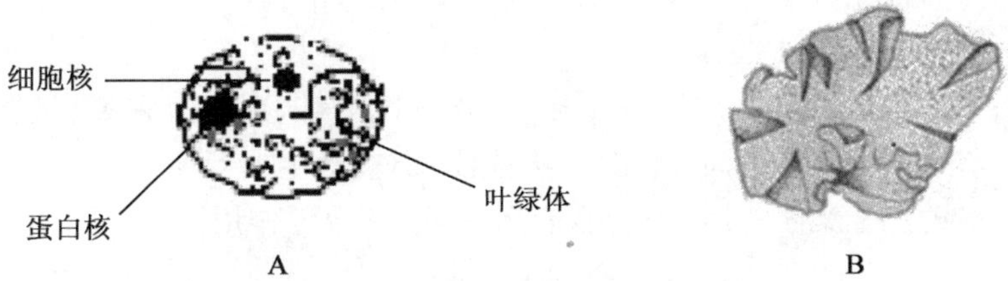

A. 蛋白核小球藻　B. 石莼

图 4-2　绿藻门常见药用藻类

本门水绵也是常见药用植物，大量分布于池塘、河流、沟渠等处，入药具清热解毒的功效。

第四节　红藻门

一、红藻门主要特征

红藻门的藻体一般较小，形状各异，有丝状体、叶状体或枝状体等。细胞壁内层为纤维素，外层由果胶质构成。藻体含有叶绿素、叶黄素、胡萝卜素及大量的藻红蛋白和藻蓝蛋白，常因各类色素的含量不同，藻体颜色呈现鲜红、粉红、紫红或暗紫红色等。光合作用产物为红藻淀粉，呈颗粒状，附着于色素体表面或存在于细胞质中。

红藻的繁殖方式有营养繁殖、无性生殖和有性生殖三种。营养繁殖主要以细胞分裂的方式增加细胞数目。无性繁殖多由藻体产生无鞭毛的不动孢子，如单孢子或四分孢子，孢子为单倍体可以直接萌发为新个体。有性生殖为卵配生殖。雄性生殖器官称精子囊，雌性生殖器官称果胞，果胞为烧瓶状的单细胞，内有一个卵，其顶端延伸的丝状体为受精丝。精子成熟后破壁而出，被动地随水流动，遇到受精丝后，附着处的精子壁融化，最终精子核与卵核结合为合子。果胞受精后，立即进行减数分裂，产生果孢子。但果孢子体不能独立生活，寄生在配子体上，发育成配子体植物。

红藻门约 558 属 3 500 余种，绝大多数分布于海水中，小部分分布于淡水中，固着于岩石等物体上。

二、红藻门常见的药用植物

甘紫菜(*Porphyra tenera* Kjellm.)　属红毛菜科，紫菜属。藻体紫色、紫红或紫蓝色，薄叶片状，多卵形、披针形或不规则圆形等，通常高 20～30 cm，宽 10～18 cm。藻体基部楔形、圆形或心脏形，边缘多有皱褶，平滑无锯齿。雌雄同株(图 4-3A)。分布在辽东半岛、山东半岛至福建沿海一带，现有大量栽培。紫菜含有多种矿物质且味道鲜美，自古被视为海中珍品食用。以叶状体入药具有清热利尿、软坚散结、消痰功效。

海人草(*Digenea simplex* (Wulf.) C. Ag) 属松节藻科。藻体暗紫红色,直立丛生,高5~25 cm。枝圆柱形,不规则叉状分枝,密被毛茸状小枝,基部小枝脱落而裸露,顶端如狐尾状,固着器呈盘状(图 4-3B)。分布于台湾及东沙群岛等沿海。藻体入药能驱蛔虫、绦虫及鞭虫。

石花菜(*Gelidium amansii* Lamouroux.) 属石花菜科,别名海东菜、凤尾等。藻体多为紫红色或棕红色,扁平直立,丛生,4~5 次羽状分枝,小枝对生或互生(图 4-3C)。分布于黄海、渤海及台湾北部海域。全藻供食用,入药能清热解毒,有缓泻作用。

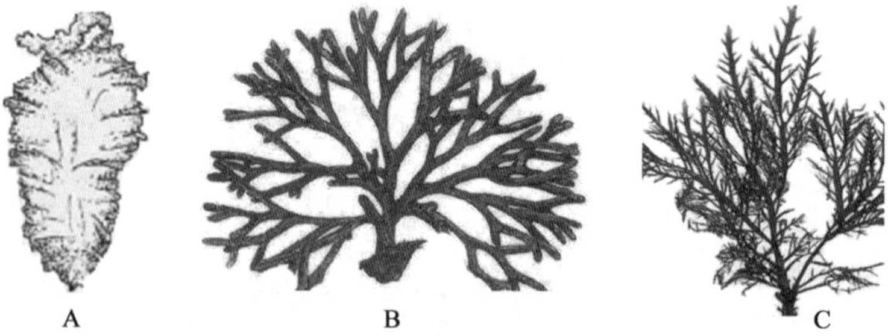

A. 甘紫菜　B. 海人草　C. 石花菜

图 4-3　红藻门常见药用植物

红藻门药用植物还有鹧鸪菜,又名蛔虫菜、美人藻等,生于温暖地区河口附近的中、高潮带的岩石上,防波堤水桩及红树树皮的阴面,主产于浙江、福建和广东等省,沿岸民间用以驱除蛔虫。

第五节　褐藻门

一、褐藻门主要特征

褐藻门植物体由多细胞构成,是藻类植物中形态构造分化得最高级的一类。藻体可分为三种类型,第一类是具有分枝的丝状体,有的分枝简单,有的分化为匍匐枝和直立枝的异丝体型;第二类是由分枝的丝状体互相紧密结合,形成假薄壁组织;第三类是有组织分化的植物体。多数藻体的内部分化成表皮层、皮层和髓三部分。表皮层的细胞较多,内含许多载色体。皮层细胞较大,有机械固着作用。接近表皮层的几层细胞,也含有载色体。髓在中央,由无色的长细胞组成,有输导和贮藏作用。褐藻门植物体的生长,常在藻体的一定部位,如藻体的顶端或藻体中间,也有的是在特殊的藻丝基部。

细胞壁外层由藻胶组成,内层为纤维素,其化学成分和维管植物一样。细胞壁内还含有褐藻糖胶,能使褐藻形成黏液质,退潮时,黏液质可使暴露在外面的藻体免于干燥。细胞单核与维管植物相似,有核膜、核仁,进行有丝分裂。细胞分裂时,中心体位于核的表面。细胞内含有叶绿素、胡萝卜素、墨角藻黄素和大量的叶黄素等,藻体的颜色因所含色素的种类和比例不同而呈黄褐色、深褐色。光合作用的产物为海带多糖和甘露醇。细胞中央有一个或多个液泡。

褐藻门植物繁殖方式为营养繁殖、无性生殖和有性生殖。营养繁殖以藻体断裂的方式进行繁殖如马尾藻。无性生殖是通过游动孢子和不动孢子进行繁殖。有性生殖是在配子体上产生配子囊,配子囊中产生配子。配子结合成合子,合子萌发成孢子体。配子结合有同配、异配和卵配三种方式。同配的雌雄配子大小形态相似难以区分,2 个配子结合成合子,如水云目、黑顶藻目等属于同配生殖。异配生殖雄配子较小,一般只有 1 个色素体,雌配子较大,有几个色素体,大小配子结合成合子。卵配生殖是由 1 个小型而具有 2 条侧生鞭毛的,能自由游动的精子和 1 个大型的,没有鞭毛,不能自由游动的卵结合成合子,如酸藻目、网地藻目、海带目和墨角藻目等。不管哪种方式形成的合子都能萌发成孢子体。

褐藻门藻类 250 属 1 500 种,绝大多数生活在海水中,多以固着器着生于岩石上,少数种类漂浮于海面。主要分布于寒带和温带海洋,生长在低潮带和潮下带的岩石上,种类多样,是海底森林的主要类型。世界各大洋都有分布,我国主要产于黄海北部。

二、褐藻门常见的药用植物

海带(*Laminaria japonica* Aresch) 海带属海带科。孢子体褐色呈扁平带状,最长达 20 m。孢子体由叶片、柄部和根状固着器三部分组成。叶片宽带状,边缘较薄软,呈波浪褶,一般宽 15～30 cm,长 1～5 m。叶基部为短柱状叶柄与固着器相连。固着器呈树状分枝,用以附着海底岩石(图 4-4A)。海带属冷水性海藻,我国自然分布于山东、河北、辽宁沿海。人工养殖扩展到广东沿海。海带除作为蔬菜食用外,叶状体入药有软坚散结、消痰利水的功效。

昆布(*Ecklonia kurome* Okam) 又称"鹅掌菜""五掌菜"等,属翅藻科。孢子体大型,褐色、革质,分叶片、柄部、固着器三部分。叶片带状单条,中部有隆起的中肋,两侧形成羽状或复羽状裂片,叶缘有粗锯齿。柄部圆柱状,近叶片部渐扁平。固着器假根状(图 4-4B)。主要分布于浙江、福建等沿海地区。以叶状体入药,有软坚散结、消肿利水、润下消痰功效。

海蒿子(*Sargassum pallidum* (Turn.)) 属马尾藻科。藻体主干圆柱形,直立。藻叶单叶,互生,叶形变化大,初生叶倒卵形或披针形,具中肋,生长不久即凋落;次生叶较狭小,线形至披针形,中肋不明显。侧枝从次生叶的叶腋间长出,多互生,末端常有圆球形气囊,凋落后于主干上残留圆柱形迹(图 4-4C)。分布于黄海、渤海沿岸。藻体入药能软坚散结、消痰利水。

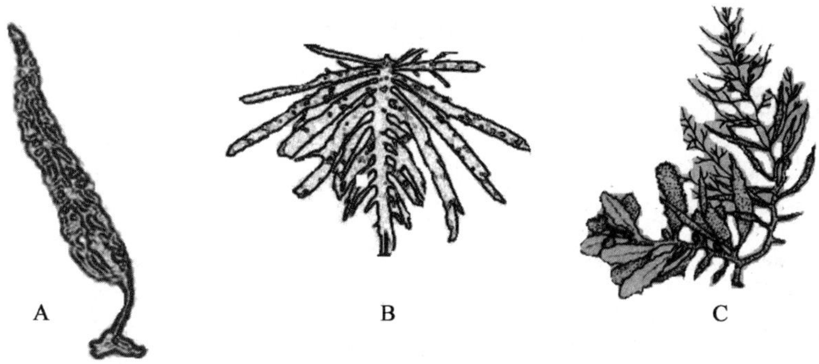

A. 海带　B. 昆布　C. 海蒿子

图 4-4　褐藻门常见药用植物

本门药用植物羊栖菜,藻体黄褐色,肥厚多汁,叶状体的变异很大,形状各异。主要生长在低潮带岩石上。分布于辽宁至海南,浙江沿海大规模栽培,既可食用又可药用。

知识链接：藻类植物的药用价值

藻类植物尤其海藻及一部分淡水藻类，含有人体必需的蛋白质、脂类、碳水化合物、多种维生素及矿物质，其营养价值远高于陆生蔬菜。我国利用藻类供食用、药用的历史悠久，历代本草均有记载，如昆布、葛仙米等。由于现代分离分析技术的发展与应用，已从多种藻类中分离提取出许多活性物质，如石莼、鹿角菜、海黍子等提取的抗肿瘤物质；从海带等褐藻门植物体内提取的褐藻胶在医疗上可作为代血浆、抗凝血剂等；褐藻淀粉制成的褐藻硫酸酯钠，可防止动脉粥样硬化，用于高血压、冠心病、高血脂症的治疗。生物工程技术及分子生物学的飞速发展，为藻类药物、保健品的开发注入了新的活力。

自我测试

1. 藻类植物的一般特征是什么？
2. 藻类植物的繁殖方式有几种？
3. 褐藻门的主要特征是什么？

技能训练十二　藻类植物形态与内部结构的观察

一、实训目的

1. 掌握藻类植物共同特征和分类依据；
2. 熟练使用显微镜观察藻类植物的内部构造；
3. 利用手机等设备拍摄藻类显微构造特征，绘制显微构造图；
4. 熟悉藻类植物形态构造，掌握常见药用藻类植物的形态特征。

二、实训内容

1. 水绵临时玻片的制备，接合生殖永久制片的观察；
2. 海带孢子体形态及内部构造观察；
3. 紫菜、昆布、海藻等腊叶标本。

三、实训器材

1. 仪器、用品　光学显微镜，镊子、刀片、解剖针、载玻片、盖玻片、培养皿、吸水纸、擦镜纸。
2. 材料、试剂　海带、水绵新鲜标本，蒸馏水；海带、紫菜、昆布、海藻等腊叶标本。

四、实训操作

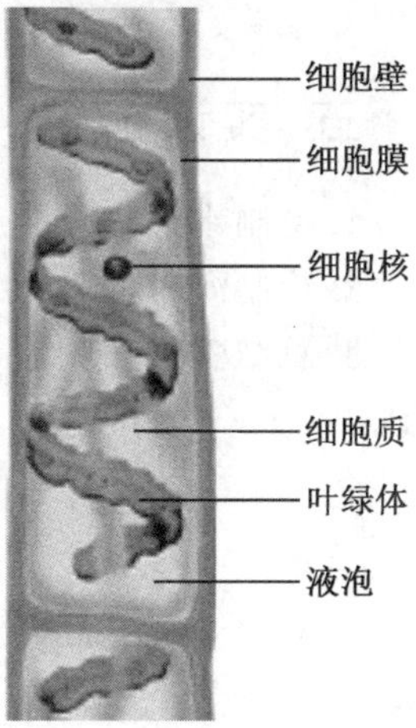

图 4-5　水绵细胞结构

1. 水绵

(1)水绵临时玻片的制备　先在载玻片上滴 1～3 滴蒸馏水,用镊子挑取水绵丝状体数根,放入蒸馏水中;用解剖针轻轻搅动水绵分散开,盖上盖玻片。显微镜下观察,水绵由带状圆筒形细胞构成(图 4-5),丝状体外有一层果胶质,细胞壁由纤维素构成,原生质贴壁,有一条或多条螺旋状叶绿体,叶绿体上有一至多个蛋白核,一个不易观察的细胞核。

(2)水绵接合生殖永久制片(图 4-6)观察　显微镜下观察,可见水绵在管相对的细胞壁上形成突起,之后突起接触面的隔膜消失,形成接合管,一个细胞内全部原生质体经接合管进入另一个细胞内,两个细胞内的原生质体全部结合,形成合子。

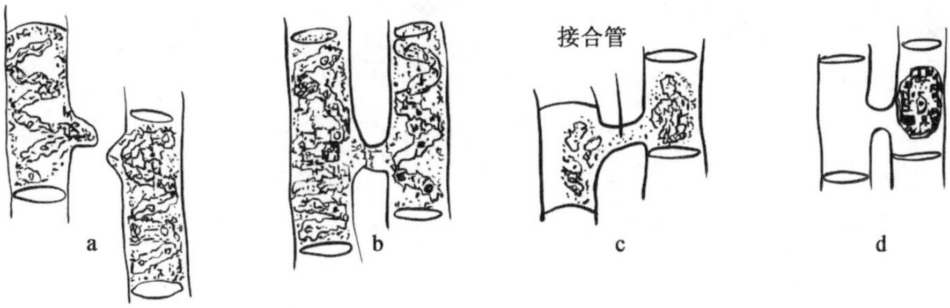

图 4-6　水绵接合生殖

2. 海带

(1)海带孢子体形态观察　观察海带腊叶标本或新鲜标本。海带孢子体分为固着器、柄和叶片三部分。

(2)海带孢子体叶片横切面永久制片(图 4-7)观察　显微镜下可见,外层表皮由 1～2 层排列紧密的方形细胞组成,外面有胶质层;表皮以内为皮层,细胞较大呈长方形或方形,细胞壁薄,皮层内有 1～2 层黏液腔;中部为无色短丝构成的髓。

(3)孢子体上孢子囊群的观察　取具有孢子囊群的叶片横切面永久制片,显微镜下可见孢子囊群由孢子囊和隔丝组成。隔丝顶端有胶质冠,孢子囊内有 32 个孢子,孢子萌发成配子体。

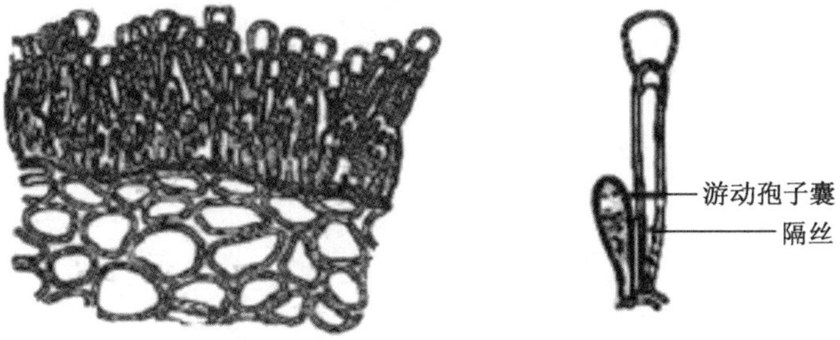

图 4-7　海带孢子囊

3.紫菜、昆布、海藻等腊叶标本观察

五、实训报告

1.绘制水绵接合生殖及显微结构图,并注明各组成部分的名称。

2.绘制海带的显微结构图,并注明各组成部分的名称。

3.总结藻类植物有哪些共同特征。

第五章

菌类植物

知识目标

1. 了解菌类植物的分类；
2. 了解放线菌的主要特征，熟悉常见药用放线菌的种类及药用价值；
3. 掌握药用真菌的分类及常见大型药用真菌的形态特征。

能力目标

1. 能识别常见药用菌类植物；
2. 能识别大型真菌的形态、构造。

菌类植物是一类不含光合色素的低等植物的统称。目前人类发现的菌类植物约有 9 000 种，生活方式多样。在土壤、水、空气中都有它们的踪迹。

第一节　菌类植物概述

一、菌类形态构造及特点

菌类个体微小，种类繁多，生长繁殖快，转化效率极高，容易受环境影响而发生获得性变异。目前已知菌类大约 10 万种。菌类与藻类植物一样没有根、茎、叶的分化，但与藻类不同，菌类一般没有光合色素，不能进行光合作用，所以菌类的营养方式属于异养型。

二、菌类生态习性与分布

菌类异养的生活方式主要有寄生、腐生和共生，多数种类营腐生生活。凡从活的动植物体吸收养分的称为寄生；凡从死亡的动植物体上或其他无生命有机物中吸取养分的称腐生；凡从活的动植物体吸取养分同时又为该活体提供有利生活条件的，彼此间互相受益、互相依赖的，称为共生。由于菌类生活方式的多样性，所以它们的分布也非常广泛，在土壤中、水里、空气中、人及动物体、食物上以及极端环境中都有它们的存在。

三、菌类植物分类

菌类可分为细菌门、黏菌门和真菌门等。这三门植物的形态、结构、繁殖和生活史差异很大，彼此并没有亲缘关系。细菌是一类个体微小的单细胞有机体，以二分裂方式繁殖，属于原核生物。黏菌是介于动物和真菌之间的生物，生长期或营养期为裸露的无细胞壁而多核的原生质团，称变形体，其构造、运动和摄食方式，与变形虫相似，具有运动性的特点；但在繁殖期产生具纤维质的细胞壁的孢子，具有植物性的特点；大多数黏菌为腐生菌，无直接的经济意义。真菌的细胞不含质体和叶绿素，是典型的异养植物，其药用种类较多。细菌和真菌之间还有一个特殊的类群——放线菌，放线菌是抗生素的主要产生菌，因此本书做了相关介绍。

第二节　放线菌门

一、放线菌的主要特征

放线菌是一类呈丝状生长、陆生性较强的单细胞原核生物。大多数种类具有发达的分枝菌丝。放线菌的形态比细菌复杂，在显微镜下，放线菌呈分枝的丝状，这些细丝一样的结构叫作菌丝，这些无隔的菌丝在培养基上呈放射状生长，因此称为放线菌。菌丝直径与细菌接近，约为 1 μm。细胞的内部结构类似细菌，没有定型的细胞核及核膜、核仁、线粒体等结构，细胞壁的主要成分为肽聚糖。与细菌一样对溶菌酶敏感；凡细菌所敏感的抗生素，放线菌也同样敏感。

根据形态和功能不同，放线菌菌丝可分为营养菌丝（基内菌丝）、气生菌丝和孢子丝三种类型（图 5-1）。营养菌丝匍匐生长于营养基质表面或基质内部，其功能是吸收水分和营养。气生菌丝是营养菌丝伸出培养基之外并伸向空间的菌丝。有些种类放线菌的气生菌丝发达，有些稀疏，还有的种类没有气生菌丝。当气生菌丝发育到一定阶段，便可分化出可形成孢子的菌丝，称为孢子丝。放线菌孢子丝的形态多种多样（图 5-2），是放线菌菌种鉴定的重要标志之一。孢子丝发育到一定阶段便分化出不同形态和颜色的孢子。

放线菌在自然界分布极为广泛，主要以孢子或菌丝状态存在于土壤、空气和水中，尤其是含水量低、有机物丰富、呈中性或微碱性的土壤中数量最多。土壤特有的土腥味，主要是放线菌代谢产生的土腥味素所致。

放线菌是重要的抗生素产生菌，目前广泛应用的抗生素 70%是由各种放线菌产生的。最重要的是链霉菌属（占放线菌产生抗生素的 90%以上）。如灰色链霉菌（*Streptomyces griseus* (Krainsky) Waksman et Henrici）能生产链霉素，对结核杆菌有较强的抑制作用；金霉素链霉菌（*S. aureofaciens* Duggar）可同时产生金霉素和四环素，能有效治疗由伤寒杆菌、大肠杆菌、溶血性链球菌、金黄色葡萄球菌、肺炎球菌等引起的疾病；红霉素链霉菌（*S. Erytureus* Waksman et Henrici）产生红霉素，用于治疗链球菌引起的扁桃体炎、猩红热、白喉及带菌者、淋病、李斯特菌病、肺炎链球菌下呼吸道感染等疾病。

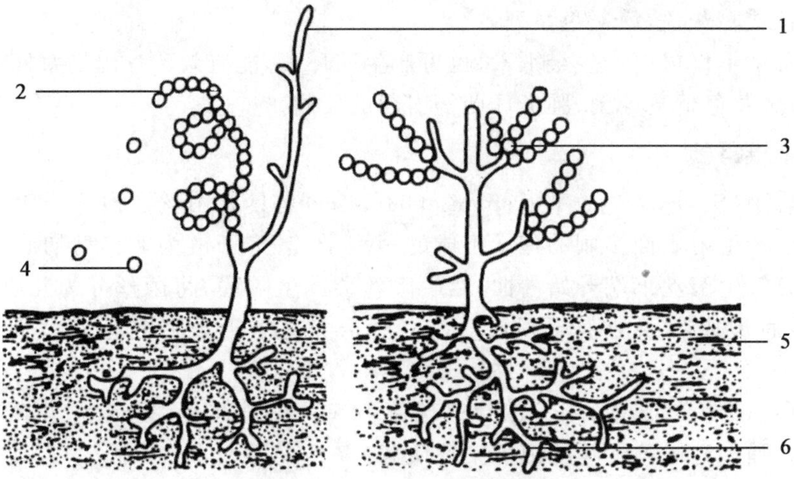

1.气生菌丝 2.螺旋状孢子丝 3.轮生孢子丝 4.分生孢子 5.固体培养基 6.基内菌丝

图 5-1 典型的放线菌(链霉菌)的形态模式图

<table>
<tr><td>类别</td><td>柔曲</td><td>直</td><td colspan="2">螺旋</td></tr>
<tr><td>模式图</td><td></td><td></td><td colspan="2"></td></tr>
<tr><td>类别</td><td>非典型大初旋</td><td>典型大初旋</td><td>非典型小初旋</td><td>双螺旋</td></tr>
<tr><td>模式图</td><td>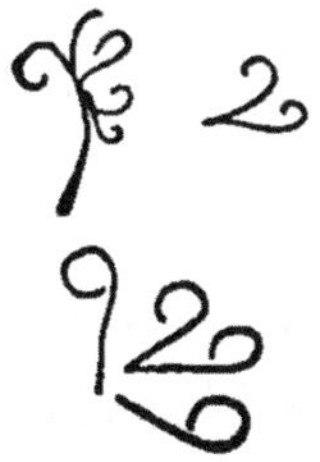</td><td></td><td>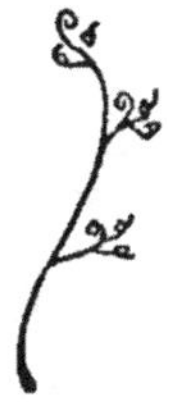</td><td></td></tr>
</table>

图 5-2 放线菌(链霉菌)孢子链的形态

二、常见的药用放线菌

(一)金霉素链霉菌

金霉素链霉菌(*S. aureofaciens* Duggar)是链霉菌属的一种,因能产生金霉素而得名。可由土壤中分离得到,菌丝多核,革兰氏阳性。既可形成直孢子链,也可形成非典型的初旋形孢子链。孢子指骨状。营养菌丝在葡萄糖琼脂上和马铃薯块上都产生金黄色色素。气生菌丝白色后变为烟灰色或暗灰色，属灰色系列。

金霉素链霉菌不仅可以产生金霉素，也可产生四环素，能有效治疗由伤寒杆菌、大肠杆菌、溶血性链球菌、金黄色葡萄球菌、肺炎球菌等引起的疾病。

（二）红霉素链霉菌

红霉素链霉菌（*S. erythreus* Waksman et Henrici）是具有菌丝及孢子分化的革兰氏阳性菌，菌丝多核，会产生由表面多刺的孢子组成的短孢子链，孢子链为非典型初旋形。产生孢子的方式是由营养气生菌丝末端开始卷曲，然后菌丝会产生隔膜，将菌丝分为几段，接着逐渐加厚隔膜成壁，最后形成圆圆的孢子释放。在一些培养基上形成微粉色扩散性色素，属红色系列。

红霉素链霉菌产生红霉素，用于治疗链球菌引起的扁桃体炎、猩红热、白喉及带菌者、淋病、李斯特菌病、肺炎链球菌下呼吸道感染等疾病。

（三）氯霉素链霉菌（委内瑞拉链霉菌）

委内瑞拉链霉菌（*S. venezuelae* Ehtlich et Al.）孢子丝为典型的直链。孢子球形至长圆形。高氏合成1号琼脂培养气生菌丝丰茂，绒状，粉色。基内菌丝无色或略微黄色，无可溶色素。马铃薯块上气生菌丝乳脂粉色，有时无。基内菌丝微褐色至暗褐色，可溶色素微褐色至暗褐色，属红色系列。

氯霉素链霉菌（委内瑞拉链霉菌）产生氯霉素，氯霉素对革兰阳性、阴性细菌均有抑制作用，且对后者的作用较强。其中对伤寒杆菌、流感杆菌、副流感杆菌和百日咳杆菌的作用比其他抗生素强，对立克次体感染如斑疹伤寒也有效。用于治疗由伤寒杆菌、痢疾杆菌、大肠杆菌、流感杆菌、布氏杆菌、肺炎球菌等引起的感染。

第三节　真菌门

一、真菌门的主要特征

真菌门的真菌有真正的细胞核，细胞内没有叶绿素，也没有质体，营寄生或腐生生活。多数种类有明显的细胞壁，细胞壁的主要成分是几丁质和纤维素。真菌贮存的养分主要是肝糖，还有少量的蛋白质、脂肪和微量元素。它们一般都能进行有性或无性繁殖，能产生孢子，以孢子的方式繁殖。

（一）真菌的营养体

除少数单细胞真菌（酵母菌）外，绝大多数真菌是由纤维管状的菌丝构成。组成一个菌体的全部菌丝称菌丝体。菌丝分有隔菌丝和无隔菌丝两种。无隔菌丝是一个长管形的细胞，有分枝或无分枝，大多数是多核无隔膜的，低等真菌的菌丝一般为无隔菌丝；有隔菌丝中有横隔膜把菌丝隔成许多细胞，每个细胞内含1个或2个核，高等真菌的菌丝多为有隔菌丝。菌丝横隔上通常有各种类型的小孔，原生质可以通过小孔流通。

真菌主要通过菌丝吸收养分，腐生菌可由菌丝直接从基质中吸收养分，也有的种类基内菌丝特化为假根吸收养分。在寄主细胞内寄生的寄生真菌通过直接与寄生细胞的原生质接触吸收养分。胞间寄生的真菌则利用从菌丝体上特化产生的吸器伸入寄主细胞内吸取养分。真菌吸收养分的方式是首先借助于多种水解酶（均为胞外酶），把大分子物质分解为可溶性的小分子物质，然后借助于较高的渗透压吸收。寄生真菌的渗透压一般比寄主高 2～5 倍，腐生真菌的渗透压更高。

真菌在繁殖或条件不良时，菌丝常相互密集扭结，菌丝体变态成菌丝组织体，常见的有根状菌索、子实体、子座和菌核。

（1）根状菌索 某些高等真菌由菌丝体形成的一种组织体，其外观似根而得名。其顶端可不断生长。菌索一般是由菌丝平行排列交织而成，外层为皮层，由数层小型厚壁的菌丝组成，内部为菌髓，是由疏松的薄壁的菌丝组成。根状菌索一般生于树皮下或地下，常见于多种腐生的担子菌，如假蜜环菌即在树皮下形成。根状菌索可抵抗不良环境，环境条件恶劣时停止生长，适宜时又可恢复生长。

（2）子实体 很多种类的高等真菌在繁殖时期由气生菌丝特化成的有一定形状和结构，能产生孢子的菌丝组织体。在担子菌中又叫担子果，在子囊菌中又叫子囊果。

（3）子座 某些种类的高等真菌，由菌丝特化成的容纳子实体的褥座。子座可由菌丝单独形成，也可由菌丝和寄主组织共同形成，其形状通常为垫状、柱状、棒状、头状等。子座形成后，其内部或上部形成子实体。常见子座的真菌有子囊菌纲中的竹黄、冬虫夏草等，是著名的药材。

（4）菌核 某些种类的真菌生长到一定阶段，菌丝体不断分化，密结在一起形成的颜色较深、质地坚硬的核状体。菌核中贮存丰富的养分，对于干燥、高温、低温等不良环境抵抗力很强，是渡过不良环境的休眠体，当条件适宜时可以萌发为菌丝体或产生子实体，以菌核入药的真菌有茯苓、猪苓。

（二）真菌的繁殖

真菌的繁殖方式多种多样，通常有无性繁殖和有性繁殖两种类型。

单细胞真菌（酵母菌）通过出芽、裂殖等方式进行无性繁殖，丝状真菌可通过菌丝伸长或分枝生长进行无性繁殖；另外真菌还能通过产生无性孢子进行无性繁殖。真菌产生的无性孢子有节孢子、厚垣孢子、流动孢子、分生孢子等多种类型。

真菌的有性繁殖过程比较复杂，但和动植物有性繁殖过程一样也包括质配、核配和减数分裂等 3 个时期。真菌通过有性繁殖，产生多种类型的有性孢子，主要有卵孢子、接合孢子、子囊孢子、担孢子等。

二、真菌门的分类

根据国际真菌研究所编著的《真菌词典》第三版（1983）记载，真菌有 5 950 属 64 200 种。分为鞭毛菌亚门（Mastigomycotina）、接合菌亚门（Zygomycotina）、子囊菌亚门（Ascomycotina）、担子菌亚门（Basidiomycotina）、半知菌亚门（Basidiomycotina），共 5 亚门 15 纲。药用真菌以子囊菌亚门和担子菌亚门较多见。

真菌5亚门检索表

1. 有能动孢子(游动孢子);有性阶段的孢子为典型的卵孢子………………… 鞭毛菌亚门
1. 无能动孢子
  2. 具有性阶段
    3. 有性阶段孢子为接合孢子 ……………………………………………… 接合菌亚门
    3. 无接合孢子
      4. 有性阶段孢子为子囊孢子 …………………………………………… 子囊菌亚门
      4. 有性阶段孢子为担孢子 ……………………………………………… 担子菌亚门
  2. 缺有性阶段 ………………………………………………………………… 半知菌亚门

三、常见的药用真菌

(一) 子囊菌亚门

1. 子囊菌亚门的主要特征

子囊菌亚门(Ascomycotina)是真菌门中最大的一亚门。该亚门与担子菌亚门的真菌因结构复杂,合称高等真菌。除极少数低等类型为单细胞(如酵母菌)外,其营养体均为发达的有隔菌丝构成的菌丝体。细胞壁由几丁质构成。子囊菌无性繁殖特别发达,有芽殖、裂殖或形成多种类型的无性孢子。它们的共同特征是有性繁殖过程中形成子囊。但形态、生活史和生活习性的差别很大。子囊内产生子囊孢子。除少数原始种类的子囊裸露不形成子实体外(如酵母菌),绝大多数子囊菌都产生子实体,子囊包在子实体内。子囊菌包着子囊的子实体又称为子囊果,常见的子囊果有3种类型(图5-3)。子囊果是完全封闭的,呈球状,没有孔口称作闭囊壳;子囊果呈盘状、杯状或碗状,子实层常露在外,称子囊盘;子囊果呈瓶形,顶端有孔口,子囊果常埋于子座中,称作子囊壳。子囊果的形状是子囊菌亚门分类的重要依据。子囊菌大都是陆生的,营养方式有腐生、寄生和共生。

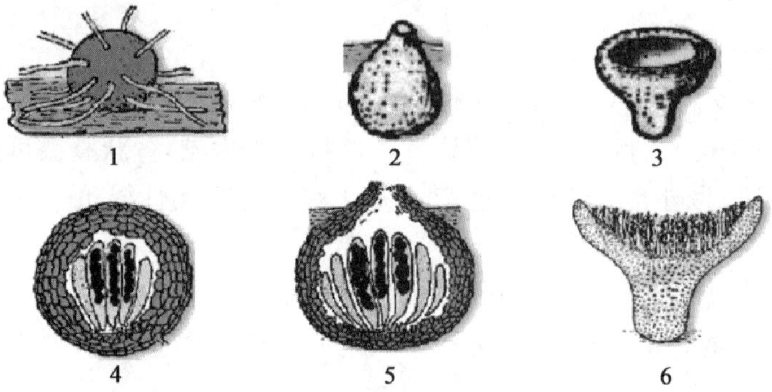

1. 闭囊壳 2. 子囊壳 3. 子囊盘 4. 闭囊壳纵切放大 5. 子囊壳纵切放大 6. 子囊盘纵切放大

图5-3 子囊果的类型

(刘春宇,药用植物学与生药学,2014)

2. 子囊菌亚门常见的药用菌类

冬虫夏草(*Cordyceps sinensis* (Berk.) Sacc.) 简称虫草,是麦角菌科真菌冬虫夏草寄生在蝙蝠蛾科昆虫幼虫上的子座及幼虫尸体的复合体(图5-4)。由虫体和子座组成,通常子座单个,上部膨大,表层埋有一层子囊壳,壳内有许多线形子囊,每个子囊内有8个具有许多横隔的线形子囊孢子。

虫草的形成过程：夏秋季节，冬虫夏草的子囊孢子成熟后由子囊壳孔发射发出，侵入蝙蝠蛾的幼虫体内并发育成菌丝体。染病的幼虫钻入土中越冬，菌丝继续生长，吸收其养分，致使幼虫全体充满菌丝而死，虫体内部组织被破坏，仅剩下外皮。最后虫体内的菌丝体变得坚硬成为菌核，度过漫长的冬天。翌年夏季自虫体头部生出棒状子座，露出土外；子座单生，呈细长棒球棍状，头部稍膨大呈窄椭圆形，与柄部近等长或稍短，表面深棕色，断面白色；柄基部留在土中与幼虫头部相连，幼虫深黄色，细长圆柱状，长 3～5 cm。有 20～30 环节，腹面有足 8 对，形略如蚕。该菌大多数生长在海拔 3 000 m 以上的高山草甸上，分布在四川、云南、甘肃、青海、西藏等省(自治区)。

图 5-4　冬虫夏草

主要活性成分为虫草素、虫草酸、虫草多糖等。具有补肺益肾、止血化痰的功效。用于肾虚精亏、阳痿遗精、腰膝酸痛、久咳虚喘、劳嗽咯血。

麦角菌(*Clavieps purpurea* (Fr.)Tul.)　属于麦角菌科，寄生在禾本科植物(主要寄主为黑麦)的子房内，菌核形成时露出子房外，呈紫黑色，质地比较坚硬，形如动物角，故称麦角菌(图 5-5)。麦角落地过冬，春季寄主开花时，菌核萌发生出红头紫柄的子座，每个菌核可生出 20～30 个子座；子座头部近圆形，从纵切面可见沿外层有一层排列整齐的子囊壳，子囊壳瓶状，孔口略露于外，其内长有许多圆柱形的子囊，每个子囊内含有 8 个针形的子囊孢子。孢子散出后，借助气流、雨水或昆虫传到麦穗上，萌发成芽管，侵入子房，长出菌丝，菌丝体继续生出极多分生孢子，同时分泌蜜汁，昆虫采蜜时遂将分生孢子带至其他麦穗上。麦角菌是麦类和禾本科牧草的重要病害，不但使麦类大幅减产而且含有剧毒，牲畜误食带有麦角菌的饲草可导致中毒死亡。人药用剂量不当可造成流产，重者发生死亡现象。

A　　B

A. 麦穗上的麦角菌核　B. 采收的小麦中混杂的麦角菌核

图 5-5　麦角菌核

麦角为名贵中药材，含有 12 种生物碱，主要活性成分为麦角新碱、麦角胺、麦角毒碱等，主要功能是引起肌肉痉挛收缩，故常用作妇产科药物，用作治疗产后出血的止血剂和促进子宫复原的收敛剂，也可用作内脏器官出血的止血剂。麦角胺和麦角毒碱可治疗偏头痛和放射病。

酿酒酵母(*Saccharomyces cerevisiae*)　属于酵母菌科，是一种单细胞真核生物，成卵圆形或球形(图 5-6)，具细胞壁、细胞质膜、细胞核、液泡、线粒体、核糖体及各种贮藏物质，如油滴、肝糖等。细胞大小为(2.5～10)μm×(4.5～21)μm。繁殖方式有无性繁殖和有性繁殖两种类型。出芽繁殖是酵母菌主要的无性繁殖方式。出芽时，由成熟的酵母细胞表面形成一个小的突出体，称为芽体(图 5-7)。核分裂后，一个子核移入芽体中，芽体长大后与母细胞分离，成为新的个体；酵母菌的有性繁殖是指两个不同性别的单倍体细胞相互靠近时，彼此相互识别，各伸出小突起进行接触和融合，形成二倍体的合子。二倍体细胞可多次无性繁殖，形成许多二倍体细胞。在适宜的条件下，二倍体细胞的核进行减数分裂，形成 4 个子囊孢子。形成子囊孢子的细胞称为子囊。子囊孢子萌发后形成新的酵母细胞。

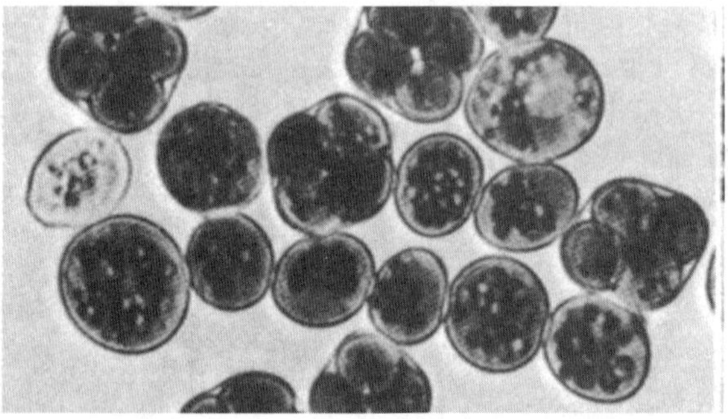

图 5-6　酿酒酵母形态

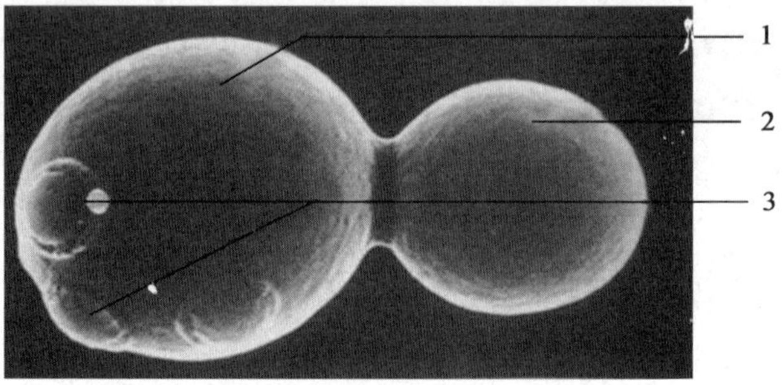

1. 母细胞　2. 芽体　3. 芽痕

图 5-7　出芽的酵母菌

在医药方面，因酵母菌富含 B 族维生素、蛋白质和多种酶，所以将其制成酵母片，治疗消化不良；还可从酵母菌中提取出用于生产核酸类衍生物、辅酶 A、细胞色素 C、谷胱甘肽和多种氨基酸的原料。

(二) 担子菌亚门

1. 担子菌亚门的主要特征

担子菌亚门(Basidiomycotina)是真菌门最高等的一个亚门，已知 1 100 属 20 000 余种，其中有许多种类可供食用或药用。

担子菌菌丝体发达，菌丝有隔并有分枝。担子菌在整个发育过程中产生两种不同形式的菌丝，先由担孢子萌发形成具有单核的菌丝，称为初生菌丝；经单核菌丝的质配接合而保持双核状态的菌丝，称为次生菌丝。次生菌丝双核时期相当长，这是担子菌的特点之一，次生菌丝的主要功能是营养。担子菌最主要特征是有性繁殖过程中形成担子和担孢子。在形成担子和担孢子的过程中，次生菌丝顶端细胞壁上伸出一个喙状突起，向下弯曲，形成一个特殊的结构，叫锁状联合(图 5-8)。在此过程中，细胞内二核经过一系列变化由分裂到融合，形成一个二倍体的核，此核经过减数分裂、形成四个单倍体的子核。这时顶端细胞膨大成为担子，担子上生出 4 个小梗，于是 4 个小核分别移入小梗内，发育成 4 个担孢子。产生担孢子的复杂结构的菌丝体叫担子果，即是担子菌的子实体。其形态、大小、颜色各不相同，有伞状、耳状、扇状、笋状、球状等。担子菌绝大多数是陆生，多数种是植物的专性寄生菌和腐生菌。除少数种类有性繁殖外，大多数在自然条件下无性繁殖。

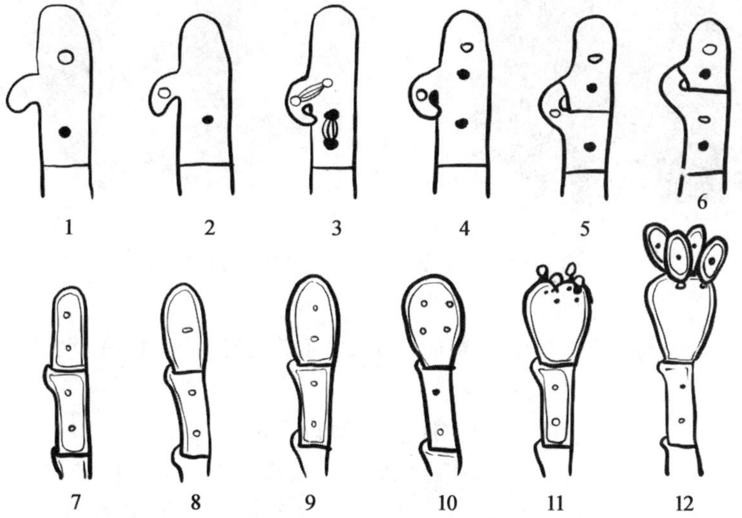

1～6. 锁状联合的形成过程　7～12. 担子及担孢子的形成过程

图 5-8　锁状联合、担子及担孢子的形成过程(模式图)

2. 担子菌亚门常见的药用菌类

灵芝为多孔菌科真菌**赤芝**(*Ganoderma Lucidum*(Leyss. ex Fr) Karst.)或**紫芝**(*Ganoderma sinense* Zhao, Xu et Zhang)的干燥子实体。

赤芝菌盖木栓质，半圆形或肾形(图 5-9)，宽 12～20 cm，厚约 2 cm；红褐色，具有漆样光泽，有同心环状棱纹及辐射状皱纹，边缘平截。菌肉近白色至淡褐色；菌管单层，管口呈白色，触后变为血红色或紫红色，管口圆形。显微镜下观察，担孢子呈宽卵形，壁有两层，内壁褐色，表面布满小疣；外壁光滑、透明无色。菌柄侧生，稀偏生，近圆柱形，长度通常长于菌盖的直径，红褐色至紫褐色，有一层漆样光泽，中空或中实，坚硬。

图 5-9　赤芝(左)和紫芝(右)

紫芝菌盖和菌柄紫色或紫黑色，菌肉锈褐色，担孢子较大，内壁有显著的小疣状突起(图5-9)。

灵芝多糖和灵芝多肽具有免疫调节、抗肿瘤、抗氧化等作用。子实体入药，具有补气安神、止咳平喘、延年益寿的功效。用于眩晕不眠、心悸气短、神经衰弱、虚劳咳喘、不思饮食等症。

猪苓(*Polyporus umbellatus*(Pers.)Fries)　属多孔菌科药用真菌。菌核呈块状或不规则形状，表面为棕黑色或黑褐色，有许多凸凹不平的瘤状突起及皱纹(图5-10)。内面近白色或淡黄色，干燥后变硬；菌核由多数白色菌丝交织而成；菌丝中空，直径约3 mm，极细而短。子实体生于菌核上，菌盖伞形或伞状半圆形，直径5～15 cm或更大，常多数合生，半木质化，干后坚硬而脆；担孢子卵圆形。

图5-10　猪苓的子实体(左)和菌核(右)

猪苓菌核为著名中药，具有利水渗湿的功效。用于治疗小便不利、水肿、泄泻、淋浊、带下等症。含猪苓多糖，有抗癌作用。

茯苓(*Poria cocos*(Schw.)Wolf.)　属多孔菌科。菌核球形(图5-11)，或不规则块状，大小不一，小的如拳头，大者直径达20～30 cm以上。表面粗糙，呈瘤状皱缩，灰棕色或黑褐色，内部白色或淡棕色，粉粒状，由无数菌丝及贮藏物质聚集而成。子实体无柄，平伏于菌核表面，呈蜂窝状，厚3～10 mm，幼时白色，成熟后变为浅褐色；孔管单层，管口多角形至不规则形，孔管内壁着生棍棒状的担孢子，担孢子长椭圆形至圆柱形，外壁平滑，透明无色。寄生于赤松、马尾松、黄山松、云南松等的根上。

图5-11　茯苓的菌核

菌核入药，具有渗湿利水，健脾和胃，宁心安神的功效。用于治疗小便不利，水肿胀满，痰饮咳逆，呕吐，脾虚食少，泄泻，心悸不安，失眠健忘，遗精白浊等症。

（三）半知菌亚门

1. 半知菌亚门的主要特征

所谓半知菌，是指在它们的生活史中仅发现了无性阶段，尚未发现或可能不存在有性阶段而得名。半知菌亚门（Deuteromycotina）的真菌均具有发达的有隔菌丝，菌丝每个细胞中常含多核。无性繁殖发达，气生菌丝分化出的分生孢子梗单生、簇生或集结成孢梗束，其内（外）合生或离生产孢细胞，产孢细胞产生形形色色的分生孢子。分生孢子个体发育方式、分生孢子梗着生方式及分生孢子的形态和大小是半知菌分类的主要依据。该亚门真菌以分生孢子或菌丝的断片进行繁殖。种类多、繁殖快、分布广、适应性强，多腐生于陆地或水中。

2. 半知菌亚门常见的药用菌类

青霉属（*Penicillium*）　真菌的菌丝体由多细胞分枝很多的菌丝组成，细胞壁薄，内含一个或多个胞核。通常以产生分生孢子的形式进行无性繁殖。产生孢子时，在菌丝体顶部附近产生多细胞的分生孢子梗，梗的顶端分枝 2～3 次，每枝末端细胞分裂成串的分生孢子，形成扫帚状（图 5-12）。最末端小枝称小梗，常呈瓶状，小梗上生一串绿色的分生孢子。分生孢子呈球形或卵球形，成熟后随风飘散，遇到适宜环境，落在基质上萌发成菌丝。

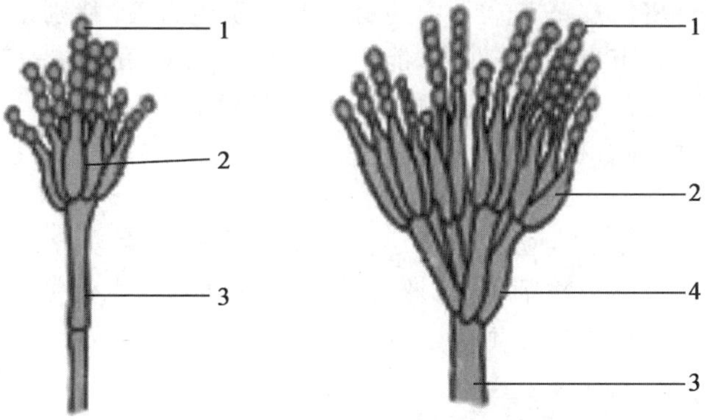

1. 分生孢子　2. 小梗　3. 分生孢子梗　4. 梗基

图 5-12　青霉属的形态

青霉属的种类很多，分布很广。常在蔬菜、粮食、肉类、柑橘类水果皮等各种潮湿的有机物上分布，导致多种农副产品腐烂，也有少数种类可使人或动物致病。如**黄绿青霉**（*Penicillium citreo-virde* Biourge）、**岛青霉**（*Penicillium islandicum* Sopp）可引起大米霉变，产生“黄变米”，它们产生的毒素如黄绿青霉素对动物神经系统有损害作用，岛青霉产生的黄天精、环氯素、岛青霉毒素均对肝脏有毒性。**柑橘青霉**（*Penicillium citrinum* Thom）、**意大利青霉**（*Penicillium italicum* Wehmer）可引起柑橘果实软腐。橘青霉毒素对肾脏有损害作用。通常培养**产黄霉**（*Penicillium chrysogenum*）和**特异青霉**（*Penicillium notatum*）提取青霉素。青霉素干扰细菌细胞壁的合成，用于治疗敏感菌或敏感病原体所致的感染。如溶血性链球菌引起的咽炎、扁桃体炎、猩红热、心内膜炎、丹毒、蜂窝织炎和产褥热等，肺炎球菌引起的肺炎、中耳炎、脑膜炎和菌血症等。

曲霉属（*Aspergillus*）　真菌的菌丝均有隔，为多细胞。菌丝体发达，分生孢子梗从菌丝厚壁膨大的细胞上垂直生出，顶部膨大成棍棒状或球形顶囊（图 5-13）。顶囊顶部生出许多放射状排列的小梗，小梗单层或多层，顶端生出一串串球形的分生孢子，分生孢子呈绿、黑、褐、黄、橙等各种颜色。

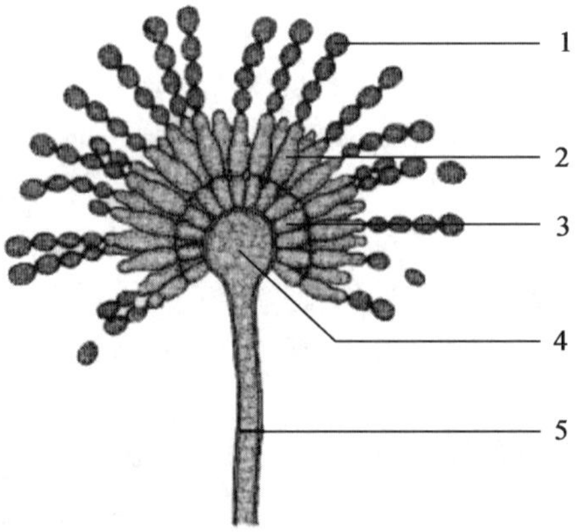

1. 分生孢子　2. 次生小梗　3. 初生小梗　4. 顶囊　5. 分生孢子梗

图 5-13　曲霉分生孢子结构

曲霉属真菌常引起粮食、皮革、布匹、中药材等产品发生霉变，特别是黄曲霉常在花生和花生粕上被发现，产生的黄曲霉毒素，毒性强，能引起肝癌。曲霉菌属的一些种类是发酵工业和食品加工业的重要菌种，已被利用的近 60 种，可生产淀粉酶、果胶酶、蛋白酶等酶制剂以及五倍子酸、柠檬酸、葡萄糖酸等有机酸。

球孢白僵菌（*Beauveria bassiana*）　是常见的虫生真菌之一。菌丝有隔，分枝，白色，在虫体上后期呈淡黄色，表面有絮状或粉状孢子层。分生孢子梗单生或分枝。产孢细胞簇生于分生孢子梗、气生菌丝或膨大的泡囊细胞上，通常瓶状、下部膨大、上部瓶颈状，渐变细，呈“Z”形弯曲；在弯曲的拐角处产生单个分生孢子。分生孢子无色，单细胞，球形或卵圆形（图 5-14）。

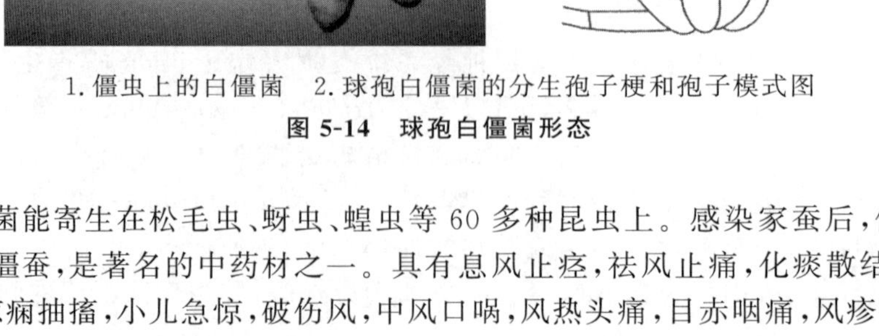

1. 僵虫上的白僵菌　2. 球孢白僵菌的分生孢子梗和孢子模式图

图 5-14　球孢白僵菌形态

球孢白僵菌能寄生在松毛虫、蚜虫、蝗虫等 60 多种昆虫上。感染家蚕后，使家蚕病死，干燥后的虫体称僵蚕，是著名的中药材之一。具有息风止痉，祛风止痛，化痰散结之功效。常用于肝风夹痰，惊痫抽搐，小儿急惊，破伤风，中风口㖞，风热头痛，目赤咽痛，风疹瘙痒，发颐痄腮等症。

知识链接:真菌的药用价值

真菌不但是我国天然药物资源和中草药的一个极为重要的组成部分,而且现已成为当今探索和发掘抗癌药物的重要领域。2 000 多年前,世界上第一部药物专著《神农本草经》中就记载了灵芝、茯苓、猪苓、雷丸等真菌的药效。至明代的医药巨著《本草纲目》收载药用真菌已达 20 余种。1974 年,刘波所著《中国药用真菌》搜集了药用真菌 78 种,再版增加到了 117 种。

1929 年英国细菌学家亚历山大·弗莱明首次从青霉菌中发现青霉素后,青霉素成为第一个应用于临床的抗生素。几十年后另一重要的抗生素——头孢霉素(又称先锋霉素)被发现,它是由顶头孢产生,也已广泛应用于临床。

自 1930 年德国人发现担子菌有抑制肿瘤活性以来,特别是日本学者 1968 年报道了桑黄子实体的提取物对小鼠肉瘤的抑制率为 96.7%之后,世界掀起了从真菌中寻找抗癌药物的热潮,已证明 500 多种真菌具有显著的抑瘤活性。

自我测试

1. 名词解释:寄生和腐生;无隔菌丝和有隔菌丝;菌丝体、菌丝组织体和子实体;初生菌丝和次生菌丝。
2. 简述放线菌的形态特征及常见的药用放线菌的种类。
3. 子囊菌亚门的主要特征是什么,说明冬虫夏草、麦角菌及酵母菌的生物学特性。
4. 担子菌亚门的主要特征是什么,说明灵芝、猪苓、茯苓的生物学特性。
5. 半知菌亚门的主要特征是什么,说明有哪些常见的药用种类,各自的识别特征是什么。

技能训练十三　大型真菌的形态识别与构造观察

一、实训目的

1. 通过观察子实层、担子、担孢子及锁状联合,了解大型真菌生活史的基本过程;
2. 通过观察菌丝形态特征加深对大型真菌菌丝体的认识;
3. 观察并掌握常见大型真菌子实体的形态特征。

二、实训内容

1. 识别常见大型真菌子实体的形态特征;
2. 利用光学显微镜观察大型真菌的双核菌丝及锁状联合;
3. 观察常见大型真菌的子实层、担子及担孢子。

三、实训器材

1. 仪器、用品　光学显微镜，镊子、刀片、解剖针、载玻片、盖玻片、培养皿、吸水纸、擦镜纸。

2. 材料、试剂　灵芝、平菇、香菇、草菇、金针菇等新鲜的子实体及斜面菌种、马铃薯、冬虫夏草、竹黄、担子菌锁状联合、伞菌（蕈）切片、木耳切片，蒸馏水。

四、实训操作

（一）子实体的形态特征观察

大型真菌的子实体的基本结构（图5-15）主要包括菌盖、菌褶（菌管）、菌柄等。仔细观察各种新鲜子实体的外部形态特征，注意观察菌盖大小、形状、表面颜色，以及菌褶（菌孔）、菌柄、菌环、菌托的特征，并对之进行比较。然后用解剖刀纵切子实体观察其菌盖组成，菌肉的颜色、质地，菌褶形状和着生情况（离生、延生、直生、弯生）；再观察其菌柄的组成、菌柄的质地，中实或中空等。

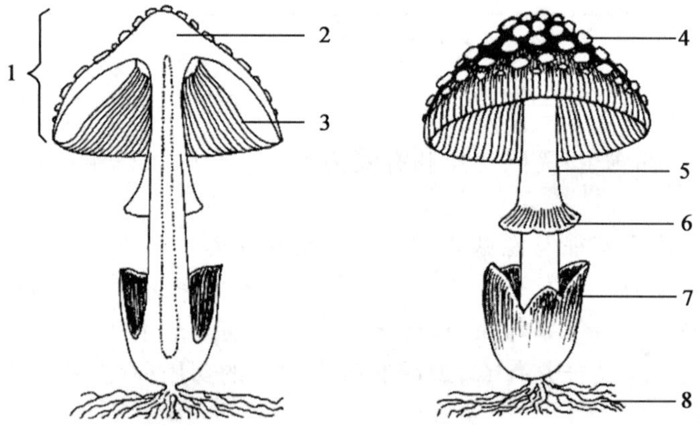

1. 菌盖　2. 菌肉　3. 菌褶　4. 鳞片　5. 菌柄　6. 菌环　7. 菌托　8. 菌丝体

图5-15　大型真菌子实体结构模式图

（二）子实层、担子及担孢子观察

选取新鲜幼嫩的子实体，用镊子从菌盖内侧取一小块菌褶组织，夹在马铃薯小块中切片，并放入有蒸馏水的培养皿中，切片要求薄而均匀；取载玻片于中央加一小滴蒸馏水，选择薄片放入载玻片水滴中，加盖玻片，加盖时注意不要产生气泡；将制好的切片标本置显微镜下，先用低倍镜，再用高倍镜观察菌褶两侧的子实层、担子以及担孢子着生情况和结构（图5-16）。

（三）双核菌丝及锁状联合的观察

实验材料可选用斜面菌种、冬虫夏草、竹黄、担子菌锁状联合、伞菌（蕈）切片、木耳切片。

在清洁的载玻片中央滴半滴蒸馏水；然后用接种针于试管斜面或培养料内挑取少许菌丝体置于载玻片液滴中，并用接种针将菌丝挑开使之分散；用镊子加盖玻片，注意避免产生气泡；用高倍显微镜观察双核菌丝及锁状联合（图5-17）的形态构造。

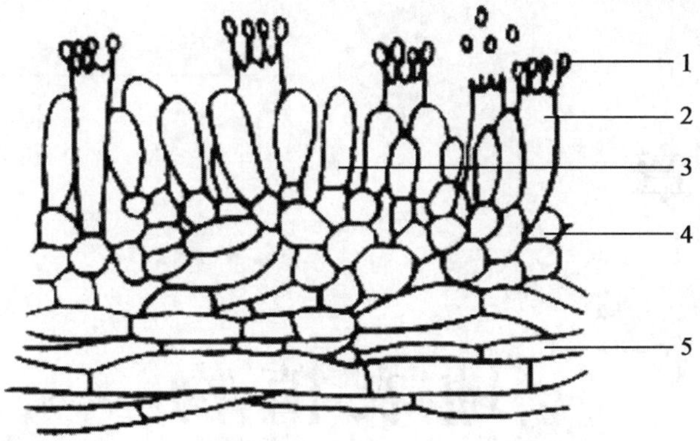

1. 担孢子　2. 担子　3. 侧丝　4. 子实层基　5. 菌髓

图 5-16　担子及担孢子

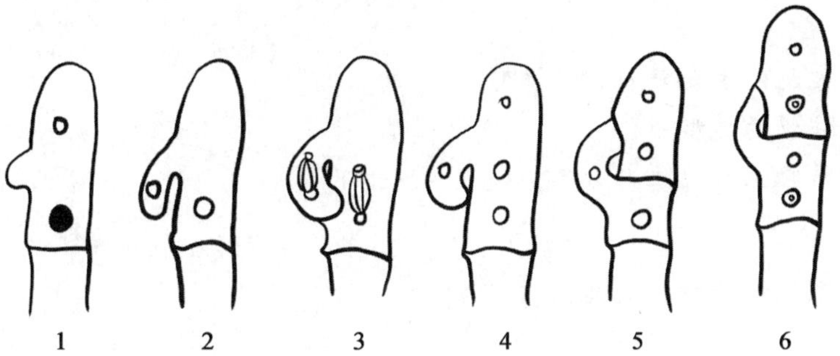

1. 双核细胞形成突起　2. 一核进入突起　3. 双核分裂

4. 两个子核移向顶端　5. 隔离成两个细胞　6. 双核菌丝

图 5-17　双核菌丝的锁状联合形成过程模式图

五、实训报告

1. 绘制灵芝子实体形态简图，并注明各部位名称。
2. 绘制香菇子实体形态和纵剖面简图，并注明各部位名称。
3. 绘香菇或平菇双核菌丝及锁状联合简图，并注明名称。

第六章

地衣植物

知识目标

1. 掌握地衣植物的主要特征；
2. 熟悉地衣植物的类型；
3. 了解地衣植物生态习性与分布。

能力目标

具有描述地衣类植物特征的能力。

第一节　地衣植物概述

地衣植物是植物界中一类特殊的类群，它是由菌类与藻类高度结合的一种共生复合体。本门植物约有500属，26 000种。我国地衣资源非常丰富，有200属近2 000种，全国各地均有分布，而云南、贵州、新疆等地因其独特的气候和地貌，成为我国地衣资源的主要分布区。

一、地衣植物的形态构造及特点

地衣是由藻类和菌类共生而成，其中共生的菌类多属于真菌中的子囊菌，藻类多为蓝藻门和绿藻门中的植物。真菌为藻类提供水分和无机盐，而藻类进行光合作用合成的有机物又可为真菌提供营养。真菌在地衣植物中占主导地位，决定着地衣植物的形态。地衣植物根据形态的不同可分为三种类型。

(1)壳状地衣　植物体为颜色多样的壳状物，菌丝与基质(树干、岩石等)结合紧密，有些还生有假根深入基质中，因此很难剥离，如文字衣、茶渍衣等。壳状地衣约占到全部地衣的80%。

(2)叶状地衣　植物体呈扁平叶状，有背腹性，与基质结合不紧密，易于剥离，如梅衣、石耳等。

(3)枝状地衣　植物体呈树枝状，直立或下垂，仅基部附着于基质上，如松萝、石蕊等。

地衣可进行营养繁殖和有性生殖。营养繁殖主要是叶状体的断裂，形成数个裂片，每个裂片都可发育成一个新个体，或者叶状体上产生珊瑚芽（包有藻胞群的瘤状结构）、粉芽（菌丝包绕藻胞群形成的团状，呈小粉粒状结构）等用于营养繁殖产生新的个体。有性生殖由参与共生的子囊菌或担子菌进行，产生子囊孢子或担孢子，前者称子囊菌地衣，占地衣种类的绝大多数；后者称担子菌地衣，数量很少，故以产生子囊孢子最为多见。成熟后子囊孢子从子囊中释放出来，在适宜的条件下萌发成新的菌丝体，如遇到合适的共生藻类细胞，即可发育成新的地衣植物体。

二、地衣的生态习性与分布

地衣植物分布广泛，从南北极到赤道，从高山冻土、悬崖峭壁到平原、从森林到荒漠均能生长。

地衣的耐寒性和耐旱性很强，干旱时休眠，有水分后则恢复生长。绝大多数地衣植物生长缓慢，每年仅长几毫米。地衣分泌的地衣酸，可腐蚀岩石，对土壤的形成起着开拓先锋的作用。许多不能生长植物的地方，常常可以找到地衣，因而被视为陆生植物的先驱。大部分地衣喜光和新鲜空气，在人口稠密、污染严重的地方，常常见不到地衣。因此，地衣可作为一种检测环境污染程度的指示植物。

第二节　常见的药用地衣植物

松萝（*Usnea diffracta* Vain.）　植物体长丝状，全长 15～30 cm，二叉状分枝，基部较粗，分枝少，前段分枝多呈丝状。表面灰黄绿色，有白色环状沟纹，有光泽，横断面中央有由菌丝组成的线状韧性中轴，具弹性，外为藻环，常由环状沟纹分离或成短筒状。菌层产生少数褐色盘状的囊果，内生 8 个椭圆形子囊孢子。分布于全国各地，生于深山老林中阴暗潮湿的老树枝干或岩石上，成悬垂条丝状。全草入药，能清肝，化痰，止血，解毒（图 6-1）。

同属植物**长松萝（老君须）**（*Usnea longissima* Ach.），全株细长不分枝，长可达 1.2 m 以上，两侧密生细而短的侧枝，大约 1 cm，形似蜈蚣。表面灰绿色或草绿色，老枝灰草黄色。分布于全国各地，功用同长松萝（图 6-2）。

图 6-1　松萝

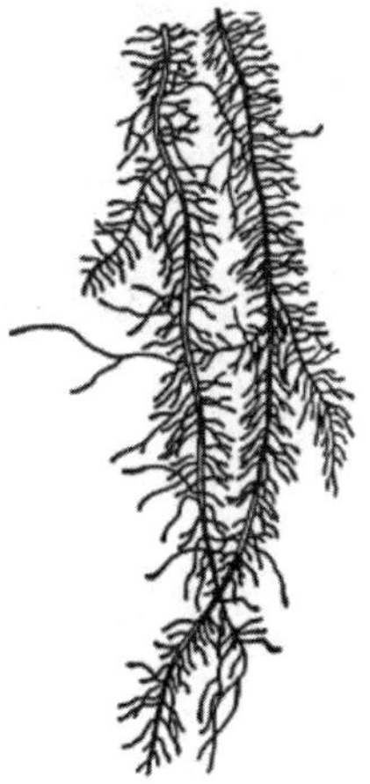

图 6-2　长松萝

石耳(*Umbilicaria esculenta* (Miyoshi) Minks.)　地衣体叶状,近圆形,直径 12 cm 左右,革质,边缘具波状起伏,浅裂。上表面褐色,近光滑,下表面棕黑色至黑色,有细颗粒状突起,密生黑色粗短分叉的假根(图 6-3)。多生长在悬崖峭壁、阴湿石缝中,分布于我国中部及南部各省。全草药用,能清热解毒、养阴润肺、止咳平喘、降压。

雪茶(地茶)(*Thamnolia vermicularis* (Sw.) Ach. ex Schaer)　地衣体树枝状,白色或灰白色,长期保存则变为橘黄色。全体呈管状,中空,高 3～6 cm,直径 1～2 mm,单枝或有 2～3 分枝(图 6-4)。分布于四川、云南、陕西等省,全草入药,能清热解毒,平肝降压,止咳化痰、利尿。

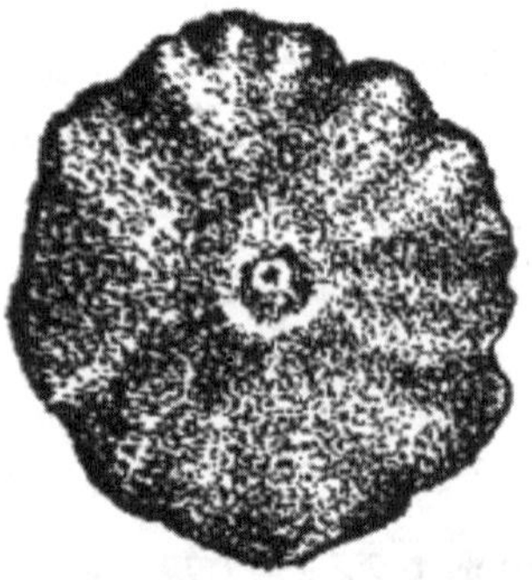

图 6-3　石耳

图 6-4　雪茶

知识链接:地衣植物的药用价值

地衣植物富含蛋白质、人体必需的氨基酸、维生素和磷、锌、钙等矿物质,且钙含量之高是蔬菜中较为少见的。地衣能清心泻火,养阴润肺,软化和保护血管等。地衣中富含的钙、铁是良好的膳食钙、铁的来源,对佝偻病、缺铁性贫血可起到一定的预防作用。我国药用、食用地衣的历史悠久,自古就有用松萝治疗肺病,用石耳来消肿或止血的记载。李时珍在《本草纲目》中也已记载了很多药用地衣如石蕊。地衣体内含有许多独特的化学成分,如地衣中的松萝酸、地衣硬酸以及地衣二酚的多种缩合物,具有较高的抗革兰氏阳性细菌,尤其是抗结核杆菌活性。多种地衣酸具有抗菌作用,可制成外用消炎药。欧洲许多国家普遍使用地衣抗生素治疗表面化脓性伤口或新鲜的创伤。同时,从其中提取得到的地衣多糖大多具有高度的抗癌活性。地衣不仅仅是人们餐桌上的珍馐美味,也可将其作为一种保健食品进行开发,研究前景十分广阔。

自我测试

1. 地衣植物的一般特征是什么?
2. 地衣植物按形态可分为哪几类?

技能训练十四 地衣植物的形态和内部构造观察

一、实训目的

1. 掌握地衣植物的特征和分类依据；
2. 熟悉地衣植物的形态构造，了解常见药用地衣植物的形态特征。

二、实训内容

1. 地衣植物的形态观察；
2. 地衣植物的内部构造观察。

三、实训器材

1. 仪器、用品 光学显微镜，镊子。
2. 材料 石耳、梅花衣属、文字衣属、雪茶等药用地衣植物标本；松萝的横切永久制片。

四、实训操作

(一)地衣植物的形态特征

观察药用地衣植物标本，试分辨其形态类型。

(1)壳状地衣 植物体呈扁平状，植株紧贴基质上，不易剥落。

(2)叶状地衣 植物体呈扁平状，仅由菌丝形成的假根或脐紧贴在基质上，容易剥离。

(3)枝状地衣 植物体直立、丝状或分枝，或下垂有分枝。

(二)地衣植物的内部构造

在显微镜下观察松萝的横切永久制片，最外方为由菌丝紧密交织而成的皮层，可分为上皮层和下皮层。这些菌丝之间没有间隙或者充满着胶质物。在上皮层和下皮层内侧面是一层由藻类细胞聚集而成的藻胞层。藻胞层内方为髓层，由排列疏松的菌丝组成。

五、实训报告

1. 绘制松萝的横切面结构图，并标明各部分名称。
2. 地衣植物从形态上可以分为哪三种？其主要特征是什么？
3. 试述观察的地衣药用植物标本从形态上属于哪一种地衣？
4. 试述地衣的基本构造及地衣中的藻类和菌类的关系。

第七章

苔藓植物

知识目标

1. 了解苔纲和藓纲的特征及代表植物的形态特征；
2. 掌握苔藓植物门的主要特征；
3. 掌握常用药用苔藓的名称、分类及药用部位。

能力目标

能识别常见药用苔藓植物。

苔藓植物是高等植物从水生到陆生的一种过渡形式，是高等植物中较低级的植物类型。

第一节　苔藓类植物概述

一、苔藓植物的形态构造及特征

(1)苔藓植物是绿色自养性的陆生植物。

(2)通常所看到的植物体(配子体)一般很小，可分成两种类型：一种是苔类，保持叶状体的形状；另一种是藓类，开始有类似茎、叶的分化。

(3)苔藓植物没有真根，只有假根，没有维管束，叶多数是由一层细胞组成，既能进行光合作用，也能直接吸收水分和养料。

(4)具有世代交替现象。苔藓植物有性生殖器官是由多细胞构成的精子器和颈卵器。雌性生殖器官为颈卵器，呈长颈瓶状，上部细狭称颈部，中部有 1 条沟称颈沟，下部膨大称腹部，腹部中间有 1 个大型的细胞称卵细胞。雄性生殖器官为精子器，一般呈棒状、卵状或球形，内具多数精子。精子具有两条鞭毛借水游到颈卵器中与卵子结合形成合子，合子在颈卵器内发育成胚，因此从苔藓植物开始被称为有胚植物或高等植物。胚依靠配子体的营养发育成孢子体。孢子体不能独立生活，只能寄生在配子体上。孢子体由孢蒴、蒴柄和基足三部分组成，孢蒴内产生孢子，孢子成熟后散落在适宜的环境中萌发成原丝体，进一步发育成新的配子体。在苔藓植物的生活史中，从孢子萌发到形成配子体，配子体产生雌雄配子，这一阶段为有性世代，从受精卵(合子)发育成胚，由胚发育成孢子的阶段为无性世代。有性世代与无性世代互相交替形成了世代交替。

苔藓植物的配子体在生活史中占优势，且能独立生活，而孢子体不能独立生活，只能寄生在配子体上，这是苔藓植物与其他高等植物明显不同的特征之一。

二、苔藓植物的生态习性与分布

苔藓植物遍布世界各地，它是植物界由水生到陆生过渡的代表类型。虽然脱离了水生环境进入陆地生活，但大多数仍需生活在潮湿的环境中。多生活在阴湿的土壤、林中树皮、朽木上，尤以多云雾的山区林地内生长更为繁茂。苔藓植物耐寒、贫瘠，能附生于裸岩、峭壁等其他植物尚不能生长的场所，也可分泌酸性物质，溶解岩面，是植物界拓荒先锋之一。

三、苔藓植物分类

苔藓植物在全世界约有 23 000 种，我国约有 2 800 种，已知药用的有 25 科 39 属 58 种。根据其营养体的形态结构，通常分为两大类，即苔纲和藓纲(表 7-1)。

表 7-1 苔纲和藓纲的主要特征

名称	苔纲	藓纲
配子体	多为扁平的叶状体，有背腹之分；体内无维管组织；根是由单细胞组成的假根。	有茎、叶的分化，茎内具中轴，但无维管组织；根是由单列细胞组成的分枝假根。
孢子体	由基足、短缩的蒴柄和孢蒴组成，孢蒴无蒴齿，孢蒴内有孢子及弹丝，成熟时在顶部呈不规则开裂，孢子散发借助弹丝。	由基足、蒴柄和孢蒴三部分组成，蒴柄较长，孢蒴顶部有蒴盖及蒴齿，中央为蒴轴，孢蒴内有孢子，无弹丝，成熟时盖裂，孢子散发借助蒴齿。
原丝体	孢子萌发时产生原丝体，原丝体不发达，不产生芽体，每一个原丝体只形成一个新植物体(配子体)。	原丝体发达，在原丝体上产生多个芽体，每个芽体形成一个新的植物体(配子体)。
生境	多生于阴湿的土地、岩石和潮湿的树干上。	比苔类植物耐低温，在温带、寒带、高山冻原、森林、沼泽常形成大片群落。

第二节 常见的药用苔藓植物

地钱(*Marchantia polymorpha* L.) 属苔纲地钱科。植物体为绿色扁平二叉分枝的叶状体(即配子体)，贴地生长，有背腹之分。在背面(上面)可见表皮上有许多菱形或六角形的网纹，网纹中央有一白点，即气孔；腹面(下面)具有紫色鳞片和假根。地钱有两种繁殖方式，即营养繁殖和有性生殖。其中营养繁殖有两种方式，一种是在叶状体背面产生杯状结构的胞芽杯，杯内产生许多孢芽，孢芽成熟脱落后在湿地上萌发成新的叶状体；另一种是地钱的叶状体较老的部分，逐渐死亡腐烂，而幼嫩部分，即分裂成为两个新植物体。地钱的有性生殖，配子体雌雄异株，雄器托圆盘状，波状浅裂，上面生许多小孔，孔腔内生精子器，托柄较短；雌器托指状或片状深裂，下面生颈卵器，托柄较长；卵细胞受精后发育成胚，胚发育后的孢子体散发出的孢子经萌发成原丝体，进而发育成叶状的配子体，即新植物体。地钱分布于全国各地，生于阴湿处。全草入药，有清热解毒，敛疮生肌的功效(图 7-1)。

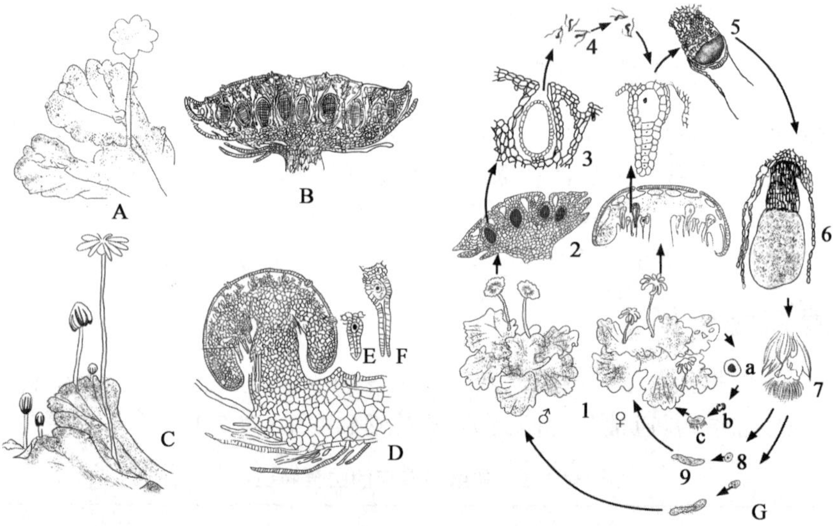

A. 雄株和雄器托外形　B. 雄器托纵切面观　C. 雌株和雌器托外形　D. 雌器托纵切面观
E,F. 颈卵器放大　G. 地钱生活史　1. 雌雄配子体　2. 雌器托和雄器托　3. 颈卵器和精子器
4. 精子　5. 受精卵发育成胚　6. 孢子体　7. 孢子体成熟后散发孢子　8. 孢子　9. 原丝体
a. 胞芽杯内孢芽成熟　b. 孢芽脱离母体　c. 孢芽发育成新的植物体

图 7-1　地钱

大金发藓(*Polytrichum commune* L. ex Hedw.)　属藓纲金发藓科。植物体高 10～30 cm，常丛集成大片群落。幼时深绿色，老时呈黄棕色。有茎、叶分化，茎直立，单一，下部有多数假根。叶密生于茎中上部，渐下渐稀而小，鳞片状，长披针形，边缘有齿，中肋突出，叶基鞘状。孢子体生于雌株顶端，蒴柄长，棕红色；蒴帽披棕红色毛，复罩孢蒴，孢蒴四棱柱形，棕红色。分布于全国各地，生于山野阴湿土坡及森林沼泽。全草入药称土马鬃，能清热解毒、凉血止血(图 7-2)。

尖叶提灯藓(*Mnium cuspidatum* Hedw.)　属藓纲提灯藓科。植物体疏松丛集群生，绿色或鲜绿色。生殖枝直立，高 2～3 cm，顶部密集簇生叶片，假根黄棕色，密集于植物体下部；营养枝匍匐或呈弓形弯曲。生殖枝上的叶较狭长，卵状椭圆形，长约 7 mm，宽 4 mm，渐尖；营养枝的叶较宽短，长约 5 mm，宽 4 mm；叶边分化，上部有锯齿，下部全缘，中肋单一达顶。雌雄同株；蒴柄直立，长 2～3 cm，红色；孢蒴下垂，卵圆形(图 7-3)。广布全国各省区；生于山区、原野和城镇附近的溪边、阴湿土坡或树干基部，成片生长。药用全草，味淡，性凉，止血凉血。主治鼻衄、崩漏、吐血、便血。

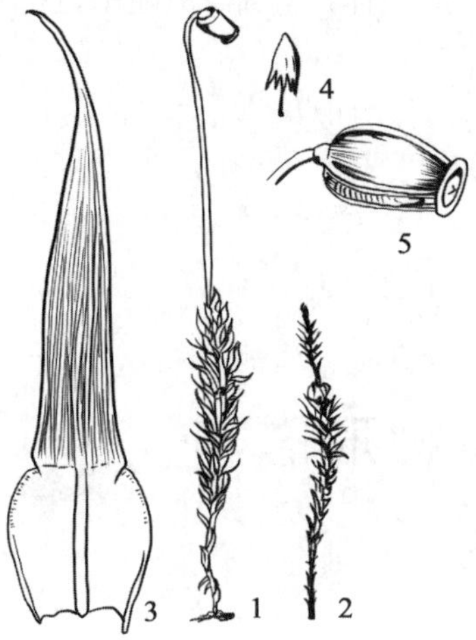

1.雌株,其上具孢子体　2.雄株,其上长有新枝
3.叶腹面观　4.具蒴帽的孢蒴　5.孢蒴

图 7-2　大金发藓

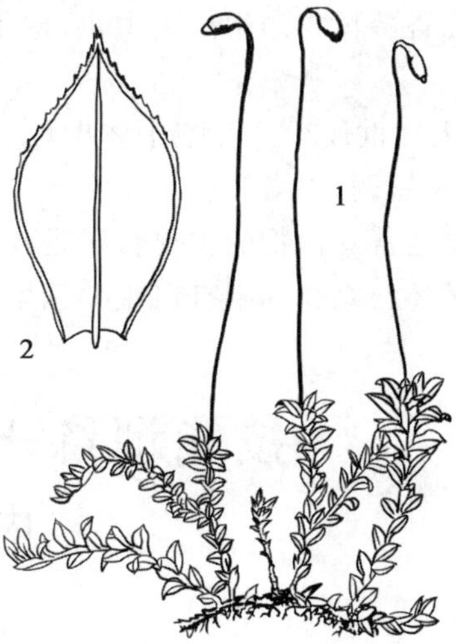

1.植物体　2.生殖枝的叶片

图 7-3　尖叶提灯藓

知识链接:苔藓植物的作用

苔藓植物具有很强的吸水和适湿特性,对防止水土流失、森林沼泽的发育演替具有重要意义。苔藓植物体构造简单,对 SO_2 等敏感,同时易于进行化学分析,因此常被用作大气污染的指示与监测植物。利用苔藓很强的吸水保水能力,在园艺上常用于包装运输新鲜苗木,或播种后覆盖避免水分过度蒸发。泥炭藓等形成的泥炭可作燃料及肥料。苔藓植物可以积累周围环境中的水分和浮尘,分泌酸性代谢物来腐蚀岩石,促进岩石的分解形成土壤。苔藓植物含有脂类、萜类和黄酮类等化合物,金发藓有清热解毒、凉血止血功效。苔藓植物门中已知有 18 个科的多种苔藓可药用,如葫芦藓科、提灯藓科、珠藓科等,在治疗冠心病、心肌炎、神经衰弱、精神病等方面都有一定作用。

自我测试

一、填空题

1.苔藓植物一般分为(　　)、(　　)两种类型。

2.苔藓植物区别于其他陆生高等植物的最大特征是(　　)体在世代交替中占优势,能独立生活。

3.苔藓植物的孢子体由(　　)、(　　)、(　　)三部分组成。

二、选择题

1.地钱植物体为(　　)。

A.雌雄同株　B.雌雄同序　C.孢子体　D.雌雄异株

2. 在苔藓植物的生活史中，从孢子萌发到形成配子体，配子体产生雌、雄配子，这一阶段为(　　)。

A. 无性世代　　B. 孢子体世代　　C. 减数分裂　　D. 有性世代

三、简答题

1. 简述苔藓植物的主要特征是什么。

2. 试述苔纲和藓纲有何主要区别。

技能训练十五　苔藓植物形态与内部结构观察

一、实训目的

1. 掌握苔藓植物共同特征和分类依据；

2. 熟练使用显微镜观察苔藓植物的内部构造；

3. 熟悉苔藓植物形态构造，识别常见药用苔藓植物。

二、实训内容

1. 观察并解剖药用苔藓植物的配子体和孢子体；

2. 观察并识别药用苔藓植物标本。

三、实训器材

1. 仪器、用品　光学显微镜，镊子、刀片、解剖针、载玻片、盖玻片、培养皿、吸水纸、擦镜纸。

2. 材料　葫芦藓、地钱、大金发藓等苔藓植物新鲜标本或腊叶标本。地钱雄器托和雌器托纵切片及孢子体纵切片；葫芦藓精子器和颈卵器的纵切片或雄枝、雌枝的纵切片。

四、实训操作

1. 地钱的形态和内部结构

(1)地钱植物体(配子体)　扁平绿色二分叉的叶状体，上面有孢芽杯，其内有孢芽，表皮上有菱形或多角形状的小块，小块中白点是气室，下面有鳞片和假根。雄器托、雌器托都呈伞形，均由托柄、托盘两部分组成。雄器托托盘圆盘状，波状浅裂；雌器托的托柄较长，托盘边缘呈指状分裂，裂片条形，8～10 条，下垂。

(2)地钱雌雄生殖器托纵切片(示教)。

(3)地钱孢子体纵切片(示教)。

2. 大金发藓

植株高 10～30 cm。孢蒴呈四棱柱状，生有兜状蒴帽，蒴帽被棕红色毛，蒴柄细长。

3. 示教

葫芦藓精子器和颈卵器的纵切片或雄枝、雌枝的纵切片。

4.识别药用苔藓植物标本

(1)蛇地钱(蛇苔)。

(2)暖地大叶藓(回心草)。

(3)葫芦藓。

五、实训报告

1.绘制地钱和大金发藓形态图,并标注各部分名称。

2.列表记录实验观察的药用植物名称、科名、药用部位等。

3.总结苔纲和藓纲的区别。

第八章

蕨类植物

知识目标

1. 了解蕨类植物的分类；
2. 掌握蕨类植物的主要特征；
3. 熟悉常用药用蕨类植物的名称、分类及药用部位。

能力目标

1. 能识别常见药用蕨类植物；
2. 能分离与培养常见的淡水藻类。

蕨类植物最早出现于距今4.4亿年前的古生代志留纪晚期，当时蕨类植物盛极一时，种类繁多，分布极广，古生代后期被叫作蕨类植物时代，当时的大型树蕨如鳞木、封印木等，现已绝迹，成为构成化石植物和煤层的重要组成部分。

第一节　蕨类植物概述

一、蕨类植物的特征

蕨类植物具有根、茎、叶的分化，大多数蕨类植物为多年生草本，仅少数为一年生。陆生或附生。茎通常为根状茎，匍匐生长或横生，少数具地上茎，直立成乔木状，如桫椤。茎在进化过程中特化出了具有保护作用的毛茸和鳞片，毛茸和鳞片的类型和结构复杂，鳞片上常有粗或细的筛孔；叶多从根状茎上长出，幼时大多呈拳曲状，有簇生、近生或远生的。

1. 叶

根据叶的起源和形态特征，可分为小型叶和大型叶两种。小型叶比较原始，没有叶隙和叶柄，仅有一不分枝的叶脉，如石松科、卷柏科等植物。大型叶是进化类型的叶，有叶柄，有或无叶隙，有多分枝的叶脉，如真蕨类植物。根据叶的功能又分孢子叶和营养叶，孢子叶又称能育叶,能产生孢子囊和孢子;营养叶又称不育叶,仅能进行光合作用,不能产生孢子和孢子囊。有些蕨类植物的叶既能进行光合作用,制造有机物,又能产生孢子和孢子囊,形状也相同,称同型叶,如常见的贯众、石韦等;有些蕨类植物营养叶和孢子叶的形状和功能有明显区别,称异型叶,如苹果蕨、肾蕨等。

2. 孢子囊

小型叶蕨类植物,孢子囊形成孢子叶球和孢子叶穗;大型叶蕨类植物由许多孢子囊聚集成不同形状的孢子囊群或孢子囊堆,生于孢子叶的背面或边缘。孢子囊群呈现不同的形状,外有膜质囊群盖。孢子囊的细胞壁上有不均匀增厚形成的环带,环带有顶生、横行中部、斜行、纵形等类型,环带对孢子的散布有重要作用。

3. 孢子

多数蕨类植物产生的孢子形状、大小相同,称同型孢子;少数蕨类植物的孢子大小不同,即有大孢子和小孢子的区别,称异型孢子。产生小孢子的囊状结构叫小孢子囊,小孢子萌发形成雄配子体,大孢子萌发形成雌配子体。孢子可分为两面形、四面形或球状四面形三种。

4. 蕨类植物的原叶体

孢子成熟后,在适宜的环境中萌发形成绿色、叶状的原叶体,这就是蕨类植物的配子体。大多数蕨类植物的配子体生活在阴湿的地方,结构简单,有背、腹的分化,生活期短,能独立生活。配子体的腹面生有精子器和颈卵器,精子器内产生多数带有鞭毛的精子,以水为媒介进入颈卵器内与卵子结合成为受精卵,受精卵发育成胚,胚发育成孢子体。

5. 茎内维管系统

蕨类植物的孢子体内部有明显的维管组织的分化,不同的蕨类植物形成不同类型的中柱,主要有原生中柱、管状中柱、网状中柱和散生中柱等。其中实心的原生中柱为原始类型,由木质部和韧皮部组成,无髓部,无叶隙;网状中柱、管状中柱和散生中柱是演化到最进化的类型。

二、蕨类植物生态习性与分布

蕨类植物又称为羊齿植物,广泛分布于世界各地,而以热带、亚热带和温带最为丰富。现有的蕨类植物约有 12 000 种,我国约有 61 科 223 属约 2 600 种,主要分布在华南及西南地区,我国素有“蕨类王国”之称,仅云南省就有 1 000 余种。已知可供药用的蕨类植物有 39 属 300 余种。

三、蕨类植物分类

本门分松叶蕨纲、石松纲、水韭纲、木贼纲(楔叶纲)、真蕨纲。以真蕨纲、木贼纲和石松纲药用植物种类最多。

第二节　常见药用蕨类植物

一、石松科(Lycopodiaceae)

多年生草本,陆生或附生。茎直立或匍匐,具根茎及不定根,小枝密生。叶小,螺旋状互生，针状或呈鳞片状。孢子同型，孢子叶穗集生于茎的顶端。

石松（伸筋草）（*Lycopodium japonicum* Thunb.） 多年生常绿草本。具匍匐茎和直立茎，匍匐茎蔓生；直立茎高15～30 cm，二叉分枝。叶小，线状钻形，螺旋状排列。孢子枝生于直立茎的顶端，孢子叶卵状形成孢子叶穗；孢子囊肾形，边缘具不整齐的疏齿；孢子淡黄色，为三棱状锥体，四面体，外壁有网纹（图8-1）。分布于东北、河南及长江流域以南地区。生于林下阴坡的酸性土壤上。全草能祛风散寒，舒筋活络，利尿通经。孢子可作丸药包衣。

二、卷柏科（Selaginellaceae）

多年生小型草本。叶小型，鳞片状，同型或异型、交互排列成四行，腹面基部有一叶舌。茎腹背扁平。孢子叶穗呈四棱形，生于枝的顶端。孢子囊异型，单生于叶基部，小孢子囊内生有多数小孢子，大孢子囊内生1～4个大孢子，孢子异型。

卷柏（还魂草）（*Selaginella tamariscina* (Beauv.)Spring） 多年生常绿直立草本，高5～15 cm，全株莲座状。分枝多数丛生，枝扁平，干燥时向内缩卷成球状，遇水舒展。叶鳞片状，覆瓦状排列成四列，左右两列为侧列，较大；中央两列为中列，较小。孢子囊穗着生于枝顶，四棱形。孢子囊圆肾形，孢子异型（图8-2）。分布于全国各地。生于干燥的岩石及缝隙中。全草入药，生用能活血通经，炒炭用能化瘀止血。

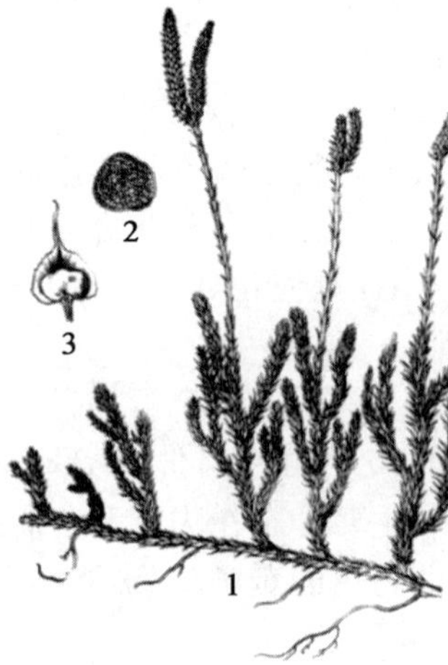

1. 植物体的一部分　2. 孢子（放大）
3. 孢子叶和孢子囊

图8-1　石松

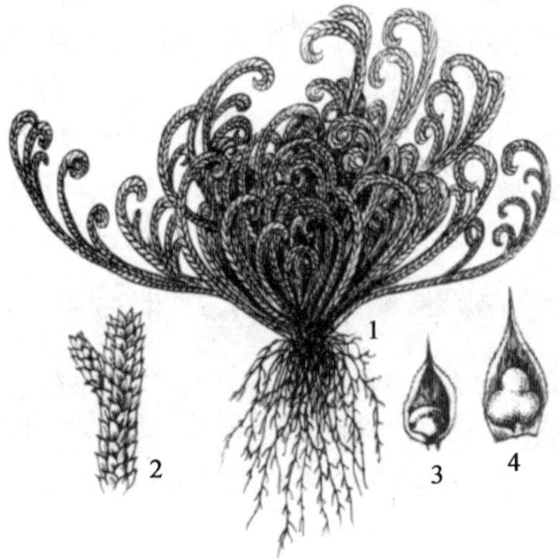

1. 植株　2. 一段分枝，示侧叶及中叶　3. 小孢子叶和小孢子囊　4. 大孢子叶和大孢子囊

图8-2　卷柏

三、木贼科（Equisetaceae）

多年生草本。叶小型，鳞片状，轮生，基部连合成鞘状。地上茎细长，直立，节明显，表面粗糙，富含硅质，有多条纵脊。根状茎横走。孢子叶盾形，在小枝顶端排成穗状；孢子圆球形，表面着生十字形弹丝4条。

木贼（*Equisetum hiemale* L.） 多年生草本。茎直立，单一不分枝，中空棱脊20～30条，棱脊上有2行疣状突起，粗糙。叶鞘基部和鞘齿成黑色两圈。体轻，质脆，易折断，断面中空，周边具多处圆形小空腔。孢子穗长圆形，孢子同型（图8-3）。分布于东北、华北、四川、西北等省区。生于山坡湿地或树林下的阴湿处。全草入药，能散风热，退目翳。

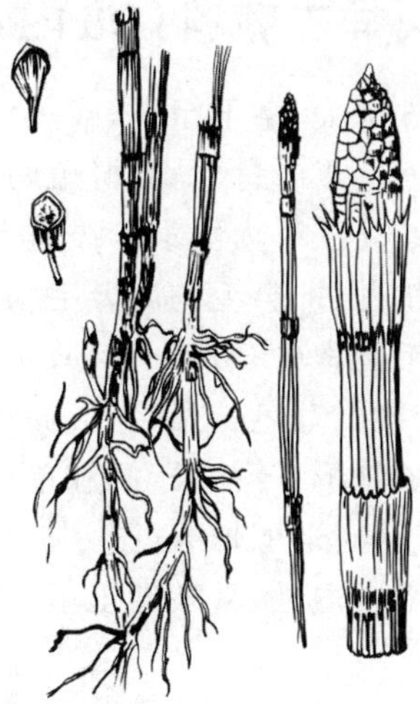

图 8-3　木贼

四、海金沙科（Lygodiaceae）

陆生多年生攀缘植物。根状茎横走，有毛无鳞片。原生中柱。叶远生或近生，单轴型，叶轴为无限生长，细长，缠绕攀缘，常高达数米，叶轴细长，缠绕着生，羽片一至二回二叉状或一至二回羽状复叶，不育叶通常生于叶轴下部，能育叶羽片生于上部，孢子囊生于能育叶片边缘的小脉顶端，排行，成穗状；孢子囊大，梨形，横生短柄上，环带顶生。孢子四面形。原叶体绿色，扁平。

海金沙（*Lygodium japonicum*（Thunb.）Sw.）攀缘草质藤本。根茎连生。叶二型，纸质，对生于茎的短枝两侧，能育叶羽片卵状三角形，不育叶羽片三角形，二至三回羽裂，小羽片 2～3 对，边缘有不规则的浅锯齿。孢子囊穗暗褐色，生于孢子叶羽片的边缘，排成流苏状；孢子粉状，棕黄色或黄褐色，表面有疣状突起，质轻滑润，撒入水中浮于水面，加热后逐步下沉（图 8-4）。分布于长江流域及南方各省区。多生于灌木林边、草地上。孢子（海金沙）能清热利湿，通淋止痛；根状茎、茎藤入药，清热解毒，利尿。

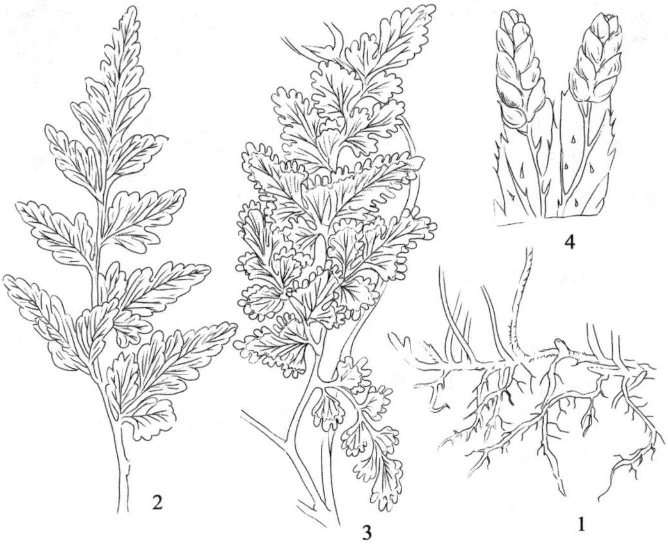

1. 地下茎　2. 不育叶（营养叶）
3. 地上茎及孢子叶　4. 孢子囊穗放大

图 8-4　海金沙

五、蚌壳蕨科(Dicksoniaceae)

植株高大，主干粗大，或短而平卧。叶片大，三至四回羽状，革质；叶脉分离；叶柄长而粗。孢子囊群生于叶背面，囊群盖两开裂形似蚌壳状，革质；孢子囊梨形，有柄；环带稍斜生；孢子四面形。蚌壳蕨科为国家Ⅱ级重点保护野生植物。分布于热带地区及南半球。有5属；中国仅有1属1种(即金毛狗属金毛狗脊)。

金毛狗脊(*Cibotium barometz* (L.)J. Sm)　植株高达2～3 m，为树状蕨。根状茎木质，粗大，密被金黄色长柔毛，形似黄色狗头。叶革质，丛生于根茎的顶端，二回羽状分裂，末回小羽片狭披针形；叶柄长，侧脉单一或二分叉。孢子囊群生于小脉顶端，每裂片1～5对；囊群盖二瓣，成熟时形似蚌壳(图8-5)。分布于华东、华南、西南地区，主产于福建、四川，生于山脚沟边及林下阴湿处，喜酸性土壤。根茎(狗脊)入药，能补肝肾，强腰脊，祛风湿。

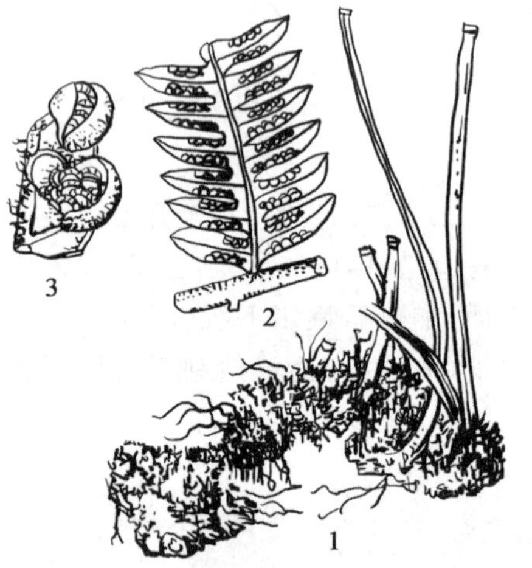

1. 根茎及叶柄的一部分　2. 羽叶的一部分　3. 孢子囊群及盖

图8-5　金毛狗脊

1. 根状茎　2. 叶　3. 羽片的一部分，示孢子囊群

图8-6　粗茎鳞毛蕨

六、鳞毛蕨科(Dryopteridaceae)

中等大小或小型陆生植物。多年生草本。根状茎短粗，直立或斜生，稀有长而横走的，具簇生叶，或横走具散生或近生叶，连同叶柄(至少下部)密被鳞片。叶轴上面有纵沟，叶片一至多回羽状。网状中柱。孢子囊群背生或顶生于小脉，囊群盖盾形或圆形，有时无盖。孢子两面形，表面有疣状突起或有翅。鳞片狭披针形至卵形，质厚，基部棕色或黑色，边缘多少具锯齿或睫毛，无单细胞或多细胞的针状硬毛。

药用植物举例：

粗茎鳞毛蕨(绵马鳞毛蕨、东北贯众)(*Dryopteris crassirchizoma* Nakai)　多年生草本。根状茎粗壮，直立，连同叶柄密被棕褐色、长披针形的大鳞片。叶丛生于根茎顶端，二回羽裂，叶轴上被黄褐色鳞片，叶片革质，倒披针形。孢子囊群丛生于叶片中部以上的羽片下面，生于小脉中部以下，每裂片1～4对，囊群盖棕色，肾圆形(图8-6)。分布于东北及河北东北部。生于林下潮湿处。根茎连同叶柄残基(绵马贯众)能清热解毒，驱虫，止血，有小毒，其炮制品绵马贯众炭能收涩止血。

七、水龙骨科(Polypodiaceae)

陆生或附生蕨类植物。网状中柱。根状茎横走,被阔鳞片。叶同型或二型;叶柄与根状茎有关节相连;单叶,全缘或羽状半裂至一回羽状分裂;网状脉。孢子囊群圆形或线形,无囊或球状梨形;孢子两面形。50 属 600 种,主要分布于热带。中国有 27 属 150 种,分布全国各地。已知药用的 18 属 86 种。

星蕨(*Microsorum punctatum* (L.) Copel.)　星蕨属于着生(也称附生)或岩生蕨类植物。具有发达的气生根,附着在潮湿的树干或石壁上。根茎肥厚且发达。单叶,直立或斜上生长,长度多在 20～30 cm。叶子厚质,叶形为狭长的披针状形,青绿色至绿色且具有光泽,叶缘是全缘无裂叶,附生在岩壁上时,像一把把从石壁中窜出的短箭(图 8-7)。全草入药,清热利尿、燥湿止泻、散瘀止痛。

八、槲蕨科(Drynariaceae)

陆生植物。分布于亚洲的热带、马来西亚、菲律宾至澳大利亚。根状茎横走,粗壮,肉质,内有一圈穿孔的网状中柱,密被鳞片;鳞片通常大而狭长,基部盾状着生,边缘有睫毛状锯齿。叶常二型,基部不以关节着生于根状茎上;叶片深羽裂或羽状;叶脉粗而明显 ,一至三回形成大小四方形的网眼。孢子囊群不具囊群盖。孢子囊和孢子同水龙骨科,染色体:$X=36,37$。槲蕨科有 8 属,除槲蕨属有 20 余种外,其余多为单种的属。我国有 3 属约 15 种,分布于长江以南,已知药用的有 2 属 7 种。

团叶槲蕨(*Drynaria bonii* Christ)　附生树上、岩石上或土生。根茎表面棕色,密被鳞片,呈扁平长条状,横走,粗 1～3 cm,肉质,顶端密被鳞片;鳞片卵圆形,基部盾状着生。两侧及上面有圆形叶柄痕,下面有残留细根。质轻脆,易折断。基生不育叶无柄,心脏形,圆形,肾形至卵形,叶厚纸质至薄革质,坚硬,两面均无毛。能育叶的叶柄长 10～20 cm,深色至淡色,光亮,无毛,基部被鳞片,叶片长圆状卵形。多数黄色点状分体中柱,排列成环。孢子囊群细小,圆形,散生,孢子囊表面光滑无腺毛(图 8-8)。分布于我国广东(台山)、广西以及泰国、柬埔寨、越南等地。根茎入药,中药名称团叶槲蕨,具有益肾气、壮筋骨、散瘀止血之功效。主治肾虚耳鸣、牙痛、骨折、风湿腰痛、跌打损伤、外伤出血。

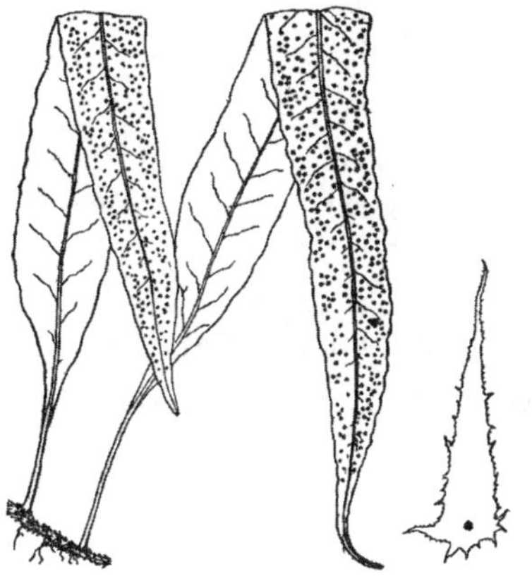

图 8-7　星蕨

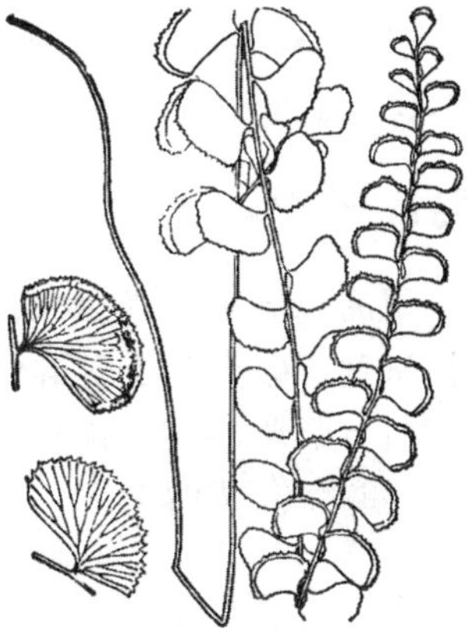

图 8-8　团叶槲蕨

知识链接:蕨类植物的药用价值

现存的蕨类植物,除热带树蕨外,大多数是生于山区的多年生草本,在经济上有多种用途,蕨类植物可供食用的种类也多,如在幼嫩时可做蔬菜的有蕨菜、水蕨等,不但鲜时做菜用,亦可加工,以供食用。有许多蕨类植物自古以来被广泛地用于医药上治疗各种疾病,如杉曼石松能祛风湿,舒筋活血;节节草性味甘、微苦、平,具有疏风散热,解肌退热功能;长柄石韦可治急、慢性肾炎,肾盂肾炎等;许多蕨类植物的地下根状茎,含有大量淀粉,可制酒或供食用,如食用观音座莲。水田或池塘中的满江红是一种水生蕨类植物,可作绿肥和饲料用。石韦等可作为指示植物。

自我测试

1.蕨类植物可分为几类?
2.蕨类植物的主要特征有哪些?
3.列举代表蕨类植物的药用价值。

技能训练十六　蕨类植物的孢子体形态识别与配子体结构观察

一、实训目的

1.掌握蕨类植物共同特征和分类依据;
2.熟练使用显微镜观察蕨类植物的孢子体和配子体;
3.学会识别常见药用蕨类植物。

二、实训内容

1.用显微镜观察蕨类植物的孢子体和配子体;
2. 观察药用蕨类植物标本。

三、实训器材

1.仪器、用品　显微镜、放大镜、解剖器材、镊子、吸水纸。

2.材料、试剂　蕨类孢子囊群切片、蕨原叶体切片、石松、海金沙、垂穗石松、卷柏、兖州卷柏、问荆、木贼、节节草、麻黄、肾蕨、单芽狗脊、紫萁贯众、凤尾草、野鸡尾、乌蕨、有柄石韦、绵马鳞毛蕨、石韦、槲蕨等,蒸馏水。

四、实训操作

1. 石松的形态及内部结构

(1)取石松孢子体观察:石松茎有直立茎和匍匐茎,直立茎为几回二叉分枝?叶线状钻形的排列方式。

(2)从直立茎上端摘下一孢子囊穗,观察其大小、形状、柄有无,然后用镊子从中摘下一孢子叶,在解剖镜下观察其全形和顶部情况,并注意观察孢子叶腹面孢子囊的形状。

2. 海金沙观察形态和内部结构

(1)取孢子体观察,叶柄具有缠绕性。不育羽片生于叶的下部,观察其形状,总结特点。能育羽片生于叶上部,观察其形状,孢子囊穗生于能育羽片的边缘,观察排列形式。

(2)摘取一片能育羽片放在载玻片上,用镊子从叶背面刮取少许孢子囊做成水装片,在显微镜下观察孢子囊的形状。取出玻片,放平后用手指轻压盖玻片,使孢子散出,再放置显微镜下观察孢子的形状,属几面型孢子。

3. 蕨的形态和内部结构

(1)取孢子体观察,蕨根状茎粗壮肉质,密被大而狭长的鳞片。叶二型,观察不育叶的颜色、有无柄、形状、如何分裂。能育叶为绿色,羽状深裂。孢子囊群圆形,观察着生方式,有无囊群盖。

(2)摘取蕨能育叶裂片,放在载玻片上,用镊子从背面的孢子囊群中夹取少量孢子囊做成水装片,在显微镜下观察孢子囊的形状、孢子囊的环带类型。取出玻片后放平,用手指轻压盖玻片,使孢子散出,再放置在显微镜下观察孢子形状属几面型孢子。

4. 示教

观察蕨类配子体(原叶体)形态:取蕨类配子体置显微镜下,观察上面接近缺口处有颈卵器,呈瓶状,精子器生于下部及两侧。

5. 识别药用蕨类植物标本

石松、海金沙、蕨、垂穗石松、卷柏、兖州卷柏、问荆、木贼、节节草、麻黄、肾蕨、单芽狗脊、紫萁贯众、凤尾草、海金沙、野鸡尾、乌蕨、有柄石韦、绵马鳞毛蕨、石韦、槲蕨等。

五、实训报告

1. 绘蕨类植物原叶体(配子体)外形图,注明颈卵器、假根、精子器。

2. 简述蕨类植物的生活史。

3. 蕨类植物比苔藓植物进化高的依据是什么?

第九章

裸子植物

知识目标

1. 掌握裸子植物的主要特征；
2. 熟悉裸子植物各科的主要特征及代表药用植物的形态特征。

能力目标

识别常见的药用裸子植物。

裸子植物门(Gymnospermae)植物大多数具有颈卵器构造，又具有种子。所以裸子植物是介于蕨类植物和种子植物之间的一群高等植物，既是颈卵器植物，又是种子植物。

第一节　裸子植物概述

一、裸子植物基本特征

裸子植物的孢子体(植物体)发达。裸子植物多为多年生的木本植物，少数为亚灌木(如麻黄)或藤本(如倪藤)。多为常绿植物，少数为落叶性植物(如银杏)。根系具有强大的主根。茎内维管束环状排列，有形成层和次生生长；木质部大多为管胞，少数有导管(麻黄科、买麻藤科)，韧皮部中有筛胞而无筛管和伴胞。叶针形、条形或鳞形，极少为扁平的阔叶。

裸子植物的花单性同株或异株，无花被(仅麻黄科、买麻藤科有类似花被的盖被)。雄蕊(小孢子叶)聚生成雄球花(小孢子叶球)，雌蕊心皮(大孢子叶或珠鳞)呈叶状而不包卷成子房，常聚生成雌球花(大孢子叶球)；胚珠(后发育成种子)裸露于心皮上，所以称裸子植物。胚珠和种子裸露，不包被于子房中，是裸子植物的最主要特征，也是与被子植物最大的区别。

裸子植物在世代交替中，孢子体占优势，配子体极其退化、微小，完全寄生于孢子体上。雌配子体为大孢子发育而成，由胚囊及胚乳部分组成，顶端(近珠孔处)产生 2 个或多个颈卵器。颈卵器结构简单，埋藏于胚囊中，仅有 2～4 个颈壁细胞露在外面，颈卵器内有 1 个腹沟细胞和 1 个卵细胞，无颈沟细胞，比蕨类植物的颈卵器更为退化。雄配子体是萌发后的花粉粒，内有两个游动或不游动的精子，精子通过花粉管到达胚囊与卵结合，花粉管的产生，使受精作用摆脱水的环境。

大多数裸子植物具有多胚现象，这是由于一个雌配子体上的多个颈卵器的卵细胞同时受精所形成，或是由于一个受精卵，在发育过程中形成原胚，再由原胚组织分裂为几个胚而形成多胚。

二、裸子植物生态习性与分布

裸子植物大多数喜光，耐阴，喜温暖潮湿的气候，耐干旱，有一定的耐寒和耐热性，喜中性偏酸性土壤。少数喜阴，喜中性偏碱性土壤。麻黄科植物可以在湿度低和水分少的极端环境中生存。裸子植物适应性极强，广布于全世界，主要分布于北半球亚热带高山地区及温带至寒带地区，常组成大面积森林。我国是裸子植物最多、资源最丰富的国家，大多数是森林工业、林产化工的重要原料，为工农业生产和人民生活提供木材、纤维、栲胶、松脂等多种产品。一些裸子植物如银杏、侧柏、马尾松、红豆杉和麻黄的花粉、种子及果实等可入药使用。

三、裸子植物分类

现存的裸子植物分属于5纲9目12科71属近800种。我国是裸子植物种类最多、资源最丰富的国家，有5纲8目11科41属约300种(包括引种栽培种)。已知药用的有10科，25属，100余种。裸子植物的5个纲分别为苏铁纲、银杏纲、松柏纲、红豆杉纲(紫杉纲)和买麻藤纲。银杏科、银杉属、金钱松属、水杉属、水松属、侧柏属、白豆杉属等为我国特有科属。

裸子植物门分纲检索表

1. 叶大型，羽状复叶，聚生于茎的顶端。茎不分枝或稀在顶端呈二叉分枝 ………………………………………………………………………………………… 苏铁纲 Cycadopsida
1. 叶小，非羽状分裂，不聚生于茎的顶端。茎有分枝。
  2. 叶扇形，先端二裂或为波状缺刻，具2分叉的叶脉 ………………… 银杏纲 Ginkgopsida
  2. 叶不为扇形，全缘，不具分叉的叶脉。
    3. 高大的乔木或灌木，叶针形，条形或鳞片状。
      4. 大孢子叶鳞片状(珠鳞)，常集成球果状。种子有翅或无，不具假种皮 ……………………………………………………………………… 松柏纲 Coniferopsida
      4. 大孢子叶特化为囊状或杯状，不形成球果。种子无翅。具假种皮……………………………………………………………… 红豆杉纲(紫杉纲)Taxopsida
    3. 草本状小灌木或灌木、木质藤本，稀乔木。叶片常有细小膜质鞘，或绿色扁平似双子叶植物，或肉质而极长大呈带状。茎次生木质部中具导管("花"具假花被)………………………………………………………………… 买麻藤纲 Gnetopside

第二节　常见药用裸子植物

一、苏铁科(Cycadaceae)

1. 苏铁科主要特征

常绿木本植物，树干圆形，茎单一。叶大，革质，羽状复叶，集中于茎的顶部。雌雄异株，雄

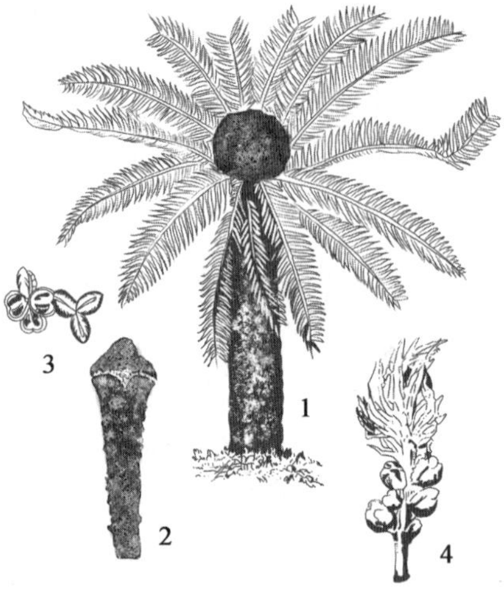

1. 植株　2. 小孢子叶
3. 花药　4. 大孢子叶
图 9-1　苏铁

球花为一木质化的长形球花，由多数雄蕊构成，雄蕊鳞片状或盾状。每个雄蕊生多数球状 1 室花药，花粉粒发育所产生的精子具多数纤毛。雌球花由许多雌蕊组成，叶状或盾状，丛生于茎顶的羽状叶与鳞片叶之间。种子核果状，具 3 层种皮。胚乳丰富，子叶 2 枚。

本科约 9 属 110 种，分布于热带及亚热带地区。我国有 1 属 8 种，分布于西南、东南、华东等地区。已知药用 4 种。种子含氧化偶氮类化合物苏铁苷和大泽未苷等，叶含双黄酮衍生物苏铁双黄酮等。

2. 苏铁科常见的药用植物

苏铁（铁树）（*Cycas revoluta* Thunb.）　常绿乔木。茎干圆柱形，羽状复叶螺旋状排列聚生于茎顶，小叶多数，条状披针形，革质，深绿色，有光泽（图 9-1）。雌雄异株。雄球花圆柱形，每一雄蕊上着生多数花药，花药通常 3～4 枚聚生；雌蕊密被黄褐色绒毛，上部羽状分裂，下部柄状。柄的两侧各生 1～5 枚近球形的胚珠。种子核果状，成熟时橙红色。花期 6—7 月，种子 10 月成熟。分布于我国南方各省区，全国各地多作观赏树种栽培。种子及种鳞能理气止痛、益肾固精；叶能收敛、止痢；根能祛风、活络、补肾。

二、银杏科（Ginkgoceae）

1. 银杏科主要特征

落叶高大乔木，树皮浅灰色，老时纵直深裂。枝有顶生营养性长枝和侧生的生殖性短枝之分。叶在长枝上螺旋状散生，在短枝上簇生。叶面扇形，顶端常 2 裂，叶脉二叉状分枝。雌雄异株；雄球花柔荑花序状，雄蕊多数，具短柄，花药 2 室；雌球花具长柄，柄端有 2 个杯状心皮，又称珠托，其上各生一直立胚珠，常一个发育。种子核果状，种皮分化成 3 层，外种皮肉质，成熟时橙黄色，被白粉；中种皮白色，骨质；内种皮淡红色，纸质。胚乳丰富，子叶 2 枚稀有 3 枚。

本科仅 1 属 1 种和几个变种，我国特产，现普遍栽培。叶的有效成分为黄酮类，包括双黄酮，还有苦味质、银杏内酯、酸性化合物等。银杏外种皮含白果酸、白果二酚等，对皮肤有毒，可引起皮炎，种仁含少量氰苷。

2. 银杏科常见药用植物

银杏（白果树、公孙树）（*Ginkgo biloba* L.）　形态特征同银杏科特征（图 9-2）。银杏的种子（白果）为止咳平喘药，有敛肺定喘、止带浊、缩小便功效，食用过量易中毒；叶能益气敛肺、化湿止咳、止痢。从叶中提取的总黄酮能扩张动脉血管，用于治疗冠心病。

1. 着生种子的枝　2. 着生雌花的枝
3. 着生雄花序的枝　4. 雄蕊，示未展开之二花粉囊　5. 雄蕊正面
6. 雄蕊背面　7. 着生冬芽的长枝
8. 胚珠生于杯状心皮上
图 9-2　银杏

三、松科(Pinaceae)

1.松科主要特征

常绿或落叶乔木,稀灌木,多含树脂。叶条形或针形,在长枝上螺旋状散生,在短枝上簇生,基部有叶鞘包被。球花单性,雌雄同株;雄球花2叶腋(稀苞腋)或枝顶,稀簇生(金钱松、油杉),穗状,雄蕊多数,各具2个药室,花粉粒的两侧有显著的气囊或无气囊(落叶松、黄杉);雌球花由多数螺旋状排列的珠鳞与苞鳞组成,每个珠鳞的腹面有2个胚珠,背面有1枚苞鳞,珠鳞与苞鳞分离。珠鳞在受精后发育成种鳞,聚成木质球果,种子通常具单翅。有胚乳,子叶2～15枚。

本科10属230多种,广泛分布于世界各地,多产于北半球。我国有10属约130种(包括变种),已知药用8属48种。分布于全国各地。本科植物多含树脂及挥发油。

2.松科常见药用植物

马尾松(*Pinus massoniana* Lamb.)　常绿乔木,树皮不规则纵裂。小枝轮生,长枝上叶鳞片状;短枝上叶针状,多为2针1束,细柔,长12～20 cm,树脂道4～8个,边生。球花单性,雌雄同株。雄球花淡红褐色,聚生于新枝下部呈穗状;雌球花淡紫红色,常2个生于新枝顶端。球果卵圆形或圆锥状卵形,种鳞顶端加厚膨大呈盾状。种子长卵形,子叶5～8枚,具单翅(图9-3)。花期4—5月,球果第二年10—12月成熟。分布于长江流域各省区。生于阳光充足的丘陵山地酸性土壤上。松花粉为祛风湿药,能燥湿、收敛、止血;松香(为树干的油树脂除去挥发油后留存的固体树脂)为祛风湿药,能燥湿祛风、生肌止痛;松节(树干的瘤状节)为祛风湿药,能祛风除湿、活血止痛;树皮为收敛止血药,能收敛生肌;松叶(松针)为祛风湿药,能祛风活血、安神、解毒止痒。

油松(*P. tabulaeformis* Carr.)　本种与马尾松相似。常绿乔木,枝条平展或向下伸,树冠近平顶状。叶2针1束,粗硬,叶鞘宿存,长10～15 cm。球果卵圆形,成熟时不脱落。种鳞的鳞盾肥厚,鳞脐凸起有尖刺。种子具单翅(图9-4)。花期4—5月,果次年10月成熟,为我国特有树种。分布于我国北部和西部等,富含树脂,功效与马尾松相近。

1.球花枝　2.雄花　3.苞鳞和珠鳞背腹面　4.球果
5.种鳞背腹面　6.种子　7.一束针叶　8.针叶的横切面

图9-3　马尾松

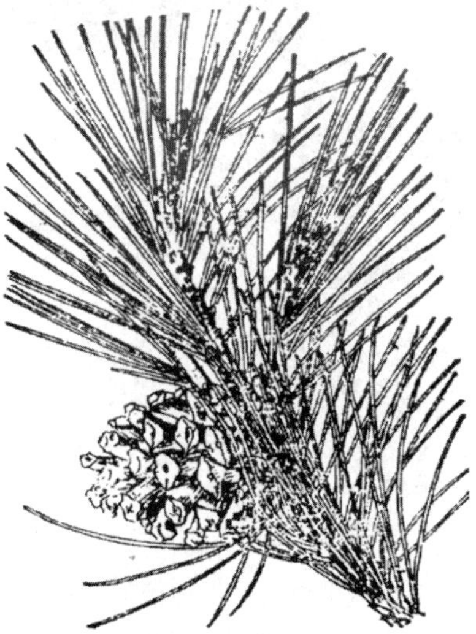

图9-4　油松

金钱松（*Pseudolarix amabilis* J. Nelson）Rehder　落叶乔木。在长枝上的叶螺旋状散生，在短枝上的叶簇生，叶片条状或倒披针状条形，辐射平展，秋后呈金黄色，似铜钱。球花单性，雌雄同株，雄球花数个簇生于短枝顶端，雌球花单生于短枝的顶端。球果卵圆形或倒卵形，成熟时种鳞和种子一起脱落，种子具翅（图 9-5）。花期 4—5 月，果熟期 10—11 月上旬。我国特有种，分布于长江流域以南各省区。喜生于温暖多雨的酸性土山区。根皮（土荆皮）为驱虫药，能杀虫、止痒。

四、柏科（Cupressaceae）

1. 柏科主要特征

常绿乔木或灌木。叶交互对生或轮生，常为鳞片状或针状，或同一树上兼有二型叶。球花单性，雌雄同株或异株，单生枝顶或叶腋；雄球花有 3～8 对交互对生的雄蕊，每雄蕊有 2～6 药室，花粉球形，无气囊；雌球花由 3～16 枚交互对生或轮生的珠鳞组成，珠鳞与下面的苞鳞合生，每珠鳞有 1 至数枚胚珠。球果圆球形、卵圆形或长圆形，成熟时木质或革质，开展，或有时合生成浆果状，每个发育种鳞有种子 1 至多粒。种子具有胚乳，子叶 2 枚。

本科有 22 属约 150 种。广布于世界各地。我国有 8 属约 40 种（包括变种），分布全国。已知药用 20 种。本科植物多为优良用材及庭院观赏树种，含挥发油、树脂、双黄酮及酚性化合物。

2. 柏科常见药用植物

侧柏（扁柏）（*Platycladus orientalis*（L.）Franco）　常绿乔木，树皮红褐色，呈鳞片状剥落。小枝扁平，直展成一平面。鳞叶，交互对生，贴生于小枝上。球花单性，雌雄同株；雄球花多生在下部的小枝上，呈卵圆形，有 5～10 对雄蕊；雌球花生在上部的小枝上，近球形，有白粉，珠鳞 4 对。球果成熟时木质，开裂，中部种鳞各具有种子 1～2 枚，种子卵形，无翅（图 9-6）。花期 4 月，果期 9—10 月。为我国特有种，除新疆、青海外，分布遍及全国。枝叶（侧柏叶）为止血药，能凉血止血、祛风消肿、清肺止咳；种子（柏子仁）为安神药，能养心安神、润肠通便。

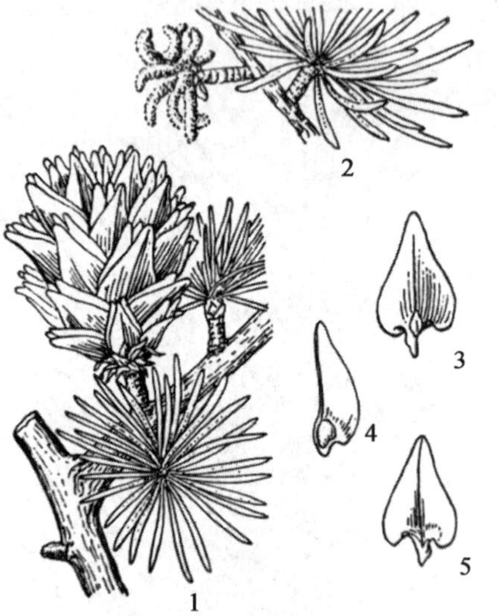

1. 球果枝　2. 小孢子叶球枝
3. 种鳞背面及苞鳞　4. 种鳞腹面　5. 种子

图 9-5　金钱松

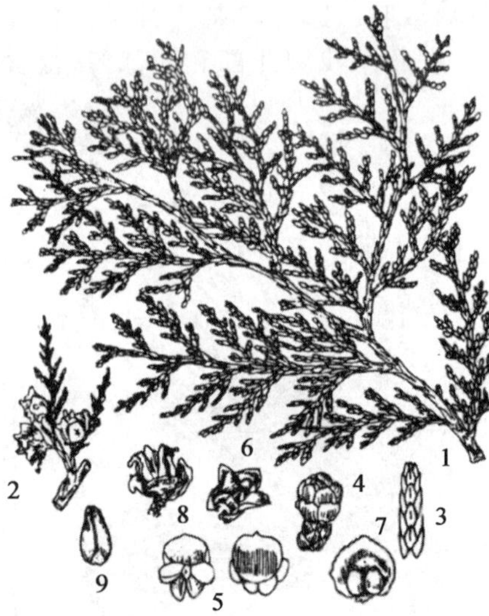

1. 着生花的枝　2. 着生果的枝　3. 小枝　4. 雄球花
5. 雄蕊的内面及外面　6. 雌球花　7. 雌蕊的内面　8. 球果　9. 种子

图 9-6　侧柏

五、红豆杉科(紫杉科)(Taxaceae)

1. 红豆杉科主要特征

常绿乔木或灌木。叶条形或披针形，螺旋状排列或交互对生，基部扭转成 2 列，叶上面中脉明显或不明显，下面沿中脉两侧各有 1 条气孔带。球花单性，雌雄异株，稀同株；雄球花单生叶腋或苞腋，或组成穗状花序集生于枝顶，雄蕊多数，具 3～9 个花药，花粉粒无气囊；雌球花单生或 2～3 对组成球序，生于叶腋或苞腋，胚珠 1 枚，基部具盘状或漏斗状的珠托。种子核果状，全部或部分包于杯状肉质假种皮中。

本科有 5 属 23 种，主要分布于北半球。我国有 4 属 12 种，多个变种；药用 3 属 10 种。含二萜及二萜生物碱如紫杉醇、双黄酮类如金松双黄酮。另外含甾醇、草酸、挥发油、鞣质等。

2. 红豆杉科常见药用植物

红豆杉(*Taxus wallichiana chinensis* var.　常绿乔木，树皮常裂成条状剥落。叶 2 列，条形或略弯曲，长 1～3 cm，宽 2～4 mm，先端具微突尖头，下面有 2 条黄绿色或灰绿色气孔带，中脉带上密生均匀而微小凸点。球花单性，雌雄异株，雄球花单生于叶腋或苞腋。种子卵圆形，先端微具 2 钝纵脊，先端有突起的短钝尖头，种脐近圆形或宽椭圆形，生于杯状红色肉质的假种皮中(图 9-7)。花期 4—5 月份，种子 6—11 月成熟。我国特有种，分布于甘肃、陕西、四川、云南、贵州等省。生于海拔 1 000～1 200 m 以上的高山上部。树皮、枝叶、根皮可提取紫杉醇，具抗癌作用。

同属植物**南方红豆杉(美丽红豆杉)**(*Taxus wallichiana* var. *mairei*、**东北红豆杉**(*T. cuspidata* Sieb. et Zucc.)、**西藏红豆杉**(*T. wallichian* Zucc.)、**云南红豆杉**(*T. yunnanensis* Cheng et L. K. Fu)均可药用。

榧树(*Torreya grandis* Fort. ex Lindl.)　常绿乔木。树皮条状纵裂。小枝对生或轮生。叶条形，排成两列，先端突尖，上面深绿色，无明显中脉，下面淡绿色，有两条粉白色气孔带。球花单性，雌雄异株；雄球花单生于叶腋，雄蕊多数，各有 4 个药室；雌球花 2 个成对生于叶腋。种子椭圆形或卵形，核果状，成熟时被珠托发育的假种皮所包被(图 9-8)。花期 4 月，种子翌年 10 月成熟。我国特有种，分布于江苏、浙江、安徽、福建、湖南等省。种子(榧子)为杀虫药，具杀虫消积、润燥通便功效。

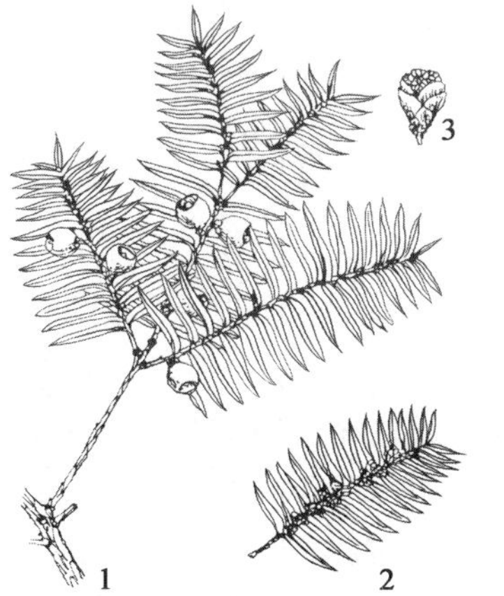

1. 种子枝　2. 雄球花枝　3. 雄球花

图 9-7　红豆杉

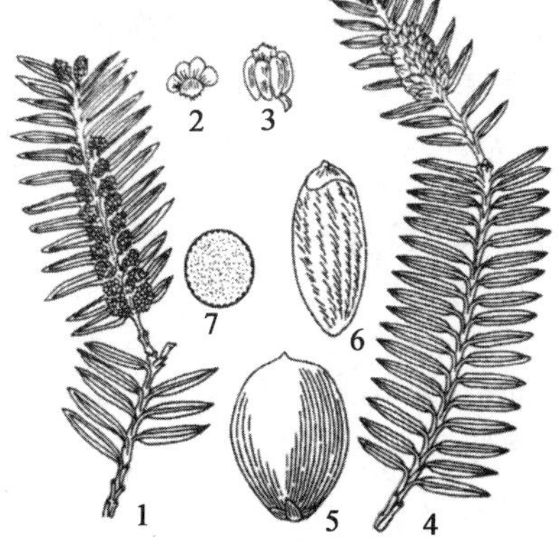

1. 雄球花枝　2、3. 雄蕊　4. 雌球花枝　5. 种子
6. 去假种皮的种子　7. 去假种皮与外种皮的种子横切面

图 9-8　榧树

六、三尖杉科(粗榧科)(Cephalotaxaceae)

1. 三尖杉科主要特征

常绿乔木或灌木,小枝近对生或轮生,基部有宿存的芽鳞。叶条形或披针状条形,在侧枝上呈螺旋状交互对生或近对生,排成 2 列,上面中脉隆起,背面中脉两侧各有 1 条白色气孔带。球花单性,雌雄异株,少同株;雄球花 6～11 朵聚成头状,生于叶腋,雄蕊 4～16,各具 2～4 个药室(常 3 个),花粉粒球形,无气囊;雌球花有长梗,花梗上有数对交互对生的苞片,每苞片腋生胚珠 2 枚,仅 1 枚能发育。种子核果状,全部包被于由珠托发育成的肉质假种皮中,成熟时紫色或紫红色。外种皮质硬,内种皮薄膜质。子叶 2 枚。

本科仅 1 属 9 种,分布于亚洲东部与南部。我国有 7 种 3 变种,主要分布于黄河以南及西南各省,已知药用 9 种(包括变种),其中以三尖杉和中国粗榧常见,是提取具抗癌作用的三尖杉生物碱的资源植物。含生物碱,包括粗榧碱类生物碱和高刺桐类生物碱。此外,还含有双黄酮类化合物。

2. 三尖杉科常见药用植物

三尖杉(*Cephalotaxus fortunei* Hook. f.) 常绿乔木。树皮褐色或红褐色,老时裂或片状脱落。小枝对生,基部有宿存芽鳞。叶螺旋状着生,排成 2 行,披针状条形,常弯曲,上面中脉隆起,深绿色,叶背中脉两侧各有一条白色气孔带。雄球花 8～10 枚聚生成头状,生于叶腋,每个雄球花有雄蕊 6～16 枚,生于苞片上;雌球花有长梗,生于小枝基部,有数对交互对生的苞片。种子 4～8 枚,核果状,椭圆状卵形,假种皮成熟时紫色或红紫色(图 9-9)。花期 4 月,种子 8—10 月成熟。分布于长江流域及以南各省区。生于山坡疏林、溪谷、湿润而排水良好的地方。种子为驱虫药,能润肺、消食、杀虫。从枝叶提取的三尖杉酯总碱对淋巴肉瘤、肺癌有较好治疗作用,对胃癌、上颚窦癌、食道癌有一定的治疗作用。

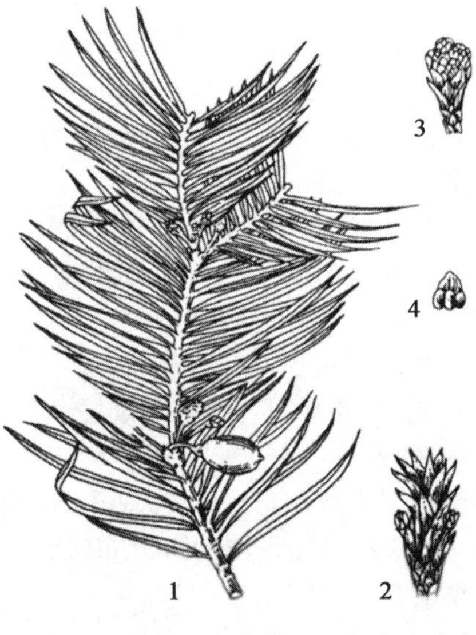

1. 种子及大孢子叶球枝 2. 大孢子叶球
3. 小孢子叶球 4. 小孢子叶
图 9-9 三尖杉

本属具有抗癌作用的植物还有**海南粗榧**(*C. hainanensis* Li.)、**中国粗榧**(*C. sinensis* (Rehd. et Wils.) Li.)、**篦子三尖杉**(*C. oliveri* Mast.)等。

七、麻黄科(Ephedraceae)

1. 麻黄科主要特征

多为分枝的小灌木或亚灌木,有的呈草本状。小枝对生或轮生,节明显,节间具纵沟。茎内木质部有导管。鳞片状小叶 2～3 枚,于节部对生或轮生,常退化为膜质鞘。球花单性,雌雄异株,稀同株;雄球花由 2～8 对交互对生或轮生的苞片组成,每苞片中有雄花 1 朵,外包有假花被,膜质,每朵有 2～8 枚雄蕊,花丝合成 1 束,花药 2～3 室;雌球花由 2～8 对交互对生或轮生的苞片组成,仅顶端 1～3 枚苞片内腋生有雌花,雌花具囊状假花被,胚珠 1,具一层珠被,上部延长成珠被管,自假花被开口处伸出。种子浆果状,成熟时,假花被发育成革质假种皮,外层苞片增厚成肉质，红色，俗称“麻黄果”。胚乳丰富，子叶2枚。

本科仅1属40余种，主要分布于亚洲、美洲、欧洲东南部及非洲北部等干旱、荒漠地区。我国有16种，已知药用15种。分布于西北、华北、东北及西南等地区。含多种生物碱，主要含麻黄碱，其次含伪麻黄碱等。

2.麻黄科常见药用植物

草麻黄(*Ephedra sinica* Stapf) 草本状灌木，高30～40 cm，木质茎短，有时横卧，小枝丛生于基部。具有明显的节和节间。叶膜质鞘状，下部1/3～2/3合生，上部2裂，裂片锐三角形，反曲。雌雄异株；雄球花常2～3个生于节上，由5～7片交互对生或轮生苞片组成，雄花有雄蕊5～8；雌球花2～3个生于节上，由3～5对交互对生或轮生的苞片组成，仅先端1对或1轮苞片各有1雌花，珠被管直立，成熟时苞片增厚成肉质，红色。种子包藏于肉质的苞片内(图9-10)。花期5—6月，种子成熟期7—8月。分布于东北、内蒙古、陕西、河北、山西等地区。生于沙质干燥地带，常见于山坡、河床和干旱草原。草质茎(麻黄)为解表药，能发汗、平喘、利尿，并为提取麻黄碱的主要原料。

麻黄属较重要的药用植物还有**木贼麻黄**(*E. equisetina* Bge.)、**中麻黄**(*E. intermedia* Schr. et Mey.)，均是中药材麻黄的原植物来源。

八、买麻藤科(Gnetaceae)

1.买麻藤科主要特征

多为常绿木质藤本，极少是灌木和乔木，节膨大。单叶对生，全缘，革质，具羽状网脉。球花单性，雌雄异株，稀同株，呈细长穗状，顶生或腋生，具多轮合生环状总苞(由多数轮生苞片合生而成)；雄球花穗在小枝上单生或数穗组成聚伞状，每轮总苞内有多数雄花，排成2～4轮，上端常有1轮不育雌花，雄花具肉质杯状假花被，雄蕊常2枚，花丝合生；雌球花序生于老枝上，每轮总苞内有4～12朵雌花，假花被囊状，紧包于胚珠之外，胚珠具2层珠被，内珠被顶端延长成珠被管，从假花被顶端开口处伸出，外珠被的肉质外层、骨质内层与假花被合生成假种皮。种子核果状，包于红色或橘红色肉质的假种皮中。胚乳丰富，子叶2枚。

本科仅1属30多种，分布于亚洲、非洲、南美洲等热带及亚热带地区。我国有10种，分布于华南等地区。已知药用有8种。茎含生物碱和消旋去甲乌药碱。

2.买麻藤科常见药用植物

小叶买麻藤(麻骨风)(*Gnetum parvifolium* (Warb.)C. Y. Cheng ex Chun) 常绿木质大藤本。茎枝圆形，有明显皮孔，节膨大。叶对生，革质，椭圆形至狭椭圆形或倒卵形，长4～10 cm。花单性，雌雄同株；雄球花序不分枝或一次(三出或成对)分枝，其上有5～13轮杯状总苞，每轮总苞有雄花40～70朵，上端有不育雌蕊10～12枚；雌球花序多生于老枝上，一次三出分枝，每轮总苞有雌花5～7朵。种子核果状，无柄(图9-11)。花期4—6月，种子成熟期9—11月。成熟时肉质假种皮呈红色或黑色。分布于华南。生于山谷、山坡疏林中。茎、叶(麻骨风)为祛风湿药，能祛风除湿、活血祛瘀、消肿止痛、行气健脾、接骨。

同属植物**买麻藤(倪藤)**(*G. montanum* Markgr.)，形态上与上种相似，但叶较大，长10～20 cm，花单性，雌雄异株；成熟种子具短柄。分布于广东、广西、云南，功效同小叶买麻藤。

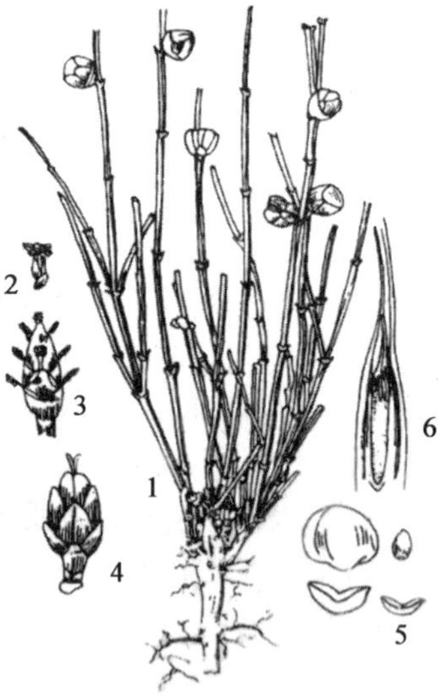

1.雄株　2.雄花　3.雄花序　4.雌花序
5.种子及苞片　6.雌花纵切面

图 9-10　草麻黄

1.缠绕茎及雌球花　2.雄球花　3.种子枝

图 9-11　小叶买麻藤

知识链接:裸子植物的起源与演化

裸子植物发生发展的历史悠久,最初的裸子植物出现于约 3 亿 5 千万年前的古生代泥盆纪。到了二叠纪,银杏等裸子植物的出现,逐步取代了古生代盛极一时的蕨类植物,由古生代末期的二叠纪到中生代的白垩纪早期,这长达 1 亿年之久的历史是裸子植物繁盛时期。从裸子植物发生到现在,地史、气候经过多次重大变化,古老的种类相继灭绝,裸子植物种系也随之多次演变更替。现代的裸子植物有不少种类,如银杏、油杉、铁杉、水松、水杉、红豆杉、榧树等,是从约 250 万年前至 6 500 万年之间的新生代第三纪出现的,又经过第四纪冰川时期保留下来,繁衍至今。

自我测试

1.裸子植物的主要特征是什么?
2.裸子植物分哪几个纲,几个科?主要特征是什么?
3.松科和柏科的主要区别是什么?
4.红豆杉科和粗榧科的主要区别是什么?
5.麻黄科的主要特征是什么?
6.裸子植物中常见的药用植物有哪些?
7.裸子植物的经济价值主要有哪些?

技能训练十七 常见药用裸子植物的形态识别

一、实训目的

1. 掌握裸子植物的主要特征；

2. 掌握松科、麻黄科和代表药用植物的特征；

3. 识别常见的裸子植物。

二、实训内容

1. 观察并解剖药用裸子植物的花；

2. 观察并识别药用裸子植物标本。

三、实训器材

1. 仪器、用品 解剖镜、平台放大镜，镊子、解剖针、解剖刀等。

2. 材料 马尾松带雌雄花及球果的枝条；苏铁、银杏、红豆杉、罗汉松、三尖杉、榧树、草麻黄、中麻黄等腊叶标本。

四、实训操作

1. 马尾松

(1)取雄球花(小孢子叶球)置解剖镜或放大镜下观察外形，雌雄花由多数螺旋状排列的雄蕊(小孢子叶)组成。用镊子取一个雄蕊于载玻片上，置放大镜下，可见一双并列的长形花粉囊(小孢子囊)，药隔扩大成鳞片状。用解剖针刺破花粉囊使花粉粒(小孢子)散出，将其余残片除去，做成水装片置低倍镜下观察，注意花粉粒的形状、有无气囊。

(2)取雌球花(大孢子叶球)用放大镜观察外形，是由多数螺旋状排列的珠鳞(心皮、大孢子叶)组成。用刀片将雌球花纵切，注意珠鳞排列情况。剥开一片完整的珠鳞，可见到腹面基部着生 2 枚胚珠，背面基部托生一小片苞鳞，与珠鳞分离。

2. 草麻黄

(1)雄球花观察 每一雄球花有 5～7 片交互对生或轮生的苞片，每 1 苞片中有雄花 1 朵，每一雄蕊基部周围有 2 裂的膜质假花被，雄蕊 8 个，花丝大部分合生。

(2)雌球花观察 雌球花有 3～5 对交互对生或轮生的苞片，注意仅最上 1 对苞片内各有 1 雌花，每雌花外有革质的假花被包围，胚珠 1，具珠被管。种子成熟时，假花被发育成红色肉质的假种皮，珠被管发育成膜质的种皮。纵切观察假花被和种子。

3. 观察叶标本

观察并识别苏铁、银杏、红豆杉、罗汉松、三尖杉、榧树、草麻黄、中麻黄等常见药用裸子植物腊叶标本。

五、实训报告

1. 绘出马尾松大、小孢子叶球形态图，并注明各部分名称；
2. 列表记录观察的裸子植物名称、科名、药用部位及主要形态特征等。

第十章

被子植物

知识目标

1. 掌握被子植物的主要特征；
2. 掌握双子叶植物纲与单子叶植物纲的主要区别点；
3. 掌握被子植物重点科属的主要特征及代表药用植物的鉴别。

能力目标

1. 能识别被子植物各科中的主要药用植物；
2. 能够熟练使用被子植物检索表；
3. 能够制作腊叶标本。

被子植物是植物界进化级别最高、种类最多、分布最广的类群。现已知的被子植物有1万多属20万～25万多种，是构成大地植被的主要类群。我国被子植物种类繁多，有2 700多属约3万种，其中约1万种被子植物可供药用。

第一节　被子植物概述

被子植物的种类如此众多，适应性如此广泛，这与它复杂完善的结构是分不开的，特别是繁殖器官的结构和生殖过程的特点，给予了它适应和抵御各种不良环境的内在条件，从而在地球上占绝对优势。

一、被子植物的特征

1. 植物体（孢子体）高度发达

被子植物的孢子体高度发达，配子体极度退化，有乔木、灌木、藤本和草本等多种植物类型。被子植物的器官更加完善、复杂，产生了高度特化的、真正的花，故而被子植物又叫作有花植物。

2. 具有双受精现象

被子植物生殖时，一个精子与卵结合发育成胚（$2n$），另一个精子与两个极核结合形成三倍体的胚乳($3n$)。所以,不仅胚融合了双亲的遗传物质,而且胚乳也具有双亲的特性,这与裸子植物的胚乳直接由雌配子体(n)发育而来不同。双受精现象使新植物个体内部更加复杂化,因而具有更强的生活力。

3. 胚珠包被,形成果实

被子植物的胚珠包被于心皮之中,得到很好的保护。经受精作用后,子房形成果实,种子又包被在果皮之内,故称被子植物。果实的形成使种子不仅受到特殊保护,抵御外界不良环境伤害的能力增强,而且有利于种子的散布。

4. 高度发达的输导组织

被子植物的输导组织中的木质部出现了导管,韧皮部出现了筛管和伴胞,加强了水分和营养物质的运输能力。

被子植物的上述特征,使它具备了在生存竞争中,优越于其他各类植物的内部条件。因而,被子植物的生长更加繁茂,逐渐占据了生态系统中的主要地位。

二、被子植物的生态习性与分布

被子植物具有较强适应性,它们分布于各个气候带。热带、亚热带地区由于气温高、雨水多,被子植物数量最多。南美亚马孙河流域约有 4 万种,其他热带地区有 2 万～3 万种。温带地区因气温降低,雨量减少,被子植物种类也逐渐减少。北极地区由于气候寒冷,许多地方几乎找不到被子植物的踪迹,仅有少数种类顽强生存,如北极罂粟,分布纬度达 80°以上。在我国新疆的沙漠地区,有胡杨和梭梭分布,能适应干旱气候。在美洲墨西哥的沙漠地区,分布着仙人掌,其全身多刺,叶退化,茎中含有大量水分可用于抵御干旱。在一些盐碱地上,分布有抗盐性强的被子植物,以藜科最为著名。

被子植物复杂而进化的内部结构使其适应多种生存环境,也形成了自养与异养、共生与寄生等多种生存类型。被子植物的产生,使地球上第一次出现色彩鲜艳、类型繁多、花果丰茂的景象。

第二节　被子植物的分类及主要药用植物

被子植物分为两个纲,即双子叶植物纲和单子叶植物纲,双子叶植物纲又分为离瓣花亚纲和合瓣花亚纲。双子叶植物纲与单子叶植物纲主要区别见表 10-1。

表 10-1　双子叶植物纲与单子叶植物纲的主要区别

	双子叶植物纲	单子叶植物纲
根	直根系	须根系
茎	维管束呈环状排列,有形成层	维管束呈星散排列,无形成层
叶	网状脉	平行脉或弧形脉
花	各部分基数为 5 或 4;花粉粒具 3 个萌发孔	各部分基数为 3;花粉粒具单个萌发孔
胚	子叶两片	子叶一片

应该注意到，以上的区别点并不是绝对的，在某些科属中性状有交叉现象。如双子叶植物的毛茛科、菊科等有须根系植物；睡莲科、石竹科等有维管束星散排列的植物。

一、双子叶植物纲

（一）离瓣花亚纲

又称古生花被亚纲，花瓣分离或缺少；雄蕊与花冠离生，胚珠一般有一层珠被。

1. 三白草科(Saururaceae)　$* P_0 A_{3\sim8} \underline{G}_{3\sim4:1:2\sim4,(3\sim4:1:\infty)}$

三白草科植物为多年生草本。茎常具明显的节。单叶互生，托叶与叶柄常合生或缺。花小，两性，无花被；穗状或总状花序，花序基部常有总苞片；雄蕊 3～8；子房上位，心皮 3～4，离生或合生。若为合生，则子房 1 室而成侧膜胎座。胚珠多数。蒴果或浆果。种子胚乳丰富。

三白草科 5 属 10 种，分布于东亚及北美。我国有 4 属 5 种，药用 4 种。分布于长江以南各省及台湾，多生长于水沟或湿地。

【主要药用植物】

鱼腥草(*Houttuynia cordata* Thunb.)　多年生草本。植物体有鱼腥气，茎下部伏地，叶互生、心形、有细腺点，下面带紫色；托叶膜质条形、下部与叶柄合生成鞘。穗状花序顶生，总片 4，白色，花瓣状；花小，两性，无花被；雄蕊 3，花丝下部与子房合生；雌蕊由 3 枚下部合生的心皮组成，子房上位。蒴果卵形，顶端开裂。分布于长江以南地区。生于阴湿地、沟边、塘边或林下湿地。全草能清热解毒，消肿排脓，利尿通淋。

三白草(白节藕)(*Saururus chinensis*(Lour.)Baill.)　多年生草本。根状茎较粗，白色多节。茎直立，下部匍匐状。叶互生，长卵形，基部心形或耳形，总状花序顶生，花序下具 2～3 片乳白色叶状总苞；雄蕊 6，花丝与花药等长；雄蕊由 4 枚心皮合生，子房上位。蒴果分裂为 3～4 个分果瓣(图 10-1)。分布于长江以南地区，生于溪边及沼泽湿地。根状茎或全草能清热解毒，利尿消肿。

1. 根　2. 花枝

图 10-1　三白草

2. 桑科(Moraceae)　♂$P_{4\sim6} A_{4\sim6}$；♀$P_{4\sim6} \underline{G}_{(2:1:1)}$

多为木本，稀草本，有刺或无刺，有或无乳汁。单叶互生或对生，全缘或具锯齿或分裂；托叶早落。花小，单性，雌雄异株或同株，雌雄花常密集为头状花序、聚伞花序、柔荑花序、隐头花序等。单被花，无花萼和花瓣之分；雄蕊与花被片同数且对生，通常 4。有或无退化雌蕊，子房上位，或陷入花序轴内，花柱 2 或 1，子房 1～2 室。果为核果或瘦果，分离或与花序轴合生，形成聚花果。

本科约 53 属 1 400 种。多产热带、亚热带，少数属种分布于北温带。我国有 16 属 160 余种，该科已知药用植物有 12 属约 55 种。

【主要药用植物】

桑（*Morus alba* L.） 乔木或灌木，有乳汁，单叶互生，卵形，有时分裂，表面无毛，背面沿脉有疏毛，脉腋有簇毛；叶柄具柔毛；托叶披针形，早落，外面密被细硬毛。花单性，腋生或生于芽鳞腋内。花被片宽椭圆形，淡绿色。雌花无梗，无花柱，柱头2裂。聚花果卵状椭圆形，成熟时红色、暗紫色或白色（图10-2）。各地均有栽培。聚花果（桑葚）能补血滋阴，生津润燥；叶（桑叶）能疏风散热，清肺润燥；嫩枝（桑枝）能祛风湿，利关节；根皮（桑白皮）能清肺平喘，利水消肿。

大麻（*Cannabis sativa* L.） 大麻属一年生高大草本。枝具纵沟槽，密生灰白色贴伏毛。叶互生或下部对生，掌状全裂，裂片披针形或线状披针形；花单性；雄花序长可达25 cm；花黄绿色，花被5，膜质，雄蕊5，花丝极短（图10-3）。原产锡金、不丹、印度等西亚国家，现我国各地均有栽培。果实（火麻仁或大麻仁）入药，主治大便燥结；花（麻勃）主治恶风，经闭；雌株的幼嫩果穗（麻蕡），治劳伤，破积、散脓，多服令人发狂，为毒品。

1. 雌花枝 2. 雄花枝 3. 雄花

图10-2 桑

1. 植株 2. 雄花

图10-3 大麻

本科的药用植物还有**薜荔**（*Ficus pumila* L.）、**构树**（*Broussonetia papyrifera* (L.) Vent.）、**葎草**（*Humulus scandens* (Lour.) Merr.）等。

3. 马兜铃科（Aristolochiaceae） ⚥ * ↑ $P_{(3)}A_{6\sim12}\overline{G}_{(4\sim6:4\sim6)}\overline{G}_{(4\sim6:4\sim6)}$

草本或藤状灌木。叶互生、基部心形，全缘或3～5裂，常有油点。花两性，单生、丛生或组成总状花序、圆锥花序、聚伞花序、伞房花序，腋生或生于老茎上；花被单层，稀二层，辐射两侧对称，基部膨大成球状、钟状或瓶状，其上有一缢缩的颈部，常呈管状，上部花瓣状；檐部常3裂或向一侧延伸成舌片，裂片镊合状排列。雄蕊6至多数，分离或与花柱合生成合蕊柱；子房下位或半下位，4～6室，蒴果或浆果。

本科约8属600种，主要分布于热带和亚热带地区，以南美洲较多，温带地区少数；我国产

4属71种6变种4变型，除华北和西北干旱地区外，全国各地均有分布。已知药用3属约70种，集中于细辛属(*Asrum*)和马兜铃属(*Aristolochia*)。本科植物含特征性成分马兜铃酸，还含有挥发油、生物碱。

【主要药用植物】

辽细辛(*Asarum heterotropoides* Fr. Schmidt var. *mandshuricum* (Naxim.)Kitag.)　又称北细辛、烟袋锅花，为细辛属多年生草本。根茎横走，多节，生有多数细根，有浓烈香气。叶基生，有长柄，叶片基部心形，全缘，顶端急尖或钝；叶表面叶脉及背面密生有短毛，叶柄长无毛。花单一，腋生，具柄；花被筒壶形，红紫色；花被片顶端3裂，裂片三角状卵形，由基部反卷，在花被筒的表面微呈棱条纹，花梗从两叶片中间抽出；果实为蒴果，浆果状，半球形，熟后不规则破裂，果肉呈白色湿粉面状。种子卵状圆锥形，灰褐色，有肉质附属物(图10-4)。分布于东北各省。生于林下阴湿处。全草能祛风散寒，通窍止痛，温肺化饮。

同属多种植物供药用，如**汉城细辛**(*Asarum sieboldii* Miq. var. *seoulense* Nakai)、**华细辛**(A. *siebodii*)等。

马兜铃(*Aristolochia debilis* Sieb. et Zucc.)　草质藤本。根圆柱形；茎柔弱，无毛；叶互生；叶柄柔弱；叶片卵状三角形、长圆状卵形或戟形，基出脉5～7条。花单生或2朵聚生于叶腋；小苞片三角形，易脱落；花被基部膨大呈球形，向上收狭成一长管，管口扩大成漏斗状，黄绿色，口部有紫斑，内面有腺体状毛；花药贴生于合蕊柱近基部；子房圆柱形，6棱；合蕊柱先端6裂，稍具乳头状凸起。蒴果近球形；果梗常撕裂成6条(图10-5)。生于沟边阴湿处及山坡灌丛中。根又名青木香，能平肝止痛、行气消肿；茎又名天仙藤，能行气活血、利气消肿；果又名马兜铃，清肺降气、止咳化痰。

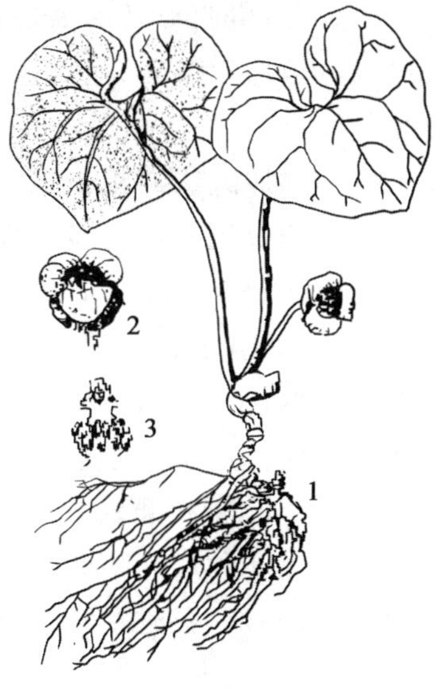

1.植株　2.花　3.雄蕊及雌蕊

图10-4　辽细辛

1.根　2.花枝　3.果实

图10-5　马兜铃

同属**北马兜铃**(*Aristolochia contorta* Bunge.),与马兜铃相似,但花 2～8 朵簇生于叶腋,花被侧片顶端有线状尾尖,叶片宽卵状心形。分布于东北,功效同马兜铃。

木通马兜铃(*Aristolochia manshuriensis* Kom.)　叶互生,卵状心形,下面密生短柔毛。花单生,稀 2 朵,腋生短枝上,花梗稍弯曲;花被筒马蹄形弯曲,上部膨大,淡黄色,具紫色条纹,先端 3 深裂,近平展;雄蕊 6,贴生于花柱体周围;子房下位,6 室。蒴果圆柱形,具 6 棱,熟时自顶端裂开成 6 瓣。种子扁三角形。主产于黑龙江、吉林、辽宁、甘肃。茎又名关木通,具有消心火、利小便、通经下乳的功效。

同属还有**广防己**(*Aristolochia fangchi* Y. C. Wu ex Chou et Hwang),根能祛风止痛,清热利水。

4. 蓼科(Polygonaceae)　⚥ $* P_{3\sim6,(3\sim6)} A_{3\sim9} \underline{G}_{(3\sim2:1:1)}$

多为草本。茎节常膨大。单叶互生;具明显托叶鞘,多呈膜质。花多两性或单性异株,排成穗状、总状或圆锥花序;单被花,花被 3～6,多宿存;雄蕊常 6～9;子房上位, 2～3 心皮合生为 1 室,1 胚珠,基生胎座。瘦果或小坚果,常包于宿存花被内,多有翅。

本科约 50 属 1 200 种,分布于全球。我国 15 属 200 余种,其中已知药用植物约 120 种,全国均有分布。

本科植物常含有蒽醌类如大黄属植物中的大黄酸、大黄素、大黄酚;黄酮类如芸香苷、槲皮苷等;鞣质如没食子酸等。本科植物的显微结构中常含草酸钙簇晶。

【主要药用植物】

掌叶大黄(*Rheum palmatum* L.)　多年生高大草本。根和根状茎肥厚,肉质,断面黄色。叶片掌状深裂。托叶鞘长筒状。圆锥花序大型顶生;花小,紫红色;花被片 6,2 轮;雄蕊 9;花柱 3。瘦果具有 3 翅,暗紫褐色(图 10-6)。分布于甘肃、陕西、青海、四川西部及西藏等省区。生于高寒山区,多有栽培。根及根状茎(大黄)能泻下攻积,清热泻火,凉血解毒,逐瘀通经,利湿退黄。

同属植物:**药用大黄**(*R. officinale* Baill),叶片近圆形,掌状浅裂,边缘有粗锯齿。圆锥花序,花黄白色。分布于陕西、四川、湖北、云南等地,野生或栽培。功效同掌叶大黄。**唐古特大黄**(*R. tanguticum* Maxim. et Balf.),叶深裂,裂片再作二回羽状深裂。分布于青海、甘肃、四川西部、西藏,功效同掌叶大黄。

虎杖(*Polygonum cuspidatum* Sieb. et Zucc.)　多年生粗壮草本,茎中空,散生红色或紫红色斑点。叶阔卵形,托叶鞘短筒状,花小,白色,单性异株,圆锥花序。瘦果具 3 棱。分布于除东北以外的各地区。生于山谷溪边。根茎和根能利湿退黄,清热解毒,散瘀止痛,止咳化痰。

何首乌(*Polygonum multiflorum* Thunb.)　多年生草质藤本,地下块根肥厚长椭圆形或不规则块状,外表暗褐色,断面具"云锦花纹"(异型维管束)。叶卵状心形,具长柄。大型圆锥花序分枝极多。花小,白色,花被 5。瘦果具 3 棱(图 10-7)。分布于全国各地。生于灌木丛中、山脚下或石隙中。块根入药,生用能解毒,消痈,截疟,润肠通便;制首乌能补肝肾,益精血,乌须发,强筋骨,化浊降脂。茎(首乌藤)能养血安神,祛风通络。

1.根状茎　2.花枝

图 10-6　掌叶大黄

1.花枝　2.块根

图 10-7　何首乌

本科药用植物尚有：**金荞麦**（*Fagopyrum dibotrys*（D. Don）Hara.），根茎和根能清热解毒；活血消痈；祛风除湿。**萹蓄**（*Polygonum aviculare* L.），分布于全国各省区。全草能利尿通淋，杀虫，止痒。

5.苋科 Amaranthaceae　⚥ $* P_{3\sim5}A_{3\sim5}\underline{G}_{(2\sim3:1:1\sim\infty)}$

多年生草本。单叶互生或对生；无托叶。花小，常两性；排成穗状、圆锥状或头状聚伞花序；单被花，花被片 3～5，干膜质；每花下常有 1 枚干膜质苞片及 2 小苞片，雄蕊常和花被片同数且对生，多为 5 枚；子房上位，心皮 2～3 合生为 1 室，胚珠 1 枚，稀多数。胞果，稀为浆果或小坚果。

本科 65 属约 900 种，分布于热带和温带地区。我国 13 属 50 种，分布于全国。其中药用植物 9 属 28 种。

本科植物常含三萜皂苷类、黄酮类、生物碱类、甾类等。本科植物的显微结构中含草酸钙晶体，如砂晶、簇晶、针晶等。

【主要药用植物】

牛膝（*Achyranthes bidentata* Bl.）　多年生草本。根长圆柱形，肉质。茎四棱，节膨大。叶对生，椭圆形至椭圆状披针形。穗状花序。胞果包于宿存花萼内（图 10-8）。全国均有分布。生于山林中和路旁，现多栽培。其中河南栽培品称“怀牛膝”。根入药，能逐瘀通经，补肝肾，强筋骨，利尿通淋，引血下行。

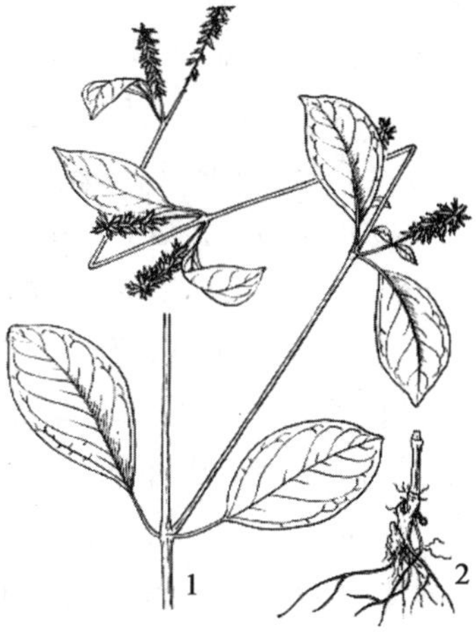

1.花枝　2.根

图 10-8　牛膝

川牛膝（*Cyathula officinalis* Kuan）　多年生草本。根长圆柱形，近白色。茎多分支，被糙毛。花小，绿白色，密集成圆头状，花杂性。分布于云南、四川、贵州等省区。生于山坡草丛中，多为栽培。根入药，能逐瘀通经，通利关节，利尿通淋。

青葙（*Celosia argentea* L.）　一年生草本。叶互生，叶片长圆状披针形或披针形。穗状花序排成圆柱状或塔状。苞片、小苞片及花被片均干膜质，白色或粉红色。种子扁圆形，黑色，有光泽。全国各地均有野生或栽培。种子（青葙子）能清肝泻火，明目退翳。

本科药用植物尚有：**土牛膝**（*A. aspera* L.），分布于云南、四川、贵州、广西、广东、福建等地。根能清热解毒，利尿。**鸡冠花**（*Celosia cristata* L.），各地均有栽培，花序能凉血、止血、止泻。

6. 石竹科（Caryophyllaceae）　⚥ $* K_{4\sim5,(4\sim5)} C_{4\sim5,0} A_{8\sim10} G_{(2\sim5:1:\infty)}$

草本。茎节常膨大。单叶对生，全缘。花两性，辐射对称，单生或排成聚伞花序；萼片 4～5，分离或连合，宿存；花瓣 4～5，分离，常具爪；雄蕊为花瓣的倍数，8～10 枚；子房上位，心皮 2～5，合生，1 室，特立中央胎座，胚珠多数。蒴果齿裂或瓣裂。种子多数，有胚乳。

本科 75 属约 2 000 种，广布于世界各地。我国 30 属 380 余种。其中药用 21 属 106 种，分布于全国各地。本科植物常含有皂苷、黄酮类化合物。本科植物的显微结构中含草酸钙簇晶和砂晶。

【主要药用植物】

瞿麦（*Dianthus superbus* L.）　多年生草本。茎上部分枝、叶对生，线形至线状披针形。顶生聚伞花序。花萼下有小苞片 4～6，卵形；萼筒先端 5 裂；花瓣 5，淡红色，顶端深裂成丝条，基部具长爪；雄蕊 10。蒴果先端 4 齿裂，外被宿萼（图 10-9）。全国各地均有分布。野生或栽培。生于山野、草丛中。全草（瞿麦）能利尿通淋，活血通经。

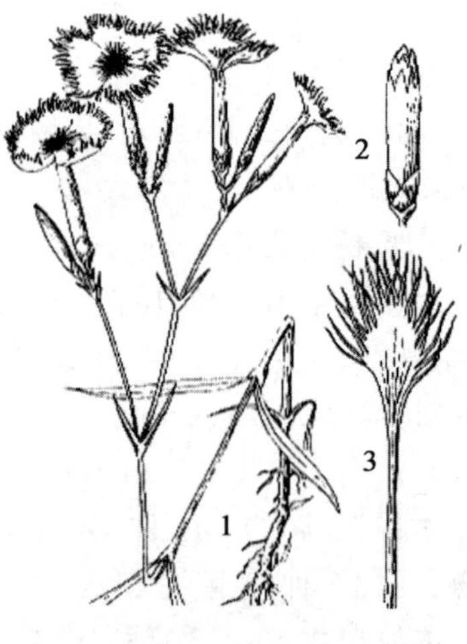

1. 植株　2. 蒴果及宿萼和苞片
3. 花瓣

图 10-9　瞿麦

石竹（*D. chinensis* L.）　与瞿麦的主要区别为花瓣先端齿裂，分布于长江流域及长江以北地区。全草亦做瞿麦入药。

麦蓝菜（*Vaccaria segetalis*（Neck.）Garcke）　一年生或二年生草本。茎单生，直立，节稍膨大。叶对生。聚伞花序顶生，花梗细长；萼筒呈壶状；花瓣 5，淡红色，基部具长爪。蒴果宽卵形或近圆球形，4 齿裂，包于宿萼内。主产于华北、西北。种子（王不留行）球形，黑色，入药能活血通经，下乳消肿，利尿通淋。

孩儿参（*Pseudostellaria heterophylla*（Miq.）Pax）　多年生草本。块根纺锤形，肉质。单叶对生，下部叶匙形，上部叶长卵形或菱状卵形，茎顶的两对叶片较大，排成十字形。花 2 型：茎下部的花小，萼片 4，紫色，无花瓣，雄蕊常 2；顶生花白色，1～3 朵，萼片 5，花瓣 5，顶端 2 齿裂，雄蕊 10。分布于华北、东北、西北、华中。生于山坡阴湿处或石缝中。块根（太子参）入药，有益气健脾、生津润肺的功效。

7. 毛茛科（Ranunculaceae）　⚥ $* \uparrow K_{3\sim\infty} C_{3\sim\infty,0} A_{\infty} \underline{G}_{1\sim\infty:1:1\sim\infty}$

草本或藤本。单叶或复叶，多互生或基生，少数对生。花两性，辐射对称或两侧对称；花单生或排成聚伞花序、总状花序或圆锥花序；重被或单被；萼片 3 至多数，常呈花瓣状；花瓣 3 至多数或缺；雄蕊和心皮多数，离生，常螺旋状排列在多少隆起的花托上，子房上位，1 室，胚珠

1至多数。聚合瘦果或聚合蓇葖果,稀为浆果。

本科约50属2 000种,广布于世界各地,主产于北半球温带及寒温带。我国有42属800余种。药用30属400余种,分布于全国。

本科植物多含生物碱类如乌头属的乌头碱、黄连属的小檗碱、唐松草属的唐松草碱;苷类如毛茛苷、芍药属植物普遍含有芍药苷等。

【主要药用植物】

黄连(*Coptis chinensis* Franch.)　多年生草本。根状茎常分枝成簇,生多数须根,均黄色,味苦。叶基生,3全裂。中央裂片卵状菱形,具柄,3～5羽状深裂,边缘具锐锯齿。聚伞花序有花3～8朵,黄绿色;萼片5,狭卵形,花瓣线形;雄蕊多数;心皮8～12,离生;蓇突果具柄(图10-10)。分布于陕西、湖北、湖南、贵州、四川等地,生于高山林下阴湿处,现四川、湖北有栽培。根茎(味连)能清热燥湿,泻火解毒。

白头翁(*Pulsatilla chinensis*(Bunge)Regel)　多年生草本,全株密被白色长柔毛。根圆锥形。基生叶4～5片,3全裂,裂片再3裂。花单朵顶生,萼片紫色,花瓣状,外被白色柔毛。聚合瘦果,密集成头状;花柱羽毛状,宿存。分布于东北、华北、江苏、安徽、湖北、陕西、四川等地。生于山坡草地或平原。根能清热解毒,凉血止痢。

乌头(川乌)(*Aconitum carmichaeli* Debx.)　多年生草本。块根棕黑色,常2～3个连生在一起,呈倒圆锥形,有母根、子根之分。叶互生,3深裂。总状花序。萼片5,蓝紫色,上萼片盔帽状;花瓣2,有长爪;雄蕊多数;心皮3～5,离生。聚合蓇葖果(图10-11)。分布于长江中下游、华北、西南等地。生于山坡草地、灌丛中。根有大毒,一般经炮制后入药。栽培种母根入药称"川乌",能祛风燥湿,温经止痛。子根称"附子",能回阳救逆,补火助阳,散寒止痛。野生种块根作"草乌"入药。

图10-10　黄连

1.花枝　2.花瓣　3.块根

图10-11　乌头

毛茛(*Ranunculus japonicus* Thunb.)　多年生草本,全株有粗毛。叶片五角形,3深裂,裂片再3浅裂。聚伞花序顶生;花瓣黄色,具蜡样光泽,基部有蜜槽;雄蕊和雌蕊均多数,离生。聚合瘦果近球形。全国各地均有分布。生于沟边或水田边。全草有毒,能利湿、消肿、止痛、退翳、杀虫。一般外用作发泡药。

威灵仙(*Clematis chinensis* Osbeck)　藤本。根须状;茎具条纹;茎、叶干后变黑色;羽状复叶,对生,小叶通常5片,狭卵形,叶柄卷曲。圆锥花序;萼片4,白色;雄蕊多数,心皮多数,离生。聚合瘦果,具羽毛状宿存的花柱(图10-12)。分布于长江中下游及以南各省区。生于山坡林边或草丛中。根入药能祛风湿,通经络。

1.花枝　2.根

图10-12　威灵仙

本科药用植物尚有**升麻**(*Cimicifuga foetida* L.),主要分布于四川、青海等地。根茎能发表透疹,清热解毒,升举阳气。

8.小檗科 Berberidaceae　$⚥ * K_{3+3}C_{3+3}A_{3\sim9}\underline{G}_{(1:1:1\sim\infty)}$

多年生草本或小灌木。草本植物常具根状茎或块茎。单叶或复叶,互生,常无托叶。花两性,辐射对称,单生、簇生或排成总状、穗状花序等;萼片与花瓣相似,2～4轮,每轮常3片,花瓣常具蜜腺;雄蕊3～9,常与花瓣对生;子房上位,常1心皮,1室,胚珠1至多数。浆果、蓇葖果或蒴果。

本科约17属650种,多分布于北温带和亚热带高山地区。我国有11属280多种,其中药用140余种,分布于全国各地。

本科植物多含异喹啉类生物碱,如小檗碱等。本科植物中木本类群多含草酸钙方晶,草本类群多含草酸钙簇晶。

【主要药用植物】

箭叶淫羊藿(三枝九叶草)(*Epimedium sagittatum*(Sieb. et Zucc.)Maxim)　多年生常绿草本。根茎结节状,质硬。基生叶1～3片,三出复叶,小叶长卵形,两侧小叶基部呈显著不对称的箭状心形;圆锥花序或总状花序;萼片4,2轮,外轮早落,内轮花瓣状,白色;花瓣4,黄色,有短距;雄蕊4,心皮1;蓇葖果卵形,有喙(图10-13)。分布于长江以南各省区。生于山坡林下及路旁溪边等潮湿的地方。全草(淫羊藿)能补肾阳,强筋骨,祛风湿。

图10-13　箭叶淫羊藿

阔叶十大功劳(*Mahonia bealei*(Fort.)Carr.)　常绿灌木,奇数羽状复叶,小叶7～15片,厚革质,叶缘具2～8硬刺状齿;总状花序顶生;花黄褐色。萼片9,3轮,花瓣状;花瓣6;雄蕊6。浆果暗紫色,有白粉。分布于长江流域及陕西、河南、福建等省。生于山坡林下及灌木丛中。常有栽培。根茎(功劳木)和叶(十大功劳叶)能清热解毒,燥湿消肿。根、茎可用作提取小檗碱的原料。

本科常见药用植物尚有:**南天竹**(*Nandina domestica* Thunb.),茎入药能清热除湿,通经活络。茎、叶能清热利湿解毒,果实(天竹子)能敛肺、止咳、平喘。**六角莲**(*Dysosma pleiantha*(Hance)Woodson),根茎能清热解毒,活血化瘀。

9. 木兰科(Magnoliaceae)　⚥ $* P_{6\sim12} A_{\infty} \underline{G}_{\infty:1:1\sim2}$

木本，具油细胞，有香气。单叶互生，多全缘；托叶有或无，有托叶者，包被幼芽，早落，在节上留下环状托叶痕。花单生，多两性，稀单性，辐射对称；花被片常3基数，排成数轮，为花瓣状；雄蕊和雌蕊均多数，分离，螺旋状或轮状排列在伸长或隆起的花托上，每心皮含胚珠1～2个，聚合蓇葖果或聚合浆果。

本科植物有18属335种，主要分布在美洲、亚洲的热带及亚热带地区。我国有14属160余种，主要分布在华南、西南地区。已知药用植物有8属90余种。

本科植物多数含有挥发油、生物碱类(如木兰花碱)、木脂素类(如五味子素、厚朴酚)。

【主要药用植物】

厚朴(*Magnolia officinalis* Rehd. et Wils)　落叶乔木。树皮厚，棕褐色，带辛辣味，有椭圆形皮孔。叶集生于小枝顶端，大而革质，倒卵形。茎粗壮。花大型，白色，单生于枝顶，芳香。花被片9～12或更多。雄蕊和心皮均多数，分离，螺旋状排列于柱状花托上。聚合蓇葖果长圆状，木质。种子为红色(图10-14)。分布于长江流域和陕西、甘肃东南部、四川等省。茎皮和根皮(厚朴)能燥湿消痰，下气除满。花蕾(厚朴花)能理气宽中，开郁化湿。

图10-14　厚朴

五味子(*Schisandra chinensis*(Turca.)Baill.))　落叶木质藤本。单叶互生，纸质或近膜质，阔椭圆形或倒卵形，边缘疏生有腺齿，无托叶。花单性，雌雄异株；花被片6～9，乳白色或粉红色，芳香；雄蕊5；雌蕊17～40。长穗状聚合浆果，成熟时红色(图10-15)。分布于东北、华北、华中等地。果实(五味子)能敛肺、滋肾、补肾、宁心、生津、收涩。

八角(*Illicium verum* Hook. f.)　常绿乔木。单叶互生；叶片长圆状披针形或椭圆形，革质。花单生叶腋，粉红色至深红色；花被片7～12；雄蕊11～20；心皮常8，轮状排列。聚合果由8个蓇葖果组成，八角形排列，顶端钝，稍弯，外表红棕色，每个蓇葖果内含1粒种子，气芳香，味辛、甜(图10-16)。主要分布于云南、贵州、广东、广西、福建等省区。果实(八角茴香)有散寒、理气、止痛的功效。

图10-15　五味子

1. 果枝　2. 蓇葖果

图10-16　八角

本科常用药用植物还有：**凹叶厚朴**（*Magnolia officinalis* Rehd. et Wils.），主要分布于福建、浙江、江西、安徽等省，功效同厚朴。**望春花**（*Magnolia biondii* Pamp.），落叶乔木。叶长圆状披针形；花白色，基部带紫红色；聚合蓇葖果圆柱形，种子深红色。主要分布于陕西、河南、甘肃、湖北、四川等省。花蕾（辛夷）能散风寒、通鼻窍。

10. 樟科（Lauraceae）　⚥ ♂/♀ $* P_{(6\sim 9)} A_{3\sim 12} G_{(3\sim 4:1:1)}$

多为常绿乔木，多具有油细胞，有香气。单叶，常互生，全缘，多革质，具有羽状脉或三出脉，无托叶。花小，常两性，少单性；辐射对称；花单被，常 3 基数，2 轮排列，基部合生；雄蕊 3～12 枚，常 9 枚，排 3～4 轮，第 4 轮常退化；花丝基部常具有 2 个腺体，花药 2～4 室，瓣裂；子房上位，3 心皮合生，1 室，具 1 顶生胚珠。核果或呈浆果状，有时被宿存的花被包围基部，种子 1 枚，无胚乳。

本科植物有 45 属 2 000 余种，主要分布在亚热带和热带地区。我国有 20 属 400 余种，主要分布于长江以南地区。已知药用植物有 13 属 120 余种。

本科植物常含有挥发油（如樟脑、桂皮醛等）、生物碱。

【主要药用植物】

樟树（*Cinnamomum camphora*（L.）Presl.）　常绿乔木。全株具樟脑味。单叶互生，近革质，全缘，叶片呈卵形或卵状椭圆形，离基三出脉，脉腋有隆起腺体。圆锥花序腋生；花小，浅黄绿色，花被片 6；雄蕊 12，子房上位，浆果状核果，紫黑色，果托杯状（图 10-17）。分布于长江流域以南及西南各省区。根、茎、叶中的挥发油主含樟脑，内服开窍辟秽，外用除湿杀虫、温散止痛。

肉桂（*Cinnamomum cassia* Presl.）　常绿乔木，全株具香气。树皮灰褐色，内皮红棕色，幼枝略呈四棱形，被褐色绒毛。叶互生，长椭圆形，革质，下面被黄色柔毛，具有离基三出脉。圆锥花序腋生或顶生；花小，黄绿色，花被片 6，基部合生；能育雄蕊 9，3 轮，花药 4 室；子房上位，心室 1，胚珠 1。浆果状核果，椭圆形，紫黑色，果托浅杯状（图 10-18）。分布于广东、广西、云南和福建。多为栽培。树皮（肉桂）能活血通经、温肾壮阳、散寒止痛；嫩枝（桂枝）能平冲降气、解表散寒、温经通络。

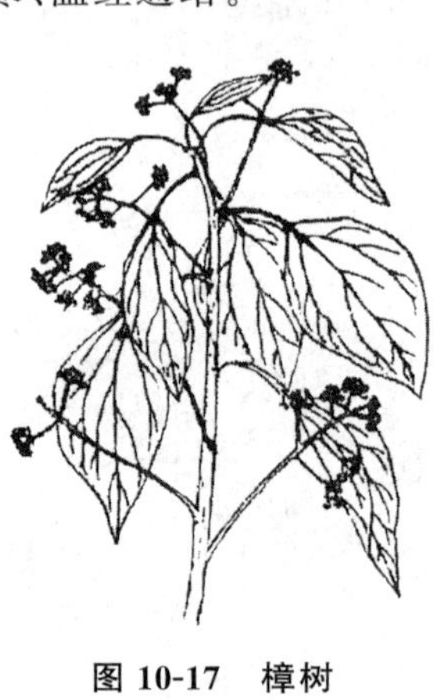

图 10-17　樟树

图 10-18　肉桂

本科常用药用植物还有：**乌药**（*Lindera aggregate*（Sims）Kosterm），分布于长江以南及西南各省。根(乌药)能理气止痛、温肾散寒;**山鸡椒**(*Litsea cubeba*(Lour.) Pers.)主要分布于我国南方各省。果实(荜澄茄)行气止痛、平喘、利尿;**无根藤**(*Cassytha filiformis* L.)全草入药。有小毒,凉血止血、能清热利湿;**川桂**(*C. wilsonii* Gamble.)主要分布于四川、湖北、广东、广西、陕西等地,树皮能行气止痛、温经散寒。

11. 罂粟科(*Papaveraceae*)　⚥ * ↑ $K_{2\sim3}C_{4\sim6}A_{4\sim6,\infty}\underline{G}_{(2\sim\infty:1:\infty)}$

草本,常含乳汁或有色液汁。基生叶常莲座状,茎生叶互生,无托叶。花两性,单生或呈总状、圆锥、聚伞花序;辐射对称或两侧对称;萼片 2,早脱;花瓣 4～6;雄蕊多数,离生;花药直立,2 室;子房上位,多心皮合生,心室 1;侧膜胎座,胚珠多数。蒴果,孔裂或瓣裂;种子细小,卵圆形或球形。

本科植物 38 属 700 余种,主要分布于北温带。我国有 18 属 360 余种,我国南北均有分布。已知药用植物有 15 属 130 余种。

本科植物多含有生物碱,如罂粟碱、吗啡、延胡索乙素、白屈菜碱等。

【主要药用植物】

罂粟(*Papaver somnifarum* L.)　一年生或两年生草本。茎直立,无毛,被白粉,全株粉绿色内含白色乳汁。叶互生,长椭圆形或卵形,基部抱茎,边缘有不规则波状锯齿。花单生于茎顶部;花萼 2,早脱;花瓣 4,有淡紫、红、白等颜色;雄蕊多数,离生;子房上位,侧膜胎座,柱头具 8～12 个辐射状分支,无花柱。蒴果近球形,孔裂,成熟时褐色(图 10-19)。原产于南欧、印度、缅甸等地。果壳(罂粟壳)能敛肺、止痛、止泻。未成熟果实中的乳汁(鸦片)能镇痛、止咳、止泻。

延胡索(*Corydalis turtschaninovii* Bess. f. *yanghusu* Y. H. Chow et C. C. Hsu)　多年生草本。块茎呈不规则的扁球形,表皮灰棕色;叶二回三出全裂,末回裂片披针形;总状花序顶生;萼片 2,早脱;花瓣 4,紫红色,上面花瓣基部有长距,下面花瓣基部有浅囊状突起,花冠两侧对称;雄蕊 6,花丝连合成 2 束;心皮 2,合生 1 室,子房上位,侧膜胎座。蒴果条形(图 10-20)。主要分布于浙江、江苏、安徽、湖北等省。块茎(延胡索)能行气止痛、活血散瘀。

1. 花果枝　2. 果实纵切

图 10-19　罂粟

图 10-20　延胡索

本科常用药用植物还有:**白屈菜**(*Chelidonium majus* L.),多年生草本,有黄色液汁。主根粗壮,圆锥形;叶互生,羽状全裂,表皮绿色,叶背面具白粉和短柔毛。伞形花序,花瓣 4,倒卵形,黄色;雄蕊多数;子房线形。蒴果狭圆柱形,种子深褐色。分布于中国大部分省区。全草有小毒,能镇痛、解毒、止咳。**布氏紫堇**(*Corydalis bungeana* Turcz),多年生草本。叶卵形,三回至四回羽状全裂。总状花序,萼片 2;花瓣 4,花冠紫色;雄蕊 6;子房上位。分布于东北、西北、华北、西南等地。全草(苦地丁)能消痈肿、清热解毒。**伏生紫堇**(*C. decumbens*(Thunb.) Pers.),分布于华东、湖南等地。块茎(夏天无)能舒筋活血、通络止痛。

12. 十字花科(Cruciferae) $⚥ * K_{2+2} C_4 A_{2+4} \underline{G}_{(2:1 \sim 2:1 \sim \infty)}$

草本。单叶互生,无托叶。总状花序或圆锥花序,两性花,辐射对称;萼片 4,分离,2 轮;花瓣 4,十字花冠;雄蕊 6,四强雄蕊,雄蕊基部常有 4 个蜜腺;雌蕊由 2 心皮合生,子房上位,侧膜胎座,中间有假隔膜分成 2 室,每室胚珠一至多数。角果。

本科植物约 350 属 3 200 余种,分布范围广,以北温带居多。我国有 95 属 425 种,分布于我国各省。已知药用植物有 30 属 103 种。

本科植物多含吲哚苷类、硫苷类、脂肪油等。

【主要药用植物】

菘蓝(*Isatis indigotica* Fort) 一年生或二年生草本,全株灰绿色。主根长,圆柱形,灰黄色。基生叶有柄,叶互生,长圆状椭圆形;茎生叶较小,圆状披针形,基部垂耳圆形,半抱茎,全缘。圆锥花序;花黄色,花梗细,下垂。萼片 4,花瓣 4,四强雄蕊;短角果扁平,边缘有翅,紫色,内含 1 粒种子(图 10-21)。根(板蓝根)能清热解毒,凉血利咽。茎叶加工品(青黛)能清热解毒,凉血定惊。叶(大青叶)能清热解毒,凉血消斑。

1. 花果枝　2. 花　3. 根

图 10-21　菘蓝

独行菜(*Lepidium apetalum* Willd) 一年生或二年生草本。茎直立,自基部多分枝;基生叶窄匙形,一回羽状浅裂或深裂,茎上部叶线形,有疏齿或全缘;花小,白色,总状花序顶生;萼片 4;花瓣退化成丝状或缺失;雄蕊 2 或 4;短角果卵圆形。分布于华北、华东、西北、西南等地。种子(北葶苈子)能宣肺平喘,利水消肿。

荠菜(*Capsella bursa-pastoris*(L.) Medic.) 一年或二年生草本。茎直立;叶有毛,基生羽状分裂,披针形,基部成耳状抱茎;萼片 4,绿色;十字花冠;花小,白色,两性,总状花序顶生或腋生;雄蕊 6,四强雄蕊;雌蕊 1;短角果呈倒三角形。全草入药能凉血止血,清肝明目,清热利湿。

白芥(*Brassica alba*(L.) Boiss) 一至二年生草本。植株被白色粗毛。茎基部叶具长叶柄,基生叶为羽状分裂或全裂。总状花序顶生;花黄色;花萼 4,花瓣 4,四强雄蕊,子房上位。长角果圆柱形,密被白色长毛,先端具扁而长的喙。种子近球形,黄白色。种子(白芥子)能利气祛痰,散结消肿。

本科常用药用植物还有:**播娘蒿**(*Descurainia Sophia*(L.) Schur),一年或二年生草本。

全株灰白色，茎直立。叶二至三回羽状深裂，总状花序伞房状顶生。长角果圆筒状。种子长圆形，淡红褐色。分布于东北、华北、西北、华东、西南。种子“南葶苈子”药用，能祛痰平喘、利水消肿。**莱菔(萝卜)**(*Raphanus sativus* L.)，一年或二年生草本，直根肉质，外皮绿色、红色、白色；总状花序顶生或腋生，花白色、粉红色或紫色；长角果圆柱形。全国各地均有栽培。其鲜根，能消食、下气、化痰、利尿；种子(莱菔子)能消食导气、化痰定喘。

13. 蔷薇科(Rosaceae)　⚥ $* K_5 C_5 A_{4\sim\infty} \underline{G}_{1\sim\infty:1:1\sim\infty} \overline{G}_{(2\sim5:2\sim5:2)}$

木本或草本，常具有刺。单叶或复叶，互生，常具有托叶。花两性，辐射对称；单生或组成伞房、圆锥花序；花托突起或凹陷，花被与雄蕊合成坛状、壶状或碟状的花托，萼片、花瓣、雄蕊着生在杯托的边缘；萼片 5；花瓣 5，分离；雄蕊通常多数；心皮 1 至多数，离生或结合；子房上位或下位，每室 1 至多数胚珠。瘦果、核果、蓇葖果或梨果。

本科植物有 124 属 3 300 余种，广泛分布于世界各地。我国有 51 属 1 100 余种，分布于我国各地。已知药用植物有 48 属 400 余种。

本科植物含有氰苷类，如苦杏仁苷；黄酮类，如槲皮素；多元酚类，如仙鹤草酚；有机酸类等。

【主要药用植物】

山楂(*Crataegus pinnatifida* Bge)　落叶乔木。树皮灰色，常有刺。单叶互生；叶宽卵形或三角卵形，两侧各有 3～5 羽状深裂片，边缘有重锯齿；托叶镰形；花白色，伞房花序；梨果近球形，深红色，表皮有灰白色斑点(图 10-22)。主要分布于华北、东北、陕西、河南、江苏等地。果实能消食健胃、化滞淤。

金樱子(*Rosa laevigata* Michx.)　常绿攀缘灌木。有皮刺。三出羽状复叶，叶片近革质；小叶椭圆状卵形或长圆形，小叶 3，少数 5；花大，白色，单生于侧枝顶；蔷薇果倒卵形，红色，有刺，顶端具宿存萼片(图 10-23)。主要分布于华中、华东、华南等地。果实能涩精益肾、固肠止泻。

地榆(*Sanguisorba officinalis* L.)　多年生草本。根粗壮，呈不规则纺锤状，表面暗棕红色。茎带紫红色。奇数羽状复叶，小叶 5～19 片，长圆状卵形；穗状花序顶生，椭圆形；花小，萼片 4，紫红色；无花瓣；雄蕊 4；子房上位。瘦果，褐色(图 10-24)。分布于全国大部分地区。根能凉血止血，消肿敛疮，清热解毒。

图 10-22　山楂

图 10-23　金樱子

1. 植株　2. 花枝

图 10-24　地榆

月季花(*Rosa chinensis* Jacq.)　灌木。茎棕绿色有钩刺。叶互生,奇数羽状复叶,墨绿色,小叶3～5,宽卵形或卵状长圆形,无毛;托叶边缘有腺齿或羽裂。花常聚生呈伞房状,稀单生,花瓣色泽多样,重瓣,有香气。种子深褐色。果卵圆形或梨形。全国各地均有栽培,花能活血调经、解毒消肿、消炎、行气、止痛。

杏(*Prunus armeniaca* L.)　落叶小乔木。叶柄近顶端有2腺体。花单生枝顶,先叶开放;萼片5;花瓣5,白色或带红色;雄蕊多数;心皮1。核果,球形,黄红色,核表面平滑,种子1,扁心形,圆端合点处向上分布多数维管束。产于我国北部,均系栽培。种子(苦杏仁)能降气化痰、止咳平喘、润肠通便。

龙牙草(*Agrimonia pilosa* Ledeb.)　多年生草本,全株密生长柔毛。奇数羽状复叶,每对小叶之间夹小型小叶。圆锥花序顶生,花轴被柔毛;萼筒顶端5裂,有一圈钩状刺毛;花瓣5,黄色;雄蕊10;子房上位,2心皮。瘦果。全国大部分地区有分布。全草(仙鹤草)能止血、补虚、泻火、止痛。根芽(鹤草芽)能消肿解毒、杀虫。

本科常用药用植物还有:**贴梗海棠**(*Chaenomeles lagenaria* (Loisel.) Koidz.),落叶灌木。具枝刺。茎幼时紫褐色,老时暗褐色。叶卵形至椭圆形,边缘有锐锯齿;托叶大,肾形或半圆形。花梗短,花2～5朵簇生,红色至白色;花冠5,基部合生,无毛;子房下位。梨果球形或卵形,具香气。主要分布于西北、西南、华东、华中等地区。果实(皱皮木瓜)能祛风活血、祛湿舒筋。**山里红**(*C. pinnatifida* Bge. var. *maor* N. E. Br.),落叶小乔木。小枝常有刺,分枝多。叶互生;叶片广卵形或菱状卵形,羽状深裂;花白色或带红色,伞房花序顶生;萼片5;花瓣5。梨果近球形,熟时深红色,果皮密布灰白色小点。主要分布于华北、东北地区。果实(北山楂)药用同山楂。**枇杷**(*Eriobotrya japonica* (Thunb.) Lindl.),常绿小乔木。小枝密布灰棕色绒毛;单叶互生,披针形或长椭圆形;花白色,圆柱花序顶生,有香气;梨果球形,成熟时呈黄色或橙黄色。分布于长江流域及以南各省。叶(枇杷叶)能清肺止咳、降逆、止渴。**梅**(*Armeniaca mume* Sieb.),又名乌梅。小乔木。小枝绿色,细长。叶片灰绿色,卵形或宽卵形,先端长,尾尖。花梗短,花白色或粉红色;萼片卵形或近圆形,花瓣倒卵形;雄蕊多数,心皮1。核果,近圆形,黄绿色;核椭圆形,表面具蜂窝状孔穴。分布于全国各地。近成熟的果实(乌梅)能祛痰、生津止渴、镇咳、止血。

14. 豆科(Leguminosae)　⚥ $* \uparrow K_{5,(5)} C_5 A_{(9)+1,10,\infty} \underline{G}_{(1:1:1\sim\infty)}$

草本、木本或藤本。叶互生,多为羽状复叶或掌状复叶,少单叶,常具有托叶,有叶枕。两性花,花萼5,辐射对称或两侧对称;花瓣5,多为蝶形花,也有假蝶形或辐射对称花;雄蕊10,常为二体雄蕊,少数下部分生或合生,稀多数;心皮1,子房上位,心室1,胚珠1至多数,边缘胎座。荚果。种子无胚乳。

本科植物约650属18 000余种,广泛分布于全球各地。我国有169属1 539种,分布于全国各地。已知药用植物有109属600余种。

本科植物含有黄酮类,如甘草苷、葛根素等;生物碱类,如苦参碱等;蒽醌类;香豆素等。

【主要药用植物】

合欢(*Albizia julibrissin* durazz.)　落叶乔木。树皮灰棕色至灰褐色,密生椭圆形横向皮孔。二回羽状复叶,互生,小叶镰刀状;头状花序,伞房状排列,花淡红色;辐射对称;花萼呈钟状，5裂；花冠漏斗状；疏生短毛；雄蕊多数，花丝细长，淡红色基部连合，上部分离；1心皮，1室，子房上位，胚珠多数，边缘胎座。荚果呈扁条形。分布于我国南北各地。树皮（合欢皮）能解郁安神、活血消痈；花（合欢花）能解郁安神、理气开胃、消风明目。

决明子（*Cassia obtusifolia* L.）　一年生草本。被短柔毛。偶数羽状复叶互生，小叶6，在叶轴上下两对小叶间各有一刺状腺体。花成对腋生；萼片5，呈卵圆形，分离；花瓣5，呈黄色，最下边两片长；雄蕊10，发育雄蕊7。荚果细长，呈四棱形。种子棱柱状，淡褐色，有光泽（图10-25）。主要分布于长江以南地区。种子（决明子）能清肝明目、润肠通便。

膜荚黄芪（*Astragalus membranaceus*（Fisch.）Bge.）　多年生草本。主根长，呈圆柱形，表面呈土黄色，奇数羽状复叶，小叶6～13，椭圆形或卵状披针形，两面被白色长柔毛。总状花序腋生；花萼钟状，5裂齿；蝶形花冠，黄白色；雄蕊10，二体雄蕊；子房被柔毛；荚果膜质，膨胀，卵状长圆形，被黑色短柔毛（图10-26）。主要分布于东北、华北、西北、西南部分地区，生于灌丛、林间草地等。根（黄芪）能补气固表、消肿排脓等。

图10-25　决明子

1.花果枝　2.根

图10-26　膜荚黄芪

甘草（*Glycyrrhiza uralensis* Fisch.）　多年生草本。根状茎，粗大，外皮红棕色或暗褐色。全株密生白色短毛及腺状毛。奇数羽状复叶互生，早落；小叶5～17，呈卵形或阔卵形。总状花序腋生；花萼钟形，萼片5裂齿；花冠淡紫色，雄蕊10，9枚连合，1枚分离，二体雄蕊；荚果呈镰刀状或环状，密被刺状腺毛和短毛。主要分布于东北、华北、西北等地。根及根状茎能清热解毒、润肺化痰、补脾益气、调和诸药等。

本科常用药用植物还有：

含羞草（*Mimosa pudica* L.）　灌木状草本。茎圆柱状，有下弯的钩刺和倒生刺毛；二回羽状复叶，小叶线状长圆形，叶枕有感应细胞，小叶触之即闭合下垂。花淡红色，头状花序圆球形；花萼4，花瓣4；雄蕊4。荚果长圆形。分布于华东、华南、西南等地。全草入药能宁心安神、散瘀、止痛；根（羞草根），有毒，能通络、消积。

皂荚（*Gleditsia sinensis* Lam.）　落叶乔木。枝上有棘刺，通常有分枝，小枝无毛。偶数羽状复叶，小叶6～16片，卵状披针形，边缘有细锯齿。总状花序；花萼钟状，萼片4，花瓣4，黄白色；雄蕊6～8。荚果扁条形，黑棕色，被白色粉霜。不育果呈圆柱形，紫褐色，被灰白色粉霜。主要分布于东北、华北、华东、华南等地。果实（大皂角）能润燥、通便；不育果（猪牙皂）能祛痰、开窍、散结。棘刺(天丁)能疏风、杀虫、消肿。

苏木(*Caesalpinia sappan* L.) 小乔木，枝具刺。二回羽状复叶，对生，小叶纸质，长圆形；花梗被细柔毛，圆锥花序顶生或腋生；荚果木质，近长圆形，红棕色。分布于华南、云贵、台湾等地。心材(苏木)能活血祛瘀、消肿止痛。

苦参(*Sophora flavescens* Ait.) 落叶半灌木。根圆柱形，外皮黄色。奇数羽状复叶；小叶 11～25 片，互生或近对生，纸质，披针形至线状披针形。总状花序顶生；花萼钟状，花冠白色或淡黄白色；雄蕊 10，分离。荚果长条形，疏生短柔毛。分布于全国各地。根(苦参)能利尿、消炎、杀虫。

野葛(*Pueraria lobata* (Willd.) Ohwi) 藤本，枝灰褐色，疏生黄色长硬毛。块根肥厚。三出复叶。总状花序腋生，花冠蓝紫色；萼片 5；雄蕊 10，9 个连合，1 个分离，二体雄蕊。荚果长圆形。全国大部分地区有分布。块根(葛根)能清热、生津、透疹、止泻。

15. 芸香科(Rutaceae) $⚥ * K_{3\sim5}C_{3\sim5}A_{3\sim\infty}\underline{G}_{(2\sim\infty:2\sim\infty:1\sim2)}$

木本，稀草本。有的具有刺，叶、花或果常具有透明腺点，有芳香气味。叶多互生，多为复叶或单身复叶，无托叶；花两性，辐射对称，单生或簇生，排成聚伞花序或圆锥花序；萼片 3～5，花瓣 3～5；雄蕊与花瓣常同数或是其倍数，着生于花盘基部；子房上位，心皮 2 至多数，多合生，每室胚珠 1～2。蓇葖果、蒴果、柑果、核果。

本科植物约 150 属 1 700 余种。主要分布于热带和温带。我国有 28 属 150 余种，分布于全国各地。已知药用植物有 23 属 105 种。

本科植物含有挥发油；生物碱，如吡喃喹啉类和呋喃喹啉类等；黄酮类化合物等。

【主要药用植物】

橘(*Citrus reticulata* Blanco) 常绿小乔木或灌木，多刺。单身复叶互生，革质，叶片有半透明油点。花萼 5；花瓣 5，黄白色；雄蕊 15～30，花丝 3～5 枚合生；心皮 9～15，子房上位；柑果球形或扁球形，具有香气(图 10-27)。主要分布于长江流域及以南地区。成熟果皮(陈皮)能调中开胃、理气健脾。中果皮内果皮间维管束群(橘络)能通络、理气、化痰。叶(橘叶)能疏肝行气、散结。种子能理气散结、止痛。未成熟果皮能疏肝破气、消积化滞。

1. 花枝　2. 果实

图 10-27　橘

黄檗(*Phellodendron amurense* Rupr.) 落叶乔木。树皮淡棕黄色、厚，木栓层发达，内层皮薄，黄色；奇数羽状复叶，对生；小叶 5～15 片，呈卵形或卵状长圆形，叶缘有锯齿，齿间有腺点；雌雄异株；花小，黄绿色，圆锥状聚伞花序；萼片及花瓣各 5；雄蕊 5；雌蕊柱头 5 浅裂；浆果状核果，球形，熟时紫黑色(图 10-28)。主要分布于我国东北、华北地区。去除栓皮的树皮(关黄柏)能泻火解毒、清热燥湿。

图 10-28　黄檗

本科常用药用植物还有：**花椒**（*Zanthoxylum bungeanum* Maxim.），落叶小乔木，茎具短刺。小叶对生，椭圆形，叶背面被柔毛。花序顶生，花被片黄绿色。果实紫红色。除新疆及东北外，全国各地几乎均有栽培。果皮（花椒）能止痛、散寒、止泻、杀虫；种子（椒目）能祛痰平喘、利水消肿。**吴茱萸**（*Evodia rutaecarpa*（Juss.）Benth），落叶小乔木或灌木。幼枝暗紫红色，叶轴和花序均被黄褐色长柔毛，奇数羽状复叶对生，小叶 5～9，椭圆形或卵形，叶两面被白色长柔毛，有腺点。雌雄异株；花序顶生，圆锥状聚伞花序，花白色，花萼 5，花瓣 5。蒴果扁球形，成熟时开裂成蓇葖果状，紫红色，种子褐黑色。主要分布于长江流域及以南各省。未成熟果实能散寒止痛、疏肝下气、降逆止呕。**酸橙**（*C. aurantium* L.），常绿小乔木，具枝刺。叶深绿，革质，单身复叶互生；花白色，芳香，1 至数朵簇生成总状花序。柑果近球形，橙黄至橙红色，果皮厚，粗糙，果肉味酸。分布于秦岭以南地区。未成熟果实（枳壳）能理气宽中、行滞消积。幼果（枳实）能破气消积、化痰除痞。

16. 大戟科（Euphorbiaceae）　$♂ * K_{0\sim5}C_{0\sim5}A_{1\sim\infty}$；$♀ * K_{0\sim5}C_{0\sim5}\underline{G}_{(3:3:1\sim2)}$

草本、灌木或乔木，常含有白色乳汁。单叶，互生，长圆形或披针形，叶基部常有腺体，有托叶；花常单性，同株或异株，常为聚伞花序或穗状花序；花被常为单层；萼片 2～5，无花瓣或稀有花瓣；雄蕊 1 至多数，花丝分离或连合；雄蕊常由 3 心皮合生，3 室，每室 1～2 胚珠，子房上位，中轴胎座。蒴果，少浆果或核果。

本科植物约 300 属 8 000 余种，广泛分布于全球各地。我国有 66 属，364 种，分布于全国各地。已知药用植物有 39 属 160 余种。

本科植物化学成分复杂，常含有生物碱，如一叶萩碱；二萜、三萜类化合物；硫苷；氰苷等。

【主要药用植物】

大戟（*Euphorbia pekinensis* Rupr.）　多年生草本，有白色乳汁。根长圆柱形。茎被短柔毛。单叶，互生；花单性，总花序常有 5 伞柄，基部有 5～8 枚叶状总苞片，每伞梗有 2 级分枝 3～4 个，每雄花 1 雄蕊，多歧聚伞花序；花序中央有 1 雌花，雌蕊 1，3 心皮合生，3 室，每室 1 胚珠，子房上位，子房基部有长柄，突出下垂于总苞外面。蒴果（图 10-29）。全国各地均有分布。根（京大戟）有毒，有泻水逐饮功效。

1. 花枝　2. 根

图 10-29　大戟

本科常用药用植物还有：**巴豆**（*Croton tiglium* L.），常绿小乔木，幼枝、叶有星状毛。单叶互生，卵形，两面被星状毛。花单性，雌雄同株，总状花序顶生，萼片 5，花瓣 5，子房上位。蒴果卵形。分布于南方及西南地区，种子有大毒，外用能蚀疱；巴豆霜能破积、逐水、消肿。**蓖麻**（*Ricinus communis* L.），一年或多年生草本。茎多汁液；单叶互生；单性花，圆锥花序，蒴果近球形，果皮具软刺。全国各地均有种植，种子（蓖麻子）有毒，能消肿排毒、泻下通滞。**铁苋**（*Acalypha australis* L.），一年生草本。茎灰棕色，密被白毛。有芳香气味。叶互生，卵状菱形。花单性，雌雄同株，无花瓣；穗状花序腋生，雄花生花序上端，花萼 4，雄蕊 8；雌花萼片 3，子房 3 室。蒴果小，三角状半圆形。分布于全国各地。全草能清热、解毒、止血、杀虫、止痢。**狼毒大戟**（*Euphorbia fischeriana* Steud.），多年生草本。根肥厚，圆柱形，土褐色；叶卵状披针形，互生；杯状花序，花单性，雌雄同株，雄花1雄蕊，雌花1雌蕊；蒴果宽卵形。分布于东北、西北、华北、华东各省。根(狼毒)有大毒，外用除湿、杀虫、止痒。

17. 五加科(Araliaceae)　$\male * K_{0\sim5}C_{0\sim5}A_{1\sim\infty}$；$\female * K_{0\sim5}C_{0\sim5}\underline{G}_{(3:3:1\sim2)}$

多为木本，稀多年生草本。茎上常有刺。叶多互生，少对生或轮生，常为掌状复叶、羽状复叶或为单叶。花小，多两性，稀单性，伞形花序或聚成头状花序，常组成圆锥花序；辐射对称；萼小，萼齿5；花瓣5～10，分离；雄蕊5～10，着生于花盘边缘，花盘生于子房顶部，子房下位，由2～15个心皮合生，通常2～5室，每室1胚珠。浆果或核果。种子有胚乳。

本科植物约80属900余种，分布于温带和热带地区。我国有23属172种，除新疆外，其他地区均有分布。已知药用植物有19属112种。

本科植物含有三萜皂苷，如人参皂苷；黄酮类；香豆素；酚类化合物等。

【主要药用植物】

刺五加(*Acanthopanaxsenticosus*(Rupr. et Maxim.) Harms.)　落叶灌木。枝密生针刺。掌状复叶，小叶5，倒卵形，叶背沿脉生黄褐色毛；伞形花序单生或2～4个丛生于茎顶部；花瓣黄绿色，花柱5，合生，呈柱状，子房下位，5室，浆果状核果，球形，有5棱，黑色(图10-30)。主要分布于东北、华北、四川、陕西等地。根及根状茎(刺五加)能益气健脾、补肾安神。

人参(*Panax ginseng* C. A. Mey.)　多年生草本；主根肉质，圆柱形或纺锤形，须根细长；根状茎(芦头)短；茎单生，直立。叶为掌状复叶，2～6枚轮生茎顶，依年龄而异：1年生有1枚三出复叶，2年生有1枚掌状复叶，以后每年增加1枚掌状复叶，最多可达6枚；小叶卵形或椭圆形，基部楔形，先端渐尖，边缘有细尖锯齿，上面沿中脉疏被刚毛。伞形花序顶生，花小；花瓣5，淡黄绿色；雄蕊5，花丝短，花药球形；子房下位，2室，花柱1，柱头2裂(图10-31)。浆果状核果扁球形或肾形，成熟时鲜红色；种子扁圆形。

三七(*P. notoginseng*(Burk.)F. H. Chen)　多年生草本。主根粗壮，倒圆锥形或短圆柱形，常有瘤状突起的分枝。掌状复叶，小叶3～7枚，常5枚，中央1枚较大，两侧脉上密生刚毛。伞形花序顶生；花5基数；子房下位，2～3室(图10-32)。浆果状核果，熟时红色。主要栽培于云南、广西等。根能散瘀止血、消肿定痛。

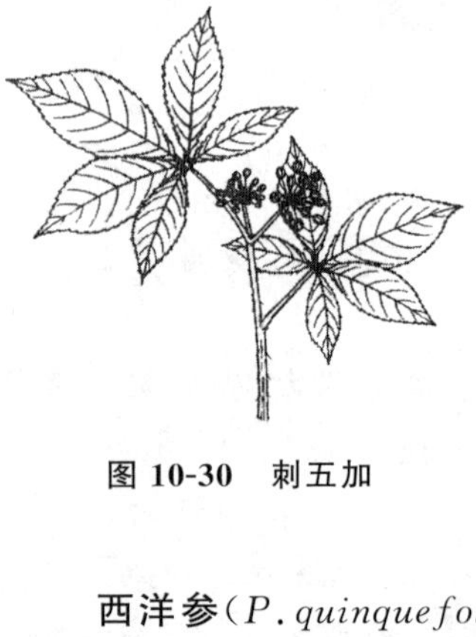

图10-30　刺五加

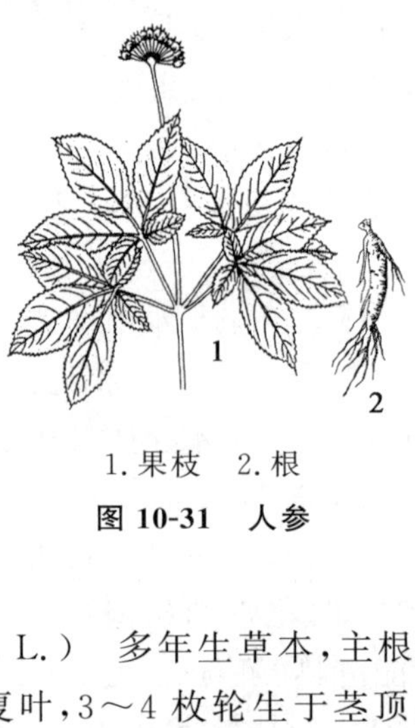

1. 果枝　2. 根

图10-31　人参

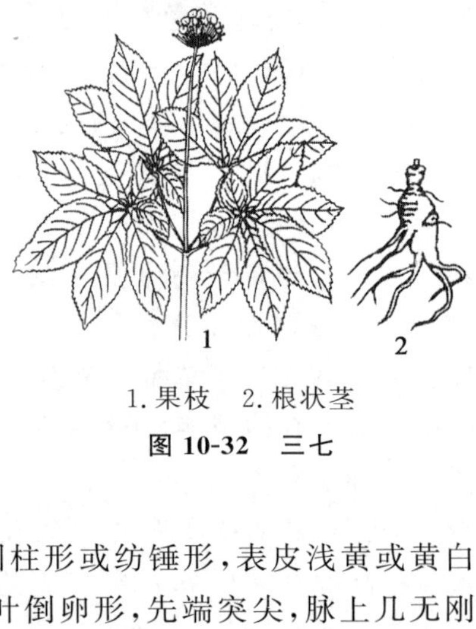

1. 果枝　2. 根状茎

图10-32　三七

西洋参(*P. quinquefolium* L.)　多年生草本，主根呈圆柱形或纺锤形，表皮浅黄或黄白色，有纵条纹，须根细长；掌状复叶，3～4枚轮生于茎顶，小叶倒卵形，先端突尖，脉上几无刚毛，边缘具粗锯齿。萼片5，绿色，钟状；花瓣5，雄蕊5，雌蕊1，子房下位；浆果扁圆形，成熟时鲜红色。原产于加拿大和美国，现我国北京、黑龙江、吉林、陕西、山东等地有引种栽培。根能补气养阴、清热生津。

本科常用药用植物还有：

细柱五加（*Acanthopanax gracilistylus* W. W. Smith.）　落叶灌木，枝蔓生状，无毛。掌状复叶，叶柄基部有扁平刺，小叶片膜质至纸质，5枚，簇生，倒卵形；伞形花序腋生；雄蕊5，子房2室，花黄绿色；核果浆果状，扁球形，成熟时黑色。主要分布于南方各省。根皮（五加皮）能祛风湿、强筋骨、补肝肾。

通脱木（*Tetrapanax papyrifera*（Hook.）K. Koch）　灌木。小枝、花序均密生黄色星状厚绒毛。茎具大型髓部，白色。叶大，互生，集生于茎顶，叶片纸质，掌状5～11裂。伞形花序聚生成圆锥花序状，花瓣4，白色；雄蕊4；子房下位，2室。果球形，成熟时紫黑色。分布于陕西及长江以南各省。茎髓（通草）能清热、利水、消肿、通乳。

楤木（*Aralia chinensis* L.）　落叶灌木或小乔木，树皮灰色，茎枝有粗刺。二回或三回羽状复叶，小叶片纸质，卵形或长卵形。花白色，芳香；花瓣5；雄蕊5；子房5室。果实球形，黑色。分布于华北、华东、中南和西南地区。根及树皮（楤木）能祛风行气、活血、祛湿、利尿。

刺楸（*Kalopanax septemlobus*（Thumb.）Koidz.）　落叶乔木。树皮深灰棕色，小枝具刺。叶片纸质，近圆形；花白色或淡黄绿色，花瓣5；雄蕊5；子房2室。果实球形，成熟时蓝黑色。分布于各省区。茎皮（川桐皮）能祛风除湿、活血通络。

18. 伞形科（Umbelliferae）　⚥ $* K_{(5),0} C_5 A_5 \overline{G}_{(2:2:1)}$

草本，常含挥发油。茎常中空，表面有纵棱。叶互生，多为一至多回三出复叶或羽状分裂，叶柄基部扩大成鞘状。花小，两性；复伞形或伞形花序；辐射对称；花萼5，齿裂；花瓣5；雄蕊5，与花瓣互生；子房下位，2心皮合生，2室，每室胚珠1；花柱2，基部往往膨大成盘状或短圆锥状花柱基（上位花盘与花柱结合而成）。双悬果。种子有胚乳。

本科植物270余属2 900余种，分布于温带、亚热带、热带。我国95属540余种，全国各地均有分布。已知药用植物有55属230余种。

本科植物含多种化学物质，主要含挥发油；生物碱；三萜皂苷，如柴胡皂苷；黄酮类等。

【主要药用植物】

白芷（*Angelica dahurica*（Fisch. ex Hoffm.）Benth. et Hook. f.）　多年生高大草本。根粗大，直生，长圆锥形，皮黄褐色。茎粗壮，中空，茎和叶鞘紫红色。叶片二回至三回羽状分裂，最终裂片卵形至长卵形，基部下延成小柄；茎上部叶成囊状叶鞘。复伞形花序顶生或腋生，总包片缺或呈1～2片膨大的鞘状苞片；花白色，花瓣5；雄蕊5；子房下位，2室。双悬果近圆形或椭圆形（图10-33）。分布于东北、华北及四川、湖北、湖南等省区。根（白芷）能祛风湿、活血、止痛。

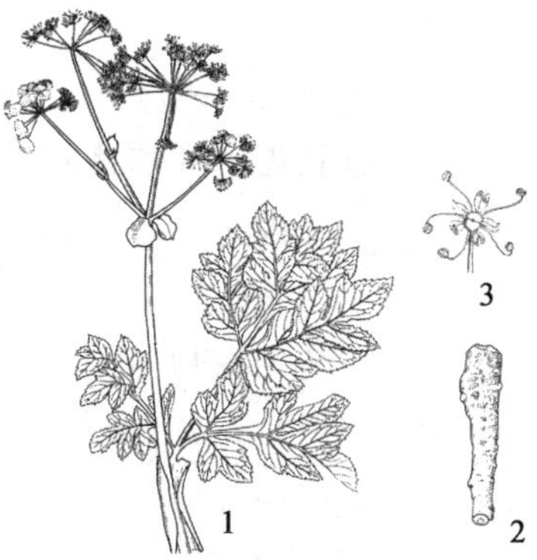

1. 花果枝　2. 根　3. 花

图10-33　白芷

柴胡(*Bupleurum chinense* DC.) 多年生草本。主根较粗,少有分枝,黑褐色,质硬。茎多丛生,上部多分枝,稍呈"之"字形弯曲。基生叶早枯,中部叶倒披针形或披针形,全缘,具平行叶脉7~9条。复伞形花序;伞辐3~8;小总苞片5,披针形;花黄色。双悬果宽椭圆形,两侧略扁,棱狭翅状(图10-34)。分布于东北、华北、华东、中南、西南等地。根(北柴胡)能发表退热、疏肝解郁、升阳。

当归(*Angelica sinensis*(Oliv.) Diels) 多年生草本。主根粗短,有支根,有特异香气。茎直立;叶二回至三回三出羽状分裂或羽状全裂。复伞形花序;苞片无或2枚;小总苞片2~4;花瓣5,绿白色;雄蕊5;子房下位。双悬果椭圆形,分果有5棱,侧棱延展成薄翅(图10-35)。分布于西北、西南各省。根(当归)能补血、活血、调经、止痛、通便。

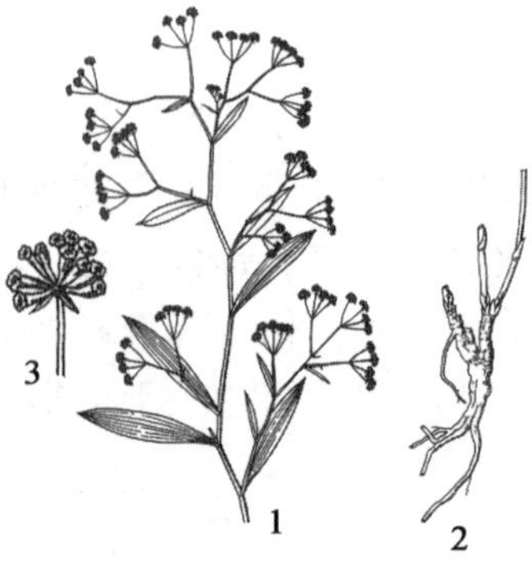

1.花枝 2.根 3.花序

图10-34 柴胡

1.果枝 2.根

图10-35 当归

川芎(*Ligusticum chuanxiong* Hort.) 多年生草本。根状茎为不规则的结节状拳形团块,黄棕色,有香气。茎丛生,基部节膨大呈盘状。二回至三回羽状复叶,小叶羽状深裂或全裂,3~5对;复伞形花序,花白色;双悬果卵形。主要分布于我国西南地区。根茎(川芎)能祛风止痛、活血行气。

防风(*Saposhnikovia divaricata*(Turez.) Schischk.) 多年生草本。根粗壮,长圆锥形。茎基密被纤维状褐色叶柄残基。基生叶二回至三回羽状分裂,顶生叶简化成叶鞘。花白色,复伞形花序。双悬果宽卵形,幼时具疣状突起。主要分布于东北、华北地区。根(防风)能祛风、止痛、胜湿。

本科常用药用植物还有:**茴香**(*Foeniculum vulgare* Mill.),多年生草本。具辛香味。茎直立;叶羽状分裂;花黄色,复伞形花序;双悬果椭圆形,黄绿色。主要分布于我国东北、西北、内蒙古、四川、广西等地。果实(小茴香)散寒止痛、健胃行气。**明党参**(*Changium smyrnioides* Woiff),多年生草本植物。根纺锤形;茎直立;复伞形花序顶生或侧生;花白色,花瓣卵状披针形;果实卵状长圆形。分布于长江流域各省,根(明党参)能清肺、化痰、养阴和胃、平肝、解毒。**珊瑚菜**(*Glehnia littoralis*(A. Gray) Fr. Schmidt et Miq.),多年生草本,全株密生灰褐色绒毛。主根细长,圆柱形。基生叶三出或羽状分裂或二回至三回羽状深裂,卵圆形或椭圆形。复伞形花序顶生；花白色。双悬果圆球形或椭圆形，果棱木质化，有棕色毛。分布于中国沿海地区。根(北沙参)能养阴清肺、镇咳祛痰、益胃生津。**芫荽**(*Coriandrum sativum* L.)，一年或二年生草本。有香味。茎直立，圆柱形，多分支；叶一回或二回羽状全裂；伞形花序顶生；花白色或淡紫色；果实圆球形。我国大部分地区均有栽培。全草(胡荽)能发汗透疹，消食开胃。果实(胡荽子)能健胃消积、解毒。

(二)合瓣花亚纲

1. 杜鹃花科(Ericaceae)　⚥ $* \ K_{(4\sim5)}C_{(4\sim5)}A_{(8\sim10),4\sim5}\ \underline{G}_{(4\sim5:4\sim5:\infty)}\ \overline{G}_{(4\sim5:4\sim5:\infty)}$

灌木或小乔木，多常绿。单叶互生，常革质，椭圆形或披针形，多全缘，无托叶。花两性，辐射对称或稍两侧对称；单生或成总状、伞房、伞形、圆锥等花序；花萼 5～4 裂，宿存；花冠 5～4 裂，合生成钟状、漏斗状或壶状；雄蕊多为花冠裂片的 2 倍，稀同数而互生，花药 2 室，多顶孔开裂，有时有芒状或尾状附属物；花盘存在或缺；子房上位，稀下位，多为 5～4 心皮合生，5～4 室，中轴胎座，每室胚珠常多数；花柱单一，柱头头状。蒴果，少浆果或核果。染色体：$X=11$，12，13。

本科 50 属 1 300 种；分布于全世界，以亚热带山区最多。我国有 14 属 700 多种，已知药用 126 种。以西南山区分布种类较多。

本科植物的特征性活性成分为黄酮类和挥发油，它们大多有抗菌消炎和止咳平喘、化痰作用。如杜鹃素(farreol)和莢果素(matteucinol)为甲基取代的双氢黄酮类，在被子植物中，目前只发现在杜鹃花属中存在。挥发油中的大牻牛儿酮(germacrone)也有明显止咳作用。此外在杜鹃花属(*Rhododendron*)和马醉木属(*Pieris*)的一些植物中常存在杜鹃毒素(rhodotoxin)，为一类倍半萜类化合物，可引起呼吸困难、心跳减弱及肝功能异常。越橘属(*Vaccinium*)植物还含苷类，如熊果苷(arbutin)、桃叶珊瑚苷(aucubin)和越橘苷(vaccinilin)。

哈钦松分类系统把具下位或半下位子房、果实为浆果或核果的越橘亚科另立为越橘科(Vacciniaceae)。

【主要药用植物】

兴安杜鹃(满山红)(*Rhododendron dauricum* L.)　半常绿灌木。小枝有鳞片及柔毛；叶革质；花紫红或粉红色，蒴果矩圆形(图 10-36)。分布于东北及内蒙古。根、叶能祛痰，止咳，强心。

杜鹏花属植物我国约 650 种，已知药用有 65 种。大多具止咳祛痰和平喘作用，如烈香杜鹏(*R. anthopogonoides* Maxim.)、映山红(*R. simsii* Planch.)、岭南杜鹃(*R. mariae* Hance)及照山白(*R. micranthum* Turcz.)等。

羊踯躅(闹羊花)(*Rhododendron molle* G. Don)　落叶灌木。叶纸质，长椭圆形，背密生灰色柔毛；花黄色(图 10-37)。分布于长江流域及以南地区。花有毒，能麻醉，止痛。果(六轴子)能麻醉，止泻，定喘。全株外用治疮疖，并可作农业杀虫药。

1. 茎枝和花　2. 叶　3. 果　4. 种子

图 10-36　兴安杜鹃

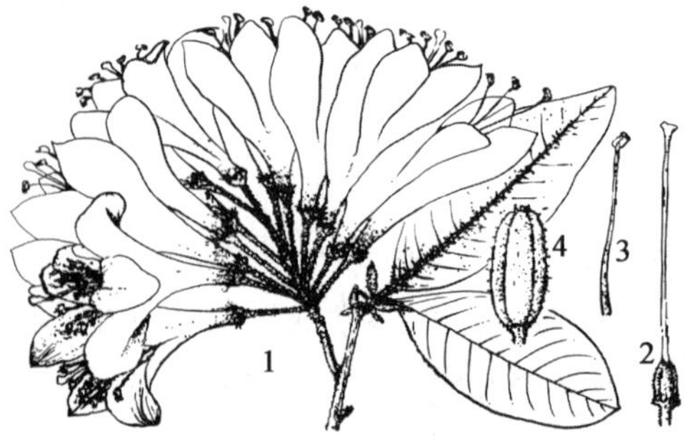

1. 茎枝和花　2. 雌蕊　3. 雄蕊　4. 果

图 10-37　羊踯躅

乌饭树(*Vaccinium bracteatum* Thunb.)　常绿灌木。花冠圆桶状,白色。分布于长江流域及以南各省。叶及果治支气管炎,根能消肿止痛。乌饭树属植物我国有 47 种,不少可作药用。

笃斯越橘(*Vaccinium uliginosum* L.)　落叶灌木,多分枝。叶片倒卵形。花冠坛状,下垂。浆果熟时黑色。分布于东北、华北、西北等地。叶和果能清热,收敛;果能做保健饮料。同属植物**越橘**(*V. vitis-idaea* L.)常绿矮小灌木。分布和功用与笃斯越橘相似。

2. 木犀科(Oleaceae)　$* \ K_{(4)}C_{(4),0}A_{2,4\sim5}\underline{G}_{(2:2)}$

灌木、乔木,或藤状灌木。叶对生,稀互生,单叶、三出复叶或羽状复叶,无托叶。花两性,稀单性,辐射对称,成圆锥、聚伞花序或簇生,很少单生;萼 4 裂,有时顶部近平截;花冠 4 裂,稀缺;雄蕊 2 枚,着生花冠上;子房上位,2 室,每室 2 胚珠,花柱单生;柱头单一或 2 尖裂。核果、浆果、蒴果或翅果。染色体 X=13、14、23。

本科 29 属 600 种,广布于温带或亚热带地区。我国 12 属近 200 种,各地均有分布。已知药用 80 余种。

本科化学成分多样,有香豆素类:如秦皮苷(fraxin)、秦皮乙素(esculetin)、七叶树苷(aesculin)均有抗菌消炎、止咳化痰作用;苦味素类:如素馨苦苷(jasminin)有苦味健胃作用;苦丁香苷(syringopicroside)具利胆作用;酚类:如连翘酚(forsythol)。木脂素类:如连翘苷(forsythin)具抗菌消炎作用。而素馨属、茉莉属和紫丁香属植物的花中还常含芳香油。

【主要药用植物】

连翘(*Forsythia suspensa*(Thunb.)Vahl.)　落叶灌木。枝条下垂,嫩枝具四棱,茎髓呈薄片状;单叶对生,叶片完整或 3 全裂;春季先叶开花,花冠黄色;木质蒴果狭卵形(图 10-38)。分布于东北、华北地区。成熟果实(连翘)能清热解毒,消肿散结。连翘属植物我国产 7 种,某些种类的果实在各地也作连翘使用。

女贞(*Ligustrum lucidum* Ait.)　常绿乔木。叶革质,全缘。花小,密集成顶生圆锥花序。花冠白色。核果弯曲,熟时紫黑色(图 10-39)。分布于长江流域及以南地区。果实(女贞子)能补肾滋阴,养肝明目;叶治口腔炎。本属我国产 38 种,入药 17 种。

1.茎枝　2.雌蕊　3.花冠和雄蕊

图 10-38　连翘

1.茎枝和花　2.茎枝和果　3.花
4.雄蕊　5.雌蕊　6.种子

图 10-39　女贞

大叶白蜡树(苦枥白蜡树、大叶梣)(*Fraxinus rhynchophylla* Hance (*F. chinenses* Roxb. var. *rhynchophylla*(Hance) Hemsl.))　落叶大乔木。奇数羽状复叶对生,小叶 5～7,通常为 5;圆锥花序;花单性或杂性异株,雄花有 2 雄蕊;翅果长倒披针形。主要分布于东北、华北、华中等地。树皮为药材秦皮的主要来源之一,能清热燥湿,清肝明目,止痢。

梣属(*Fraxinus*)植物我国有 27 种,其中多种植物的树皮可作“秦皮”用,如**尖叶白蜡树(尖叶梣)**(*F. szaboana* Lingelsh. (*F. chinensis* Roxb. var. *acuminata* Lingelsh));**宿柱白蜡树**(*F. stylosa* Lingelsh. (*F. fllax* Lingelsh))、**白蜡树(梣)**(*F. chinenses* Roxb.)我国大部分地区有分布。枝干上可以放养白蜡虫,分泌白蜡作药用及工业用。树皮入药称为“川秦皮”。

本科较重要的药用植物尚有**暴马丁香**(*Syringa reticulate*(BL.) Hara var. *amurensis* (Rupr.)Pringle(*S. amurensis* Rupr.)),其树皮和树枝能宣肺,化痰,止咳。

3. 龙胆科(Gentianaceae)　⚥ $* K_{(4)}C_{(4),0}A_{2,4\sim5}\underline{G}_{(2:2)}$

草本,茎直立或攀缘,稀灌木。单叶对生,全缘,少轮生,无托叶。花常两性,辐射对称,多成聚伞花序,稀单生;萼筒管状,常 4～5 裂;花冠漏斗状、辐状或管状,常 4～5 裂,多旋转状排列,有时有距;雄蕊与花冠裂片同数而互生,着生花冠管上;子房上位,常 2 心皮合生成 1 室,侧膜胎座,胚珠多数。蒴果 2 瓣裂。染色体 $X=9$、10、11、12、13。

本科约 80 属 900 多种,广布于全世界,主产北温带。我国 19 属 350 多种,各地有分布,以西南山区种类较多。已知药用 15 属 109 种。

本科的特征性化学成分为裂环烯醚萜苷和酮类化合物。如龙胆苦苷(gentiopicroside)、獐牙菜苷(sweroside)、当药苦苷(swertiamarin),它们为龙胆科的苦味成分,具抗菌消炎、促进胃液分泌等作用。龙胆山酮(gentisin)、当药山酮(swertiamain)有抗结核及利胆作用。有些还含生物碱,如龙胆碱(gentianine)能镇静和抗过敏。

【主要药用植物】

龙胆(*Ggentiana scabra* Bunge)　多年生草本。根细长,簇生,味苦;叶对生,全缘,主脉 3～5 条;花蓝紫色,长钟形;蒴果长圆形;种子有翅(图 10-40)。分布于除西北及西藏外的大部分地区。根能清热除湿泻肝定惊;又为苦味健胃药。

1. 根　2. 茎枝和花

图 10-40　龙胆

龙胆属(Gentiana)植物我国 247 种药用约 52 种。作"龙胆"入药的还有同属植物多种,如**条叶龙胆**(*G. manshurica* Kitag.),叶近革质,无柄,线状披针形至线形,叶宽 4～14 mm。主产东北、华北、华东等地。**三花龙胆**(*G. triflora* Pall.),叶条状披针形,叶宽约 2 cm。主产东北、华北。**秦艽**(*Gentiana macrophylla* Pall.),多年生草本。主根细长、扭曲;叶对生,长圆状披针形,5 主脉明显。花冠蓝紫色。产于西北、华北和东北。根能祛风除湿,退虚热。

本科作药用的还有:**青叶胆**(*Swertia mileensis* T. N. He et W. L. Shi),一年生草本,主产云南。全草能利胆除湿,治疗病毒性肝炎。**当药**(紫花当药))(*S. pseudochinensis* Hara),一年生草本,茎四棱。全草能清热,利湿健脾。

4. 萝摩科(Asclepiadaceae)　$⚥ * K_{(5)}C_{(5),0}A_{(5)}\underline{G}_{2:1:\infty}$

藤本、多年生草本或灌木,具乳汁。单叶对生,少轮生,全缘,叶柄顶端常具丛生的腺体。花两性,辐射对称,五基数;聚伞花序成伞状、伞房状或总状排列;花萼筒短,先端 5 裂,内面基部常有腺体;花冠辐状或坛状,稀高脚碟状,顶端 5 裂,裂片旋转状排列,常具副花冠,为 5 枚裂片或鳞片组成,着生于合蕊冠或花冠管上;雄蕊 5 枚,与雌蕊合生成合蕊柱;花药黏生成一环而紧贴于柱头基部的膨大处,花丝合生成具蜜腺的筒而将雌蕊包围的合蕊冠,或互相分离;花粉粒常聚合成花粉块,每花药有花粉块 2 个或 4 个,(但原始类群的四合花粉粒则成颗粒状)承载于花药内的匙形载粉器上,载粉器下面又各有 1 载粉器柄,基部又各有 1 粘盘,粘于柱头上,并与花药相互生;子房上位,2 心皮,离生;花柱 2,顶部合生,柱头膨大,常与花药合生。蓇葖果双生,或因一个不育而单生。种子多数,顶端具白色丝状毛。染色体:$X=11$。

本科特征与夹竹桃科相近,主要区别是本科具花粉块和合蕊柱,叶片基部与叶柄连接处有丛生的腺体,夹竹桃科的腺体在叶腋内或叶腋间。

本科共 180 属 2 200 余种,分布于全世界,主产热带。我国 44 属 245 种,全国分布,以西南、华南种类较多。已知药用 32 属 112 种。

本科化学成分多样。有强心苷:如杠柳毒苷(periplocin)、马利筋苷(asclepin)、牛角瓜苷(calotropin)。苦味甾体脂苷:其水解后的苷元为萝摩苷元(metaplexigenin)、肉珊瑚苷元(sarcosine)。皂苷:如杠柳苷(periplogin)。生物碱:如娃儿藤碱(tylocrebrine)。酚性成分:如牡丹酚(paeonol)等。

【主要药用植物】

白薇(*Cyanchun atratum* Bunge.)　多年生草本,全株被绒毛。根有香气。聚伞花序无梗,花紫红色。蓇葖果单生(图 10-41)。全国多数地区有分布。根及根茎能清热、凉血、利尿。

同属植物**蔓生白薇**(*C. versicolor* Bunge)的根和根茎也作白薇用。

柳叶白前(白前)(*Cynanchum stauntonii*(Decne)Schltr. ex Levl.)　小灌木。根茎细长、匍匐。叶狭长披针形。花冠紫红色,副花冠裂片盾状。蓇葖果单生(图 10-42)。分布于长江流域及西南地区。全株清热解毒,根及根茎(白前)能祛痰止咳,泻肺降气。**芫花叶白前**(*C. glaucescens*(Deme.) Hand-Mazz.)茎具 2 列柔毛,叶长椭圆形。花冠黄白色。根和根茎也作白前用。

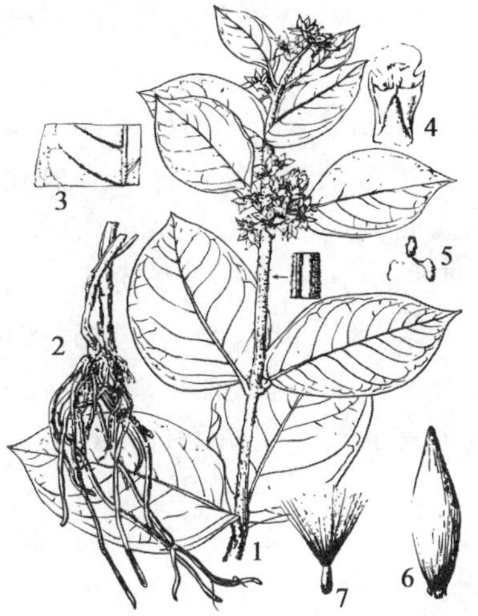

1. 茎枝和花　2. 根　3. 叶背面
4. 雌蕊　5. 雄蕊　6. 果　7. 种子

图 10-41　白薇

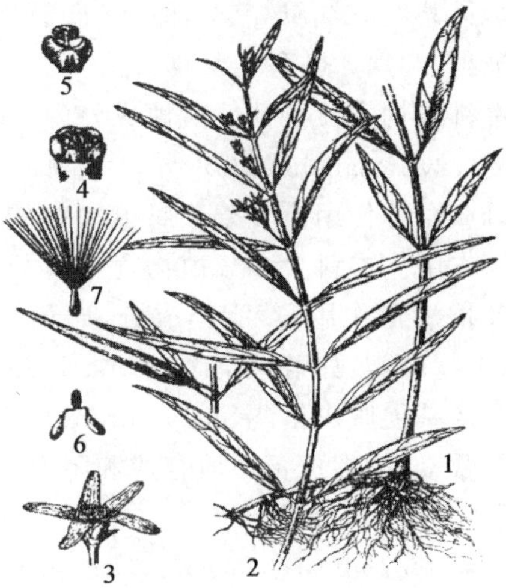

1. 根状茎　2. 花枝　3. 花冠　4. 副花冠和雄蕊
5. 果实　6. 花粉块和载粉器　7. 种子

图 10-42　柳叶白前

徐长卿(*Cynanchum paniculatum* Bungekitagawa)　多年生草本。根有香气。聚伞花序生顶部叶,花冠黄绿色。大多数省区有分布。根与根茎能消肿止痛、通经活络,治风湿疼痛、跌打损伤。

杠柳(*Periploca sepium* Bunge.)　落叶蔓生灌木。叶披针形;花萼裂片内面基部各有 2 小腺体;花冠紫红色;蓇葖果双生(图 10-43)。分布于长江以北地区及西南各省。根皮有香气,药材称"北五加皮"或"香加皮",能祛风止痛,利水消肿,强心。可治风湿性关节炎。

1. 茎枝和花　2. 花　3. 果　4. 副花冠和雄蕊
5. 果实　6. 种子　7. 根皮

图 10-43　杠柳

本科药用植物还有:**白首乌**(*Cynanchum auriculatum* Royleex Wight),块根入药,具强壮、健胃作用。**萝藦**(*Metaplexis japonica*(Thunb.)Makino.),果壳称"天将壳",能止咳化痰,平喘。

5. 唇形科 Labiatae(Lamiaceae)　⚥ $\uparrow K_{(5)}C_{(5),0}A_{4,2}\underline{G}_{(2:4:1)}$

多为草本,稀灌木,多含挥发油而有香气。茎呈四棱形。叶对生,单叶,稀复叶。花两性,两侧对称,成轮状聚伞花序(轮伞花序),有的再集成穗状、总状、圆锥状或头状的复合花序;花萼合生，通常5裂，宿存；花冠唇形，通常上唇2裂，下唇3裂，少为假单居形（上唇很短，2裂、下3裂，如筋骨草属（*Ajuga*））或单唇形（即无上唇，5个裂片全在下唇，如石蚕属（*Teucrium*））；雄蕊通常4枚，2强，贴生在花冠管上，或上面2枚不育，花药2室，纵裂，有时药隔伸长成臂（如鼠尾草属 *Salvia*）；雌蕊子房上位，2心皮组成，4深裂成假4室，每室含胚珠1枚；花柱着生于4裂子房隙中央的基部，柱头2浅裂。果实由4枚小坚果组成。染色体：$X=8$、9、10、12、16、17、18。

本科共约220属3 500种，广布于全世界。我国99属808种，全国各地均有分布。已有药用记载75属436种。

本科植物主要特征性活性成分为二萜类：如丹参属植物中所含的丹参酮（tanshinone）、隐丹参酮（cryptotanshinone）、异丹参酮（isotanshinone）等，具抗菌消炎、降血压及活血化瘀、促进伤口愈合等作用。香茶菜属植物中的冬凌草素（oridonin）、延命草素（enmein）具抗菌消炎和抗癌作用。本科大多数植物含有挥发油，其中薄荷油、荆芥油、广霍香油和紫苏油等有抗菌、消炎及抗病毒作用；黄酮类成分：如黄芪苷（baicalin）、黄芩素（scutellarein）等，均有抗菌消炎作用；生物碱类：如益母草碱（leonurine）、水苏碱（stachydrine）。此外，筋骨草属（*Ajuga*）植物中还含羟基促脱皮甾酮（ecdysterone）、筋骨草甾酮（ajugasterone）、杯苋甾酮（cyasterone）等昆虫变态激素，能促进蛋白质合成和降血脂。

【主要药用植物】

丹参（*Salvia miltiorrhiza* Bunge）　多年生草本。全株被腺毛。根肥壮，外皮砖红色；羽状复叶对生；花冠紫色，二唇形，能育雄蕊2枚（图10-44）。分布于全国大部分地区。根含丹参酮（tanshinone）及其异构体等，能活血化瘀，祛瘀生新，养心安神。同属植物我国84种有53种在全国各地作药用，其中**甘肃丹参**（甘西鼠尾草）（*S. przewalskii* Maxim.）、**南丹参**（*S. bowleyana* Dunn）等近10种在部分地区也作“丹参”用。

黄芩（*Scutellaria baicalensis* Georgi）　多年生草本，主根断面黄绿色。叶披针形，无柄或具短柄；花序中花偏向一侧，花冠蓝紫色或紫红色（图10-45）。分布于长江以北地区，主产东北、华北等地。根能清热燥湿、解毒、止血和安胎。我国有黄芩属植物100余种，药用48种，其中**滇黄芩**（西南黄芩）（*S. amoena* Wright）、**粘毛黄芩**（*S. viscidula* Bge.）、**丽江黄芩**（*S. likiangensis* Diels）、**甘肃黄芩**（*S. rehderiana* Diel.）等在不同地区也作黄芩药用。

益母草（*Leonurus japonicus* Houtt（*L. heterophyllus* Sweet；*L. artemisia*（Lour.）S. Y. Hu））　一年生或二年生草本；基生叶具长柄，近圆形；茎生叶掌状3深裂成线形，近无柄；轮伞花序腋生，花冠二唇形，淡红色或紫红色，有时开白花（有人称其为白花变种）（图10-46）。全国各地有分布。地上部分能活血调经，祛瘀生新，利尿消肿等。其制品益母草注射液和益母草膏作子宫收缩药，又可降血压，治胃炎水肿；果实（茺蔚子）能清肝明目，活血调经。幼苗（童子益母草）功效同益母草，并有补血作用。

益母草属植物我国产12种，几乎均作药用，其中分布于华北、东北、西北的**细叶益母**（*L. sibiricus* L.（*L. manshuricus* Yabe））和新疆北部的**突厥益母草**（*L. turkestenicus* Krec. et Kupr.）在当地也作“益母草”用。

薄荷（*Mentha canadaensis* L.（*M. haplocalyx* Brig.；*M. arvensis* auct. non L.））　多年生草本，有强烈清凉香气；叶对生，叶片长卵形、具腺体；轮伞花序腋生；花冠淡紫色，4裂。小坚果褐色（图10-47）。全国各地有分布或栽培。全草能疏散风热清利头目，利气解郁。

1.根 2.茎枝和花 3.花萼 4.花冠和苞片
5,6.雄蕊 7.雌蕊 8.花萼 9.果

图 10-44 丹参

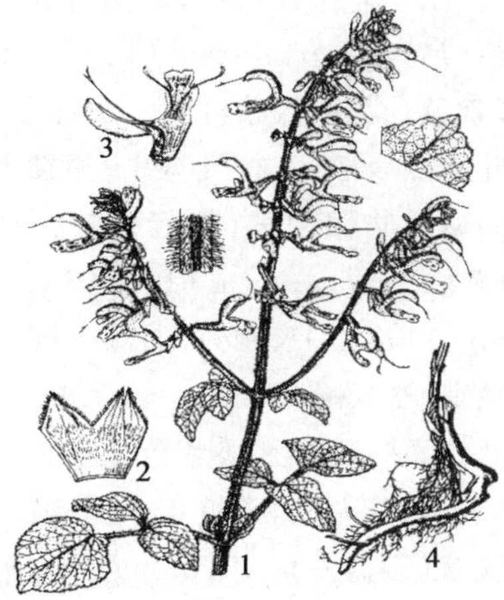

1.茎枝和花 2.花萼 3.花冠剖面 4.根

图 10-45 黄芩

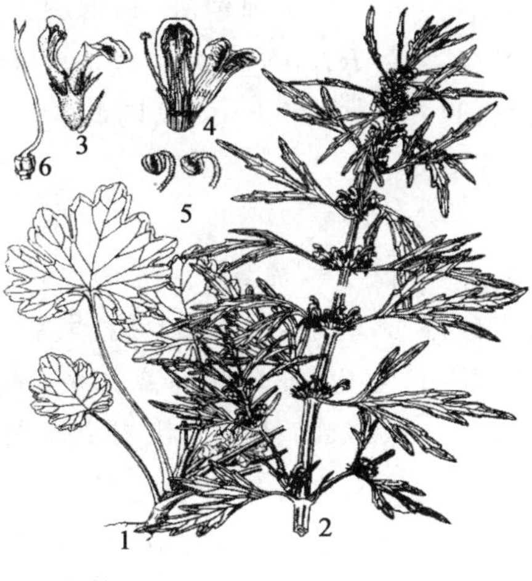

1,2.茎枝和花 3.花 4,5.雄蕊 6.雌蕊

图 10-46 益母草

1,2.茎枝和花 3.花 4,5.雄蕊 6.雌蕊

图 10-47 薄荷

裂叶荆芥(*Schizonepeta tenuifolia* (Benth)Briq (*Nepeta tenuifolia* Benth.)) 一年生草本,全体具柔毛。叶指状 3 裂。轮伞花序成穗状间断排列。分布于东北、华北及西南地区。地上部分称“荆芥”,花(果)序称“荆芥穗”,生用能解表散风、透疹,炒炭能止血。同属植物**多裂叶荆芥**(*S. multifida*(L.)Big. (*Nepeta multifida* L.))也作荆芥入药。

江香薷(*Mosla chinensis* Maxim. cv. Jiang xiangru) 一年生草本。茎纤细。叶对生、线状披针形。花冠淡紫红色,少有白色。分布于长江以南地区。全草能发汗解表,祛暑化湿,利尿消肿。石荠苎属(*Mosla*)植物我国 12 种,作香薷入药的还有**华荠苧**(青香薷)(*Mosla chinensis* Maxim.)等。

广藿香(*Pogostemon cablin*(Blanco)Benth.) 多年生草本,全体密被短柔毛。叶片阔卵

形，浅裂。原产菲律宾，我国华南有栽培。全草能解暑化湿，镇吐健胃，祛风。

紫苏（*Perilla frutescens*（L.）Britt. var. *arguta*（Benth.）Hand.-Mazz.） 一年生草本，茎、叶带紫色。花冠淡紫红色。分布于全国各地，多栽培。叶（苏叶）、茎（苏梗）、果（苏子）均药用。苏叶能发表散寒，行气宽中；苏梗能利气宽胸，解郁安胎；苏子能降气定喘，化痰止咳，利膈宽肠。同属植物**回回苏（鸡冠紫苏）**（*P. frutescens*（L.）Britt. var. *crispa*（Thunb.）Decne.）、**野紫苏**（*Perilla frutescens*（L.）Britt. var. *purpurascens*（Hayata）H. W. Li（*P. frutescens* var. *acuta*（Thunb.）Kudo））的功效同紫苏。

夏枯草（*Prunella vulgaris* L.） 多年生草本。茎带紫色。叶长卵形。轮伞花序密集茎顶成粗穗状，花冠唇形，淡紫色或白色。全国大部分地区有分布。全草或花序（果穗）能清肝明目，清热散结，降血压，常被用于治疗高血压、心脏病。本属植物我国产 4 种，全部入药。

连钱草（活血丹）（*Glechoma longituba*（Nakai）Kupr.） 多年生匍匐草本，着地节上生根。单叶对生，叶片肾形或近圆形，边缘具圆齿。花冠唇形，淡紫色。分布于全国各地。全草有利尿排石，清热解毒作用。

本科药用植物很多，较重要的尚有：**地瓜儿苗（泽兰、地笋）**（*Lycopus Lucidus* Turcz.），全草能活血通经，利尿。**金疮小草（筋骨草）**（*Ajuga decumbens* Thunb.），全草有活血止痛，清热解毒作用。**半枝莲**（*Scutellaria barbata* D. Don），全草能清热解毒，活血消肿，临床用于治疗癌症。**香茶菜**（*Rabdosia amethystoides*（Benth.）Hara）、**冬凌草**（*R. rubescens*（Hemsl.）Hara）所含成分香茶菜素和冬凌草素具抗癌作用。**藿香（土藿香）**（*Agastache rugos*（Fisch. et Meyer）O. Ktze.），茎叶具香气，能发表解暑，健胃止吐，芳香化湿。

6. 茄科（Solanaceae） ⚥ * $K_{(5)}C_{(5),0}A_{4,2}\underline{G}_{(2:4:1)}$

草本或灌木，稀小乔木或藤本。单叶互生，有时呈大小叶对生状，稀复叶。花两性，辐射对称，单生、簇生或成各式的聚伞花序；萼常 5 裂或平截，宿存，常果时增大；花冠 5 裂，呈辐状、钟状、漏斗状或高脚碟状；雄蕊常 5 枚，着生花冠上，与花冠裂片互生，花药纵裂或孔裂；子房上位，2 心皮 2 室，有时因假隔膜而成不完全 4 室，中轴胎座，胚珠多数；柱头头状或 2 浅裂。蒴果或浆果。种子盘形或肾形。染色体：$X=12,30$。

本科共约 80 属 3 000 种，广布于温带及热带地区。我国 26 属 115 种，各地均产。已知药用 25 属 84 种。

本科化学成分以含多种托品类、甾体类和吡啶类生物碱为特征。托品类生物碱：如阿托品（atropine）、东莨菪碱（scopolamine）、颠茄碱（belladonine），为抗胆碱药，能扩瞳、解痉、止痛及抑止腺体分泌，多含于颠茄属（*Atropa*）、莨菪属（*Scopolia*）、曼陀罗属（*Datura*）等一些植物中。甾体类生物碱：如龙葵碱（solanine）、澳茄碱（solasonine）、蜀羊泉碱（soladulcine）、辣椒胺（solanocapsine）等，多具抗菌消炎和抗真菌作用，为甾体药物合成的原料，主要存在于茄属（*Solanum*）、酸浆属（*Physalis*）及辣椒属（*Capsium*）植物中。吡啶类生物碱：如烟碱（nicotine）、葫芦巴碱（trigonelline）、石榴碱（pelletierine）。此外还含吡咯啶类、吲哚类、嘌呤类生物碱等。

【主要药用植物】

宁夏枸杞（*Lycium barbarum* L.） 灌木，具枝刺。叶互生或丛生，长椭圆状披针形；花数朵簇生，花冠粉红色或淡紫色，花冠管长于裂片；浆果椭圆形，长 1～2 cm，熟时红色（图 10-

48)。产西北、华北，主产宁夏。果实(枸杞子)能补肝益肾，益精明目。根皮入药名“地骨皮”，可凉血，退虚热。同属植物国产 8 种，均可药用。其中**枸杞**(*L. chinense* Mill.)花冠管短于裂片或等于裂片。全国大部分地区有分布。果实功效同宁夏枸杞，但质稍次。

白花曼陀罗(洋金花)(*Datura metel* L.)　一年生草本。花单生，花冠白色，漏斗状或喇叭状。分布于长江以南地区，或栽培。全株及种子有毒(图 10-49)。花(洋金花、南洋金花)能平喘镇咳，麻醉止痛。同属植物**毛曼陀罗**(*D. innoxia* Mill)，主产于北方地区，其花称北洋金花，作用同洋金花。**曼陀罗**(*D. stramonium* L.)，花白色或淡紫色，果直立，有刺或无刺。功用与白花曼陀罗相似。

1. 茎枝　2. 雌蕊　3. 花　4. 雄蕊　5. 种子

图 10-48　枸杞

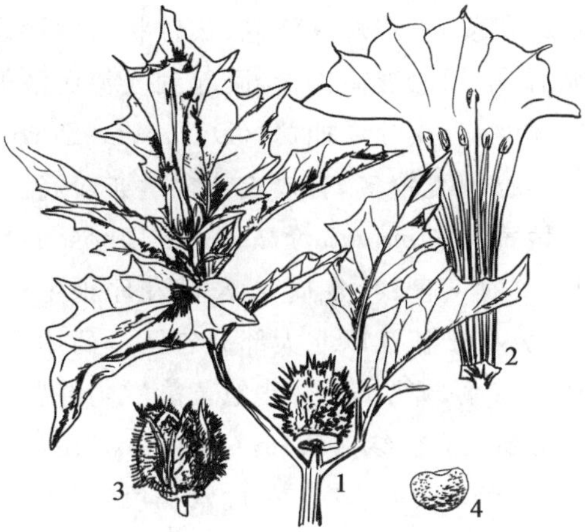

1. 茎枝和花　2. 花　3. 果　4. 种子

图 10-49　白花曼陀罗

茄(*Atropa belladonna* L.)　多年生草本。花单生叶腋，钟形，下垂，花冠暗紫色；浆果球形，熟时紫黑色。原产欧洲，我国有栽培。全草能松弛平滑肌，抑止腺体分泌，加速心率，扩大瞳孔。又为提取阿托品的原料。

莨菪(天仙子)(*Hyoscyamus niger* L.)　二年生草本，全株有腺毛，具特殊臭气。花冠黄绿色、具紫色脉纹。分布于西北、华北、西南等地区，也有栽培。叶、种子(天仙子)能解痉镇痛，并作提取莨菪碱的原料。

本科药用植物还有：**酸浆**(挂金灯)(*Physalis alkekengi* L. var. *franchetii*(Mast.) Makino)，果实能清热解毒、利咽化痰。**华山参**(热参)(*Physochlaina infundibularis* Kuang)，根有毒，能安神，补虚，定喘。**龙葵**(*Solanum nigrum* L.)和**白英**(蜀羊泉)(*S. lyratum* Thunb.)全草有清热解毒作用，中医用治癌症。

7. 玄参科(Scrophulariaceae)　⚥ $* \ K_{(4\sim5)}C_{(4\sim5),0}A_{4,2}\underline{G}_{(2:2:\infty)}$

草本，少灌木或乔木。叶多对生，少互生或轮生。花两性，常两侧对称，成总状或聚伞花序；萼 4～5 裂，宿存；花冠 4～5 裂，多少呈二唇形；雄蕊多为 4 枚，2 强，少为 2 枚或 5 枚，着生花冠上；花盘环状或侧退化；子房上位，2 心皮 2 室，中轴胎座，每室胚珠多数；花柱顶生。蒴果。种子多而细小。染色体：$X=8、10、12、14、20$。

本科共约 200 属 3 000 种以上，广布于全世界。我国 60 属 634 种，全国分布，主产西南。已知药用 231 种。

本科的化学成分主要有环烯醚萜苷，如桃叶珊瑚苷（aucubin）、玄参苷（harpagoside）、胡黄连苦苷（picroside）。强心苷：如洋地黄毒苷（digitoxin）、地高辛（digoxin）、毛花洋地黄苷 C（lanatoxide C）等，为临床常用的强心药。黄酮类，如柳穿鱼苷（pectolinarin）、蒙花苷（linarin）。蒽醌类，如洋地黄蒽醌（digitoquinone）。生物碱，如槐定碱（sophoridine）、骆驼蓬碱（peganine）。

【主要药用植物】

紫花洋地黄（*Digitalis purpurea* L.） 一年生或多年生草本，全株被白色柔毛和腺毛。总状花序顶生，花冠紫红色、长钟状二唇形。原产欧洲西部，我国有栽培。叶能兴奋心肌，增强收缩力，增加血液输出量，而起到改善血液循环的作用。为提取强心苷的重要原料。同属植物**毛花洋地黄**（狭叶洋地黄）（*D. lanata* Ehrh.），叶狭长披针形，花淡黄色。功用同紫花洋地黄，但强心苷种类较多，有效成分含量亦较高。

地黄（*Rehmannia glutinosa* Libosch.） 多年生草本，全株被长柔毛及腺毛。根茎肥大、块状，鲜时黄色；叶多基生；总状花序顶生；花冠下垂，外面紫红色，内面黄色带紫色条纹（图 10-50）。分布于长江以北大部分省区。药用者多为栽培品，主产河南等地。根状茎入药，生地黄能清热凉血，养阴生津；熟地黄能滋阴补肾，补血调经。

玄参（浙玄参）（*Scrophularia ningpoensis* Hemsl.） 多年生高大草本。根肥大呈纺锤状，黄褐色，干后变黑。花冠紫褐色（图 10-51）。分布于华东、中南、西南。根（玄参）能滋阴降火，生津，消肿，解毒。玄参属我国 40 种，已知 10 种入药，其中**北玄参**（*S. buergeriana* Miq.）聚伞花序紧缩呈穗状，花冠黄绿色。分布于北方省区。其根也作"玄参"用。

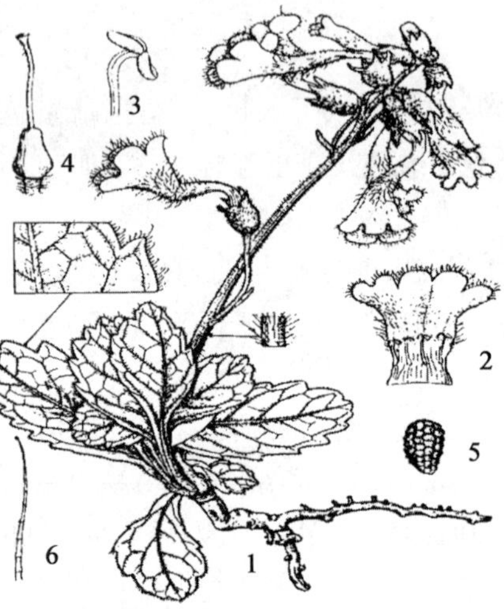

1. 茎枝和花 2. 花 3. 雄蕊 4. 雌蕊 5. 种子 6. 腺毛

图 10-50 地黄

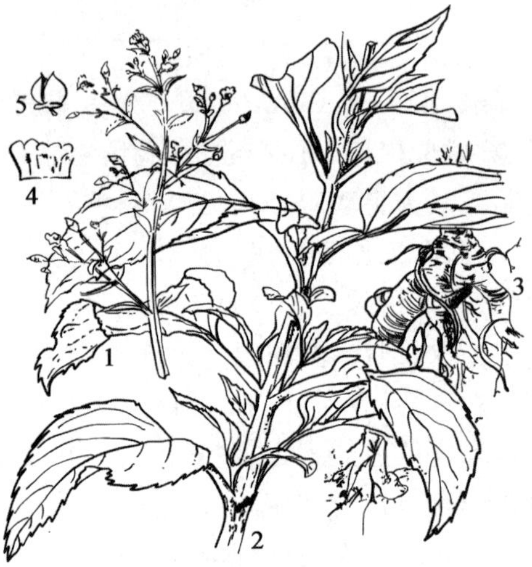

1. 茎枝和花 2. 叶 3. 根 4. 花 5. 果

图 10-51 玄参

胡黄连（*Picrorhiza scrophulariiflora* Pennell.） 多年生矮小草本。根状茎粗壮，长圆锥形。叶基生、匙形。花密集成穗状聚伞花序；花冠二唇形，暗紫色或浅蓝色。分布于西藏及云南西北部。根茎能退虚热，燥湿，消疳，解毒。

本科药用植物还有：**阴行草**（*Siphonostegia chinensis* Benth.），全草（铃茵陈，北刘寄奴）有清热利湿，活血祛瘀作用。**泡桐**（*Paulownia fortunei*（Seem）Homsl.），落叶乔木。根能消肿止痛，果有止咳平喘作用。

8. 茜草科（Rubiaceae）　⚥ * $K_{(4\sim5)}C_{(4\sim5),0}A_{4\sim5}\overline{G}_{(2:2:1\sim\infty)}$

木本或草本，有时攀缘状。单叶，对生或轮生，常全缘，有托叶，有时托叶呈叶状，稀连合成鞘或退化成托叶痕迹。花常两性，辐射对称，以聚伞花序排成圆锥状或头状，少单生；萼 4～5 裂，或先端平截，有时个别裂片扩大成花瓣状；花冠 4～6 裂，稀多裂；雄蕊与花冠裂片同数而互生，贴生于花冠筒上；具各式花盘；子房下位，2 心皮 2 室，每室 1 至多数胚珠。蒴果、浆果或核果。染色体：$X=9$、11、17。

本科约 500 属 6 000 多种，广布于热带和亚热带，少数分布于温带地区。我国有 75 属 477 种，主产西南及东南部。已知药用 50 属 219 种。

本科活性成分主要有生物碱、环烯醚萜苷和蒽醌类。生物碱有多种类型：喹啉类，如奎宁（quinine）、奎尼丁（quinidine），具抗疟活性；吲哚类，如钩藤碱（rhynchophylline）、异钩藤碱（isorhynchophylline），具镇静、降血压作用；嘌呤类，如咖啡碱（coffeine）能强心、利尿。环烯醚萜苷，如栀子苷（geniposide）、车叶草苷（asperuloside）等，多有促进胆汁分泌作用。蒽醌类，如茜根素（munjistin）、紫黄茜素（purpurin）等。

【主要药用植物】

茜草（*Rubia cordifolia* L.）　多年生攀缘草本。根橙红色；茎四棱，具倒生小刺；叶 4 片轮生，具长柄；聚伞花序排成圆锥状；花黄白色（图 10-52）。全国大部分地区有分布，也有栽培。根能凉血止血，活血祛瘀，镇痛。茜草属我国产 16 种和多个变种，大多可入药。

栀子（山栀子）（*Gardenia jasminoides* Ellis）　常绿灌木。叶对生、革质、全缘，托叶鞘状。花冠白色，芳香。蒴果熟时橘红色（图 10-53）。分布于南方地区，各地有栽培。果实能泻火解毒，清热利湿，凉血散瘀。同属植物我国有 4 种和多个变种。

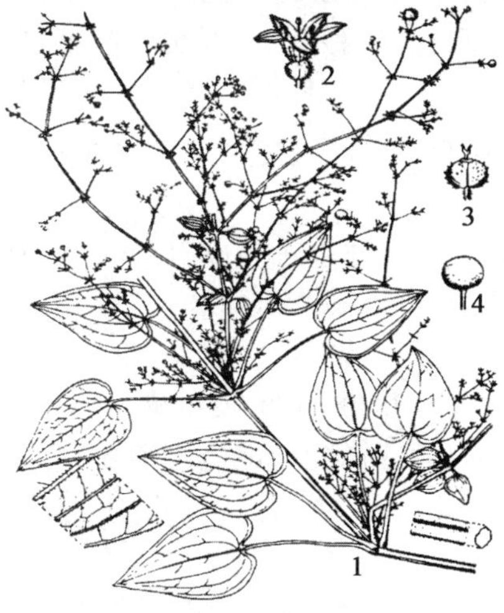

1. 果枝　2. 花　3. 雌蕊　4. 浆果

图 10-52　茜草

1. 茎枝和花　2. 果枝　3. 花纵剖开内面观

图 10-53　栀子

钩藤(*Uncaria rhynchophylla*(Miq.) Jackson.) 常绿攀缘状灌木。小枝四棱形,褐色。叶腋有下弯的钩状变态枝。头状花序,花黄色(图 10-54)。产中南、西南地区。带钩小枝入药,能息风,平肝,镇静。同属植物我国 15 种,不少同钩藤入药。

巴戟天(*Morinda officinalis* How) 缠绕性藤本。根肉质,有不规则的膨大部分而成串珠状。头状花序,花冠肉质,白色。核果红色。产于华南地区,有栽培。根能补肾壮阳,强筋骨。同属植物国产约有 8 种。

红大戟(红芽大戟)(*Knoxia valerianoides* Thorel. ex Pitard) 多年生草本。常具 2~3 个纺锤状红褐色块根。叶对生,无柄。花小,淡紫红色,4 数。产于华南、西南及西藏南部。块根能逐水通便、消肿散结。同属植物我国有 3 种。

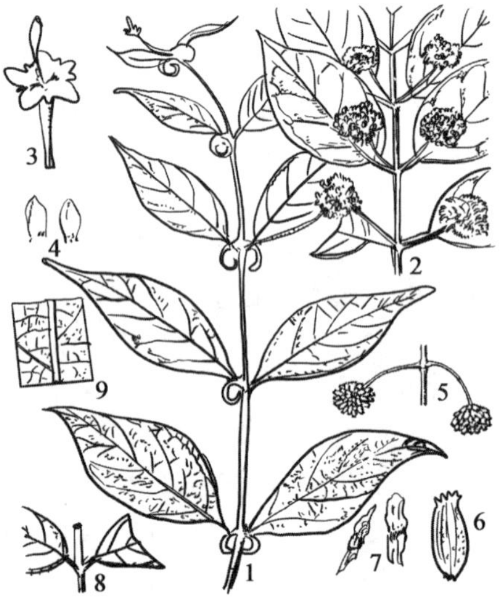

1.具钩的枝 2.具花序的枝 3.花(去花萼和部分冠管) 4.雌蕊 5.节上着生的果序 6.蒴果 7.种子 8.枝的一节,示花托 9.示叶脉

图 10-54 钩藤

本科较重要的药用植物还有:**咖啡**(*Coffea arabica* L.),灌木或小乔木。浆果。华南、西南有栽培。果实有兴奋、强心、利尿、健胃作用。**金鸡纳树**(*Cinchona ledgeriana* Moens),树皮具抗疟、解热镇痛作用,可用作提取奎宁的原料。**白花蛇舌草**(*Hedyotis diffusa* Willd.),具清热解毒作用,用于治疗毒蛇咬伤及癌症。**鸡矢藤**(*Paederia scandens*(Lour.) Meer.),全草能清热解毒,镇痛,止咳。

9.桔梗科(Campanulaceae) $⚥ * K_{(5)}C_{(5),0}\overline{A}_5\,G_{(2\sim5:2\sim5:1\sim\infty)}\,\overline{\underline{G}}_{(2\sim5:2\sim5:1\sim\infty)}$

草本,常具乳汁。单叶互生或对生,稀轮生,无托叶。花两性,辐射对称或两侧对称,单生或成聚伞、总状、圆锥花序;萼常 5 裂,宿存;花冠 5 裂,钟状或管状,稀二唇形;雄蕊 5,与花冠裂片同数而互生,着生花冠基部或花盘上,花丝分离,花药聚合成管状或分离;子房下位或半下位,2~5 心皮合生成 2~5 室,中轴胎座,胚珠多数;花柱圆柱状,柱头 2~5 裂。蒴果,稀浆果。种子扁平,小形,有时有翅。染色体:X=6、8、9、11、17。

本科共 60 属 2 000 余种,主产温带和亚热带。我国 17 属约 170 种,全国分布,以西南地区种类最多。已知药用 13 属 111 种。

哈钦松分类系统把本科中具二唇形花冠、聚药雄蕊及含吡啶类生物碱(山梗菜碱)的半边莲属(*Lobelia*)等从桔梗科中分出,另立半边莲科或山梗菜科(Lobeliaceae)。

本科植物多数含有皂苷和多糖,如桔梗皂苷(platycodin)具镇静、镇痛、抗炎作用;党参多糖能增强机体免疫力。而半边莲属(*Lobelia*)植物普遍含生物碱,如山梗菜碱(lobeline)有兴奋呼吸、降压、利尿作用。某些种类含有菊糖(inulin),并具聚药雄蕊,可能与菊科某些植物有亲缘关系。

【主要药用植物】

党参(*Codonopsis pilosula*(Franch.)Nannf.) 多年生草质藤本,具乳汁。根肉质、圆柱状。花冠浅黄绿色,内面有紫色斑点。蒴果圆锥形(图 10-55)。分布于秦巴山区、华北、东北等地区。根能补脾、益气、生津。党参属植物我国 39 种,多数可药用。其中**素花党参**(*C. pilosula* Nannf. var. *modesta*(Nannf.)L. T. Shen)、**管花党参**(*C. tubelosa* Kom.)等也作中药党参入药。

桔梗(*Platycodon grandiflorum* (Jacq.)A. DC.)　多年生草本。根肉质、圆柱形。叶对生、轮生或互生。花冠宽钟状，蓝色或蓝紫色。蒴果倒卵形。广布于全国各地(图 10-56)。根能宣肺、祛痰、利咽、排脓。

1. 植株　2. 根　3. 叶尖　4. 雄蕊和雌蕊

图 10-55　党参

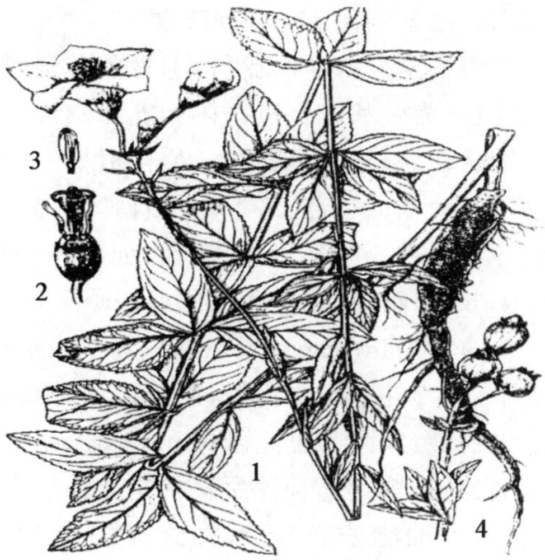

1. 植株　2. 雄蕊和雌蕊　3. 花药　4. 果枝

图 10-56　桔梗

杏叶沙参(*Adenophora stricta* Miq.)　多年生草本。根肥大、圆锥形。叶互生。花冠蓝紫色，花柱与花冠等长。分布于黄河以南大部分省区(图 10-57)。根入药称“南沙参”，能养阴清热、润肺化痰、养胃生津。沙参属植物我国有 40 余种，其中**轮叶沙参**(*A. tetraphylla* (Thunb.) Fisch.)、**沙参**(*A. stricta* Miq.)等大部分种类的根在不同地区也作“南沙参”用。

本科较重要的药用植物还有：**半边莲**(*Lobelia chinensis* Lour.)，多年生湿生小草本，具乳汁。花冠裂片偏向一侧。全草用于清热解毒、利尿消肿和治蛇咬伤。**羊乳**(四叶参、土党参)(*Codonopsis lanceolata* Benth. et Hook. f.)，根能养阴润肺、排脓解毒。

1. 根　2. 花枝　3. 叶尖　4. 花纵切

图 10-57　杏叶沙参

10. 菊科(Compositae(Asteraceae))

⚥ ↑ ＊ $K_{0\sim\infty}C_{(3\sim5),0}\ A_{(3\sim5)}\overline{G}_{(2:2:1)}$

草本，稀木本。有的种类具乳汁或树脂道。叶互生，少对生或轮生。花小，两性，稀单性或无性，成头状花序，外有由 1 层或数层总苞片所组成的总苞围绕；头状花序单生或再排成总状、聚伞状、伞房状或圆锥状；花序柄扩大的顶部呈平坦或隆起称为花序托，有些花具小苞片称为托片；花萼退化成冠毛状、鳞片状、刺状或缺如；花冠管状、舌状或假舌状(先端 3 齿、单性)，少二唇形、漏斗状(无性)。头状花序中的小花有异型(外围舌状、假舌状或漏斗状花，称缘花；中央为管状花，称盘花)或同型(全为管状花或舌状花)。雄蕊 5,稀 4,花丝分离,贴生于花冠管上,花药结合成聚药雄蕊,连成管状包在花柱外面,花药基部钝或有尾状物;子房下位,2 心皮 1 室,1 枚胚珠,基底着生;花柱单一,柱头 2 裂。瘦果,顶端常有刺状、羽状冠毛或鳞片。染色体:$X=6$、7、8、9、10、12、14、15、16、18。

本科约 1 000 属 25 000~30 000 种,广布全球,主产温带地区。我国 230 属 2 300 余种,全国均产。已知药用 154 属 777 种。

本科通常分为 2 个亚科:①**管状花亚科**(Tubuliflorae):整个花序全为管状花或中央为管状花,边缘为舌状花。植物体无乳汁,有的含挥发油。②**舌状花亚科**(Liguliflorae):整个花序全为舌状花,植物体具乳汁。菊科植物中常见的活性成分有倍半萜内酯、黄酮类、生物碱、挥发油、香豆素、三萜皂苷、倍半萜、菊糖等。其中最具特征性的为倍半萜内酯和菊糖,前者至今已发现 500 多种,并多具生理活性,如佩兰内酯(euparatin)、斑鸠菊内酯(vernolepin)、地胆草内酯(elephantopin)、蛇鞭菊内酯(liatrin)均有抑制癌细胞作用。青蒿素(arteannuin)有截疟作用。山道年(santonin)、天名精内酯(carpesialactone)有驱虫作用。菊科植物营养器官(尤其在地下茎中)几乎不含淀粉,而普遍含有菊糖(inulin)。黄酮类:如水飞蓟素(silymarin)可治肝炎。生物碱:如野千里光碱(campestrine)、兰刺头碱(echinopsine)、北通水苏碱(betonicine)。三萜皂苷:如紫菀皂苷。而管状花亚科还常含挥发油和聚炔类成分。如佩兰挥发油有抗病毒作用,艾叶油能祛痰,云木香油有抗菌、降压作用。聚炔类:如茵陈二炔(capillene)、茵陈素(capillarin)、苍术炔(atractylodin)。香豆素类:如蒿属香豆素(scoparone)有利胆、降压和镇静作用。此外尚有多糖、有机酸等。

【主要药用植物】

红花(*Carthamus tinctorius* L.) 一年生草本。叶缘裂齿具尖刺或无刺;头状花序全为管状花;瘦果无冠毛(图 10-58)。全国各地有栽培,有不少栽培品种。管状花冠(红花)能活血通经、散瘀止痛。

菊花(*Dendranthema mordifolium* (Ramat.) Tzvel.) 多年生草本,各地栽培。花序入药,浙江北部产者称“杭菊”,安徽亳州、滁县等地产者称“亳菊”“滁菊”。能疏风解热,清肝明目。

同属植物我国 17 种,其中 11 种入药。如**野菊**(*D. indicus* (L.) DesMoul.),头状花序小,黄色。全国均有野生,花序(野菊花)能清热解毒、抗菌、降血压。

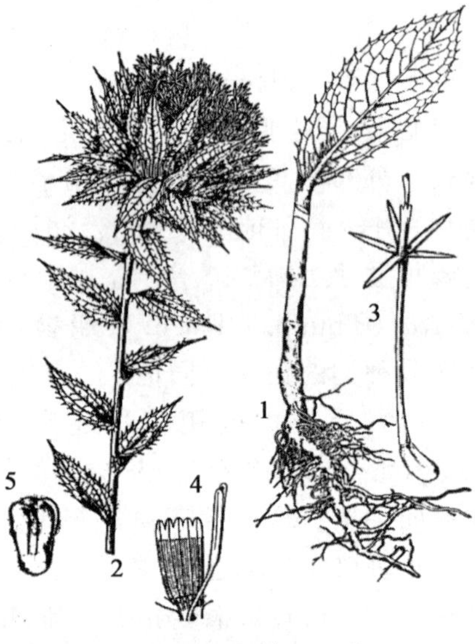

1. 根 2. 茎枝 3. 花
4. 雄蕊和雌蕊 5. 果
图 10-58 红花

白术(*Atractylodes macrocephala* Koidz.) 多年生草本。根茎肥大、块状;花序全为管状花;瘦果被柔毛(图 10-59)。华东、华中地区栽培。根茎能补气、健脾、利水。

苍术(*Atractylodes lancea* (Thunb.) DC.) 多年生草本,有香气。根茎结节状;花冠白色;瘦果具棕黄色毛(图 10-60)。分布于华中、华东地区。根茎具芳香健胃、祛风除湿作用。

同属植物:**北苍术**(*A. chinensis* (DC.) Koidz.),产黄河以北。**关苍术**(*A. japonica* Koidz. ex Kitam.),产东北、内蒙古、河北,同苍术入药。

1.植株 2.花 3.雄蕊 4.雌蕊 5.果 6.根茎

图 10-59 白术

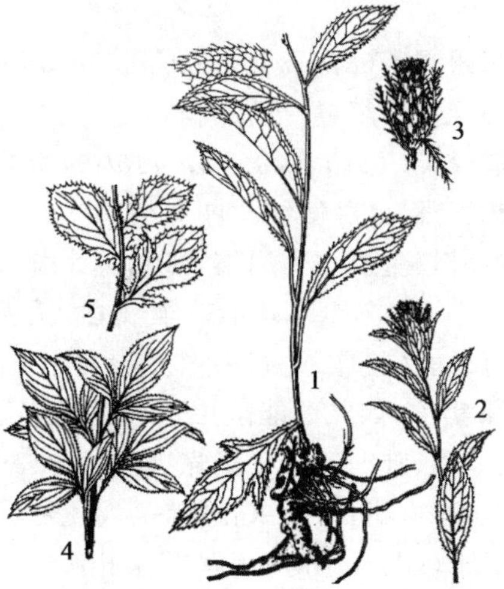

1.植株下部 2.花枝 3.花序
4.关苍术的茎叶 5.北苍术的茎叶

图 10-60 苍术

茵陈(*Artemisia capillaris* Thunb.) 多年生草本,少分枝。幼苗被白色柔毛;叶1～3回羽状分裂,裂片线形。全国各地均有分布。幼苗能清热利湿,用于治疗黄疸型肝炎、胆囊炎。

本属我国180种,有74种在各地作药用。如**滨蒿**(*A. scoparia* Waldst. et Kir.),在北方作茵陈用。**黄花蒿**(*A. annua* L.),干燥地上部分称青蒿,能清暑,泻热;茎叶中提取的青蒿素用治疟疾。**艾(艾蒿)**(*A. argyi* Levl. et Vant.),叶能驱寒止痛,温经止血,平喘,又常作灸条。

木香(云木香、广木香)(*Aucklandia lappa* Decne.) 多年生高大草本。主根肥大;叶基部下延成翅;花序全为管状花;瘦果具浅棕色冠毛。西藏有分布,云南、四川等地有栽培。根能健脾和胃,理气解郁,解痉。

紫菀(*Aster tataricus* L. f.) 多年生草本。根茎粗短。头状花序排成伞房状。分布于华北、西北和华东地区。根能润肺,化痰,止咳。紫菀属我国130种,已知34种作药用。

牛蒡 *Arctium lappa* L.) 二年生草本。主根肉质。头状花序丛生茎顶。冠毛呈短刚毛状。广布于全国各地。果实(大力子)能疏散风热,宣肺透疹,散结解毒。根、茎叶能清热解毒,活血止痛。

旋复花(*Inula japonica* Thunb.) 多年生草本。头状花序直径3～4 cm,具一轮舌状缘花,黄色。中央为管状花。冠毛白色。全国大部分地区有分布。头状花序能止咳化痰,平喘。

本属20种,入药15种。其中**欧亚旋复花**(*I. Britanica* L.)等亦作旋复花用。

豨莶(*Siegebeckia orientalis* L.) 一年生草本。全株被白色柔毛。总苞片具腺毛。分布于长江以南地区。全草能祛风湿,通络,降血压。同属植物**腺梗豨莶**(*S. pubescens* Makino)功用同豨莶。

鳢肠(旱莲草)(*Eclipta prostrata* L.) 一年生草本。全株被短毛,折断后流出的汁液稍后即呈蓝黑色。叶对生。瘦果具棱。全国广布。全草有凉血止血,滋阴补肾作用。

佩兰(*Eupatorium fortunei* Turcz.) 多年生草本。茎带红色。叶对生,叶片3全裂或3中裂。分布于长江流域及以南各省,有栽培。全草能化湿开胃,清暑。本属我国15种,入药

9 种。

祁州漏芦（*Rhaponticum uniflorum*（L.）DC.） 多年生草本，分布于东北、华北地区。根（漏芦）能清热解毒，排脓通乳。

蒲公英（*Taraxacum mongolicum* Hand.-Mazz.） 多年生草本，具乳汁，全国广布。全草能清热解毒，消肿散结。同属植物多种亦供药用。

本科较重要的药用植物还有：**大蓟**（*Cirsium japonicum* DC.）、**小蓟**（刺儿菜）（*C. setosum*（Willd.）MB.），全草均能凉血止血，清热消肿。**苍耳**（*Xanthium sibiricum* Patr. et Widd.），带总苞果实（苍耳子）有小毒。能发汗通窍，祛风湿，通鼻窍。**天名精**（*Carpesium abrotanoides* L.），果实称“鹤虱”，能杀虫消积。**款冬**（*Tussilago farfara* L.），干燥头状花序（款冬花）用治咳嗽、哮喘、肺痈等。**千里光**（*Senesio scandens* Buch.-Ham. ex D. Don），全草能清热解毒，抗菌消炎，凉血明目，杀虫止痒，去腐生肌。**水飞蓟**（*Silybum marianum*（L.）Gaertn.），果实含水飞蓟素（silymarin），有解毒保肝作用，用治肝损伤和肝炎等。

三、单子叶植物纲

1. 香蒲科（Typhaceae） ♂ $* P_0 A_{1\sim7,(1\sim7)}$；♀ $* P_0 \underline{G}_{1:1:1}$

水生草本，有地下茎。叶 2 列，线形，直立。花小，单性，雌雄同株，无花被，排成稠密、圆柱状的长穗状花序，常混有毛状的小苞片，雄花居上部，雌花在下部；雄花通常有雄蕊 3（1～7），花丝分离或合生，花药线形，基着，药隔常延伸；雌花子房 1 室，具柄，顶部渐狭成一长花柱，胚珠 1。坚果。

本科 1 属约 18 种，分布在除南非、马达加斯加岛和中美洲以外的世界各地，中国有约 10 种，主要分布在北方。

【主要药用植物】

东方香蒲（*Typha orientalis* Presl）（图 10-61） 多年生沼生草本，直立。地下根状茎粗壮，有节。叶条形，基部鞘状，抱茎。穗状花序圆柱状，雄花序与雌花序彼此连接，雄花序在上，无花被，雄蕊 2～4 枚；雌花序在下；雌花无小苞片，有多数基生的白色长毛，毛与柱头近等长；不育雌蕊棍棒形。小坚果有一纵沟。干燥花粉入药（蒲黄），鲜黄色，质轻松，手捻之有滑润感，易附着于纸上，入水不沉。味甘，性平。可化瘀、止血、利尿。用于治疗吐血、咯血、衄血、尿血、崩漏、心腹疼痛、血淋等。外敷可治外伤出血。

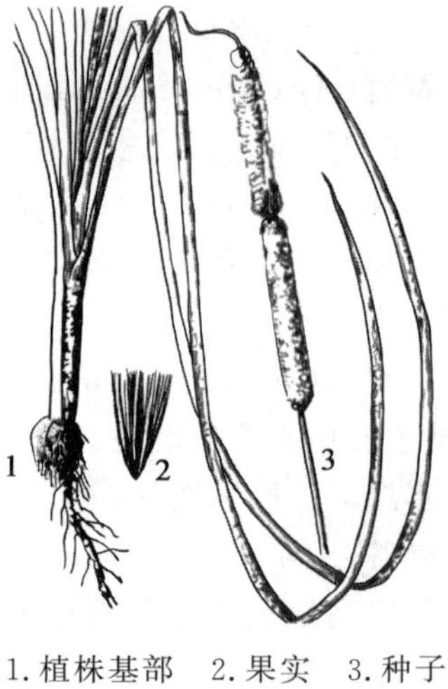

1. 植株基部 2. 果实 3. 种子

图 10-61 东方香蒲

同属植物水烛香蒲（*T. angustifolia* L.），雌雄花序不连接；小坚果无沟。干燥花粉也作蒲黄入药。

2. 禾本科（Gramineae） ♂ $* P_{2\sim3} A_{3,1\sim6} G_{(2\sim3:1)}$

禾本科植物多为草本，少数为木本。常具根状茎。地上茎特称为秆，具明显的节，节间常中空。单叶互生，成 2 列，叶鞘抱秆，常一侧开裂；叶片狭长，具纵向平行脉，叶片与叶鞘连接处内侧常具膜质或纤毛状叶舌，叶片基部两侧常具叶耳。花小，通常两性，极其特化。穗状、总状、圆锥花序由多数小穗集合而成，每小穗有小花 1 至多朵，排列于小穗轴上，基部有 2 苞片称为颖片，下面的为外颖，上面的为内颖；花被退化，而为 2 苞片所包，此 2 苞片称为稃片，分别称外稃和内稃。每朵小花子房基部有很小的透明膜质鳞被称浆片（即退化的花被片），2～3 片；雄蕊常 3 枚，花丝细长，花药 2 室；子房上位，2～3 心皮合生，1 室，1 胚珠，花柱常 2，柱头羽毛状。颖果。种子富含淀粉质胚乳。

禾本科约有 660 多属 10 000 多种，广泛分布全球。我国约有 228 属 1 200 多种，已知药用 84 属，174 种，分布于全国。本科植物具有重要经济价值，是人类粮食主要来源。同时为造纸、制糖、制药的丰富资源。分两个亚科：**竹亚科**（Bambusoideae）（木本）和**禾亚科**（Agrostidoideae）（草本）。

【主要药用植物】

薏苡（*Coix lacryma-jobi* L. var. *ma-yuen*（Roman.）Stapf.）（图 10-62） 为一年或多年生草本。叶片呈条状披针形。总状花序腋生；小穗单性，在总状花序基部生有骨质总苞，含有 2～3 朵雌花的雌小穗；总状花序上部生有多个雄小穗，覆瓦状排列；雄小穗各含 2 朵雄花。颖果成熟时包于骨质光滑灰白球形的总苞内。我国南方各省有野生，北方有栽培。种仁（薏仁）能健脾利湿，清热排脓。

淡竹叶（*Lophatherum gracile* Brongn.）（图 10-63） 为多年生草本。须根中部常膨大成纺锤状的块根。秆多少木质化。叶片呈披针形，平行脉间有明显小横脉。圆锥花序顶生，小穗疏生花轴上；每小穗有花数朵，第一小花为两性花，其余均退化，只有稃片。分布于长江以南各地。生于山坡林下阴湿地。全草入药能清热除烦，利尿，生津止渴。

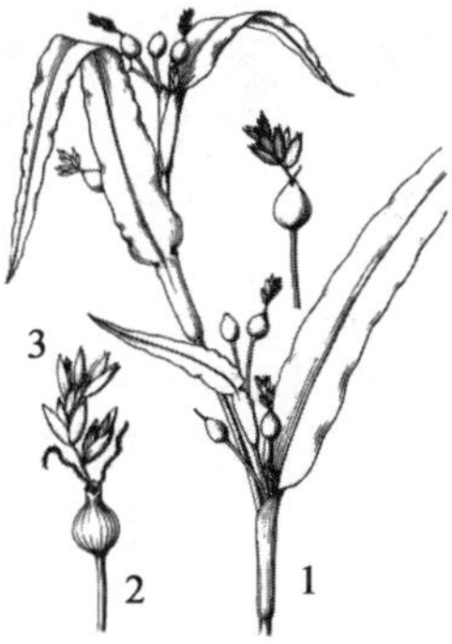

1. 植株 2. 雌花 3. 雄花

图 10-62 薏苡

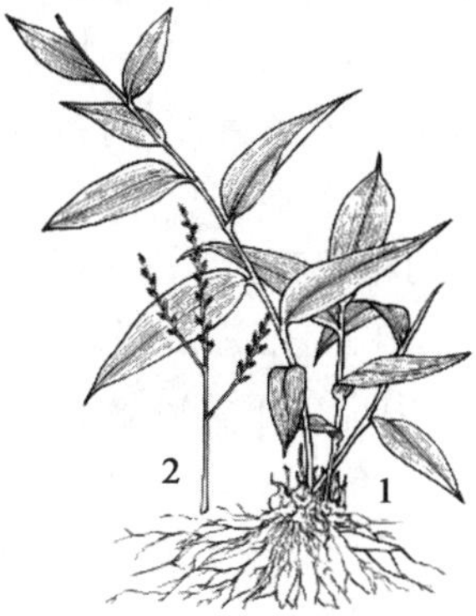

1. 植株 2. 小穗

图 10-63 淡竹叶

白茅（*Lmperata cylindrica* Beauv. var. major(Nees)C E. Hub）（图 10-64） 分布于全国各地。多生于向阳山坡、荒地。根状茎称白茅根，能清热利尿，凉血止血，花能止血。

芦苇（*Phragmites communis* Trin.）（图 10-65） 在全国各地多有分布，根状茎称芦根，能清肺胃热，生津止渴，除烦止呕。

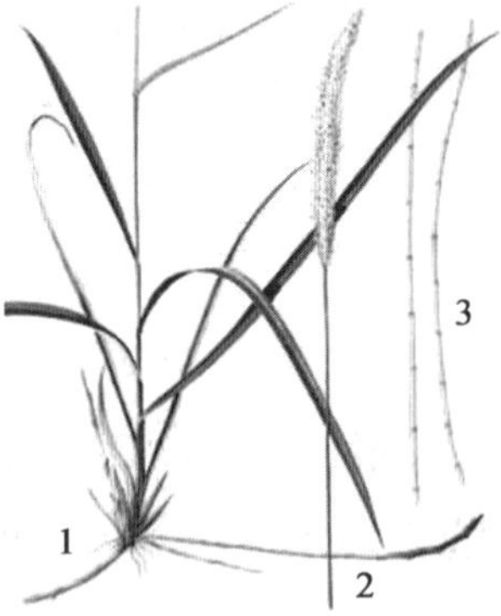

1. 植株　2. 花序　3. 茎秆

图 10-64　白茅

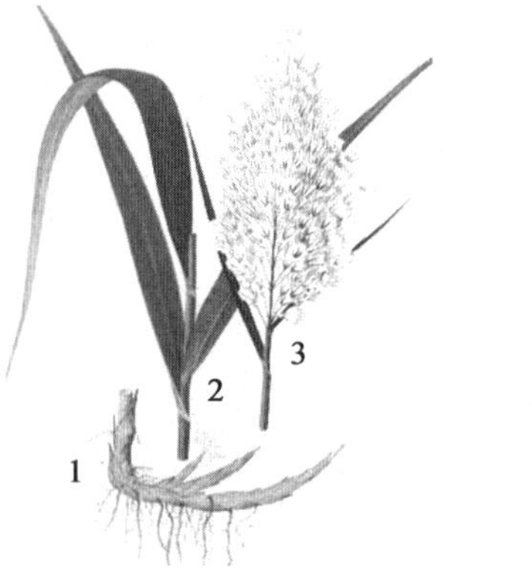

1. 根状茎　2. 植株　3. 花序

图 10-65　芦苇

3. 天南星科(Araceae)　♂ $P_0A_{(1\sim8),(\infty),1\sim8,\infty}$；♀ $P_0G_{(1\sim\infty:1\sim\infty)}$；⚥ $P_{0,4\sim6}A_{4\sim6}\underline{G}_{(1\sim\infty:1\sim\infty)}$

天南星科植物为多年生草本，常具块茎或根状茎；少数为木质藤本。植物体内多含水汁和针状草酸钙结晶。单叶或复叶，叶柄基部常具膜质鞘；网状脉。肉穗花序，具佛焰苞；花小，两性或单性；单性花雌雄同株(同序)或异株；同序者雌花群在下部，雄花群在上部，雌、雄花群间常有中性花(不孕花)相隔；单性花缺花被，雄蕊 1～8，常愈合成雄蕊柱，或分离；两性花常具花被片 4～6，呈鳞片状，雄蕊与之同数且对生；雌蕊子房上位，由 1 至数心皮组成 1 至数室，每室具 1 至数枚胚珠。浆果密集于花序轴上。

天南星约有 15 属 2 000 种以上，主要分布于热带、亚热带地区，我国加引种栽培的共 35 属 200 余种，主产于华南、西南各省区。本科植物常含有黏液细胞以及生物碱、挥发油、皂苷等成分。已知药用 22 属 106 种。

【主要药用植物】

天南星(*Arisaema consanguineum* Schott)(图 10-66)　为多年生草本，块茎呈扁球形。叶基生，有长柄，中部以下具叶鞘；叶片辐射状全裂成小叶片状，裂片 10～24 枚，呈披针形，顶端延伸成丝状。花茎直立，短于叶柄；佛焰苞顶端细丝状，绿白色；肉穗花序附属体棒状；花单性异株；雄花具雄蕊 4～6，花丝愈合；雌花具 1 雌蕊。浆果红色，聚成玉米穗状。全国大部分地区有分布。生于沟边、林下阴湿处。块茎(天南星)有毒，能燥湿化痰，祛风定惊，消肿散结。

同属植物：**东北天南星**(*Arisaema amurense* Maxim.)，与天南星主要区别点是小叶片 5(幼时 3 片)。佛焰苞绿色或带紫色而有白色条纹。分布于东北、华北。**异叶天南星**(*Arisaema heteroph* yllum BI.)，叶片鸟足状全裂，裂片 13～21，雌雄同序，雄花在上，雌花在下。分布于辽宁以南除西北外的地区。

半夏(*Pinellia ternate*(Thunb.)Breit.)(图 10-67)　为多年生草本。块茎呈扁球形。1 年生的叶为单生，呈卵状心形，或基部呈戟形；2～3 年生叶为 3 全裂，裂片呈椭圆形至披针形，常在叶柄近基部内侧有 1 小珠芽。单性花同株，雄花在花序上部，白色，雌花在下，绿色；花序轴顶端附属体呈鼠尾状，伸出绿色佛焰苞外。分布于南北各地。生于田野、荒坡、林下。块茎(半夏)有毒，经炮制后入药能燥湿化痰，降逆止呕。**掌叶半夏**(*Pinellia pedatisecta* Schott)(虎掌)与半夏主要区别点是块茎较半夏大近 1 倍，叶呈鸟趾状分裂，分布于华北、华中及西南。

块茎亦作半夏用。

石菖蒲（*Acorus tatarinowii* Schott）（图 10-68）　为多年生草本，全体具浓香气味。根状茎平卧。叶基生，呈狭条形，无明显中脉。花茎呈扁三棱形，佛焰苞呈叶状，不包被花序；花序黄绿色；花两性，花被片 6，雄蕊 6，与花被片对生；浆果呈倒卵形；子房 2～3 室。分布于长江流域以南各省。生于山谷溪沟及河边石上。根状茎（石菖蒲）能开窍，豁痰，理气，活血，祛风，散湿。

1. 块茎　2. 佛焰苞　3. 果序

图 10-66　天南星

1. 块茎　2. 小块茎　3. 佛焰苞

图 10-67　半夏

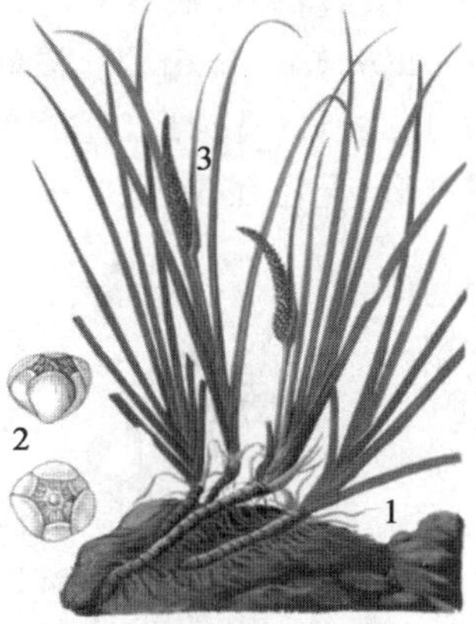

1. 植株　2. 花　3. 佛焰苞

图 10-68　石菖蒲

本科入药的还有以下几类：**千年健**（*Homalomena occulta*（Lour.）Schott），分布于云南与广西。根茎（千年健）能祛风湿，强筋骨，活血，止痛。**独角莲**（*Typhonium giganteum* Engl.）（禹白附），分布于东北、华北、华中、西北、西南。生于林下或阴湿地。块茎（白附子）因主产河南禹县又得名禹白附，有毒，能祛风痰，定惊，止痛。**菖蒲**（*Acorus calamus* L.）（水菖蒲），在全国均有分布。生于沼泽，湿地，也栽培。根茎（菖蒲）能开窍化痰、辟秽杀虫、健脾利湿。

4. 百合科（Liliaceae）　⚥ $* P_{3+3,(3+3)} A_{3+3} \underline{G}_{(3:3)}$

百合科植物为多年生草本，稀木本。具鳞茎、块茎或根状茎。单叶，基生或茎生，茎生叶互生，少数对生或轮生，极少数退化成片状，茎扁化成叶状枝（如天门冬属、假叶树属）。花序呈总状、穗状或伞形等；花常两性，辐射对称；花被片 6，呈花瓣状，通常排成 2 轮，分离或合生；雄蕊 6；子房上位，3 心皮合生成 3 室，中轴胎座，胚珠多数。蒴果或浆果。

百合科约 230 属约 4 000 种，广泛分布于全球，以温带及亚热带地区为多，我国 60 属 570 种。已知药用 46 属 359 种。各地均产，以西南为盛。本科植物多含生物碱、皂苷等有效成分。

【主要药用植物】

百合（*Lilium brownii* F. E. Brown var. *wiridulum* Baker.）（图 10-69）　为多年生草本，鳞茎呈球形，白色，见光后变为紫红色，鳞片呈披针形至阔卵形。叶散生，呈倒披针形至倒卵形。花单生或数朵排成伞形花序，花大，呈喇叭形；乳白色，外面稍显紫色，顶端向外张开或稍弯曲，蜜腺沟两侧和花被片基部具乳突状突起；花被 6；雄蕊 6；雌蕊 1 枚；子房呈圆柱形，3 室，每室有多数胚珠；蒴果。分布于华北、东南、西北、西南等地区。肉质鳞片（百合）能养阴润肺，清心安神，还可供食用。

同属植物作百合药用的还有以下几类：**卷丹**（*L. lancifolium* Thunb.），分布于全国多数省。**山丹(细叶百合)**(*L. pumilum* DC.(*L. tenuifolium* Fisch.)),分布于西北、华北、东北。

川贝母(卷叶贝母)(*Fritillaria cirrhosa* D. Don.)(图 10-70)　为多年生草本,鳞茎白色,直径 8～15 mm,呈圆锥形;上部叶通常对生,兼有互生和轮生,先端稍卷曲;下部叶对生,呈披针形至线形,先端卷曲或不卷。花单生于茎顶,呈钟状,紫色具黄绿色斑纹,或黄绿色具紫色近纹;下垂,叶状苞片 3 片,先端卷曲。蒴果。分布于四川、青海、云南、西藏等地。茎(川贝母)能清热润肺,止咳化痰。

中药川贝母还有同属植物**暗紫贝母**(*F. unibracteata* Hsiao et K. C. Hsia)、**甘肃贝母**(*F. przewalskii* Maxim.)、**梭砂贝母**(*F. delavayi* Franch.)的干燥鳞茎,前两者按其性状不同分别习称松贝(近球形,直径 0.3～0.9 cm)、青贝(扇球形,直径 0.4～1.6 cm)后者习称炉贝(长圆锥形,直径 0.5～2.5 cm),功效同川贝母。

1. 鳞茎　2. 花枝　3. 花

图 10-69　百合

1. 花　2. 果实　3. 鳞茎　4. 植株

图 10-70　川贝母

浙贝母(象贝)(*F. thunbergii* Miq.)的鳞茎大,直径 15～40 mm,叶对生或轮生,呈条状披针形,上部叶尖呈卷须状。花顶生及上部腋生,淡黄绿色,内具紫色横格斑纹。分布于浙江、江苏。鳞茎(浙贝母)能清热化痰,开郁散结。

伊犁贝母(*F. pallidiflora* Schrenk.)的鳞茎呈圆锥形,较大,直径 10～20 mm,叶互生、对生或轮生;呈矩圆状披针形。花单生或总状花序;黄色,内具紫色斑点。分布于新疆。鳞茎(伊贝母)能清热润肺,化痰止咳。中药伊贝母尚有同属植物**新疆贝母**(*F. walujewii* Regel),其鳞茎呈扁球形,直径 0.5～1.5 cm。

平贝母(*F. ussuriensis* Maxim.)的鳞茎呈扁球形,直径 0.6～2 cm,叶呈条形。先端卷须状;基部叶对生或轮生,上部叶对生或互生。花单朵顶生,外面淡褐色,内面紫色,有黄色方格斑纹。分布于东北。鳞茎(平贝母)功效同川贝母。

知母(*Anemarrhena asphodeloides* Bge.)　为多年生草本,全株无毛,根状茎横走,上面被有黄褐色纤维。叶丛生,呈条形。总状花序从叶丛中抽出;花 2～3 朵簇生;花淡紫红或白色;雄蕊 3,子房呈卵形。蒴果。分布于华北、东北、陕西、内蒙古等地。根茎(知母)能除烦,清热,滋阴。

黄精(*Polygonatum sibiricum* Red.)(图 10-71)　为多年生草本,根状茎横走,肥大肉质,黄白色,通常一端较粗,另一端较细,形似鸡头,故称鸡头黄精;味甜。茎直立,叶轮生,呈条状披针形，先端卷曲。花序腋生；具2～4朵花；苞片膜质，位于花梗基部；花近白色，雄蕊6，浆果星球形，黑色。主产于北方各省。根状茎（黄精）能补气养阴、健脾、润肺、益肾。

同属作黄精入药的还有以下几类：**滇黄精**（*Polygonatum kingianum* Coll. et. Hems.），主产广西、四川、云南、贵州。**多花黄精**（*Polygonatum cyrtonema* Hua.），主产南方各省，以上两种黄精按性状不同，习称大黄精、姜形黄精。

玉竹（*Lpolygonatum odoratum*（Mil.）Druce）与黄精的区别是：根状茎呈圆柱状，略扁。叶互生，呈椭圆形。花序具花2～8朵，花长达2 cm，白色。分布于全国大部分地区。根状茎（玉竹）能养阴润燥、生津止渴。

麦冬（*Ophiopogon japonicus*（L. f.）Ker-gawl.）（图10-72）　为多年生草本，须根下端常膨大成块根。叶基生，呈线形。花序短于叶；总状花序；花小，淡紫色，子房半下位，花柱粗短，分布于我国大多数省区。块根称麦冬，能养阴生津、润肺清心。

1. 根状茎　2. 花序

图10-71　黄精

1. 植株　2. 花

图10-72　麦冬

中药材麦冬是以麦冬属麦冬的块根为正品。山麦冬属的**山麦冬**（*Liliope spicata* Lour）其块根亦作“麦冬”药用。与麦冬的主要区别是：子房上位；叶片狭呈倒披针形。分布于全国多数地区。

天门冬（*Asparagus cochinchinensis*（Lour.）Mer.）（图10-73）　为多年生具刺攀缘的草本植物。有纺锤状块根。叶状枝通常3枚成簇，扇平。花单性异株，小花2朵腋生。浆果。分布于全国大部分地区。块根（天冬）能滋阴润燥、清肺生津。

七叶一枝花（*Paris polyp ylla* Simth. var. *chinensis*（Franch.）Hara）（蚤休）（图10-74）为多年生草本，根状茎短而粗壮。叶通常7片轮生；有时5～10片；叶片呈倒卵状披针形。花被片4～7，外轮绿色，内轮黄绿色，狭长呈条形，长于外轮。子房上位，先端具盘状花柱基，子房1室。蒴果。分布于长江流域。根状茎（重楼）有小毒，能清热解毒、散瘀消肿。

芦荟（*Aloe vera* I. var. chinensis（Haw.）Berger.）　为多年生草本。叶近莲座状，呈条状披针形，肉质，具白色斑点状花纹。总状花序；花浅黄色，具红斑。主产于好望角、南美洲等地，此外，印度及地中海沿岸热带地区亦有产。我国产于广东、广西、云南、福建、台湾等地。北方亦有栽培（温室）。液汁干燥品（芦荟）能清肝热、通便等。

1. 果枝一段 2. 须根

图 10-73 天门冬

1. 根状茎 2. 花枝

图 10-74 七叶一枝花

本科常见药用植物尚有以下几类：**小根蒜**(*Allium macrostemon* Bge.)，在全国大部分地区有产。鳞茎(薤白)能通阳散结，行气导滞。**韭菜**(*Allium tuberosum* Rott.)，分布在全国大部分地区。鳞茎能温中通阳，理气宽胸，种子(韭菜子)能温补肝肾，壮阳固精。**蒜**(*Alium sativum* I.)，分布于全国大部分地区。鳞茎能健胃，止痢，止咳，杀菌。**光叶菝葜**(土茯苓)(*Smilax glabra* Roxb.)，分布于长江流域以南。根状茎(土茯苓)能除湿、解毒、通利关节。**藜芦**(*Veratrum nigrum* I.)，根有毒，能催吐、祛痰、杀虫。

5. 薯蓣科(Dioscoreaceae) $♂ * P_{(3+3)} A_{3+3}; ♀ * P_{3+3} \overline{G}_{(3:3:2)}$

薯蓣科植物为草质缠绕藤本，具块茎或根状茎。叶互生，少对生；单叶或掌状复叶，全缘或分裂，基部多呈心形，叶片中脉或侧脉由叶基发出，且有网脉，叶腋有珠芽(零余子)或无。花小，多为单性，辐射对称，雌雄异株或同株，穗状、总状或圆锥状花序；花被片6，2轮，基部常结合，雄花具雄蕊6，2轮，有时内轮退化，退化雌蕊有或无，子房由3心皮合生，子房下位，3室，每室有胚珠2。蒴果有3菱形的翅；种子常有翅。

本科有10属650种，分布于全球温带与热带地区。我国只有薯蓣1属约60种。已知药用37种。其植物主要化学成分有甾体皂苷、生物碱等。

【主要药用植物】

薯蓣(山药)(*Dioscorea opposita* Thunb.) 为草质缠绕藤本。根状茎直生，呈类圆柱形或棒状，肉质，具黏液，生多数须根。茎右旋，带紫色。叶互生，中部以上对生，有时三叶轮生，叶腋常有珠芽(零余子)，叶呈三角形至三角状卵形，基部耳状膨大，呈宽心形。花单性异株，穗状花序腋生；花小，白绿色；雄花序直立，雌花序下垂；花被片6，雄蕊6；雌花柱头3。蒴果有3棱，呈翅状；种子呈扁圆形，有宽翅。分布于全国大部分地区，并多栽培。主产河南、山西。根状茎(山药)能补脾养胃，生津益肺，补肾涩精。零余子补虚损，强腰膝。

穿龙薯蓣(*Dioscorea nipponica* Makino.)(穿山龙)(图10-75) 为多年生草质缠绕藤本。根状茎横生，坚硬，呈弯曲的圆柱形，外皮黄褐色，常呈片状剥离。茎左旋。叶呈掌状心形，边缘有不等大的三角状浅裂。雌雄异株；雄花无梗。分布于东北、华北、华中、西北、四川。生于林缘及灌木丛中。根茎(穿山龙)能祛风湿、舒筋活血。

黄独(*Dioscorea bulbifera* L.)(图10-76) 块茎呈扁球形，肉质，外皮棕褐色，表面叶腋内多生有卵圆形珠芽(零药子)。叶呈卵状心形。分布于华东、广东、西南。块茎(黄药子)有小毒,能解毒消肿、化痰散瘀、凉血止血。

1. 根状茎 2. 果序 3. 雌花 4. 雄花

图 10-75 穿龙薯蓣

1. 块茎 2. 植株一段

图 10-76 黄独

本科入药的尚有以下几类:**粉背薯蓣**(*Dioscorea hypoglauca* Palibin)(粉萆薢),分布于华中、华东及四川、台湾。**绵萆薢**(*Dioscorea septemloba* Thunb.),分布于浙江、江西、湖南及华南。上两种及同属多种植物的根茎(绵萆薢或萆薢)能祛风,利湿。

6. 鸢尾科(Iridaceae) $\text{⚥} * P_{(3+3)} A_{3+3}$;$\text{♀} * P_{3+3} \overline{G}_{(3:3:2)}$

鸢尾科植物为多年生草本,有根状茎、块茎或鳞茎。叶多生于茎基,呈条形或剑形,基部重叠互相抱茎而成套叠叶鞘,排成 2 列。花序多种;花两性,辐射对称或两侧对称;花常大而艳丽,花被片 6,2 轮排列,呈花瓣状,通常基部合生成管状;雄蕊 3;子房下位,通常 3 室,中轴胎座,每室胚珠多数,花柱上部常 3 裂,有时花瓣状,蒴果。

鸢尾科约有 60 属 800 种,主产东非和热带美洲。我国连同引种共 11 属约 80 种,已知药用 8 属 39 种。本科植物多含有异黄酮、醌类、胡萝卜素等化合物。

【主要药用植物】

射干(*Belamcanda chinensis*(L.)DC.)(图 10-77) 为多年生草本。根状茎横生,断面鲜黄色。叶宽剑形,互生,基部成套叠,两列排列。花序顶生花被管短,花被片橙黄色,散生暗红色斑点;雄蕊 3 枚;子房下位。蒴果;种子黑色。全国大部地区有分布。野生或栽培。根茎(射干)能清热解毒,祛痰,散瘀消肿,利咽喉。

番红花(*Crocus sativus* L.)(藏红花、西红花)(图 10-78) 为多年生草本,具球茎,外被褐色膜质鳞叶。叶基生,呈狭条形,基部不具套叠。花淡紫色;花柱细长,紫红色,顶端 3 分枝。原产西班牙等国,我国引种栽培。花柱及柱头(西红花)能活血化瘀、凉血解毒、解郁安神。

本科药用植物尚有以下几类:**马蔺**(*Iris lactea* Pal. var. *chinensis*(Fisch.)Koidz.),分布于全国。生于山坡草地、灌丛。花能清热凉血,利尿消肿。种子(马蔺子)能凉血止血,清热利湿。**鸢尾**(*Iris tectorum* Maxim.),在我国大部分省区有分布。常成片野生。根茎(川射干)能活血祛瘀、祛风利湿、解毒、消积。

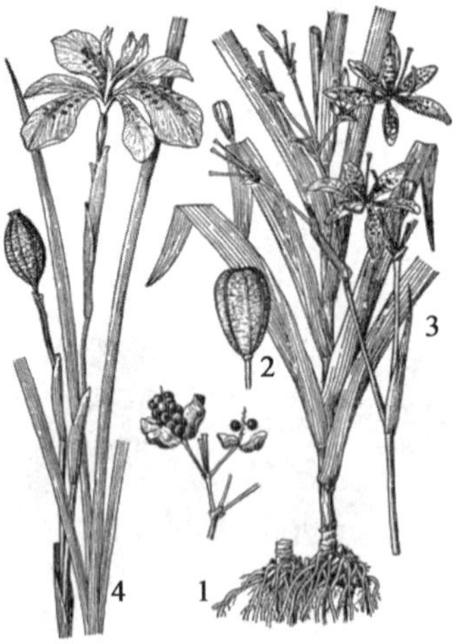

1. 根状茎　2. 果实　3. 花枝　4. 果枝

图 10-77　射干

1. 植株　2. 花

图 10-78　番红花

7. 姜科(Zingiberaceac)　$⚥ \uparrow K_{(3)} C_{(3)} A_1 \overline{G}_{(3:3:\infty)}$

姜科植物为多年生草本，根状茎块状或伸长，芳香。茎单生。单叶，基生或茎生；常 2 列；具叶鞘，鞘端常有叶舌。花两性，两侧对称，单生或组成穗状、总状、圆锥花序；花被片 6，两轮，外轮萼状，常合生成筒，一侧开裂，顶端又 3 齿裂，内轮呈花瓣状，上部 3 裂，通常位于后方的 1 片较两侧的大，基部合生；退化的雄蕊 2 或 4，其中外轮 2 枚称侧生退化雄蕊，呈花瓣状、齿状或缺，内轮的 2 枚合生成唇瓣，显著而美丽，能育雄蕊 1，花丝具沟槽；子房下位，3 心皮合生，中轴胎座，3 室，少为侧膜胎座，1 室，花柱 1，丝状，沿可育雄蕊花丝的沟槽经药室间伸出。通常为蒴果，3 瓣裂，少数肉质不开裂而成浆果状。种子有假种皮。

姜科约有 50 属 1 000 余种，主要分布于热带、亚热带地区，主产亚洲热带、亚热带地区。我国有 19 属约 200 种，分布于西南部至东南部。已知药用 15 属约 100 种。本科植物多含挥发油、黄酮类、甾体皂苷等有效成分。

【主要药用植物】

姜(*Zingiber officinale* Rosc.)(图 10-79)　为多年生草本，根状茎肥厚，块状或不规则粗指状分枝，有芳香及辛辣味，断面淡黄色。茎高达 1 m 左右。叶呈披针形。穗状花序从根茎上抽出；花黄绿色，唇瓣 3 裂，有紫色条纹及浅黄色斑点。栽培者很少开花。原产于太平洋群岛，我国广为栽培。根茎鲜品(生姜)能解表散寒，温中止呕，化痰止咳；干品(干姜)能温中散寒，回阳通脉，燥湿消痰；根茎外皮(姜皮)可治疗水肿。

姜黄(*Curcuma Longa* L.)　为多年生草本，根茎块状，断面深黄色至黄红色，芳香。由根茎生出的须根中，有的末端膨大成块根。叶基生，两列，叶片呈椭圆形，两面均无毛。秋季顶部叶鞘内抽出花草，穗状花序呈圆柱状；苞片大，呈卵形，绿白色，每苞片内有花数朵；花具小苞片；萼筒 3 齿裂；花冠淡黄色，3 裂，退化雄蕊呈花瓣状，唇瓣呈倒卵形，白色，中部黄色；蒴果呈球形。分布于我国东南至西南，也有栽培。根状茎(姜黄)能行气破瘀，通经止痛；块根(黄丝郁金)能行气解郁，凉血破瘀。

同属植物的块根作中药材郁金使用的还有以下几类：**温郁金**(*C. wenan* Y. H. Chen et C.

Ling)，主产浙江，为著名的"浙八味"之一。**广西莪术**(*C. kuxangs lensus* S. Lee et C. F. Liag)和**莪术**(*C. kuxangs phaeocaulis* Val.)(蓬莪术)的块根按其性状不同习称"桂郁金"或"绿丝郁金"。

砂仁(*Amomum villosum* Lour.)(阳春砂仁)(图 10-80)　为多年生草本，根茎横生。叶 2 列，叶片呈长披针形，先端尖，基部近圆形，无柄；叶舌呈半圆形，叶鞘上可见凹陷的方格状网纹。穗状花序自根茎上发出，花被片白色，唇瓣呈圆匙形，白色而有黄、红、紫色斑点。蒴果不开裂，近圆形，棕红色，有刺状突起；种子多数，具芳香气味。分布于广东、广西、云南、福建，野生和栽培。果实(砂仁)能化湿开胃、温脾止泻、理气安胎。

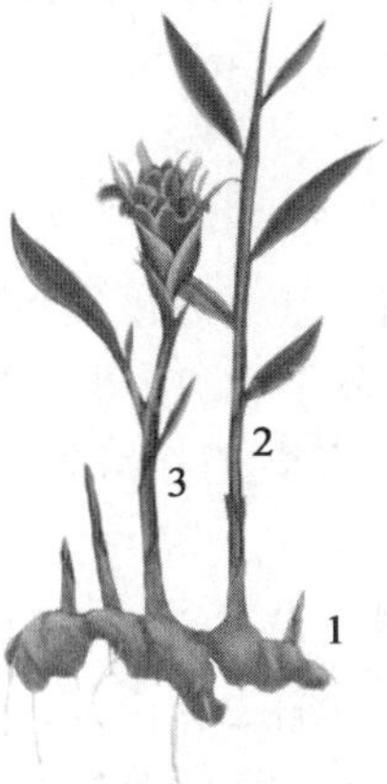

1. 根状茎　2. 叶枝　3. 花枝

图 10-79　姜

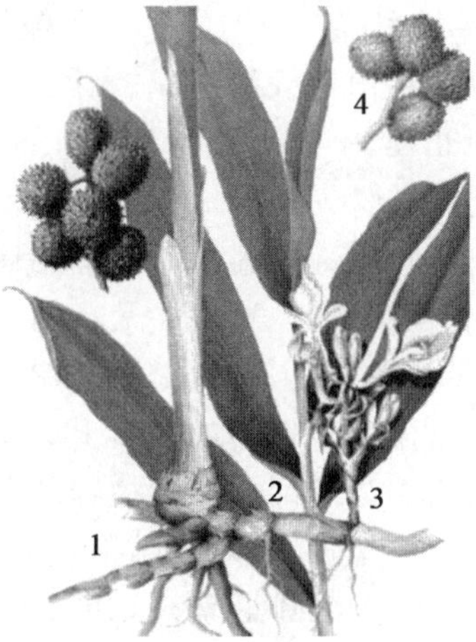

1. 根状茎　2. 叶枝　3. 花枝　4. 果实

图 10-80　砂仁

同属植物：**海南砂**(*A. Longiligulare* T. L. Wu.)，分布在海南省，果实与砂仁同等入药；**白豆蔻**(*A. kravanh* Pirre ex Gagnep.)，主要为进口(东南亚)，我国海南、云南有少量栽培，果实称豆蔻，能化湿消痞，行气温中，开胃消食；**草果**(*A. tsaoko* Crevast et Lemarie.)，分布于广西、云南、贵州，果实(草果)能燥湿温中，除痰截疟。

本科主要药用植物还有以下几类：**益智**(*Albinia oxyphylla* Mig.)，主产于海南和广东西部。果实(益智)能温脾止泻，摄唾，暖肾固精缩尿。**高良姜**(*Albinia officinarum* Hance.)，分布于广东、广西、海南。根茎(高良姜)能温胃散寒，消食止痛。**山柰**(*Kaempferia galanga* L.)分布于广东、广西、云南、福建。根茎(山柰)能行气温中，消食止痛。

8. 兰科(Orchidaceae)　☿ ↑ $P_{3+3}A_{1\sim2}\overline{G}_{(3:1:\infty)}$

兰科植物为多年生草本，通常有根状茎或块茎。茎常于下部膨大成假鳞茎。单叶常互生，基部常有鞘。花单朵或排成总状、穗状、圆锥花序，顶生或侧生于茎上或假鳞茎上；花两性，两侧对称；花被片 6，2 轮，外轮 3 片称萼片，上方的 1 片称上萼片，下方的 2 片称侧萼片；内轮侧生的 2 片称花瓣，中间的 1 片称唇瓣，常有种种特殊的形态分化和艳丽的色彩，由于子房的扭转而居于下方(由于子房呈 180°扭转而使唇瓣位于下方)；雄蕊与雌蕊的花柱合生称合蕊柱(蕊柱)，1 枚雄蕊通常生于蕊柱顶端，稀具 2 枚生于蕊柱两侧，花药通常 2 室，药室中的花粉粒结合成花粉块；在雄蕊与柱头之间有一舌状突起称蕊喙，是柱头的不育部分变成，能育柱头通常位于蕊喙下面，常凹陷，充满黏液。子房下位，花梗状，3 心皮合生，侧膜胎座，1 室，胚珠微小，极多数。蒴果，种子微小，极多数，无胚乳。

兰科约有753属20 000种，广泛分布于全球，主产南美洲与亚洲热带地区。我国有166属1 069种，已知药用76属287种。南北均产，以云南、海南、台湾种类最丰富。本科植物含有倍半萜类生物碱、酚苷类、吲哚苷、黄酮类、香豆素等有效成分。

【主要药用植物】

天麻（*Gastrodia elata* BI.）（图10-81） 为多年生草本，全体不含叶绿素，靠其溶菌酵素消化吸收密环菌而生长。块茎横生，长椭圆形，肥厚，有环节。茎单一，淡黄褐色或带赤色，有节，节上有淡黄褐色的鞘状鳞叶。总状花序顶生；花淡黄色；花被下部合生成壶状，口部歪斜；顶部5裂；子房呈倒卵形。蒴果。种子极细小，呈粉尘状。分布于全国大部分省区，主产于西南，现多栽培。生于山地气候阴凉、潮湿，地面有较多枯枝落叶、朽木等杂木的林下。块茎（天麻）能平肝熄风止痉。

石斛（*Dendrobium nobile* Lindl.）（金银石斛）（图10-82） 为多年生附生草本。茎丛生，黄绿色，多节，上部较扁平而微弯，具纵沟，下部常收窄成圆柱形，茎干后呈金黄色。叶互生，近革质，呈长椭圆形，3～5片，无叶柄。总状花序生于茎上部的节上，常有花2～3朵；花大，白色，先端带淡紫红色，呈唇瓣卵圆形，近基部有1深紫色斑块。蒴果。分布于湖北、台湾、西南和华南。常附生于树干或岩石上。茎（石斛）能滋阴清热，益胃生津。

中药石斛尚有同属多种植物的茎。如**黄草石斛**（东花石斛）（*D. chrysanthum* Wall.），茎呈圆柱状。叶呈披针形，叶鞘抱茎。伞形花序；花黄色，花瓣近顶端边缘常具齿，唇瓣两面密被绒毛，上面具2个圆形紫斑，边缘具短流苏。分布于西南各省。**流苏石斛**（*D. fimbriatum* Hook. var. *oculatum* Hook.）（马鞭石斛），叶呈椭圆形。总状花序下垂，花金黄色，唇瓣表面密被短柔毛，近基部有一个肾形紫斑，边缘呈流苏状。分布于云南、广西。**黑节草**（*D. candidum* Wall. ex Lind.）（铁皮石斛），叶边缘及中脉呈淡紫色。总状花序常具3花；花黄色，唇瓣上面具紫红色斑点。分布于广西、云南。**环草石斛**（*D. loddigesii* Rolfe.），茎细长呈圆柱形，节间长1～2 cm，表面呈金黄色有光泽。具细纵纹，茎（耳环石斛）能清热退烧，润喉生津。

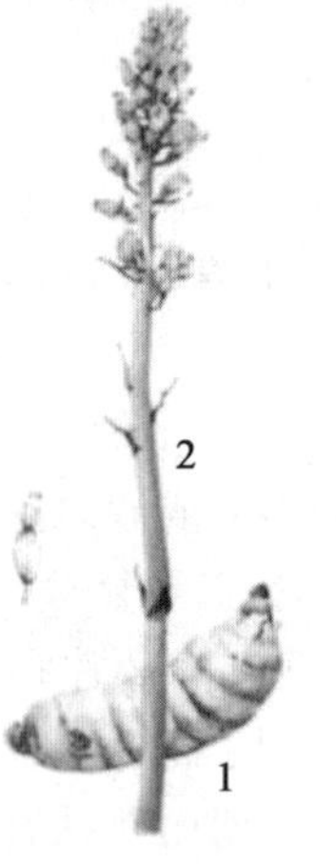

1. 块根　2. 花枝

图10-81　天麻

1. 植株　2. 花枝

图10-82　石斛

白及（*Bletilla striata*（Thunb.）Reichb. f.）（图 10-83）为多年生草本。块茎为短三叉状，具多个同心环痕，断面富黏性。叶呈披针形，基部鞘状抱茎。总状花序，花淡紫色，唇瓣 3 裂，中裂片顶端微凹，唇瓣有 5 条纵皱褶，合蕊柱顶端着生 1 雄蕊。蒴果呈圆柱形，有纵棱 6 条。分布于长江沿岸各省区。块茎（白及）能收敛止血，消肿生肌。

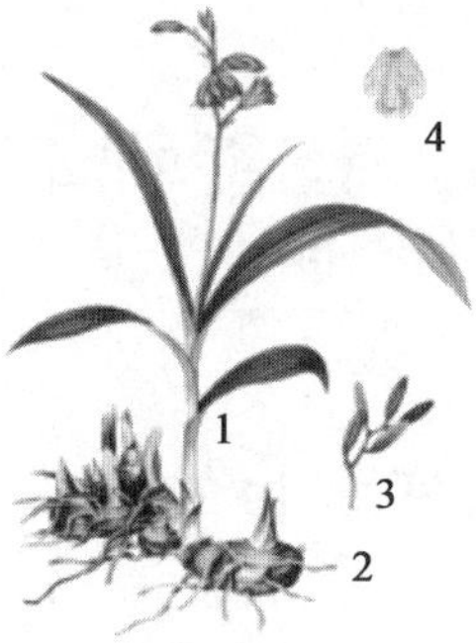

1. 植株　2. 块茎　3. 合蕊柱　4. 花

图 10-83　白及

本科常见的药用植物还有以下几类：**杜鹃兰**（*Cremastra appendiculata*（D. Dom）Makino.），主产于云南、贵州。假鳞茎（山慈菇）能清热解毒，化痰散结。**手参**（*Gymnad-enia conopsea*（L.）R. Br.）（佛手参），分布于东北、华北、西北。块根（手参）能补益气血，生津止渴。

知识链接：被子植物的演化

揭示被子植物的系统演化时首先要确定被子植物的原始类型和进步类型，对此存在两大学派的两种假说：

1. 恩格勒学派（柔荑花序学派）

奥地利学者韦特斯坦（Wettstein）提出了假花学说。他认为被子植物的花与裸子植物的花完全一致，每一个雄蕊和心皮分别相当于一个极端退化的雄花和雌花，因而设想被子植物来源于裸子植物的麻黄类中的弯柄麻黄。由于裸子植物，尤其是麻黄和买麻藤等都是以单性花为主，因此原始的被子植物也必然是单性花。

2. 毛莨学派（多心皮学派）

美国植物学家柏施（Bessey）提出了真花学说。他认为被子植物的花是一个简单的孢子叶穗，它是由裸子植物中早已灭绝的木内苏铁目特别是准苏铁具两性孢子叶的球穗花进化而来。准苏铁孢子叶球上的覆瓦状排列的苞片可以演变为被子植物的花被，羽状分裂或不分裂的小孢子叶可发展成雄蕊，大孢子叶发展成雌蕊，孢子叶球的轴则可以缩短成花轴。

由于有关被子植物起源和进化的证据不足，迄今为止还没有一个比较完美的证据链条来揭示被子植物的进化过程。

自我测试

1. 简述单子叶植物与双子叶植物的区别。
2. 简述五加科的主要特征及其常见药用植物。
3. 简述蔷薇科和芸香科的主要特征。
4. 简述十字花科的主要特征及其常见药用植物。
5. 木兰科和豆科的拉丁学名是什么？其主要特征是什么？
6. 被子植物的主要特征是什么？

技能训练十八　植物标本的采集与制作

一、实训目的

1. 掌握植物标本采集的方法；
2. 掌握腊叶标本及浸制标本的制作方法。

二、实训器材

1. 仪器、用品　方搪瓷盘、镊子、剪刀、针、白线或棉纸条、顶针、台纸（质地较坚硬的白板纸，一般长宽为 40 cm×30 cm）、吸水纸、定名标签、标本夹、采集箱、枝剪、高枝剪、小锄头、吸水纸、记录簿、号牌。

2. 材料、试剂　已压制干燥的植物标本、2‰～5‰的升汞（氯化高汞）、乙醇（用 75％的工业乙醇即可）溶液、阿拉伯树胶。

三、实训内容

（一）植物标本的采集

药用植物标本的采集应以无病害、生长健壮、具有该种植物典型特征的植株为对象，不同的植物种类应用不同的采集方法。具体介绍如下：

（1）草本植物　一般要连根挖出，以便于观察全株的形态特征。若植株较高，可折成“N”字形再压制，并记录全草的高度。

（2）木本植物　选取带有花或果的完整枝条剪下，若雌雄异株，应分别采摘雌雄花。此外，对于药用部位为根或树皮的药用植物，采集标本时应选取一小块药用部位作为样品，附于枝条标本之上。

（3）寄生植物　应注意连同寄主一起采集，并记录寄主的形态特征。

（4）水生植物　由于其特殊的生境，采集时，应整株捞取，带回室内后随即放入水中，待其枝叶恢复自然形态后，用报纸衬在植株下面将其提出水面，置于干燥的草纸中进行压制。

此外，还应注意蕨类植物的采集应选取带有孢子囊群的植株；藤本植物的枝条在剪取时应注意体现藤本性状等。

在野外采集标本时，野外记录非常重要。药用植物有些性状在制成标本之后会发生变化，不同于生活状态，给日后的鉴定工作带来困难。如果实的颜色及形状、花的颜色及气味、表皮毛的着生情况等。因此，野外记录时对于制成标本后会发生改变的性状应着重记录，并对采集的标本进行编号并挂号牌，方便以后的鉴定工作。

(二)植物腊叶标本的制作

腊叶标本是经过修剪、整理、压制、干燥，并经消毒后，粘贴固定在台纸上的植物标本。其制作步骤如下：

1.修剪整理

选取有花、果或有代表性的已压制干燥的植物标本进一步修剪整理，除去重叠多余或残缺不全或过大的枝、叶、花、果，使其小于台纸边缘约 5 cm。

2.消毒

野外采回的已压制干燥的植物标本往往带有害虫、虫卵或霉菌孢子，故标本在上台纸装订前，必须进行消毒，以防虫蛀霉坏，便于长期保存。消毒方法：将上述修剪整理过的压干标本置于 2‰～5‰的升汞(氯化高汞)乙醇(用 75%的工业乙醇即可)溶液中浸泡 5～10 min(视茎叶花果的厚薄而定)，然后取出放在干的吸水纸上，将其展平、压干后，即可装订在台纸上(注意：升汞为剧毒药品，在消毒过程中必须戴胶皮手套和口罩，结束后要及时用肥皂洗净双手，以免中毒，剩余消毒液要妥善保管)。

3.上台纸

消毒并压干的标本，为了长期保存和便于观察，应装订在台纸上。装订的步骤如下：

(1)取一张台纸，平整放于桌面上，然后把消毒并压干的标本涂刷阿拉伯树胶后，放在台纸适当的位置上，右下角和左上角都要留出贴定名标签和野外记录签的位置。然后用干净的纸覆盖加压使其与台纸紧密粘贴。

(2)用针线将枝条、叶柄等坚硬不易贴紧的部分钉连在台纸上，或用棉纸条粘贴固定。

(3)凡在压制中脱落下来的叶、花、果可按自然着生情况装订或装于透明纸袋中，贴于台纸一角。

(4)单独干制的地下部分或过大的果实也应装订在台纸上。

(5)将经正式鉴定的定名标签，贴在台纸右下角；按标本号复写一份采集记录，贴于台纸左上角。

(三)植物浸制标本的制作

用保存液将植物浸泡起来制成的标本叫作浸制标本。植物整体和根、茎、叶、花、果实各部分器官均可以制成浸制标本。尤其适用于植物的花及果实，经压干后，容易变色、变形而不易观察的植物材料。制成浸制标本后，可保持原有的形态，这对于教学和科研工作具有重要的意义。

植物的浸制标本，由于要求不同，处理方法也不同。一般常见的有以下几种：

(1)整体浸制标本　将整株植物按原来的形态浸泡在保存液中。

(2)解剖浸制标本　将植物的某一器官加以解剖，以显露出主要的观察部位，并浸泡在保存液中。

(3)系统发育浸制标本　将植物系统发育各环节的材料放在一起浸泡在保存液中。

(4)比较浸制标本　将植物相同器官但不同类型的材料放在一起浸泡于保存液中。

在制作植物的浸制标本时，要选择发育正常，具有代表性的新鲜标本。采集后，先在清水中除去污泥，经过整形，放入保存液中。如标本浮于液面，可用玻璃棒暂时固定，使其下沉，待细胞吸水后，即自然下沉。浸制标本的制作，主要是保存液的配制，下面仅简单介绍几种普通浸制标本保存液的配制：

①甲醛液（最常用，价格最低）

甲醛（市售者含量为40%）	5～10 mL
蒸馏水	100 mL

②酒精液（价格略贵，所浸制的标本较甲醛液软一些）

95%酒精	100 mL
蒸馏水	195 mL
甘油	5～10 mL

③甲醛、醋酸、酒精混合液（简称FAA，浸制效果较前两种好，但价格较贵）

70%酒精	90 mL
甲醛	5 mL
冰醋酸	5 mL

保存液配制完毕后，将植物标本放入浸泡，加盖后用溶化的石蜡将瓶口严密封闭，贴上标签。浸制标本做好后，应放在阴凉避光处妥善保存。

五、实训报告

以校园植物为材料，完成标本采集、腊叶标本制作和浸制标本制作。

技能训练十九　被子植物分类——木兰科、十字花科、蔷薇科、豆科、芸香科、大戟科、五加科、伞形科

一、实训目的

1. 掌握木兰科、十字花科、蔷薇科、豆科、芸香科、大戟科、五加科、伞形科植物的主要特征；
2. 识别离瓣花亚纲各科的代表植物，了解它们各自的药用部位及功效；
3. 学习使用被子植物分科检索表。

二、实训器材

1. 仪器、用品　解剖镜、放大镜、解剖针、镊子、解剖刀等。

2. 实验材料　玉兰、菘蓝、莱菔、龙牙草、杏、月季花、决明、膜荚黄芪、橘、黄檗、大戟、柴胡、白芷等植物的新鲜材料或标本。

三、实训内容

(一)木兰科

玉兰　落叶乔木,叶倒卵形至倒卵状长圆形,叶背被柔毛。观察叶柄基部的茎上是否有环状托叶痕;注意花被片数目、排列方式,雄蕊、雌蕊的数目和排列方式,子房位置、果实类型(聚合蓇葖果)。

(二)十字花科

(1)菘蓝　一年生或二年生草本,全株灰绿色。主根圆柱形,灰黄色。基生叶有柄,叶互生,长圆状椭圆形。注意观察:茎生叶圆状披针形,基部半抱茎;花序类型(圆锥花序);花的颜色;萼片、花瓣数量;雄蕊类型(四强雄蕊);短角果。

(2)莱菔　一年或二年生草本。直根肉质,观察外皮颜色。注意观察花序类型(总状花序),花冠类型,雄蕊数目,胎座类型;长角果。

(三)蔷薇科

(1)龙牙草　多年生草本,全株密生长柔毛。每对小叶之间夹小型小叶。花轴被柔毛;萼筒顶端5裂;观察叶形(奇数羽状复叶),花序(圆锥花序),花瓣、雄蕊、心皮数目,子房位置。识别果实类型(瘦果)。

(2)杏　落叶小乔木。单叶互生,叶柄近顶端有2腺体。注意观察叶缘形状,萼片、花瓣、雄蕊数目,识别果实类型(核果),记录果形、果色等。

(3)月季花　灌木。茎棕绿色有钩刺。叶互生,奇数羽状复叶,墨绿色,小叶宽卵形或卵状长圆形;花常聚生呈伞房状,有香气。种子深褐色。果卵圆形或梨形。观察花萼、花冠、雄蕊、雌蕊数目和子房位置。

(四)豆科

(1)决明　一年生草本。被短柔毛。偶数羽状复叶互生,在叶轴上下两对小叶间各有一刺状腺体。注意观察萼片、花冠数目、形状、颜色,雄蕊、雌蕊数目,果实类型(荚果)、形状。

(2)膜荚黄芪　多年生草本。奇数羽状复叶,小叶椭圆形或卵状披针形两面被白色长柔毛。注意观察花序类型(总状花序),花萼形状(钟状)、数目,花冠类型(蝶形花冠)、颜色;雄蕊数目、类型(二体雄蕊),子房是否被柔毛;果实类型(荚果)、形状。

(五)芸香科

(1)橘　常绿小乔木或灌木,多刺,具有香气。观察叶的类型(单身复叶)、质地(革质),花萼、花瓣、黄白色;雄蕊、雌蕊、心皮的数目,子房位置,果实类型。

(2)黄檗　落叶乔木。树皮淡棕黄色,木栓层发达。奇数羽状复叶,对生;小叶5～15片,呈卵形或卵状长圆形;雌雄异株;花小,黄绿色,圆锥状聚伞花序;注意观察萼片、花瓣、雄蕊、雌蕊数目,果实类型(浆果状核果)、形状、颜色。

(六)大戟科

大戟　多年生草本,有白色乳汁。根长圆柱形。茎被短柔毛。单叶,互生;花单性,观察花序类型(多歧聚伞花序),雄花中雄蕊数目,雌花中雌蕊数目,子房的心皮、心室数、子房位置,果实类型(蒴果)等。

(七)伞形科

(1)柴胡　多年生草本。主根黑褐色。茎多丛生,上部多分枝。观察叶脉(平行叶脉),花序(复伞形花序)、花颜色(黄色),花萼、花冠、雄蕊、雌蕊数目,子房位置,果实类型(双悬果)。

(2)白芷　多年生草本。根长圆锥形,皮黄褐色。茎中空,茎和叶鞘紫红色,总苞片缺或呈1～2片膨大的鞘状苞片,花白色。观察叶片形状,花序类型(复伞形花序),花萼、花瓣、雄蕊、雌蕊数目,子房位置(子房下位)、子房心室数,果实类型(双悬果)。

四、实训报告

1.绘制月季花的纵剖面图,注明各部分构造。
2.解剖以上3～4种植物的花,写出花程式。
3.写出以上5～6种植物的检索路线。
4.写出十字花科、蔷薇科、豆科、芸香科植物的主要特征。

附　　录

附录一　裸子植物分科检索表

1. 乔木或灌木；叶为针形，鳞形，刺形，条形或扇形单叶，或为羽状复叶。

　2. 叶为羽状复叶，集生于树干上部或块茎上；树干不分枝…………………… 苏铁科 Cycadaceae

　2. 叶为单叶；树干多高大而分枝。

　　3. 落叶乔木；叶扇形，有多数叉状并列的细脉，具长柄；种子核果状有长柄 …… 银杏科 Ginkgoaceae

　　3. 常绿或落叶乔木；叶为针形，鳞形，刺形，条形，无柄或有短柄；雌球花发育成球果，熟时张开，或因种鳞合生而使球果发育成核果状，熟时不开或微开，或发育为浆果状。

　　　4. 雌球花的珠鳞两侧对称，胚珠生于珠鳞腹面基部，多数至 3 枚珠鳞组成雌球花，并发育成球果；球果熟时种鳞张开，或因种鳞合生而使球果发育成核果状，熟时不开或微开。

　　　　5. 球果的种鳞与苞鳞离生或仅基部合生，每种鳞具 2 粒种子；种子上端有翅或无翅；雄蕊有 2 花药；叶基部不下延，条形或针形；种鳞与叶均螺旋状排列 ………… 松科 Pinaceae

　　　　5. 球果的种鳞与苞鳞半合生或完全合生，每种鳞具 1 至多粒种子；种子无翅或两侧具窄翅；雄蕊具 2～9 花药；叶基部通常下延；种鳞与叶螺旋状着生或交叉对生或轮生。

　　　　　6. 常绿或落叶性；种鳞与叶均螺旋状着生，稀交叉对生(水杉属)，每种鳞具 2～9 粒种子；种子两侧具窄翅 …………………………………………………………… 杉科 Taxodiaceae

　　　　　6. 常绿性；种鳞与叶均交叉对生或轮生，每种鳞具 1 至多粒种子；种子无翅或两侧具窄翅 ……………………………………………………………………… 柏科 Cupressaceae

　　　4. 雌球花的胚珠直立，单生于花轴或侧生短轴顶端的苞腋或两枚成对生于花轴的苞腋；种子核果状，全部包于肉质假种皮中或顶端尖头露出；或种子坚果状，生于杯状肉质假种皮中。

　　　　7. 雌球花具长梗，生于小枝基部的苞片腋部，稀生枝顶；花梗上部的花轴上具数对交互对生的苞片，每苞片腋部生两枚成对胚珠，胚珠具辐射对称的囊状珠托；种子 2～8 个生柄端，核果状，全部包于肉质假种皮中 ………………… 三尖杉科 Cephalotaxaceae

　　　　7. 雌球花具短梗或无梗，单生或两个成对生于叶腋或苞腋；胚珠 1 枚，生花轴或侧生短轴顶端的苞腋，具辐射对称的盘状或漏斗状珠托；种子核果状，全部包于肉质假种皮中，或生于杯状或囊状假种皮中，仅上部或顶端尖头露出 ……… 红豆杉科 Taxaceae

1. 灌木、亚灌木或草本状灌木；叶退化为膜质，2～3 片合生成鞘 ………… 麻黄科 Ephedraceae

附录二　被子植物分科检索表

1. 子叶 2 个，极稀可为 1 个或较多；茎具中央髓部；多年生的木本植物有年轮；叶片常具网状脉；花常为 5 出或 4 出数 ………………………………… 双子叶植物纲 Dicotyledoneae
2. 花无真正的花冠（花被片逐渐变化，呈覆瓦状排列成 2 至数层的，也可在此检索）；有或无花萼，有时且可类似花冠。
3. 花单性，雌雄同株或异株，其中雄花，或雌花和雄花均可成柔荑花序或类似柔荑状的花序。
4. 无花萼，或在雄花中存在。
5. 雌花以花梗着生于椭圆形膜质苞片的中脉上；心皮 1 ………… 漆树科 Anacardiaceae（九子不离母属 *Dobinea*）
5. 雌花情形非如上述；心皮 2 或更多数。
6. 多为木质藤本；叶为全缘单叶，具掌状脉；果实为浆果 …………… 胡椒科 Piperaceae
6. 乔木或灌木；叶可呈各种形式，但常为羽状脉；果实不为浆果。
7. 旱生性植物，有具节的分枝和极退化的叶片，后者在每节上且连合成为具齿的鞘状物 ………………………………………………… 木麻黄科 Casuarinaceae（木麻黄属 *Casuarina*）
7. 植物体为其他情形者。
8. 果实为具多数种子的蒴果；种子有丝状毛茸……………………… 杨柳科 Salicaceae
8. 果实为仅具 1 种子的小坚果、核果或核果状的坚果。
9. 叶为羽状复叶；雄花有花被 ………………………………… 胡桃科 Juglandaceae
9. 叶为单叶（有时在杨梅科中可为羽状分裂）。
10. 果实为肉质核果；雄花无花被………………………………… 杨梅科 Myricaceae
10. 果实为小坚果；雄花有花被 ………………………………… 桦木科 Betulaceae
4. 有花萼，或在雄花中不存在。
11. 子房下位。
12. 叶对生，叶柄基部互相连合 ……………………………… 金粟兰科 Chloranthaceae
12. 叶互生。
13. 叶为羽状复叶 ………………………………………………… 胡桃科 Juglandaceae
13. 叶为单叶。
14. 果实为蒴果 …………………………………………… 金缕梅科 Hamamelidaceae
14. 果实为坚果。
15. 坚果封藏于一变大呈叶状的总苞中 ……………………… 桦木科 Betulaceae
15. 坚果有一壳斗下托，或封藏在一多刺的果壳中 ……………… 壳斗科 Fagaceae
11. 子房上位。
16. 植物体中具白色乳汁。
17. 子房 1 室；桑椹果 ……………………………………………… 桑科 Moraceae

17. 子房 2～3 室；蒴果 …………………………………………………… 大戟科 Euphorbiaceae

16. 植物体中无乳汁，或在大戟科的重阳木属（*Bischofia*）中具红色汁液。

18. 子房为单心皮所成；雄蕊的花丝在花蕾中向内屈曲 ………… 荨麻科 Urticaceae

18. 子房为 2 枚以上的连合心皮所组成；雄蕊的花丝在花蕾中常直立（在大戟科的重阳木属（*Bischofia*）及巴豆属（*Croton*）中则向前屈曲）。

19. 果实为 3 个（稀可 2～4 个）离果所成的蒴果；雄蕊 10 至多数，有时少于 10 …………………………………………………………………… 大戟科 Euphorbiaceae

19. 果实为其他情形；雄蕊少数至数个（大戟科的黄桐树属（*Endospermum*）为 6～10），或和花萼裂片同数且对生。

20. 雌雄同株的乔木或灌木。

21. 子房 2 室；蒴果 ……………………………… 金缕梅科 Hamamelidaceae

21. 子房 1 室；坚果或核果 ……………………………………… 榆科 Ulmaceae

20. 雌雄异株的植物。

22. 草本或草质藤木；叶为掌状分裂或为掌状复叶 ………… 桑科 Moraceae

22. 乔木或灌木；叶全缘，或在重阳木属为 3 小叶所成的复叶 ……………………………………………………… 大戟科 Euphorbiaceae

3. 花两性或单性，但并不成为柔荑花序。

23. 子房或子房室内有数个至多数胚珠。

24. 寄生性草本，无绿色叶片 …………………………………… 大花草科 Rafflesiaceae

24. 非寄生性植物，有正常绿叶或叶退化而以绿色茎代行叶的功用。

25. 子房下位或部分下位。

26. 雌雄同株或异株，如为两性花时，则成肉质穗状花序。

27. 草本。

28. 植物体含多量液汁；单叶常不对称 ……………………… 秋海棠科 Begoniaceae（秋海棠属 *Begonia*）

28. 植物体不含多量液汁；羽状复叶 ………………………… 四数木科 Datiscaceae（野麻属 *Datisca*）

27. 木本。

29. 花两性，成肉质穗状花序；叶全缘 ……………… 金缕梅科 Hamamelidaceae（假马蹄荷属 *Chunia*）

29. 花单性，成穗状、总状或头状花序；叶缘有锯齿或具裂片。

30. 花成穗状或总状花序；子房 1 室 ……………………… 四数木科 Datiscaceae（四数木属 *Tetrameles*）

30. 花成头状花序；子房 2 室 ……………………… 金缕梅科 Hamamelidaceae（枫香树亚科 Liquidambaroideae）

26. 花两性，但不成肉质穗状花序。

31. 子房 1 室。

32. 无花被；雄蕊着生在子房上 ……………………………… 三白草科 Saururaceae

32. 有花被；雄蕊着生在花被上。

33. 茎肥厚，绿色，常具棘针；叶常退化；花被片和雄蕊都多数；浆果
…………………………………………………………………… 仙人掌科 Cactaceae

33. 茎不成上述形状；叶正常；花被片和雄蕊皆为五出或四出数，或雄蕊数为前者的 2 倍；蒴果 ………………………………………………………… 虎耳草科 Saxifragaceae

31. 子房 4 室或更多室。

34. 乔木；雄蕊为不定数…………………………………………………… 海桑科 Sonneratiaceae

34. 草本或灌木。

35. 雄蕊 4 ……………………………………………………………… 柳叶菜科 Onagraceae
（丁香蓼属 *Ludwigia*）

35. 雄蕊 6 或 12 ……………………………………………………… 马兜铃科 Aristolochiaceae

25. 子房上位

36. 雄蕊或子房 2 个，或更多数。

37. 草本。

38. 复叶或多少有些分裂，稀可为单叶（仅驴蹄草属（*Caltha*），全缘或具齿裂；心皮多数至少数 ……………………………………………………… 毛茛科 Ranunculaceae

38. 单叶，叶缘有锯齿；心皮和花萼裂片同数………………………… 虎耳草科 Saxifragaceae
（扯根菜属 *Penthorum*）

37. 木本。

39. 花的各部为整齐的三出数 …………………………………… 木通科 Lardizabalaceae

39. 花为其他情形。

40. 雄蕊数个至多数，连合成单体 ……………………………… 梧桐科 Sterculiaceae
（苹婆族 Sterculieae）

40. 雄蕊多数，离生。

41. 花两性；无花被 ………………………………………… 昆栏树科 Trochodendraceae
（昆栏树属 *Trochodendron*）

41. 花雌雄异株，具 4 个小型萼片 ……………………… 连香树科 Cercidiphyllaceae
（连香树属 *Cercidiphyllum*）

36. 雌蕊或子房单独 1 个。

42. 雄蕊周位，即着生于萼筒或杯状花托上。

43. 有不育雄蕊；且和 8～12 能育雄蕊互生 ……………………… 大风子科 Flacourtiaceae
（山羊角树属 *Casearia*）

43. 无不育雄蕊。

44. 多汁草本植物；花萼裂片呈覆瓦状排列，成花瓣状，宿存；蒴果盖裂 … 番杏科 Aizoaceae
（海马齿属 *Sesuvium*）

44. 植物体为其他情形；花萼裂片不成花瓣状。

45. 叶为双数羽状复叶，互生；花萼裂片呈覆瓦状排列；果实为荚果；常绿乔木
…………………………………………………………………………… 豆科 Leguminosae
（云实亚科 Caesalpinoideae）

45. 叶为对生或轮生单叶；花萼裂片呈镊合状排列；非荚果。

46. 雄蕊为不定数;子房 10 室或更多室;果实浆果状 …………… 海桑科 Sonneratiaceae
46. 雄蕊 4～12(不超过花萼裂片的 2 倍);子房 1 室至数室;果实蒴果状。
47. 花杂性或雌雄异株,微小,成穗状花序,再成总状或圆锥状排列 ………………………………………………………………… 隐翼科 Crypteroniaceae
(隐翼属 *Crypteronia*)
47. 花两性,中型,单生至排列成圆锥花序 ………………………… 千屈菜科 Lythraceae
42. 雄蕊下位,即着生于扁平或凸起的花托上。
48. 木本;叶为单叶。
49. 乔木或灌木;雄蕊常多数,离生;胚珠生于侧膜胎座或隔膜上 …………………………………………………………………………………… 大风子科 Flacourtiaceae
49. 木质藤本;雄蕊 4 或 5,基部连合成杯状或环状;胚珠基生(即位于子房室的基底) …………………………………………………………………………… 苋科 Amaranthaceae
(浆果苋属 *Deeringia*)
48. 草本或亚灌木。
50. 植物体沉没水中,常为一具背腹面呈原叶体状的构造,像苔藓 ……………………………………………………………………………… 河苔草科 Podostmaceae
50. 植物体非如上述情形。
51. 子房 3～5 室。
52. 食虫植物;叶互生;雌雄异株 ……………………………………… 猪笼草科 Nepenthaceae
(猪笼草属 *Nepenthes*)
52. 非为食虫植物;叶对生或轮生;花两性 ………………………………… 番杏科 Aizoaceae
(粟米草属 *Mollugo*)
51. 子房 1～2 室。
53. 叶为复叶或多少有些分裂 ………………………………………… 毛茛科 Renunculaceae
53. 叶为单叶。
54. 侧膜胎座。
55. 花无花被 ………………………………………………………… 三白草科 Saururaceae
55. 花具 4 离生萼片 …………………………………………………… 十字花科 Cruciferae
54. 特立中央胎座。
56. 花序呈穗状、头状或圆锥状;萼片多少为干膜质 ………… 苋科 Amaranthaceae
56. 花序呈聚伞状;萼片草质 ………………………………… 石竹科 Caryophylllaceae
23. 子房或其子房室内仅有 1 至数个胚珠。
57. 叶片中常有透明微点。
58. 叶为羽状复叶 ……………………………………………………………… 芸香科 Rutaceae
58. 叶为单叶,全缘或有锯齿。
59. 草本植物或有时在金粟兰科为木本植物;花无花被,常成简单或复合的穗状花序,但在胡椒科齐头绒属(*Zippelia*)则成疏松总状花序。
60. 子房下位,仅 1 室有 1 胚珠;叶对生;叶柄在基部连合 …… 金粟兰科 Chloranthaceae
60. 子房上位;叶如为对生时,叶柄也不在基部连合。

61. 雌蕊由3～6近于离生心皮组成,每心皮各有2～4胚珠 …… 三白草科 Saurmcaceae
（三白草属 *Satmtms*）

61. 雌蕊由1～4合生心皮组成,仅1室,有1胚珠 …………………… 胡椒科 Piperaceae
（齐头绒属 *Zippelia*,豆瓣绿属 *Peperomia*）

59. 乔木或灌木;花具一层花被;花序有各种类型,但不为穗状。

62. 花萼裂片常3片,呈镊合状排列;子房为1心皮所成,成熟时肉质,常以2瓣裂开;雌雄异株 …………………………………………………… 肉豆蔻科 Myristicaceae

62. 花萼裂片4～6片,呈覆瓦状排列;子房为2～4合生心皮所成。

63. 花两性;果实仅1室,蒴果状,2～3瓣裂开 ……………… 大风子科 Flacourtiaceae
（山羊角树属 *Casearia*）

63. 花单性,雌雄异株;果实2～4室,肉质或革质,很晚才裂开 … 大戟科 Euphorbiaceae
（白树属 *Celonium*）

57. 叶片中无透明微点。

64. 雄蕊连为单体,至少在雄花中有这现象,花丝互相连合成筒状或成一中柱。

65. 肉质寄生草本植物,具退化呈鳞片的叶片,无叶绿素 ………… 蛇菰科 Balanophoraceae

65. 植物体非为寄生性,有绿叶。

66. 雌雄同株,雄花成球形头状花序,雌花以2个同生于1个有2室而具钩状芒刺的果壳中 ………………………………………………………………………… 菊科 Compositae
（苍耳属 *Xanthium*）

66. 花两性,如为单性时,雄花及雌花也无上述情形。

67. 草本植物;花两性。

68. 叶互生 ………………………………………………………… 藜科 Chenopodiaceae

68. 叶对生。

69. 花显著,有连成花萼状的总苞 ……………………………… 紫茉莉科 Nyctaginaceae

69. 花微小,无上述情形的总苞 …………………………………… 苋科 Amaranthaceae

67. 乔木或灌木,稀可为草本;花单性或杂性;叶互生。

70. 萼片呈覆瓦状排列,至少在雄花中如此 ………………… 大戟科 Euphorbiaceae

70. 萼片呈镊合状排列。

71. 雌雄异株;花萼常具3裂片;雌蕊为1心皮所成,成熟时肉质,且常以2瓣裂开 ………………………………………………………… 肉豆蔻科 Myristicaceae

71. 花单性或雄花和两性花同株;花萼具4～5裂片或裂齿;雌蕊为3～6近于离生的心皮所成,各心皮于成熟时为革质或木质,呈蓇葖果状而不裂开 ……………………………………………………………… 梧桐科 Sterculiaaceae
（苹婆族 Sterculieae）

64. 雄蕊各自分离,有时仅为1个,或花丝成为分枝的簇丛(如大戟科的蓖麻属(*Ricinus*))。

72. 每花有雌蕊2个至多数,近于或完全离生;或花的界限不明显时,则雌蕊多数,成1球形头状花序。

73. 花托下陷,呈杯状或坛状。

74. 灌木;叶对生;花被片在坛状花托的外侧排列成数层 ………… 蜡梅科 Calycanthaceae

74. 草本或灌木；叶互生；花被片在杯或坛状花托的边缘排列成一轮 …… 蔷薇科 Rosaceae
73. 花托扁平或隆起，有时可延长。
75. 乔木、灌木或木质藤本。
76. 花有花被 …………………………………………………………… 木兰科 Magnoliaceae
76. 花无花被。
77. 落叶灌木或小乔木；叶卵形，具羽状脉和锯齿缘；无托叶；花两性或杂性，在叶腋中丛生；翅果无毛，有柄…………………………………………… 昆栏树科 Trochodendraceae
（领春木属 *Euptelea*）
77. 落叶乔木，叶广阔，掌状分裂，叶缘有缺刻或大锯齿；有托叶围茎成鞘，易脱落；花单性，雌雄同株，分别聚成球形头状花序；小坚果，围以长柔毛而无柄
…………………………………………………………………………… 悬铃木科 Platanaceae
（悬铃木属 *Platanus*）
75. 草木或稀为亚灌木，有时为攀缘性。
78. 胚珠倒生或直生。
79. 叶片多少有些分裂或为复叶；无托叶或极微小；有花被（花萼）：胚珠倒生；花单生或成各种类型的花序 ……………………………………… 毛茛科 Ranunculaceae
79. 叶为全缘单叶；有托叶；无花被；胚珠直生；花成穗形总状花序
………………………………………………………………………… 三白草科 Saururaceae
78. 胚珠常弯生，叶为全缘单叶。
80. 直立草本；叶互生，非肉质 …………………………………… 商陆科 Phytolaccaceae
80. 平卧草本；叶对生或近轮生，肉质…………………………………… 番杏科 Aizoaceae
（针晶粟草属 *Gisekia*）
72. 每花仅有 1 个复合或单雌蕊，心皮有时于成熟后各自分离，
81. 子房下位或半下位。
82. 草本。
83. 水生或小型沼泽植物。
84. 花柱 2 个或更多；叶片（尤其沉没水中的）常成羽状细裂或为复叶
……………………………………………………………… 小二仙草科 Haloragidaceae
84. 花柱 1 个，叶为线形全缘单叶 …………………………… 杉叶藻科 Hippuridaceae
83. 陆生草本。
85. 寄生性肉质草本，无绿叶。
86. 花单性，雌花常无花被；无珠被及种皮 …………………… 蛇菇科 Balanophoriaceae
86. 花杂性，有一层花被，两性花有 1 雄蕊；有珠被及种皮 …… 锁阳科 Cynomoriaceae
（锁阳属 *Cynomorium*）
85. 非寄生性植物，或于百蕊草属（*Thesium*）为半寄生性，但均有绿叶。
87. 叶对生，其形宽广而有锯齿缘 ………………………… 金粟兰科 Chloranthaceae
87. 叶互生。
88. 平铺草本（限于我国植物），叶片宽，三角形，多少有些肉质…… 番杏科 Aizoaeeae
（番杏属 *Tetragonia*）

88. 直立草本，叶片窄而细长 …………………………………… 檀香科 Santalaceae
（百蕊草属 *Thesium*）

82. 灌木或乔木。

89. 子房 3～10 室。

90. 坚果 1～2 个，同生在一个木质且可裂为 4 瓣的壳斗里 ……………… 壳斗科 Fagaceae
（水青冈属 *Fagus*）

90. 核果，并不生在壳斗里。

91. 雌雄异株，成顶生的圆锥花序，后者并不为叶状苞片所托 ……… 山茱萸科 Cornaceae
（鞘柄木属 *Torricellia*）

91. 花杂性，形成球形的头状花序，后者为 2～3 白色叶状苞片所托 …… 珙桐科 Nyssaceae
（珙桐属 *Davidia*）

89. 子房 1 或 2 室，或在铁青树科的青皮木属(*Schoepfia*)中，子房的基部可为 3 室。

92. 花柱 2 个。

93. 蒴果，2 瓣裂开 ……………………………………………… 金缕梅科 Hamamelidaceae

93. 果实呈核果状，或为蒴果状的瘦果，不裂开 …………………… 鼠李科 Rhamnaceae

92. 花柱 1 个或无花柱。

94. 叶片下面多少有些具皮屑状或鳞片状的附属物 …………… 胡颓子科 Elaeagnaceae

94. 叶片下面无皮屑状或鳞片状的附属物。

95. 叶缘有锯齿或圆锯齿，稀可在荨麻科的紫麻属(*Oreocnide*)中有全缘者。

96. 叶对生，具羽状脉；雄花裸露，有雄蕊 1～3 个 ………… 金粟兰科 Chloranthaceae

96. 叶互生，大都于叶基具三出脉；雄花具花被及雄蕊 4 个(稀可 3 或 5 个)
……………………………………………………………… 荨麻科 Urticaceae

95. 叶全缘，互生或对生。

97. 植物体寄生在乔木的树干或枝条上；果实呈浆果状…… 桑寄生科 Loranthaceae

97. 植物体大都陆生，或有时可为寄生性；果实呈坚果状或核果状，胚珠 1～5 个。

98. 花多为单性；胚珠垂悬于基底胎座上 ……………………… 檀香科 Santalaceae

98. 花两性或单性；胚珠垂悬于子房室的顶端或中央胎座的顶端。

99. 雄蕊 10 个，为花萼裂片的 2 倍数 …………………… 使君子科 Combretaceae
（诃子属 *Terminalia*）

99. 雄蕊 4 或 5 个，和花萼裂片同数且对生 ……………… 铁青树科 Olacaceae

81. 子房上位，如有花萼时，和它相分离，或在紫茉莉科及胡颓子科中，当果实成熟时，子房为宿存萼筒所包围。

100. 托叶鞘围抱茎的各节；草本，稀可为灌木……………………………… 蓼科 Polygonaceae

100. 无托叶鞘，在悬铃木科有托叶鞘但易脱落。

101. 草本，或有时在藜科及紫茉莉科中为亚灌木。

102. 无花被。

103. 花两性或单性；子房 1 室，内仅有 1 个基生胚珠。

104. 叶基生，由 3 小叶而成；穗状花序在一个细长基生无叶的花梗上
……………………………………………………………… 小檗科 Berberidaceae

（裸花草属 *Achlys*）

104. 叶茎生，单叶；穗状花序顶生或腋生，但常和叶相对生 ………… 胡椒科 Piperaceae

（胡椒属 *Piper*）

103. 花单性；子房 3 或 2 室。

105. 水生或微小的沼泽植物，无乳汁；子房 2 室，每室内含 2 个胚珠 ……………………………………………………………………… 水马齿科 Callitrichaceae

（水马齿属 *Callitriche*）

105. 陆生植物；有乳汁；子房 3 室，每室内仅含 1 个胚珠 ……… 大戟科 Euphordiaceae

102. 有花被，当花为单性时，特别是雄花时如此。

106. 花萼呈花瓣状，且呈管状。

107. 花有总苞，有时这总苞类似花萼 ……………………… 紫茉莉科 Nyctaginaceae

107. 花无总苞。

108. 胚珠 1 个，在子房的近顶端处 ………………………… 瑞香科 Thymelaeaceae

108. 胚珠多数，生在特立中央胎座上 ………………………… 报春花科 Primulaceae

（海乳草属 *Glaux*）

106. 花萼非如上述情形。

109. 雄蕊周位，即位于花被上。

110. 叶互生，羽状复叶而有草质的托叶；花无膜质苞片，瘦果 …………… 蔷薇科 Rosaceae

（地榆族 Sanguisorbieae）

110. 叶对生，或在蓼科的冰岛蓼属（*Koenigia*）为互生，单叶无草质托叶；花有膜质苞片。

111. 花被片和雄蕊各为 5 或 4 个，对生；襄果；托叶膜质 ………… 石竹科 Caryophyllaceae

111. 花被片和雄蕊各为 3 个，互生；坚果；无托叶 ……………………… 蓼科 Polygonaceae

（冰岛蓼属 *Koenigia*）

109. 雄蕊下位，即位于子房下。

112. 花柱或其分枝为 2 或数个，内侧常为柱头面。

113 . 子房常为数个至多数心皮连合而成 ……………………… 商陆科 Phytolaccaceae

113. 子房常为 2 或 3（或 5）心皮连合而成。

114. 子房 3 室，稀可 2 或 4 室 ………………………………… 大戟科 Euphorbiaceae

114. 子房 1 或 2 室。

115 . 叶为掌状复叶或具掌状脉而有宿存托叶 ……………………… 桑科 Moraceae

（大麻亚科 Cannaboideae）

115. 叶具羽状脉，或稀可为掌状脉而无托叶，也可在藜科中叶退化成鳞片或为肉质而形如圆筒。

116. 花有草质而带绿色或灰绿色的花被及苞片 ……………… 藜科 Chenopodiaceae

116. 花有干膜质而常有色泽的花被及苞片 ……………………… 苋科 Amaranthaceae

112. 花柱 1 个，常顶端有柱头，也可无花柱。

117. 花两性。

118. 雌蕊为单心皮；花萼由 2 膜质且宿存的萼片而成；雄蕊 2 个…… 毛茛科 Ranunculaceae

（星叶草属 *Circaeaster*）

118. 雌蕊由 2 合生心皮而成。

119. 萼片 2 片；雄蕊多数 ………………………………………………… 罂粟科 Papaveraceae

（博落回属 *Macleaya*）

119. 萼片 4 片；雄蕊 2 或 4 ………………………………………………… 十字花科 Cruciferae

（独行菜属 *Lepidium*）

117. 花单性。

120. 沉没于淡水中的水生植物；叶细裂成丝状 ……………… 金鱼藻科 Ceratophyllaceae

（金鱼藻属 *Ceratophyllum*）

120. 陆生植物；叶为其他情形。

121. 叶含多量水分；托叶连接叶柄的基部；雄花的花被 2 片；雄蕊多数

……………………………………………………………… 假牛繁缕科 Theligonaceae

（假牛繁缕属 *Theligonum*）

121. 叶不含多量水分；如有托叶时，也不连接叶柄的基部；雄花的花被片和雄蕊均各为 4 或 5 个，二者相对生 ……………………………………………………… 荨麻科 Uticaceae

101. 木本植物或亚灌木。

122. 耐寒旱性的灌木，或在藜科的琐琐属（*Haloxylon*）为乔木；叶微小，细长或呈鳞片状，也可有时（如藜科）为肉质而成圆筒形或半圆筒形。

123. 雌雄异株或花杂性；花萼为三出数，萼片微呈花瓣状，和雄蕊同数且互生；花柱 1，极短，常有 6～9 放射状且有齿裂的柱头；核果；胚体近直；常绿而基部偃卧的灌木；叶互生，无托叶 ……………………………………………………………… 岩高兰科 Empetraceae

（岩高兰属 *Empetrum*）

123. 花两性或单性，花萼为五出数，稀可三出或四出数，萼片或花萼裂片草质或革质，和雄蕊同数且对生，或在藜科中雄蕊由于退化而数较少，甚或 1 个；花柱或花柱分枝 2 或 3 个，内侧常为柱头面；胞果或坚果；胚体弯曲如环或弯曲成螺旋形。

124. 花无膜质苞片；雄蕊下位；叶互生或对生；无托叶；枝条常具关节

……………………………………………………………… 藜科 Chenopodiaceae

124. 花有膜质苞片；雄蕊周位；叶对生，基部常互相连合；有膜质托叶；枝条不具关节

……………………………………………………… 石竹科 Caryophyllaceae

122. 不是上述的植物；叶片矩圆形或披针形，或宽广至圆形。

125. 果实及子房均为 2 至数室，或在大风子科中为不完全的 2 至数室。

126. 花常为两性。

127. 萼片 4 或 5 片，稀可 3 片，呈覆瓦状排列。

128. 雄蕊 4 个，4 室的蒴果 ……………………………………… 木兰科 Magnoliaceae

（水青树属 *Tetracentron*）

128. 雄蕊多数，浆果状的核果 ………………………………… 大风子科 Flacouriticeae

127. 萼片多 5 片，呈镊合状排列。

129. 雄蕊为不定数；具刺的蒴果 ……………………………… 杜英科 Elaeocarpaceae

（猴欢喜属 *Sloanea*）

129. 雄蕊和萼片同数；核果或坚果。

130. 雄蕊和萼片对生，各为 3～6 …………………………………… 铁青树科 Olacaceae
130. 雄蕊和萼片互生，各为 4 或 5 ………………………………… 鼠李科 Rhamnaceae
126. 花单性(雌雄同株或异株)或杂性。
131. 果实各种；种子无胚乳或有少量胚乳。
132. 雄蕊常 8 个；果实坚果状或为有翅的蒴果；羽状复叶或单叶 …… 无患子科 Sapindaceae
132. 雄蕊 5 或 4 个，且和萼片互生；核果有 2～4 个小核；单叶 …… 鼠李科 Rhamnaceae (鼠李属 *Rhamnus*)
131. 果实多呈蒴果状，无翅；种子常有胚乳。
133. 果实为具 2 室的蒴果，有木质或革质的外种皮及角质的内果皮 ………………………………………………………………… 金缕梅科 Hamamelidaceae
133. 果实纵为蒴果时，也不像上述情形。
134. 胚珠具腹脊；果实有各种类型，但多为胞间裂开的蒴果……… 大戟科 Euphorbiaceae
134. 胚珠具背脊；果实为胞背裂开的蒴果，或有时呈核果状 …………… 黄杨科 Buxaceae
125. 果实及子房均为 1 或 2 室，稀可在无患子科的荔枝属(*Litchi*)及韶子属(*Nephelium*)中为 3 室，或在卫矛科的十齿花属(*Dipentodon*)及铁青树科的铁青树属(*Olax*)中，子房的下部为 3 室，而上部为 1 室。
135. 花萼具显著的萼筒，且常呈花瓣状。
136. 叶无毛或下面有柔毛；萼筒整个脱落 ……………………… 瑞香科 Thymelaeaceae
136. 叶下面具银白色或棕色的鳞片；萼筒或其下部永久宿存，当果实成熟时，变为肉质而紧密包着子房 ………………………………………………… 胡颓子科 Elaeagnaceae
135. 花萼不是像上述情形，或无花被。
137. 花药以 2 或 4 舌瓣裂开 ……………………………………………… 樟科 Iauraceae
137. 花药不以舌瓣裂开。
138. 叶对生。
139. 果实为有双翅或呈圆形的翅果 ……………………………………… 槭树科 Aceraceae
139. 果实为有单翅而呈细长形兼矩圆形的翅果…………………………… 木犀科 Oleaceae
138. 叶互生。
140. 叶为羽状复叶。
141. 叶为二回羽状复叶，或退化仅具叶状柄(特称为叶状叶柄(phyllodia)) ………………………………………………………………… 豆科 Leguminosae (金合欢属 *Acacia*)
141. 叶为一回羽状复叶。
142. 小叶边缘有锯齿；果实有翅 ………………………… 马尾树科 Rhoipteleaceae (马尾树属 *Rhoiptelea*)
142. 小叶全缘；果实无翅。
143. 花两性或杂性 ………………………………………… 无患子科 Sapindaceae
143. 雌雄异株 ……………………………………………… 漆树科 Anacardiaceae (黄连木属 *Pistacia*)

140. 叶为单叶。
144. 花均无花被。
145. 多为木质藤本；叶全缘；花两性或杂性，成紧密的穗状花序 ………… 胡椒科 Piperaceae
（胡椒属 *Piper*）
145. 乔木；叶缘有锯齿或缺刻；花单性。
146. 叶宽广，具掌状脉及掌状分裂，叶缘具缺刻或大锯齿；有托叶，围茎成鞘，但易脱落；雌雄同株，雌花和雄花分别成球形的头状花序；雌蕊为单心皮而成；小坚果为倒圆锥形而有棱角，无翅也无梗，但围以长柔毛 …………………………… 悬铃木科 Platanaceae
（悬铃木属 *Platanus*）
146. 叶椭圆形至卵形，具羽状脉及锯齿缘；无托叶；雌雄异株，雄花聚成疏松有苞片的簇丛，雌花单生于苞片的腋内；雌蕊为 2 心皮而成；小坚果扁平，具翅且有柄，但无毛 ……………………………………………………………… 杜仲科 Eucommiaceae
（杜仲属 *Eucommia*）
144. 花常有花萼，尤其在雄花。
147. 植物体内有乳汁 ……………………………………………………… 桑科 Moraceae
147. 植物体内无乳汁。
148. 花柱或其分枝 2 或数个，但在大戟科的核实树属（*Drypetes*）中则柱头几无柄，呈盾状或肾脏形。
149. 雌雄异株或有时为同株；叶全缘或具波状齿。
150. 矮小灌木或亚灌木；果实干燥，包藏于具有长柔毛而互相连合成双角状的 2 苞片中；胚体弯曲如环 …………………………………………………… 藜科 Chenopodiaceae
（优若藜属 *Eurotia*）
150. 乔木或灌木；果实呈核果状，常为 1 室含 1 种子，不包藏于苞片内；胚体近直 ……………………………………………………………… 大戟科 Euphorbiaceae
149. 花两性或单性；叶缘多有锯齿或具齿裂，稀可全缘。
151. 雄蕊多数 ……………………………………………… 大风子科 Flacourtiaceae
151. 雄蕊 10 个或较少。
152. 子房 2 室，每室有 1 个至数个胚珠；果实为木质蒴果 ……………………………………………………… 金缕梅科 Hamamelidaceae
152. 子房 1 室，仅含 1 胚珠；果实不是木质蒴果 ……………………… 榆科 Ulmaceae
148. 花柱 1 个，也可有时（如荨麻属）不存，而柱头呈画笔状。
153. 叶缘有锯齿；子房为 1 心皮而成。
154. 花两性 …………………………………………………… 山龙眼科 Proteaceae
154. 雌雄异株或同株。
155. 花生于当年新枝上；雄蕊多数 ……………………………… 蔷薇科 Rosaceae
（假稠李属 *Maddenia*）
155. 花生于老枝上；雄蕊和萼片同数 ………………………………… 荨麻科 Urticaceae
153. 叶全缘或边缘有锯齿；子房为 2 个以上连合心皮所成。
156. 果实呈核果状或坚果状，内有 1 种子；无托叶。

157. 子房具 2 或 2 个胚珠；果实于成熟后由萼筒包围 …………… 铁青树科 Olacaceae
157. 子房仅具 1 个胚珠；果实和花萼相分离，或仅果实基部由花萼衬托之
………………………………………………………………………… 山柚仔科 Opiliaceae
156. 果实呈蒴果状或浆果状，内含数个至 1 个种子。
158. 花下位，雌雄异株，稀可杂性，雄蕊多数；果实呈浆果状；无托叶
……………………………………………………………………… 大风子科 Flacourtiaceae
（柞木属 *Xylosma*）
158. 花周位，两性；雄蕊 5～12 个；果实呈蒴果状；有托叶，但易脱落。
159. 花为腋生的簇丛或头状花序；萼片 4～6 片 …………… 大风子科 Flacourtiaceae
（山羊角树属 *Casearia*）
159. 花为腋生的伞形花序；萼片 10～14 片 ……………………… 卫矛科 Celastraceae
（十齿花属 *Dipentodon*）
2. 花具花萼也具花冠，或有两层以上的花被片，有时花冠可为蜜腺叶所代替。
160. 花冠常为离生的花瓣所组成。
161. 成熟雄蕊（或单体雄蕊的花药）多在 10 个以上，通常多数，或其数超过花瓣的 2 倍。
162. 花萼和 1 个或更多的雌蕊多少有些互相愈合，即子房下位或半下位。
163. 水生草本植物；子房多室 …………………………………… 睡莲科 Nymphaeaceae
163. 陆生植物；子房 1 至数室，也可心皮为 1 至数个，或在海桑科中为多室。
164. 植物体具肥厚的肉质茎，多有刺，常无真正叶片 …………… 仙人掌科 Cactaceae
164. 植物体为普通形态，不呈仙人掌状，有真正的叶片。
165. 草本植物或稀可为亚灌木。
166. 花单性。
167. 雌雄同株；花鲜艳，多成腋生聚伞花序；子房 2～4 室 …… 秋海棠科 Begoniaceae
（秋海棠属 *Begonia*）
167. 雌雄异株；花小而不显著，呈腋生穗状或总状花序 ……… 四数木科 Datiscaceae
166. 花常两性。
168. 叶基生或茎生，呈心形，或在阿柏麻属 *Apama* 为长形，不为肉质；
花为三出数 ……………………………………………… 马兜铃科 Aristolochiaceae
（细辛族 Asareae）
168. 叶茎生，不呈心形，多少有些肉质，或为圆柱形；花不是三出数。
169. 花萼裂片常为 5，叶状；蒴果 5 室或更多室，在顶端呈放射状裂开
……………………………………………………………………… 番杏科 Aizoaceae
169. 花萼裂片 2；蒴果 1 室，盖裂 ………………………… 马齿苋科 Portulacaceae
（马齿苋属 *Portulaca*）
165. 乔木或灌木（但在虎耳草科的银梅草属（*Deinanthe*）及草绣球属（*Cardiandra*）为亚灌木，黄山梅属（*Kirengeshoma*）为多年生高大草本），有时以气生小根而攀缘。
170. 叶通常对生（虎耳草科的草绣球属（*Cardiandra*）为例外），或在石榴科的石榴属（*Punica*）中有时可互生。
171. 叶缘常有锯齿或全缘；花序（除山梅花族（Philadelpheae）外）常有不孕的边缘花

………………………………………………………………………… 虎耳草科 Saxffragaceae

171.叶全缘;花序无不孕花。

172.叶为脱落;花萼呈朱红色 ……………………………………………… 石榴科 Punicaceae

（石榴属 *Punica*）

172.叶为常绿性;花萼不呈朱红色。

173.叶片中有腺体微点;胚珠常多数 ………………………………… 桃金娘科 Myrtaceae

173.叶片中无微点。

174.胚珠在每子房室中为多数 ………………………………… 海桑科 Sonneratiaceae

174.胚珠在每子房室中仅2个,稀可较多……………………… 红树科 Rhizophoraceae

170.叶互生

175.花瓣细长形兼长方形,最后向外翻转 …………………………… 八角枫科 Alangiaceae

（八角枫属 *Alangium*）

175.花瓣不成细长形,或纵为细长形时,也不向外翻转。

176.叶无托叶。

177.叶全缘;果实肉质或木质 …………………………………… 玉蕊科 Lecythidaceae

（玉蕊属 *Barringtonia*）

177.叶缘多少有些锯齿或齿裂;果实呈核果状,其形歪斜 ………… 山矾科 Symplocaceae

（山矾属 *Symplocos*）

176.叶有托叶。

178.花瓣呈旋转状排列;花药隔向上延伸;花萼裂片中2个或更多个在果实上变大而呈翅状……………………………………………………… 龙脑香科 Dipterocarpaceae

178.花瓣呈覆瓦状或旋转状排列(如蔷薇科的火棘属(*Pyracantha*));花药隔并不向上延伸;花萼裂片也无上述变大情形。

179.子房1室,内具2～6侧膜胎座,各有1个至多数胚珠;果实为革质蒴果,自顶端以2～6片裂开 ………………………………………………… 大风子科 Flacourtiaceae

（天料木属 *Homalium*）

179.子房2～5室,内具中轴胎座,或其心皮在腹面互相分离而具边缘胎座。

180.花成伞房、圆锥、伞形或总状等花序,稀可单生;子房2～5室,或心皮2～5个,下位,每室或每心皮有胚珠1～2个,稀可有时为3～10个,或为多数;果实为肉质或木质假果;种子无翅 ……………………………………………… 蔷薇科 Rosaceae

（梨亚科 *Pomoideae*）

180.花成头状或肉穗花序;子房2室,半下位,每室有胚珠2～6个;果为木质蒴果;种子有或无翅……………………………………………… 金缕梅科 Hamamelidaceae

（马蹄荷亚科 *Bucklandioideae*）

162.花萼和1个或更多的雌蕊互相分离,即子房上位。

181.花为周位花。

182.萼片和花瓣相似,覆瓦状排列成数层,着生于坛状花托的外侧

………………………………………………………………… 蜡梅科 Calycanthaceae

（洋蜡梅属 *Calycanthus*）

182. 萼片和花瓣有分化，在萼筒或花托的边缘排列成2层。
183. 叶对生或轮生，有时上部者可互生，但均为全缘单叶；花瓣常于蕾中呈皱褶状。
184. 花瓣无爪，形小，或细长；浆果 ………………………………… 海桑科 Sonneratiaceae
184. 花瓣有细爪，边缘具腐蚀状的波纹或具流苏；蒴果 …………… 千屈菜科 Lythraceae
183. 叶互生，单叶或复叶；花瓣不呈皱褶状。
185. 花瓣宿存；雄蕊的下部连成一管 ………………………………………… 亚麻科 Linaceae
（黏木属 *Lxonanthes*）
185. 花瓣脱落性；雄蕊互相分离。
186. 草本植物，具二出数的花朵；萼片2片，早落性；花瓣4个
……………………………………………………………………………… 罂粟科 Papaveraceae
（花菱车属 *Eschscholzia*）
186. 木本或草本植物，具五出或四出数的花朵。
187. 花瓣镊合状排列；果实为荚果；叶多为二回羽状复叶；有时叶片退化，而叶柄发育为叶状柄；皮1个 ……………………………………………………… 豆科 Leguminosae
（含羞草亚科 Mimosoideae）
187. 花瓣覆瓦状排列；果实为核果、蓇葖果或瘦果；叶为单叶或复叶；心皮1个至多数
……………………………………………………………………………… 蔷薇科 Rosaceae
181. 花为下位花，或至少在果实时花托扁平或隆起。
188. 雌蕊少数至多数，互相分离或微有连合。
189. 水生植物。
190. 叶片呈盾状，全缘 ………………………………………………… 睡莲科 Nymphaeaceae
190. 叶片不呈盾状，多少有些分裂或为复叶 ……………………… 毛茛科 Ranunculaceae
189. 陆生植物。
191. 茎为攀缘性。
192. 草质藤本。
193. 花显著，为两性花 ……………………………………………… 毛茛科 Ranunculaceae
193. 花小形，为单性，雌雄异株 ………………………………… 防己科 Menispermaceae
192. 木质藤本或为蔓生灌木。
194. 叶对生，复叶由3小叶所成，或顶端小叶形成卷须 ……… 毛茛科 Ranunculaceae
（锡兰莲属 *Naravelia*）
194. 叶互生，单叶。
195. 花单性。
196. 心皮多数，结果时聚生成一球状的肉质体或散布于极延长的花托上
……………………………………………………………………………… 木兰科 Magnoliaceae
（五味子亚科 Schisandroideae）
196. 心皮3～6，果为核果或核果状 ………………………………… 防己科 Menispermaceae
195. 花两性或杂性；心皮数个，果为蓇葖果 ……………………… 五桠果科 Dilleniaceae
（锡叶藤属 *Tetracera*）

191. 茎直立，不为攀缘性。
197. 雄蕊的花丝连成单体 …………………………………………………… 锦葵科 Malvaceae
197. 雄蕊的花丝互相分离。
198. 草本植物，稀可为亚灌木；叶片多少有些分裂或为复叶。
199. 叶无托叶，种子有胚乳……………………………………………… 毛茛科 Ranunculaceae
199. 叶多有托叶，种子无胚乳 ………………………………………………… 蔷薇科 Rosaceae
198. 木本植物；叶片全缘或边缘有锯齿，也稀有分裂者。
200. 萼片及花瓣均为镊合状排列；胚乳具嚼痕 …………………… 番荔枝科 Annonaceae
200. 萼片及花瓣均为覆瓦状排列；胚乳无嚼痕。
201. 萼片及花瓣相同，三出数，排列成 3 层或多层，均可脱落 …… 木兰科 Magnoliaceae
201. 萼片及花瓣甚有分化，多为五出数，排列成 2 层，萼片宿存。
202. 心皮 3 个至多数；花柱互相分离；胚珠为不定数 …………… 五桠果科 Dilleniaceae
202. 心皮 3～10 个；花柱完全合生；胚珠单生 …………………… 金莲木科 Ochnaceae
（金莲木属 *Ochna*）
188. 雌蕊 1 个，但花柱或柱头为 1 至多数。
203. 叶片中具透明微点。
204. 叶互生，羽状复叶或退化为仅有 1 顶生小叶 ………………………… 芸香科 Rutaceae
204. 叶对生，单叶 ……………………………………………………………… 藤黄科 Guttiferae
203. 叶片中无透明微点。
205. 子房单纯，具 1 子房室。
206. 乔木或灌木；花瓣呈镊合状排列；果实为荚果 …………………… 豆科 Leguminosae
（含羞草亚科 Mimosoideae）
206. 草本植物；花瓣呈覆瓦状排列；果实不是荚果。
207. 花为五出数；蓇葖果……………………………………………… 毛茛科 Ranunculaceae
207. 花为三出数；浆果 ……………………………………………… 小檗科 Berberidaceae
205. 子房为复合性。
208. 子房 1 室，或在马齿苋科的土人参属(*Talinum*)中子房基部为 3 室。
209. 特立中央胎座。
210. 草本；叶互生或对生；子房的基部 3 室，有多数胚珠 … 马齿苋科 Portulacaceae
（土人参属 *Talinum*）
210. 灌木；叶对生；子房 1 室，内有成为 3 对的 6 个胚珠 …… 红树科 Rhizophoraceae
（秋茄树属 *Kandelia*）
209. 侧膜胎座。
211. 灌木或小乔木(在半日花科中常为亚灌木或草本植物)，子房柄不存在或极短；果实为蒴果或浆果。
212. 叶对生；萼片不相等，外面 2 片较小，或有时退化，内面 3 片呈旋转状排列
……………………………………………………………… 半日花科 Cistaceae
（半日花属 *Helianthemum*）
212. 叶常互生；萼片相等，呈覆瓦状或镊合状排列。

213. 植物体内含有色泽的汁液;叶具掌状脉,全缘;萼片 5 片,互相分离,基部有腺体;种皮肉质,红色 …………………………………………………… 红木科 Bixaceae
(红木属 *Bixa*)

213. 植物体内不含有色泽的汁液;叶具羽状脉或掌状脉;叶缘有锯齿或全缘;萼片 3~8 片,离生或合生;种皮坚硬,干燥 …………… 大风子科 Flacourtiaceae

211. 草本植物,如为木本植物时,则具有显著的子房柄;果实为浆果或核果。

214. 植物体内含乳汁;萼片 2~3 ………………………………… 罂粟科 Papaveraceae

214. 植物体内不含乳汁;萼片 4~8。

215. 叶为单叶或掌状复叶;花瓣完整;长角果 ……… 白花菜科 Capparidaceae

215. 叶为单叶,或为羽状复叶或分裂;花瓣具缺刻或细裂;蒴果仅于顶端裂开 ………………………………………………………… 木樨草科 Resedaceae

208. 子房 2 室至多室,或为不完全的 2 至多室。

216. 草本植物,具多少有些呈花瓣状的萼片。

217. 水生植物;花瓣为多数雄蕊或鳞片状的蜜腺叶所代替 ………… 睡莲科 Nymphaeaceae
(萍蓬草属 *Nuphar*)

217. 陆生植物;花瓣不为蜜腺叶所代替。

218. 一年生草本植物;叶呈羽状细裂;花两性 ……………………… 毛茛科 Ranunculaceae
(黑种草属 *Nigella*)

218. 多年生草本植物;叶全缘而呈掌状分裂;雌雄同株 …………… 大戟科 Euphorbiaceae
(麻疯树属 *Jatropha*)

216. 木本植物,或陆生草本植物,常不具呈花瓣状的萼片。

219. 萼片于蕾内呈镊合状排列。

220. 雄蕊互相分离或连成数束。

221. 花药 1 室或数室;叶为掌状复叶或单叶;全缘,具羽状脉 ……… 木棉科 Bombacaceae

221. 花药 2 室;叶为单叶,叶缘有锯齿或全缘。

222. 花药以顶端 2 孔裂开 …………………………………… 杜英科 Elaeocarpaceae

222. 花药纵长裂开 ………………………………………………… 椴树科 Tiliaceae

220. 雄蕊连为单体,至少内层者如此,并且多少有些连成管状。

223. 花单性;萼片 2 或 3 片 …………………………………… 大戟科 Euphorbiaceae
(油桐属 *Aleurites*)

223. 花常两性;萼片多 5 片,稀可较少。

224. 花药 2 室或更多室。

225. 无副萼;多有不育雄蕊;花药 2 室;叶为单叶或掌状分裂 ………………………………………………………… 梧桐科 Sterculiaceae

225. 有副萼;无不育雄蕊;花药数室;叶为单叶,全缘且具羽状脉 ………………………………………………………… 木棉科 Bombacaceae
(榴莲属 *Durio*)

224. 花药 1 室。

226. 花粉粒表面平滑;叶为掌状复叶 …………………………… 木棉科 Bombacaceae

（木棉属 *Gossampinus*）

226. 花粉粒表面有刺；叶有各种情形 …………………………… 锦葵科 Malvaceae

219. 萼片于蕾内呈覆瓦状或旋转状排列，或有时（如大戟科的巴豆属（*Croton*））近于呈镊合状排列。

227. 雌雄同株或稀可异株；果实为蒴果，由 2～4 个各自裂为 2 片的离果所成 ………………………………………………………………… 大戟科 Euphorbiaceae

227. 花常两性，或在猕猴桃科的猕猴桃属 *Actinidia* 中为杂性或雌雄异株；果实为其他情形。

228. 萼片在果实时增大且呈翅状；雄蕊具伸长的花药隔 ……… 龙脑香科 Dipterocarpaceae

228. 萼片及雄蕊二者不为上述情形。

229. 雄蕊排列成 2 层，外层 10 个和花瓣对生，内层 5 个和萼片对生 ………………………………………………………………… 蒺藜科 Zygophyllaceae

（骆驼蓬属 *Peganum*）

229. 雄蕊的排列为其他情形。

230. 食虫的草本植物；叶基生，呈管状，其上再具有小叶片 …… 瓶子草科 Sarraceniaceae

230. 不是食虫植物；叶茎生或基生，但不呈管状。

231. 植物体呈耐寒耐旱状；叶为全缘单叶。

232. 叶对生或上部者互生；萼片 5 片，互不相等，外面 2 片较小或有时退化，内面 3 片较大，成旋转状排列，宿存；花瓣早落 ……………………………… 半日花科 Ciataceae

232. 叶互生；萼片 5 片，大小相等；花瓣宿存；在内侧基部各有 2 舌状物 ………………………………………………………………… 柽柳科 Tamaricaceae

（琵琶柴属 *Reaumuria*）

231. 植物体不是耐寒耐旱状；叶常互生；萼片 2～5 片，彼此相等；呈覆瓦状或稀可呈镊合状排列。

233. 草本或木本植物；花为四出数，或其萼片多为 2 片且早落。

234. 植物体内含乳汁；无或有极短子房柄；种子有丰富胚乳 … 罂粟科 Papaveraceae

234. 植物体内不含乳汁；有细长的子房柄；种子无或有少量胚乳 ………………………………………………………………… 白花菜科 Capparidaceae

233. 木本植物；花常为五出数，萼片宿存或脱落。

235. 果实为具 5 个棱角的蒴果，分成 5 个骨质各含 1 或 2 种子的心皮后，再各沿其缝线而 2 瓣裂开 ………………………………… 蔷薇科 Rosaceae

（白鹃梅属 *Exochorda*）

235. 果实不为蒴果，如为蒴果时则为室背裂开。

236. 蔓生或攀缘的灌木；雄蕊互相分离；子房 5 室或更多室；浆果，常可食 ………………………………………………………………… 猕猴桃科 Actinidiaceae

236. 直立乔木或灌木；雄蕊至少在外层者连为单体，或连成 3～5 束而着生于花瓣的基部；子房 3～5 室。

237. 花药能转动，以顶端孔裂开；浆果；胚乳颇丰富 …… 猕猴桃科 Actinidiaceae

（水冬哥属 *Sourauia*）

237. 花药能或不能转动，常纵长裂开；果实有各种情形；胚乳通常量微小

………………………………………………………… 山茶科 Theaceae

161. 成熟雄蕊 10 个或较少,如多于 10 个时,其数并不超过花瓣的 2 倍。

238. 成熟雄蕊和花瓣同数,且和它对生。

239. 雌蕊 3 个至多数,离生。

240. 直立草本或亚灌木;花两性,五出数 ……………………………… 蔷薇科 Rosaceae

（地蔷薇属 *Chamaerhodos*）

240. 木质或草质藤本;花单性,常为三出数。

241. 叶常为单叶;花小型;核果;心皮 3～6 个,呈星状排列,各含 1 胚珠

………………………………………………………………… 防己科 Menispermaceae

241. 叶为掌状复叶或由 3 小叶组成;花中型;浆果;心皮 3 个至多数,轮状或螺旋状排列,各含 1 个或多数胚珠 ……………………………… 木通科 Lardizabalaceae

239. 雌蕊 1 个。

242. 子房 2 至数室。

243. 花萼裂齿不明显或微小;以卷须缠绕他物的灌木或草本植物…… 葡萄科 Vitaceae

243. 花萼具 4～5 裂片;乔木、灌木或草本植物,有时虽也可为缠绕性,但无卷须。

244. 雄蕊连成单体。

245. 叶为单叶;每子房室内含胚珠 2～6 个(或在可可树亚族(Theobromineae)中为多数) ………………………………………………… 梧桐科 Sterculiaceae

245. 叶为掌状复叶;每子房室内含胚珠多数 …………………… 木棉科 Bombacaceae

（吉贝属 *Ceiba*）

244. 雄蕊互相分离,或稀可在其下部连成一管。

246. 叶无托叶;萼片各不相等;呈覆瓦状排列;花瓣不相等,在内层的 2 片常很小

…………………………………………………………… 青风藤科 Sabiaceae

246. 叶常有托叶;萼片同大,呈镊合状排列;花瓣均大小同形。

247. 叶为单叶 ………………………………………………… 鼠李科 Rhamnaceaea

247. 叶为 1～3 回羽状复叶……………………………………… 葡萄科 Vitaceae

（火筒树属 *Leea*）

242. 子房 1 室(在马齿苋科的土人参属(*Talinum*)及铁青树科的铁青树属(*Olax*)中则子房的下部多少有些成为 3 室)。

248. 子房下位或半下位。

249. 叶互生,边缘常有锯齿;蒴果…………………………… 大风子科 Flacourtiaceae

（天料木属 *Homalium*）

249. 叶多对生或轮生,全缘;浆果或核果 ……………………… 桑寄生科 Loranthaceae

248. 子房上位。

250. 花药以舌瓣裂开 ………………………………………… 小檗科 Berberidaceae

250. 花药不以舌瓣裂开。

251. 缠绕草本;胚珠 1 个;叶肥厚,肉质……………………… 落葵科 Basellaceae

（落葵属 *Basella*）

251. 直立草本,或有时为木本;胚珠 1 个至多数。

252. 雄蕊连成单体;胚珠 2 个 …………………………………… 梧桐科 Sterculiaceae
(蛇婆子属 *Walthenia*)
252. 雄蕊互相分离,胚珠 1 个至多数。
253. 花瓣 6～9 片;雌蕊单纯 …………………………………… 小檗科 Berberidaceae
253. 花瓣 4～8 片;雌蕊复合。
254. 常为草本;花萼有 2 个分离萼片。
255. 花瓣 4 片;侧膜胎座 …………………………………… 罂粟科 Papaveraceae
(角茴香属 *Hypecoum*)
255. 花瓣常 5 片;基底胎座 …………………………………… 马齿苋科 Portulacaceae
254. 乔木或灌木,常蔓生;花萼呈倒圆锥形或杯状。
256. 通常雌雄同株;花萼裂片 4～5;花瓣呈覆瓦状排列;无不育雄蕊;胚珠有 2 层珠被 …………………………………… 紫金牛科 Myrsinaceae
(信筒子属 *Embelia*)
256. 花两性;花萼于开花时微小,而具不明显的齿裂;花瓣多为镊合状排列;有不育雄蕊(有时代以密腺);胚珠无珠被。
257. 花萼于果时增大;子房的下部为 3 室,上部为 1 室,内含 3 个胚珠 …………………………………… 铁青树科 Olacaceae
(铁青树属 *Olax*)
257. 花萼于果时不增大;子房 1 室,内仅含 1 个胚珠 ……… 山柚子科 Opiliaceae
238. 成熟雄蕊和花瓣不同数,如同数时则雄蕊和它互生。
258. 雌雄异株;雄蕊 8 个,不相同,其中 5 个较长,有伸出花外的花丝,且和花瓣相互生,另 3 个则较短而藏于花内;灌木或灌木状草本;互生或对生单叶;心皮单生;雌花无花被,无梗,贴生于宽圆形的叶状苞片上 …………………………………… 漆树科 Anacardiaceae
(九子不离母属 *Dobinea*)
258. 花两性或单性,纵为雌雄异株时,其雄花中也无上述情形的雄蕊。
259. 花萼或其筒部和子房多少有些相连合。
260. 每子房室内含胚珠或种子 2 个至多数。
261. 花药以顶端孔裂开;草本或木本植物;叶对生或轮生,大都于叶片基部具 3～9 脉 …………………………………… 野牡丹科 Melastomaceae
261. 花药纵长裂开。
262. 草本或亚灌木;有时为攀缘性。
263. 具卷须的攀缘草本;花单性 …………………………………… 葫芦科 Cucurbitaceae
263. 无卷须的植物;花常两性。
264. 萼片或花萼裂片 2 片;植物体多少肉质而多水分 ……… 马齿苋科 Portulacaceae
(马齿苋属 *Portulaca*)
264. 萼片或花萼裂片 4～5 片;植物体常不为肉质。
265. 花萼裂片呈覆瓦状或镊合状排列;花柱 2 个或更多;种子具胚乳 …………………………………… 虎耳草科 Saxifragaceae
265. 花萼裂片呈镊合状排列;花柱 1 个,具 2～4 裂,或为 1 呈头状的柱头;

种子无胚乳 ………………………………………………………… 柳叶菜科 Onagraceae

262. 乔木或灌木,有时为攀缘性。

266. 叶互生。

267. 花数朵至多数成头状花序;常绿乔木;叶革质,全缘或具浅裂 ………………………………………………………… 金缕梅科 Hamamelidaceae

267. 花成总状或圆锥花序。

268. 灌木;叶为掌状分裂,基部具 3～5 脉;子房 1 室,有多数胚珠;浆果 ………………………………………………………… 虎耳草科 Saxifragaceae (茶藨子属 *Ribes*)

268. 乔木或灌木;叶缘有锯齿或细锯齿,有时全缘,具羽状脉;子房 3～5 室,每室内含 2 至数个胚珠,或在山茉莉属(*Huodendron*)为多数;干燥或木质核果,或蒴果,有时具棱角或有翅 ……………………………… 野茉莉科 Styracaceae

266. 叶常对生(使君子科的榄李树属(*Lumnitzera*)例外,同科的风车子属(*Combretum*)也可有时为互生,或互生和对生共存于一枝上)。

269. 胚珠多数,除冠盖藤属(*Pileostegia*)自子房室顶端垂悬外,均位于侧膜或中轴胎座上;浆果或蒴果;叶缘有锯齿或为全缘,但均无托叶;种子含胚乳 ………… 虎耳草科 Saxifragaceae

269. 胚珠 2 个至数个,近于自房室顶端垂悬;叶全缘或有圆锯齿;果实多不裂开,内有种子 1 至数个。

270. 乔木或灌木,常为蔓生,无托叶,不为形成海岸林的组成分子(榄李树属 *Lumnitzera* 例外);种子无胚乳,落地后始萌芽 ……………………………… 使君子科 Combretaceae

270. 常绿灌木或小乔木,具托叶;多为形成海岸林的主要组成分子,种子常有胚乳,在落地前即萌芽(胎生) ………………………………………………… 红树科 Rhizophoraceae

260. 每子房室内仅含胚珠或种子 1 个。

271. 果实裂开为 2 个干燥的离果,并共同悬于一果梗上;花序常为伞形花序(在变豆菜属(*Sanicula*)及鸭儿芹属(*Cryptotaenia*)中为不规则的花序,在刺芫荽属(*Eryngium*)中,则为头状花序) ………………………………………………… 伞形科 Umbelliferae

271. 果实不裂开或裂开而不是上述情形的;花序可为各种类型。

272. 草本植物。

273. 花柱或柱头 2～4 个;种子具胚乳;果实为小坚果或核果,具棱角或有翅 ………………………………………………… 小二仙草科 Haloragidaceae

273. 花柱 1 个,具有 1 头状或呈 2 裂的柱头;种子无胚乳。

274. 陆生草本植物,具对生叶;花为二出数;果实为一具钩状刺毛的坚果 ………………………………………………………… 柳叶菜科 Onagraceae (珠草属 *Circaea*)

274. 水生草本植物,有聚生而漂浮水面的叶片;花为四出数;果实为具 2～4 刺的坚果(栽培种果实可无显著的刺) ………………………………………… 菱科 Trapaceae (菱属 *Trapa*)

272. 木本植物。

275. 果实干燥或为蒴果状。

276. 子房 2 室;花柱 2 个 ………………………………………………… 金缕梅科 Hamamelidaceae
276. 子房 1 室;花柱 1 个
277. 花序伞房状或圆锥状 ………………………………………………… 莲叶桐科 Hernandiaceae
277. 花序头状 …………………………………………………………………… 珙桐科 Nyssaceae
(旱莲木属 *Camptotheca*)
275. 果实核果状或浆果状。
278. 叶互生或对生;花瓣呈镊合状排列;花序有各种形式,但稀为伞形或头状,有时且可生于叶片上。
279. 花瓣 3～5 片,卵形至披针形;花药短 ……………………… 山茱萸 Cornaceae
279. 花瓣 4～10 片,狭窄形并向外翻转;花药细长 ………… 八角枫科 Alangiaceae
(八角枫属 *Alangium*)
278. 叶互生;花瓣呈覆瓦状或镊合状排列;花序常为伞形或呈头状。
280. 子房 1 室;花柱 1 个;花杂性兼雌雄异株,雌花单生或以少数朵至数朵聚生,雌花多数,腋生为有花梗的簇丛 ……………………………………… 珙桐科 Nyssaceae
(蓝果树属 *Nyssa*)
280. 子房 2 室或更多室;花柱 2～5 个;如子房为 1 室而具 1 花柱时(例如马蹄参属(*Diplopanax*)),则花两性,形成顶生类似穗状的花序…… 五加科 Araliaceae
259. 花萼和子房相分离。
281. 叶片中有透明微点。
282. 花整齐,稀可两侧对称;果实不为荚果 ……………………………… 芸香科 Rutaceae
282. 花整齐或不整齐;果实为荚果 ………………………………………………… 豆科 Leguminosae
281. 叶片中无透明微点。
283. 雌蕊 2 个或更多,互相分离或仅有局部的连合;也可子房分离而花柱连合成 1 个。
284. 多水分的草本,具肉质的茎及叶 …………………………………… 景天科 Crassulaceae
284. 植物体为其他情形。
285. 花为周位花。
286. 花的各部分呈螺旋状排列,萼片逐渐变为花瓣;雄蕊 5 或 6 个;雌蕊多数 ……………………………………………………………………… 蜡梅科 Calycanthaceae
(蜡梅属 *Chimonanthus*)
286. 花的各部分呈轮状排列,萼片和花瓣甚有分化。
287. 雌蕊 2～4 个,各有多数胚珠;种子有胚乳;无托叶……… 虎耳草科 Saxifragaceae
287. 雌蕊 2 个至多数,各有 1 至数个胚珠;种子无胚乳;有或无托叶 …………………………………………………………………………… 蔷薇科 Rosaceae
285. 花为下位花,或在悬铃木科中微呈周位。
288. 草本或亚灌木。
289. 各子房的花柱互相分离。
290. 叶常互生或基生,多少有些分裂;花瓣脱落性,较萼片为大,或于天葵属(*Semiaquilegia*)稍小于成花瓣状的萼片 ……………………… 毛茛科 Ranunculaceae
290. 叶对生或轮生,为全缘单叶;花瓣宿存性,较萼片小 ……… 马桑科 Coriariaceae

（马桑属 *Coriaria*）

289. 各子房合成具1共同的花柱或柱头；叶为羽状复叶；花为五出数；花萼宿存；花中有和花瓣互生的腺体；雄蕊10个 ……………………… 牻牛儿苗科 Geraniaceae

（熏倒牛属 *Biebersteinia*）

288. 乔木、灌木或木本的攀缘植物。

291. 叶为单叶。

292. 叶对生或轮生 ……………………………………………………… 马桑科 Coriariaceae

（马桑属 *Coriaria*）

292. 叶互生。

293. 叶为脱落性，具掌状脉；叶柄基部扩张成帽状以覆盖腋芽 ……… 悬铃木科 Platanaceae

（悬铃木属 *Platanus*）

293. 叶为常绿性或脱落性，具羽状脉。

294. 雌蕊7个至多数（稀可少至5个）；直立或缠绕性灌木；花两性或单性

……………………………………………………………………… 木兰科 Magnoliaceae

294. 雌蕊4～6个；乔木或灌木；花两性。

295. 子房5或6个，以1共同的花柱而连合，各子房均可熟为核果

……………………………………………………………… 金莲木科 Ochnaceae

（赛金莲木属 *Ouratia*）

295. 子房4～6个，各具1花柱，仅有1子房可成熟为核果 ……… 漆树科 Anacardiaceae

（山様仔属 *Buchanania*）

291. 叶为复叶。

296. 叶对生 ……………………………………………………… 省沽油科 Staphyleaceae

296. 叶互生。

297. 木质藤本；叶为掌状复叶或三出复叶 ……………………… 木通科 Lardizabalaceae

297. 乔木或灌木（有时在牛栓藤科中有缠绕性者）；叶为羽状复叶。

298. 果实为1含多数种子的浆果，状似猫屎 ……………………… 木通科 Lardizabalaceae

（猫儿屎属 *Decaisnea*）

298. 果实为其他情形。

299. 果实为蓇葖果 ……………………………………………… 牛栓藤科 Connaraceae

299. 果实为离果，或在臭椿属（*Ailanthus*）中为翅果 ……………… 苦木科 Simaroubaceae

283. 雌蕊1个，或至少其子房为1个。

300. 雌蕊或子房确是单纯的，仅1室。

301. 果实为核果或浆果。

302. 花为三出数，稀可二出数；花药以舌瓣裂开 ……………………… 樟科 Lam～aceae

302. 花为五出或四出数；花药纵长裂开。

303. 落叶具刺灌木；雄蕊10个，周位，均可发育 ……………………… 蔷薇科 Rosaceae

（扁核木属 *Prinsepia*）

303. 常绿乔木；雄蕊1～5个，下位，常仅其中1或2个可发育 …… 漆树科 Anacardiaceae

（芒果属 *Mangifera*）

301. 果实为蓇葖果或荚果。
304. 果实为蓇葖果。
305. 落叶灌木；叶为单叶；蓇葖果内含 2 至数个种子 ………………… 蔷薇科 Rosaceae
（绣线菊亚科 Spiraeoideae）
305. 常为木质藤本；叶多为单数复叶或具 3 小叶；有时因退化而只有 1 小叶；蓇葖果内仅含 1 个种子 …………………………………………… 牛栓藤科 Connaraceae
304. 果实为荚果 ………………………………………………………… 豆科 Leguminosae
300. 雌蕊或子房并非单纯者，有 1 个以上的子房室或花柱、柱头、胎座等部分。
306. 子房 1 室或因有 1 假隔膜的发育而成 2 室，有时下部 2～5 室，上部 1 室。
307. 花下位，花瓣 4 片，稀可更多。
308. 萼片 2 片 …………………………………………………………… 罂粟科 Papaveraceae
308. 萼片 4～8 片。
309. 子房柄常细长，呈线状 ……………………………… 白花菜科 Capparidaceae
309. 子房柄极短或不存在。
310. 子房为 2 个心皮连合组成，常具 2 子房室及 1 假隔膜
……………………………………………………………………… 十字花科 Crucifferae
310. 子房 3～6 个心皮连合组成，仅 1 子房室。
311. 叶对生，微小，为耐寒旱性；花为辐射对称；花瓣完整，具瓣爪，其内侧有舌状的鳞片附属物 ………………………………………… 瓣鳞花科 Frankeniaceae
（瓣鳞花属 *Frankenia*）
311. 叶互生，显著，非为耐寒旱性；花为两侧对称；花瓣常分裂，但其内侧并无舌状的鳞片附属物 ……………………………………………… 木樨草科 Resedaceae
307. 花周位或下位，花瓣 3～5 片，稀可 2 片或更多。
312. 每子房室内仅有胚珠 1 个。
313. 乔木，或稀为灌木；叶常为羽状复叶。
314. 叶常为羽状复叶，具托叶及小托叶 ……………………………… 省沽油科 Staphyleacea
（银鹊树属 *Tapiscia*）
314. 叶为羽状复叶或单叶，无托叶及小托叶 ………………………… 漆树科 Anacardiaceae
313. 木本或草本；叶为单叶。
315. 通常均为木本，稀可在樟科的无根藤属（*Cassytha*）为缠绕性寄生草本；叶常互生，无膜质托叶。
316. 乔木或灌木；无托叶；花为三出或二出数，萼片和花瓣同形，稀可花瓣较大；花药以舌瓣裂开；浆果或核果 ……………………………………………………… 樟科 Lauraceae
316. 蔓生性的灌木，茎为合轴型，具钩状的分枝；托叶小而早落；花为五出数，萼片和花瓣不同形，前者且于结实时增大成翅状；花药纵长裂开；坚果 …………………
………………………………………………………………… 钩枝藤科 Ancistrocladaceae
（钩枝藤属 *Ancistrocladus*）
315. 草本或亚灌木；叶互生或对生，具膜质托叶 …………………… 蓼科 Polygonaceae
312. 每子房室内有胚珠 2 个至多数。

317. 乔木、灌木或木质藤本。
318. 花瓣及雄蕊均着生于花萼上 …………………………………… 千屈菜科 Lythraceae
318. 花瓣及雄蕊均着生于花托上(或于西番莲科中雄蕊着生于子房柄上)。
319. 核果或翅果，仅有 1 种子。
320. 花萼具显著的 4 或 5 裂片或裂齿，微小而不能长大 …… 茶茱萸科 Icacinaceae
320. 花萼呈截平头或具不明显的萼齿，微小，但能在果实上增大
…………………………………………………………… 铁青树科 Olacaceae
(铁青树属 *Olax*)
319. 蒴果或浆果，内有 2 个至多数种子。
321. 花两侧对称。
322. 叶为 2～3 回羽状复叶；雄蕊 5 个 ………………………… 辣木科 Moringaceae
(辣木属 *Moringa*)
322. 叶为全缘的单叶；雄蕊 8 个 ……………………………… 远志科 Polygalaceae
321. 花辐射对称；叶为单叶或掌状分裂。
323. 花瓣具有直立而常彼此衔接的瓣爪 ……………………… 海桐花科 pittosporaceae
(海桐花属 *Pittosporum*)
323. 花瓣不具细长的瓣爪。
324. 植物体为耐寒旱性，有鳞片状或细长形的叶片；花无小片 ……… 柽柳科 Tamariceae
324. 植物体非为耐寒旱性，具有较宽大的叶片。
325. 花两性。
326. 花萼和花瓣不甚分化，且前者较大 ……………………… 大风子科 Flacourtiaceae
(红子木属 *Erythrospermum*)
326. 花萼和花瓣很有分化，前者很小 ………………………… 堇菜科 Violaceae
(雷诺木属 *Rinorea*)
325. 雌雄异株或花杂性。
327. 乔木；花的每一花瓣基部各具位于内方的一鳞片；无子房柄
…………………………………………………………… 大风子科 Flacourtiaceae
(大风子属 *Hydnocarpus*)
327. 多为具卷须而攀缘的灌木；花常具一为 5 鳞片所成的副冠，各鳞片和萼片相对生；有子房柄 …………………………………………… 西番莲科 Passifloraceae
(蒴莲属 *Adenia*)
317. 草本或亚灌木。
328. 胎座位于子房室的中央或基底。
329. 花瓣着生于花萼的喉部 ……………………………………… 千屈菜科 Lythraceae
329. 花瓣着生于花托上。
330. 萼片 2 片；叶互生，稀可对生 ……………………………… 马齿苋科 Portulacaceae
330. 萼片 5 或 4 片；叶对生 ……………………………………… 石竹科 Caryophyllaceae
328. 胎座为侧膜胎座。
331. 食虫植物，具生有腺体刚毛的叶片 ………………………… 茅膏菜科 Droseraceae

331. 非为食虫植物，也无生有腺体毛茸的叶片。
332. 花两侧对称。
333. 花有一位于前方的距状物；蒴果3瓣裂开 …………………… 堇菜科 Violaceae
333. 花有一位于后方的大型花盘；蒴果仅于顶端裂开 ………… 木樨草科 Resedaceae
332. 花整齐或近于整齐。
334. 植物体为耐寒旱性；花瓣内侧各有1舌状的鳞片 ……… 瓣鳞花科 Frankeniaceae（瓣鳞花属 *Frankenia*）
334. 植物体非为耐寒旱性；花瓣内侧无鳞片的舌状附属物。
335. 花中有副冠及子房柄 …………………………………… 西番莲科 Passifloraceae（西番莲属 *Passiflora*）
335. 花中无副冠及子房柄 …………………………………… 虎耳草科 Saxifragaceae
306. 子房2室或更多室。
336. 花瓣形状彼此极不相等。
337. 每子房室内有数个至多数胚珠。
338. 子房2室 ………………………………………………… 虎耳草科 Saxifragaceae
338. 子房5室 ……………………………………………… 凤仙花科 Balsaminaceae
337. 每子房室内仅有1个胚珠。
339. 子房3室；雄蕊离生；叶盾状，叶缘具棱角或波纹 ………… 旱金莲科 Tropaeolaceae（旱金莲属 *Tropaeolum*）
339. 子房2室（稀可1或3室）；雄蕊连合为一单体；叶不呈盾状，全缘 ……………………………………………………………… 远志科 Polygalaceae
336. 花瓣形状彼此相等或微有不等，且有时花也可为两侧对称。
340. 雄蕊数和花瓣数既不相等，也不是它的倍数。
341. 叶对生。
342. 雄蕊4～10个，常8个。
343. 蒴果 ……………………………………………… 七叶树科 Hippocastaanaceae
343. 翅果 ………………………………………………………… 槭树科 Aceraceae
342. 雄蕊2或3个，也稀可4或5个。
344. 萼片及花瓣均为五出数；雄蕊多为3个 …………… 翅子藤科 Hippocrateaceae
344. 萼片及花瓣常为四出数；雄蕊2个，稀可3个 ………………… 木犀科 Oleaceae
341. 叶互生。
345. 叶为单叶，多全缘，或在油桐属 *Aleurites* 中可具3～7裂片；花单性 ……………………………………………………… 大戟科 Euphorbiaceae
345. 叶为单叶或复叶；花两性或杂性。
346. 萼片为镊合状排列；雄蕊连成单体 ……………………… 梧桐科 Sterculiaceae
346. 萼片为覆瓦状排列；雄蕊离生。
347. 子房4或5室，每子房室内有8～12胚珠；种子具翅 ……… 楝科 Meliaceae（香椿属 *Toona*）
347. 子房常3室，每子房室内有1至数个胚珠；种子无翅。

348. 花小型或中型，下位，萼片互相分离或微有连合 ………………………………………………………… 无患子科 Sapindaceae

348. 花大型，美丽，周位，萼片互相连合成一钟形的花萼 ……………………………………………… 钟萼木科 Bretschneideraceae（钟萼木属 Bretschneidera）

340. 雄蕊数和花瓣数相等，或是它的倍数。

349. 每子房室内有胚珠或种子 3 个至多数。

350. 叶为复叶。

351. 雄蕊连合成为单体 ……………………………………………………… 酢浆草科 Oxalidaceae

351. 雄蕊彼此相互分离。

352. 叶互生。

353. 叶为 2～3 回的三出叶，或为掌状叶…………………………… 虎耳草科 Saxifragaceae（落新妇亚族 Astilbinae）

353. 叶为 1 回羽状复叶 ………………………………………………………… 楝科 Meliaceae（香椿属 *Toona*）

352. 叶对生。

354. 叶为双数羽状复叶 …………………………………………… 蒺藜科 Zygophyllaceae

354. 叶为单数羽状复叶 …………………………………………… 省沽油科 Staphyleaceae

350. 叶为单叶。

355. 草本或亚灌木。

356. 花周位；花托多少有些中空。

357. 雄蕊着生于杯状花托的边缘………………………………… 虎耳草科 Saxifragaceae

357. 雄蕊着生于杯状或管状花萼（或即花托）的内侧 ……………… 千屈菜科 Lythraceae

356. 花下位；花托常扁平。

358. 叶对生或轮生，常全缘。

359. 水生或沼泽草本，有时（例如田繁缕属（*Bergia*））为亚灌木；有托叶 ………………………………………………………………… 沟繁缕科 Elatinaceae

359. 陆生草本；无托叶 …………………………………………… 石竹科 Caryophyllaceae

358. 叶互生或基生；稀可对生，边缘有锯齿，或叶退化为无绿色组织的鳞片。

360. 草本或亚灌木：有托叶；萼片呈镊合状排列，脱落性…………… 椴树科 Tiliaceae（黄麻属 *Corchorus*，田麻属 *Corchoropsis*）

360. 多年生常绿草本，或为死物寄生植物而无绿色组织；无托叶；萼片呈覆瓦状排列，宿存性 ………………………………………………………… 鹿蹄草科 Pyrolaceae

355. 木本植物。

361. 花瓣常有彼此衔接或其边缘互相依附的柄状瓣爪 …………… 海桐花科 Pittosporaceae（海桐花属 *Pittosporum*）

361. 花瓣无瓣爪，或仅具互相分离的细长柄状瓣爪。

362. 花托空凹；萼片呈镊合状或覆瓦状排列。

363. 叶互生，边缘有锯齿，常绿性…………………………………… 虎耳草科 Saxifragaceae

（鼠刺属 *ltea*）

363.叶对生或互生，全缘，脱落性。

364.子房 2～6 室，仅具 1 花柱；胚珠多数，着生于中轴胎座上 …… 千屈菜科 Lythraceae

364.子房 2 室，具 2 花柱；胚珠数个，垂悬于中轴胎座上 …… 金缕梅科 Hamamelidaceae

（双花木属 *Disanthus*）

362.花托扁平或微凸起；萼片呈覆瓦状或于杜英科中呈镊合状排列。

365.花为四出数；果实呈浆果状或核果状；花药纵长裂开或顶端舌瓣裂开。

366.穗状花序腋生于当年新枝上；花瓣先端具齿裂 …………… 杜英科 Elaeocarpaceae

（杜英属 *Elaeocarpus*）

366.穗状花序腋生于昔年老枝上；花瓣完整 ………………… 旌节花科 Stachyuraceae

（旌节花属 *Stachyurus*）

365.花为五出数；果实呈蒴果状；花药顶端孔裂。

367.花粉粒单纯；子房 3 室 ………………………………………… 山柳科 Clethraceae

（山柳属 *Clethra*）

367.花粉粒复合，成为四合体；子房 5 室 ……………………… 杜鹃花科 Ericaceae

349.每子房室内有胚珠或种子 1 或 2 个。

368.草本植物，有时基部呈灌木状。

369.花单性、杂性，或雌雄异株。

370.具卷须的藤本；叶为二回三出复叶 ……………………………… 无患子科 Sapindaceae

（倒地铃属 *Cardiosperrmum*）

370.直立草本或亚灌木；叶为单叶 ………………………………… 大戟科 Euphorbiaceae

369.花两性。

371.萼片呈镊合状排列；果实有刺……………………………………… 椴树科 Tiliaceae

（刺蒴麻属 *Triumfetta*）

371.萼片呈覆瓦状排列；果实无刺。

372.雄蕊彼此分离；花柱互相连合 ………………………… 牻牛儿苗科 Geraniaceae

372.雄蕊互相连合；花柱彼此分离 ……………………………………… 亚麻科 Linaceae

368.木本植物。

373.叶肉质，通常仅为 1 对小叶所组成的复叶 ………………… 蒺藜科 Zygophyllaceae

373.叶为其他情形。

374.叶对生；果实为 1、2 或 3 个翅果所组成。

375.花瓣细裂或具齿裂；每果实有 3 个翅果 ……………………… 金虎尾科 Malpighiaceae

375.花瓣全缘；每果实具 2 个或连合为 1 个的翅果………………………… 槭树科 Aceraceae

374.叶互生，如为对生时，则果实不为翅果。

376.叶为复叶，或稀可为单叶而有具翅的果实。

377.雄蕊连为单体。

378.萼片及花瓣均为三出数；花药 6 个，花丝生于雄蕊管的口部
………………………………………………………………………… 橄榄科 Burseraceae

378.萼片及花瓣均为四出至六出数；花药 8～12 个，无花丝，直接着生于雄蕊管的喉部

或裂齿之间 ………………………………………………………………………… 楝科 Meliaceae

377. 雄蕊各自分离。

379. 叶为单叶;果实为一具 3 翅而其内仅有 1 个种子的小坚果

…………………………………………………………………………… 卫矛科 Celastraceae

(雷公藤属 *Tripterygium*)

379. 叶为复叶;果实无翅。

380. 花柱 3~5 个;叶常互生,脱落性 ………………………… 漆树科 Anacardiaceae

380. 花柱 1 个;叶互生或对生。

381. 叶为羽状复叶,互生,常绿性或脱落性;果实有各种类型

……………………………………………………………………… 无患子科 Sapindaceae

381. 叶为掌状复叶,对生,脱落性;果实为蒴果 ……… 七叶树科 Hippocastanaceae

376. 叶为单叶;果实无翅。

382. 雄蕊连成单体,或如为 2 轮时,至少其内轮者如此,有时其花药无花丝(例如大戟科的三宝木属(*Trigonastemon*))。

383. 花单性;萼片或花萼裂片 2~6 片,呈镊合状或覆瓦状排列

……………………………………………………………………… 大戟科 Euphorbiaceae

383. 花两性;萼片 5 片,呈覆瓦状排列。

384. 果实呈蒴果状;子房 3~5 室,各室均可成熟……………… 亚麻科 Linaceae

384. 果实呈核果状;子房 3 室,大都其中的 2 室为不孕性,仅另 1 室可成熟,而有 1 或 2 个胚珠 ………………………………………… 古柯科 Erythroxylaceae

(古柯属 *Erythroxylum*)

382. 雄蕊各自分离,有时在毒鼠子科中可和花瓣相连合而形成 1 管状物。

385. 果呈蒴果状。

386. 叶互生或稀可对生;花下位。

387. 叶脱落性或常绿性;花单性或两性;子房 3 室,稀可 2 或 4 室,有时可多至 15 室(例如算盘子属(*Glochidion*)) ………………………………………… 大戟科 Euphorbiaceae

387. 叶常绿性;花两性;子房 5 室 ……………………………… 五列木科 Pentaphylacaceae

(五列木属 *Pentaphylax*)

386. 叶对生或互生;花周位……………………………………………… 卫矛科 Celastraceae

385. 果呈核果状,有时木质化,或呈浆果状。

388. 种子无胚乳,胚体肥大而多肉质。

389. 雄蕊 10 个 …………………………………………………… 蒺藜科 Zygophyllaceae

389. 雄蕊 4 或 5 个。

390. 叶互生;花瓣 5 片,各 2 裂或成 2 部分…………………… 毒鼠子科 Dichapetalaceae

(毒鼠子属 *Dichapetalum*)

390. 叶对生;花瓣 4 片,均完整 ………………………………… 刺茉莉科 Salvadoraceae

(刺茉莉属 *Azima*)

388. 种子有胚乳,胚体有时很小。

391. 植物体为耐寒旱性;花单性,三出或二出数 ………………… 岩高兰科 Empetraceae

（岩高兰属 *Empetrum*）

391. 植物体为普通形状；花两性或单性，五出或四出数。

392. 花瓣呈镊合状排列。

393. 雄蕊和花瓣同数 ………………………………………………… 茶茱萸科 Icacinaceae

393. 雄蕊为花瓣的倍数。

394. 枝条无刺，而有对生的叶片 ………………………………… 红树科 Rhizophoraceae

（红树族 Gynotrocheae）

394. 枝条有刺，而有互生的叶片 ……………………………………… 铁青树科 Olacaceae

（海檀木属 *Ximenia*）

392. 花瓣呈覆瓦状排列，或在大戟科的小盘木属 *Microdesmis* 中为扭转兼覆瓦状排列。

395. 花单性，雌雄异株；花瓣较小于萼片 ………………… 大戟科 Euphorbiaceae

（小盘木属 *Microdesmis*）

395. 花两性或单性；花瓣常较大于萼片。

396. 落叶攀缘灌木；雄蕊 10 个；子房 5 室，每室内有胚珠 2 个 ……………………………………………………………… 猕猴桃科 Actinidiaceae

（藤山柳属 *Clematoclethra*）

396. 多为常绿乔木或灌木；雄蕊 4 或 5 个。

397. 花下位，雌雄异株或杂性，无花盘 ………………… 冬青科 Aquifoliaceaea

（冬青属 *Ilex*）

397. 花周位，两性或杂性；有花盘 ……………………… 卫矛科 Celastraceae

（异卫矛亚科 Cassinioideae）

160. 花冠为多少有些连合的花瓣所组成。

398. 成熟雄蕊或单体雄蕊的花药数多于花冠裂片。

399. 心皮 1 个至数个，互相分离或大致分离。

400. 叶为单叶或有时可为羽状分裂，对生，肉质 ……………………… 景天科 Crassulaceae

400. 叶为二回羽状复叶，互生，不呈肉质 ……………………………… 豆科 Leguminosae

（含羞草亚科 Mimosoideae）

399. 心皮 2 个或更多，连合成一复合性子房。

401. 雌雄同株或异株，有时为杂性。

402. 子房 1 室；无分枝而呈棕榈状的小乔木 ……………………… 番木瓜科 Caricaceae

（番木瓜属 *Carica*）

402. 子房 2 室至多室；具分枝的乔木或灌木。

403. 雄蕊连成单体，或至少内层者如此；蒴果 ……………………… 大戟科 Euphorbiaceae

（麻风树属 *Jatropha*）

403. 雄蕊各自分离；浆果 ………………………………………………… 柿树科 Ebeaeeae

401. 花两性。

404. 花瓣连成一盖状物，或花萼裂片及花瓣均可合成为 1 或 2 层的盖状物。

405. 叶为单叶，具有透明微点 ……………………………………… 桃金娘科 Myrtaceae

405. 叶为掌状复叶，无透明微点 ………………………………………… 五加科 Araliaceae
(多蕊木属 *Tupidanthus*)

404. 花瓣及花萼裂片均不连成盖状物。

406. 每子房室中有 3 个至多数胚珠。

407. 雄蕊 5～10 个或其数不超过花冠裂片的 2 倍，稀可在野茉莉科的银钟花属(*Halesia*)其数可达 16 个，而为花冠裂片的 4 倍。

408. 雄蕊连成单体或其花丝于基部互相连合；花药纵裂；花粉粒单生。

409. 叶为复叶；子房上位；花柱 5 个 ……………………… 酢浆草科 Oxalidaceae

409. 叶为单叶；子房下位或半下位；花柱 1 个；乔木或灌木，常有星状毛 ……………………………………………………………… 野茉莉科 Styracaceae

408. 雄蕊各自分离；花药顶端孔裂；花粉粒为四合型 ……… 杜鹃花科 Ericaceae

407. 雄蕊为不定数。

410. 萼片和花瓣常各为多数，而无显著的区分；子房下位；植物体肉质；绿色，常具棘针，而其叶退化 ………………………………………… 仙人掌科 Cactaceae

410. 萼片和花瓣常各为 5 片，而有显著的区分；子房上位。

411. 萼片呈镊合状排列；雄蕊连成单体 ……………………… 锦葵科 Malvaceae

411. 萼片呈显著的覆瓦状排列。

412. 雄蕊连成 5 束，且每束着生于 1 花瓣的基部；花药顶端孔裂开；浆果 ……………………………………………………… 猕猴桃科 Actinidiaceae
(水冬哥属 *Saurauia*)

412. 雄蕊的基部连成单体；花药纵长裂开；蒴果 ………… 山茶科 Theaceae
(紫茎木属 *Stewartia*)

406. 每子房室中常仅有 1 或 2 个胚珠。

413. 花萼中的 2 片或更多片于结实时能长大成翅状 …………… 龙脑香科 Dipterocarpaceae

413. 花萼裂片无上述变大的情形。

414. 植物体常有星状毛茸 ……………………………………………… 野茉莉科 styracaceae

414. 植物体无星状毛茸。

415. 子房下位或半下位；果实歪斜 ………………………………… 山矾科 Symplocaceae
(山矾属 *Symplocos*)

415. 子房上位。

416. 雄蕊相互连合为单体；果实成熟时分裂为离果 …………………… 锦葵科 Malvaceae

416. 雄蕊各自分离；果实不是离果。

417. 子房 1 或 2 室；蒴果 ……………………………………………… 瑞香科 Thymelaeaceae
(沉香属 *AQuilaria*)

417. 子房 6～8 室；浆果 …………………………………………… 山榄科 Sapotaceae
(紫荆木属 *Madhuca*)

398. 成熟雄蕊并不多于花冠裂片或有时因花丝的分裂则可过之。

418. 雄蕊和花冠裂片为同数且对生。

419. 植物体内有乳汁 ……………………………………………… 山榄科 Sapotaceae

419. 植物体内不含乳汁。
420. 果实内有数个至多数种子。
421. 乔木或灌木;果实呈浆果状或核果状 ………………………… 紫金牛科 Myrsinaceae
421. 草本;果实呈蒴果状 ……………………………………………… 报春花科 Primulaceae
420. 果实内仅有 1 个种子。
422. 子房下位或半下位。
423. 乔木或攀缘性灌木;叶互生 …………………………………… 铁青树科 Olacaceae
423. 常为半寄生性灌木;叶对生 ………………………………… 桑寄生科 Loranthaceae
422. 子房上位。
424. 花两性。
425. 攀缘性草本;萼片 2;果为肉质宿存花萼所包围 …………… 落葵科 Basellaceae (落葵属 *Basella*)
425. 直立草本或亚灌木,有时为攀缘性;萼片或萼裂片 5;果为蒴果或瘦果,不为花萼所包围 ……………………………………………………… 蓝雪科 Plumbaginaceae
424. 花单性,雌雄异株;攀缘性灌木。
426. 雄蕊连合成单体;雌蕊单纯性 …………………………… 防己科 Menispermaceae (锡生藤亚族 Cissampelinae)
426. 雄蕊各自分离;雌蕊复合性 ……………………………… 茶茱萸科 Icacinaceae (微花藤属 *Iodes*)
418. 雄蕊和花冠裂片为同数且互生,或雄蕊数较花冠裂片为少。
427. 子房下位。
428. 植物体常以卷须而攀缘或蔓生;胚珠及种子皆为水平生长于侧膜胎座上 ……………………………………………………………………… 葫芦科 Cucurbitaceae
428. 植物体直立,如为攀缘时也无卷须;胚珠及种子并不为水平生长。
429. 雄蕊互相连合。
430. 花整齐或两侧对称,成头状花序,或在苍耳属(*Xanthium*)中,雌花序为一仅含 2 花的果壳,其外生有钩状刺毛;子房 1 室,内仅有 1 个胚珠 …………… 菊科 Compositae
430. 花多两侧对称,单生或成总状或伞房花序;子房 2 或 3 室,内有多数胚珠。
431. 花冠裂片呈镊合状排列;雄蕊 5 个,具分离的花丝及连合的花药 ……………………………………………………………… 桔梗科 Campanulaceae (半边莲亚科 Lobelioideae)
431. 花冠裂片呈覆瓦状排列;雄蕊 2 个,具连合的花丝及分离的花药 ……………………………………………………………… 花柱草科 Stylidiaceae (花柱草属 *Stylidium*)
429. 雄蕊各自分离。
432. 雄蕊和花冠相分离或近于分离。
433. 花药顶端孔裂开;花粉粒连合成四合体;灌木或亚灌木 …… 杜鹃花科 Ericaceae (乌饭树亚科 Vaccinioideae)
433. 花药纵长裂开,花粉粒单纯;多为草本。

434. 花冠整齐；子房 2～5 室，内有多数胚珠 ………………… 桔梗科 Campanulaceae
434. 花冠不整齐；子房 1～2 室，每子房室内仅有 1～2 个胚珠
……………………………………………………………… 草海桐科 Goodeniaceae
432. 雄蕊着生于花冠上。
435. 雄蕊 4 或 5 个，和花冠裂片同数。
436. 叶互生；每子房室内有多数胚珠 ……………………… 桔梗科 Campanulaceae
436. 叶对生或轮生；每子房室内有 1 个至多数胚珠。
437. 叶轮生，如为对生时，则有托叶存在 ………………… 茜草科 Rubiaceae
437. 叶对生，无托叶或稀可有明显的托叶。
438. 花序多为聚伞花序 ………………………………… 忍冬科 Caprifoliaceae
438. 花序为头状花序 …………………………………… 川续断科 Dipsacaceae
435. 雄蕊 1～4 个，其数较花冠裂片为少。
439. 子房 1 室。
440. 胚珠多数，生于侧膜胎座上 ………………………………… 苦苣苔科 Gesneriaceae
440. 胚珠 1 个，垂悬于子房的顶端 …………………………… 川续断科 Dipsacaceae
439. 子房 2 室或更多室，具中轴胎座。
441. 子房 2～4 室，所有的子房室均可成熟；水生草本 ………………… 胡麻科 Pedaliaceae
（茶菱属 *Trapella*）
441. 子房 3 或 4 室，仅其中 1 或 2 室可成熟。
442. 落叶或常绿的灌木；叶片常全缘或边缘有锯齿 ……… 忍冬科 Caprifoliaceae
442. 陆生草本；叶片常有很多的分裂 ……………………… 败酱科 Valerianaceae
427. 子房上位。
443. 子房深裂为 2～4 部分；花柱或数花柱均自子房裂片之间伸出。
444. 花冠两侧对称或稀可整齐；叶对生 ……………………………… 唇形科 Labiatae
444. 花冠整齐；叶互生。
445. 花柱 2 个；多年生匍匐性小草本；叶片呈圆肾形 …………… 旋花科 Convolvulaceae
（马蹄金属 *Dichondra*）
445. 花柱 1 个 ………………………………………………………… 紫草科 Boraginaceae
443. 子房完整或微有分割，或为 2 个分离的心皮所组成；花柱自子房的顶端伸出。
446. 雄蕊的花丝分裂。
447. 雄蕊 2 个，各分为 3 裂 ……………………………………… 罂粟科 Papaveraceae
（紫堇亚科 *Fumarioideae*）
447. 雄蕊 5 个，各分为 2 裂 ……………………………………… 五福花科 Adoxaceae
（五福花属 *Adoxa*）
446. 雄蕊的花丝单纯。
448. 花冠不整齐，常多少有些呈二唇状。
449. 成熟雄蕊 5 个。
450. 雄蕊和花冠离生 ………………………………………… 杜鹃花科 Ericaceae
450. 雄蕊着生于花冠上 ……………………………………… 紫草科 Boraginaceae

449. 成熟雄蕊 2 或 4 个，退化雄蕊有时也可存在。

451. 每子房室内仅含 1 或 2 个胚珠（如为后一情形时，也可在次 451 项检索之）。

452. 叶对生或轮生；雄蕊 4 个，稀可 2 个；胚珠直立，稀可垂悬。

453. 子房 2～4 室，共有 2 个或更多的胚珠 …………… 马鞭草科 Verbenaceae

453. 子房 1 室，仅含 1 个胚珠 ………………………… 透骨草科 Phrymaceae

（透骨草属 *Phryma*）

452. 叶互生或基生；雄蕊 2 或 4 个，胚珠垂悬；子房 2 室，每子房室内仅有 1 个胚珠 ………………………………………………… 玄参科 Scrophulariaceae

451. 每子房室内有 2 个至多数胚珠。

454. 子房 1 室具侧膜胎座或中央胎座（有时可因侧膜胎座的深入而为 2 室）。

455. 草本或木本植物，不为寄生性，也非食虫性。

456. 多为乔木或木质藤本；叶为单叶或复叶，对生或轮生，稀可互生，种子有翅，但无胚乳 ………………………………………………… 紫葳科 Bignoniaceae

456. 多为草本；叶为单叶，基生或对生；种子无翅，有或无胚乳 …… 苦苣苔科 Gesneriaceae

455. 草本植物，为寄生性或食虫性。

457. 植物体寄生于其他植物的根部，而无绿叶存在；雄蕊 4 个；侧膜胎座 ………………………………………………… 列当科 Orobanchaceae

457. 植物体为食虫性，有绿叶存在；雄蕊 2 个；特立中央胎座；多为水生或沼泽植物，且有具距的花冠 ……………………………… 狸藻科 Lentibulariaceae

454. 子房 2～4 室，具中轴胎座，或于角胡麻科中为子房 1 室而具侧膜胎座。

458. 植物体常具分泌黏液的腺体毛茸；种子无胚乳或具一薄层胚乳。

459. 子房最后成为 4 室；蒴果的果皮质薄而不延伸为长喙；油料植物 ………………………………………………… 胡麻科 Pedaliaceae

（胡麻属 *Sesamum*）

459. 子房 1 室，蒴果的内皮坚硬而呈木质，延伸为钩状长喙；栽培花卉 ………………………………………………… 角胡麻科 Martyniaceae

（角胡麻属 *Pooboscidea*）

458. 植物体不具上述的毛茸；子房 2 室。

460. 叶对生；种子无胚乳，位于胎座的钩状突起上 …………… 爵床科 Acanthaceae

460. 叶互生或对生；种子有胚乳，位于中轴胎座上。

461. 花冠裂片具深缺刻；成熟雄蕊 2 个 ………………………… 茄科 Solanaceae

（蝴蝶花属 *Schizanthus*）

461. 花冠裂片全缘或仅其先端具一凹陷；成熟雄蕊 2 或 4 个 ………………………………………………… 玄参科 Scrophulariaceae

448. 花冠整齐，或近于整齐。

462. 雄蕊数较花冠裂片为少。

463. 子房 2～4 室，每室内仅含 1 或 2 个胚珠。

464. 雄蕊 2 个 ………………………………………… 木樨科 Oleaceae

464. 雄蕊 4 个。

465. 叶互生，有透明腺体微点存在 …………………………………… 苦槛蓝科 Myoporaceae
465. 叶对生，无透明微点 ………………………………………………… 马鞭草科 Verbenaceae
463. 子房 1 或 2 室，每室内有数个至多数胚珠。
466. 雄蕊 2 个；每子房室内有 4～10 个胚珠垂悬于室的顶端 ………… 木樨科 Oleaceae
(连翘属 *Forsythia*)
466. 雄蕊 4 或 2 个；每子房室内有多数胚珠着生于中轴或侧膜胎座上。
467. 子房 1 室，内具分歧的侧膜胎座，或因胎座深入而使子房成 2 室
…………………………………………………………………… 苦苣苔科 Gesneriaceae
467. 子房为完全的 2 室，内具中轴胎座。
468. 花冠于蕾中常折叠；子房 2 心皮的位置偏斜 …………………… 茄科 Solanaceae
468. 花冠于蕾中不折叠，而呈覆瓦状排列；子房的 2 心皮位于前后方
………………………………………………………………… 玄参科 Scrophulariaceae
462. 雄蕊和花冠裂片同数。
469. 子房 2 个，或为 1 个而成熟后呈双角状。
470. 雄蕊各自分离；花粉粒也彼此分离 …………………… 夹竹桃科 Apocynaceae
470. 雄蕊互相连合；花粉粒连成花粉块 …………………… 萝藦科 Asclepiadaceae
469. 子房 1 个，不呈双角状。
471. 子房 1 室或因 2 侧膜胎座的深入而成 2 室。
472. 子房为 1 心皮所成。
473. 花显著，呈漏斗形而簇生；果实为 1 瘦果，有棱或有翅
………………………………………………………… 紫茉莉科 Nyctaginaceae
(紫茉莉属 *Mirabilis*)
473. 花小型而形成球形的头状花序；果实为 1 荚果，成熟后则裂为仅含 1 种子的节荚 ……………………………………………………… 豆科 Leguminosae
(含羞草属 *Mimosa*)
472. 子房为 2 个以上连合心皮所成。
474. 乔木或攀缘性灌木，稀可为一攀缘性草木，而体内具有乳汁(例如心翼果属(*Cardiopteris*))；果实呈核果状(但心翼果属则为干燥的翅果)，内有 1 个种子 ………………………………………………………… 茶茱萸科 Icacinaceae
474. 草本或亚灌木，或于旋花科的麻辣仔藤属 *Erycibe* 中为攀缘灌木；果实呈蒴果状(或于麻辣仔藤属中呈浆果状)，内有 2 个或更多的种子。
475. 花冠裂片呈覆瓦状排列。
476. 叶茎生，羽状分裂或为羽状复叶(限于我国植物如此)
…………………………………………………… 田基麻科 Hydrophyllaceae
(水叶族 Hydrophylleae)
476. 叶基生，单叶，边缘具齿裂 ……………………… 苦苣苔科 Gesneriaceae
(苦苣苔属 *Gonandron*，黔苣苔属 *Tengia*)
475. 花冠裂片常呈旋转状或内折的镊合状排列。
477. 攀缘性灌木；果实呈浆果状，内有少数种子 …… 旋花科 Convolvulaceae

（麻辣仔藤属 *Erycibe*）

477. 直立陆生或漂浮水面的草本；果实呈蒴果状，内有少数至多数种子 …………………………………………………………… 龙胆科 Gentianaceae

471. 子房 2～10 室。

478. 无绿叶而为缠绕性的寄生植物 ……………………………………… 旋花科 Convolvulaceae

（菟丝子亚科 Cuscutoideae）

478. 不是上述的无叶寄生植物。

479. 叶常对生，在两叶之间有托叶所成的连接线或附属物 …………… 马钱科 Loganiaceae

479. 叶常互生，或有时基生，如为对生时，其两叶之间也无托叶所成的连系物，有时其叶也可轮生。

480. 雄蕊和花冠离生或近于离生。

481. 灌木或亚灌木；花药顶端孔裂；花粉粒为四合体；子房常 5 室 … 杜鹃花科 Ericaceae

481. 一年或多年生草本，常为缠绕性；花药纵长裂开；花粉粒单纯；子房常 3～5 室 ………………………………………………………… 桔梗科 Campanulaceae

480. 雄蕊着生于花冠的筒部。

482. 雄蕊 4 个，稀可在冬青科为 5 个或更多。

483. 无主茎的草本，具由少数至多数花朵所形成的穗状花序生于一基生花葶上 ………………………………………………………… 车前科 Plantaginaceae

（车前属 *Plantago*）

483. 乔木、灌木，或具有主茎的草木。

484. 叶互生，多常绿 ……………………………………………… 冬青科 Aquifoliaceae

（冬青属 *Llex*）

484. 叶对生或轮生。

485. 子房 2 室，每室内有多数胚珠 ………………………… 玄参科 Scrophulariaceae

485. 子房 2 室至多室，每室内有 1 或 2 个胚珠 ………… 马鞭草科 Verbenaceae

482. 雄蕊常 5 个，稀可更多。

486. 每子房室内仅有 1 或 2 个胚珠。

487. 子房 2 或 3 室；胚珠自子房室近顶端垂悬；木本植物；叶全缘。

488. 每花瓣 2 裂或 2 分；花柱 1 个；子房无柄，2 或 3 室，每室内各有 2 个胚珠；核果；有托叶 ………………………………………………………… 毒鼠子科 Dichapetalaceae

（毒鼠子属 *Dichapetalum*）

488. 每花瓣均完整；花柱 2 个；子房具柄，2 室，每室内仅有 1 个胚珠；翅果；无托叶 ………………………………………………………… 茶茱萸科 Icacinaceae

487. 子房 1～4 室；胚珠在子房室基底或中轴的基部直立或上举；无托叶；花柱 1 个，稀可 2 个，有时在紫草料的破布木属（*Cordia*）中其先端可成两次的 2 分。

489. 果实为核果；花冠有明显的裂片，并在蕾中呈覆瓦状或旋转状排列；叶全缘或有锯齿；通常均为直立木本或草本，多粗壮或具刺毛 …………………… 紫草科 Boraginaceae

489. 果实为蒴果；花瓣完整或具裂片；叶全缘或具裂片，但无锯齿缘。

490. 通常为缠绕性稀可为直立草本，或为半木质的攀缘植物至大型木质藤本（例如盾苞藤属(*Neuropeltis*));萼片多互相分离;花冠常完整而几无裂片,于蕾中呈旋转状排列,也可有时深裂而其裂片成内折的镊合状排列(例如盾苞藤属)
……………………………………………………………… 旋花科 Convolvulaceae

490.通常均为直立草本;萼片连合成钟形或筒状;花冠有明显的裂片,唯于蕾中也成旋转状排列 ……………………………………………………………… 花荵科 Polemoniaceae

486.每子房室内有多数胚珠,或在花荵科中有时为1至数个;多无托叶。

491.高山区生长的耐寒旱性低矮多年生草本或丛生亚灌木;叶多小型,常绿,紧密排列成覆瓦状或莲座式;花无花盘;花单生至聚集成几为头状花序;花冠裂片成覆瓦状排列;子房3室;花柱1个;柱头3裂;蒴果室背开裂 …………………………… 岩梅科 Diapensiaceae

491.草本或木本,不为耐寒旱性;叶常为大型或中型,脱落性,疏松排列而各自展开;花多有位于子房下方的花盘。

492.花冠不于蕾中折叠,其裂片呈旋转状排列,或在田基麻科中为覆瓦状排列。

493.叶为单叶,或在花荵属(*Polemonium*)为羽状分裂或为羽状复叶;子房3室(稀可2室);花柱1个;柱头3裂;蒴果多室背开裂 ……………………… 花荵科 Polemoniaceae

493.叶为单叶,且在田基麻属(*Hydrolea*)为全缘;子房2室;花柱2个;柱头呈头状;蒴果室间开裂 ……………………………………………………… 田基麻科 Hydrophyllaceae
(田基麻族 Hydroleeae)

492.花冠裂片呈镊合状或覆瓦状排列,或其花冠于蕾中折叠,且成旋转状排列;花萼常宿存;子房2室;或在茄科中为假3室至假5室;花柱1个;柱头完整或2裂。

494.花冠多于蕾中折叠,其裂片呈覆瓦状排列;或在曼陀罗属(*Datura*)成旋转状排列,稀可在枸杞属(*Lycium*)和颠茄属(*Atrope*)等属中,并不于蕾中折叠,而呈覆瓦状排列,雄蕊的花丝无毛;浆果,或为纵裂或横裂的蒴果 ……………………… 茄科 Solanaceae

494.花冠不于蕾中折叠,其裂片呈覆瓦状排列;雄蕊的花丝具毛茸(尤以后方的3个如此)。

495.室间开裂的蒴果 ………………………………………………… 玄参科 Scrophulariaceae
(毛蕊花属 *Verbascum*)

495.浆果,有刺灌木。 ………………………………………………………… 茄科 Solanaceae
(枸杞属 *Lycium*)

1.子叶1个;茎无中央髓部,也无呈年轮状的生长;叶多具平行叶脉;花为三出数,有时为四出数,但极少为五出数 ………………………………… 单子叶植物纲 Monocotyledoneae

496.木本植物,或其叶于芽中呈折叠状。

497.灌木或乔木;叶细长或呈剑状,在芽中不呈折叠状 …………… 露兜树科 Pandanaceae

497.木本或草本;叶甚宽,常为羽状或扇形的分裂,在芽中呈折叠状而有强韧的平行脉或射出。

498.植物体多甚高大,呈棕榈状,具简单或分枝少的主干;花为圆锥或穗状花序,托以佛焰状苞片 …………………………………………………………… 棕榈科 Palmae

498.植物体常为无主茎的多年生草本,具常深裂为2片的叶片;花为紧密的穗状花序
……………………………………………………………………… 环花科 Cyclanthaceae
(巴拿马草属 *Carludovica*)

496. 草本植物或稀可为木质茎，但其叶于芽中从不呈折叠状。
499. 无花被或在眼子菜科中很小。
500. 花包藏于或附托以呈覆瓦状排列的壳状鳞片（特称为颖）中，由多花至1花形成小穗（自形态学观点而言，此小穗实即简单的穗状花序）。
501. 秆多少有些呈三棱形，实心；茎生叶呈三行排列；叶鞘封闭；花药以基底附着花丝；果实为瘦果或囊果 …………………………………………… 莎草科 Cyperaceae
501. 秆常呈圆筒形；中空；茎生叶呈二行排列；叶鞘常在一侧纵裂开；花药以其中部附着花丝；果实通常为颖果 …………………………………………… 禾本科 Gramineae
500. 花虽有时排列为具总苞的头状花序，但并不包藏于呈壳状的鳞片中。
502. 植物体微小，无真正的叶片，仅具无茎而漂浮水面或沉没水中的叶状体 …………………………………………………………………… 浮萍科 Lemnaceae
502. 植物体常具茎，也具叶，其叶有时可呈鳞片状。
503. 水生植物，具沉没水中或漂浮水面的叶片。
504. 花单性，不排列成穗状花序。
505. 叶互生；花成球形的头状花序 ……………………… 黑三棱科 Sparganiaceae（黑三棱属 *Sparganium*）
505. 叶多对生或轮生；花单生，或在叶腋间形成聚伞花序。
506. 多年生草本；雌蕊为1个或更多而互相分离的心皮所成；胚珠自子房室顶端垂悬 ……………………………………… 眼子菜科 Potamogetonaceae（角果藻族 Zannichellieae）
506. 一年生草本；雌蕊1个，具2～4柱头；胚珠直立于子房室的基底 ……………………………………………………………… 茨藻科 Najadaceae（茨藻属 *Najas*）
504. 花两性或单性，排列成简单或分歧的穗状花序。
507. 花排列于1扁平穗轴的一侧。
508. 海水植物；穗状花序不分歧，但具雌雄同株或异株的单性花；雄蕊1个，具无花丝而为1室的花药；雌蕊1个，具2柱头；胚珠1个，垂悬于子房室的顶端 …………………………………………………… 眼子菜科 Potamogetonaceae（大叶藻属 *Zostera*）
508. 淡水植物；穗状花序常分为二歧而具两性花；雄蕊6个或更多，具极细长的花丝和2室的花药；雌蕊为3～6个离生心皮所成；胚珠在每室内2个或更多，基生 ……………………………………………………… 水蕹科 Aponogetonaceae（水蕹属 *Aponogeton*）
507. 花排列于穗轴的周围，多为两性花；胚珠常仅1个 ……… 眼子菜科 Potamogetonaceae
503. 陆生或沼泽植物，常有位于空气中的叶片。
509. 叶有柄，全缘或有各种形状的分裂，具网状脉；花形成一肉穗花序，后者常有一大型而常具色彩的佛焰苞片 ……………………………………… 天南星科 Araceae
509. 叶无柄，细长形、剑形，或退化为鳞片状，其叶片常具平行脉。
510. 花形成紧密的穗状花序，或在帚灯草科为疏松的圆锥花序。

511. 陆生或沼泽植物；花序为由位于苞腋间的小穗所组成的疏散圆锥花序；雌雄异株；叶多呈鞘状 …………………………………………………… 帚灯草科 Restionaceae
（薄果草属 *Leptocarpus*）

511. 水生或沼泽植物；花序为紧密的穗状花序。

512. 穗状花序位于一呈二棱形的基生花葶的一侧，而另一侧则延伸为叶状的佛焰苞片；花两性 …………………………………………………… 天南星科 Araceae
（石菖蒲属 *Acorus*）

512. 穗状花序位于一圆柱形花梗的顶端，形如蜡烛而无佛焰苞；雌雄同株
…………………………………………………… 香蒲科 Typhaceae

510. 花序有各种形式。

513. 花单性，成头状花序。

514. 头状花序单生于基生无叶的花葶顶端；叶狭窄，呈禾草状，有时叶为膜质
…………………………………………………… 谷精草科 Eriocaulaceae
（谷精草属 *Eriocaulon*）

514. 头状花序散生于具叶的主茎或枝条的上部，雄性者在上，雌性者在下；叶细长，呈扁三棱形，直立或漂浮水面，基部呈鞘状 ………………… 黑三棱科 Sparganiaceae
（黑三棱属 Sparganium）

513. 花常两性。

515. 花序呈穗状或头状，包藏于 2 个互生的叶状苞片中；无花被；叶小，细长形或呈丝状；雄蕊 1 或 2 个；子房上位，1～3 室，每子房室内仅有 1 个垂悬胚珠
…………………………………………………… 刺鳞草科 Centrolepidaceae

515. 花序不包藏于叶状的苞片中；有花被。

516. 子房 3～6 个，至少在成熟时互相分离 ………………… 水麦冬科 Juncaginaceae
（水麦冬属 *Triglochin*）

516. 子房 1 个，由 3 心皮连合所组成 ………………………… 灯心草科 Juncaceae

499. 有花被，常显著，且呈花瓣状。

517. 雌蕊 3 个至多数，互相分离。

518. 死物寄生性植物，具呈鳞片状而无绿色的叶片。

519. 花两性，具 2 层花被片；心皮 3 个，各有多数胚珠 ………………… 百合科 Liliaceae
（无叶莲属 *Petrosavia*）

519. 花单性或稀可杂性，具一层花被片；心皮数个，各仅有 1 个胚珠
…………………………………………………… 霉草科 Triuridaceae
（喜阴草属 *Sciaphila*）

518. 不是死物寄生性植物，常为水生或沼泽植物，具有发育正常的绿叶。

520. 花被裂片彼此相同；叶细长，基部具鞘 ………………… 水麦冬科 Juncaginaceae
（芝菜属 *Scheuchzeria*）

520. 花被裂片分化为萼片和花瓣 2 轮。

521. 叶（限于我国植物）呈细长形，直立；花单生或成伞形花序；蓇葖果
…………………………………………………… 花蔺科 Butomaceae

（花蔺属 *Butomus*）

521. 叶呈细长兼披针形至卵圆形，常为箭镞状而具长柄；花常轮生，呈总状或圆锥花序；瘦果 …………………………………………………… 泽泻科 Alismataceae

517. 雌蕊 1 个，复合性或于百合科的岩菖蒲属（*Tofieldia*）中其心皮近于分离。

522. 子房上位，或花被和子房相分离。

523. 花两侧对称；雄蕊 1 个，位于前方，即着生于远轴的 1 个花被片的基部 …………………………………………………… 田葱科 Philydraceae

（田葱属 *Philydrum*）

523. 花辐射对称，稀可两侧对称；雄蕊 3 个或更多。

524. 花被分化为花萼和花冠 2 轮，后者于百合科的重楼族中，有时为细长形或线形的花瓣所组成，稀可阙如。

525. 花形成紧密而具鳞片的头状花序；雄蕊 3；子房 1 室 …… 黄眼草科 Xyridaceae

（黄眼草属 *Xyris*）

525. 花不形成头状花序；雄蕊数在 3 个以上。

526. 叶互生，基部具鞘，平行脉；花为腋生或顶生的聚伞花序；雄蕊 6 个，或因退化而数较少 …………………………………………… 鸭跖草科 Commelinaceae

526. 叶以 3 个或更多个生于茎的顶端而成一轮，网状脉而于基部具 3～5 脉；花单独顶生；雄蕊 6 个、8 个或 10 个 ………………………… 百合科 Liliaceae

（重楼族 *Parideae*）

524. 花被裂片彼此相同或近于相同，或于百合科的白丝草属（*Chinographis*）中则极不相同，又在同科的油点草属（*Tricynis*）中其外层 3 个花被裂片的基部呈囊状。

527. 花小型，花被裂片绿色或棕色。

528. 花位于一穗形总状花序上；蒴果自一宿存的中轴上裂为 3～6 瓣，每果瓣内仅有 1 个种子 …………………………………………………… 水麦冬科 Juncaginaceae

（水麦冬属 *Triglochin*）

528. 花位于各种形式的花序上；蒴果室背开裂为 3 瓣，内有多数至 3 个种子 …………………………………………………… 灯心草科 Juncaceae

527. 花大型或中型，或有时为小型，花被裂片多少有些具鲜明的色彩。

529. 叶（限于我国植物）的顶端变为卷须，并有闭合的叶鞘；胚珠在每室内仅为 1 个；花排列为顶生的圆锥花序 ………………………………………… 须叶藤科 Flagellariaceae

（须叶藤属 *Flagellaria*）

529. 叶的顶端不变为卷须；胚珠在每子房室内为多数，稀可仅为 1 个或 2 个。

530. 直立或漂浮的水生植物；雄蕊 6 个，彼此不相同，或有时有不育者 …………………………………………………… 雨久花科 Pontederiaceae

530. 陆生植物；雄蕊 6 个、4 个或 2 个，彼此相同。

531. 花为四出数，叶（限于我国植物）对生或轮生，具有显著纵脉及密生的横脉 …………………………………………………… 百部科 Stemonaceae

（百部属 *Stemona*）

531. 花为三出或四出数；叶常基生或互生 ………………………… 百合科 Liliaceae

522.子房下位,或花被多少有些和子房相愈合。
532.花两侧对称或为不对称形。
533.花被片均成花瓣状;雄蕊和花柱多少有些互相连合 ………………… 兰科 Orchidaceae
533.花被片并不是均成花瓣状,其外层者形如萼片;雄蕊和花柱相分离。
534.后方的1个雄蕊常为不育性,其余5个则均发育而具有花药。
535.叶和苞片排列成螺旋状;花常因退化而为单性;浆果;花管呈管状,其一侧不久即裂开 ………………………………………………………………………… 芭蕉科 Musaceae
(芭蕉属 *Musa*)
535.叶和苞片排列成2行;花两性,蒴果。
536.萼片互相分离或至多可和花冠相连合;居中的1花瓣并不成为唇瓣 ………………………………………………………………………… 芭蕉科 Musaceae
(鹤望兰属 *Strelitzia*)
536.萼片互相连合成管状;居中(位于远轴方向)的1花瓣为大形而成唇瓣 ………………………………………………………………………… 芭蕉科 Musaceae
(兰花蕉属 *Orchidantha*)
534.后方的1个雄蕊发育而具有花药,其余5个则退化,或变形为花瓣状。
537.花药2室;萼片互相连合为一萼筒,有时呈佛焰苞状 ………… 姜科 Zingiberaceae
537.花药1室;萼片互相分离或至多彼此相衔接。
538.子房3室,每子房室内有多数胚珠位于中轴胎座上;各不育雄蕊呈花瓣状,互相于基部简短连合 ……………………………………………… 美人蕉科 Cannaceae
(美人蕉属 *Canna*)
538.子房3室或因退化而成1室,每子房室内仅含1个基生胚珠;各不育雄蕊也呈花瓣状,唯多少有些互相连合 …………………………………… 竹芋科 Marantaceae
532.花常辐射对称,也即花整齐或近于整齐。
539.水生草本,植物体部分或全部沉没水中 ……………………… 水鳖科 Hydrocharitaceae
539.陆生草本。
540.植物体为攀缘性;叶片宽广,具网状脉(还有数主脉)和叶柄 …… 薯蓣科 Dioscoreaceae
540.植物体不为攀缘性;叶具平行脉。
541.雄蕊3个。
542.叶2行排列,两侧扁平而无背腹面之分,由下向上重叠跨覆;雄蕊和花被的外层裂片相对生 ……………………………………………………………… 鸢尾科 Lridaceae
542.叶不为2行排列;茎生叶呈鳞片状;雄蕊和花被的内层裂片相对生 ……………………………………………………………… 水玉簪科 Burmanniaceae
541.雄蕊6个。
543.果实为浆果或蒴果,而花被残留物多少和它相合生,或果实为一聚花果;花被的内层裂片各于其基部有2舌状物;叶呈带形,边缘有刺齿或全缘 ……………………………………………………………… 凤梨科 Bromielaceae
543.果实为蒴果或浆果,仅为1花所成;花被裂片无附属物。
544.子房1室,内有多数胚珠位于侧膜胎座上;花序为伞形,具长丝状的总苞片

……………………………………………………………………… 蒟蒻薯科 Taccaceae

544. 子房3室，内有多数至少数胚珠位于中轴胎座上。

545. 子房部分下位 ……………………………………………………… 百合科 Liliaceae

（肺筋草属 *Aletris*，沿阶草属 *Ophiopogon*，球子草属 *Peliosanthes*）

545. 子房完全下位 …………………………………………………… 石蒜科 Amaryllidaceae

附录三　常用试剂配制

1. 稀甘油

量取甘油33 mL，加蒸馏水稀释成100 mL，也可加樟脑一小块或液化苯酚1滴，即得。稀甘油能使细胞稍透明及溶解某些水溶性细胞后含物，并使材料保持湿润和软化。能防止水合氯醛晶体析出，常与水合氯醛液同用，作临时封藏剂。

2. 水合氯醛试液

称取水合氯醛50 g，加蒸馏水15 mL与甘油10 mL使溶解，即得。本试液能迅速透入组织，使干燥、收缩的细胞膨胀，细胞组织透明清晰，并能溶解淀粉、树脂、蛋白质和挥发油等。

3. 甘油醋酸试液

量取甘油、50%醋酸和水各等份，混合，即得。多用以观察淀粉粒，可防止淀粉粒崩裂。

4. 墨汁

商品墨汁，于临用前加蒸馏水稀释10倍即得，黏液质不着色而显无色透明块状，其他细胞壁及细胞内含物显黑色。

5. 稀碘液

称取碘化钾1 g溶于100 mL蒸馏水中，待溶解后再加入0.3 g，贮于棕色瓶中。稀碘液可使淀粉粒显蓝色，糊粉粒显黄色。

6. 龙胆紫溶液

把龙胆紫溶解在2%醋酸溶液中，直到溶液不变成深紫色为止。该染色剂多用于细胞核的染色。

7. 间苯三酚试液

称取间苯三酚1 g，加90%乙醇5 mL溶解后，加甘油5 mL，摇匀，即得，贮棕色瓶中。用以鉴别木质化细胞壁，应用时先加1～2滴于被检物上，约1 min后，加盐酸1滴，木质化细胞壁因木质化程度不同，显红色或紫红色。

8. 苏丹Ⅲ试液

取苏丹Ⅲ0.1 g，加90%乙醇20 mL溶解后，摇匀，贮于棕色瓶中。本试液能使角质化和木栓化细胞壁显红色或橙红色，使脂肪油、挥发油滴或树脂显橙红色、红色或紫红色。

9. 钌红试液

取10%醋酸钠溶液1～2 mL，加钌红适量使呈酒红色，即得。本试液应临用新制，可使黏液显红色。

10. α-萘酚试液

取α-萘酚 1.5 g,溶于 95%乙醇 10 mL,即得。用时滴加本试液,1～2 min 后,再加 80%硫酸 2 滴,可使菊糖显紫色。

11. 硼砂洋红溶液

取 4 g 硼砂,溶解在 9 mL 蒸馏水中,再加 3 g 洋红,加热至溶解。然后用 100 mL 70%酒精冲淡,放置 24 h 后过滤。该染色剂用来染细胞核和糊粉粒,也能染整个标本。

12. 甲基绿溶液

取 1 g 甲基绿,溶解在 99 mL 蒸馏水中,再加 1 mL 冰醋酸。该染色剂用来染木质化细胞壁和细胞核。

13. 氧化锌碘试液

取氧化锌 20 g 溶于 85 mL 蒸馏水后,滴加碘-碘化钾溶液(碘化钾 3 g,碘 1.5 g,水 60 mL),不断振摇至饱和,至没有碘的沉淀出现为止,置棕色瓶内保存。本试液可使纤维素细胞壁显蓝色和紫色。

14. 番红染液

番红是种碱性染料,可使木质化、木栓化和角质化的细胞壁及细胞核中的染色质和染色体染成红色。在植物组织制片中常与固绿配染。常用配方有下列两种:

(1)番红水液　取番红 0.1 g,溶于 100 mL 蒸馏水中,过滤后,即得。

(2)番红酒液　取番红 0.5 g 或 1 g,溶于 50%乙醇 100 mL 中,过滤后,即得。

15. 固绿染液

固绿是种酸性染料,可使纤维素的细胞壁和细胞质染成绿色。在植物组织制片中,常与番红配染。常用固绿酒液,即取固绿 0.1 g 溶于 95%乙醇 10 mL 中,过滤后使用。

16. 紫草试液

取紫草粗粉 10 g,加 90%乙醇 100 mL,浸渍 24 h,过滤,滤液中加入等量的甘油混匀,再过滤即得。贮棕色瓶中,在 2 个月内应用。可使脂肪油、挥发油显红色。

17. 稀醋酸

醋酸(6%)可用以区别草酸钙与碳酸钙结晶,前者不溶解,后者溶解并产生气泡。

18. 5%氢氧化钾试液

取氢氧化钾 5 g,溶于蒸馏水 100 mL 中,即得。用作薄壁组织解离剂。此液也可用 5%氢氧化钠溶液代替。

19. 锇酸试液

取锇酸 0.1 g,溶于蒸馏水 5 mL 中即得(密塞避光贮存)。脂肪油遇此液显棕色至黑色,挥发油与树脂均不显色。

20. 三氧化铁试液

取三氧化铁 10 g,溶于蒸馏水 10 mL,临用时取此液 1 mL,加水 9 mL 稀释。鞣质及其他多元酚类(黄酮类等)遇此液显蓝黑色,或黑绿色。

21. 靛红溶液

取 0.5 g 靛红,溶解在 94 mL 蒸馏水中,然后加入 5 mL 5% 硫酸钠溶液和 0.5 mL 冰醋酸。该染色剂用来染分生组织。如果要鉴定种子的生命力,需在 100 mL 水中溶解 0.2 g 靛红,配制成 0.2%靛红溶液即可。

22. 伊红溶液

取 1 g 伊红，溶解在 99 mL 蒸馏水或 99 mL 70％酒精中。该染色剂可染细胞质。

23. 66％硫酸、碘-碘化钾试液

取硫酸 6 mL 慢加入适量（约 34 mL）蒸馏水中，边加边搅拌，冷后补加少量蒸馏水，使全量为 100 mL 即可。可用于纤维素细胞壁染色，先滴碘-碘化钾试液，稍放置一会儿，再加 66％硫酸，使纤维素细胞壁染成蓝色。

24. 麝香草酚试液

取麝香草酚 1 g 溶于 95％乙醇 10 mL。应用时先滴本试液，1～2 min 后再加 80％硫酸，可使菊糖变成红色。

25. 氯酸钾、硝酸

该试剂有极强的解离作用，能使坚硬的材料（木材、种皮等）解离而透明，应用时将材料加硝酸浸盖，然后加入氯酸钾结晶粒。

26. 70％乙醇

该试剂对菊糖不溶，可使之成球形结晶析出，对树脂及黏液等也不溶解。若在水合氯醛透化前加少许 70％乙醇于材料中，可利用透明剂的透入，先溶去部分细胞后含物，利于后续观察。

参 考 文 献

[1] 杜勤.药用植物学.北京:中国医药科技出版社,2011.
[2] 王旭,杨青山,张景景.药用植物学. 长春:吉林大学出版社,2015.
[3] 刘春宇,陆叶,尹海波.药用植物学与生药学. 苏州:苏州大学出版社,2014.
[4] 庞延军,朱昱萍,杨永华.植物科学实验.北京:科学出版社,2013.
[5] 金银根.植物学实验与技术.北京:科学出版社,2007.
[6] 沈显生.植物生物学实验.合肥:中国科学技术大学出版社,2003.
[7] 刘虹,金松恒.植物学实验.武汉:华中科技大学出版社,2014.
[8] 陆叶,刘春宇.药用植物学与生药学实验指导.苏州:苏州大学出版社,2014.
[9] 莫小路,曾庆钱.药用植物识别技术.2 版.北京:化学工业出版社,2017.
[10] 杜广平.药用植物学. 北京:中国农业大学出版社,2009.
[11] 杜琴.药用植物学. 北京:中国医药科技出版社,2010.
[12] 姚振生.药用植物学.北京:中国中医药出版社,2003.
[13] 彭学著,邓伟锋.西安:第四军医大学出版社,2 版.2015.
[14] 严寒静.药用植物学笔记.北京:科学出版社,2010.
[15] 谢凤勋,胡廷松.中药原色图谱及栽培技术.北京:金盾出版社,1994.
[16] 赵斌,陈雯莉,何绍江.微生物学.北京:高等教育出版社,2012.
[17] 车振明.微生物学.北京:科学出版社,2011.
[18] R.E.布坎南,N.E.吉本斯,等.伯杰细菌鉴定手册.8 版.北京:科学出版社,1984.
[19] 詹立平.药用植物学基础.北京:中国中医药出版社,2015.
[20] 潘凯元.药用植物学基础.北京:人民卫生出版社,2008.
[21] 袁国卿. 药用植物学基础. 北京:中国中医药出版社,2018.
[22] 郑汉臣.药用植物学.5 版.北京:人民卫生出版社,2010.
[23] 黄宝康.药用植物学.7 版.北京:人民卫生出版社,2018.
[24] 王兴顺,郭玉娟.药用植物学. 北京:化学工业出版社,2013.
[25] 秦胜红.药用植物学基础.北京:中国医药科技出版社,2011.
[26] 周云龙.植物生物学.2 版.北京:高等教育出版社,2004.
[27] 郑小吉,金虹.药用植物学.北京:人民卫生出版社,2014.
[28] 王德群,谈献和.药用植物学.北京:科学出版社,2011.
[29] 姚腊初,刘颖,赵庆年.药用植物识别技术.武汉:华中科技大学出版社,2013.
[30] 郑汉臣. 药用植物学.北京:人民卫生出版社,1999.
[31] 徐世义. 药用植物学 北京:化学工业出版社,2013.